Deepen Your Mind

前言

Foreword

有一段時間，我覺得我非要閱讀開放原始碼專案的原始程式不可。

那時，我在公司負責設計和開發了很多系統。如果連大學時帶領大家開發和維護學校網站也算上的話，那我進行軟體開發已經整整十年了。在這十年裡，我對自己設計和開發的系統都很有信心，但有一個疑惑一直縈繞在我心頭：我不知道，我的架構和世界最優良架構之間的差距到底有多大。

閱讀開放原始碼專案的原始程式能給我答案。

許多優秀的開放原始碼專案歷經數千名開發者的數萬次提交，被數億使用者使用。這些專案從可擴充性、可靠性和可用性等各個角度考量，都是十分優良的。透過閱讀這些專案的原始程式，我能找到自己在軟體設計和開發上的不足。

於是我開始了我的原始程式閱讀計畫。

在閱讀原始程式的過程中，我看過不少資料。但很多資料對原始程式中簡單的部分說明得細緻入微，而對複雜的部分則避而不談或含糊其辭。在閱讀原始程式的過程中，我也走過不少彎路，經常在一個困難中掙扎很久不能前進。

當然，閱讀原始程式也讓我收穫頗豐。它不僅讓我知道了自己的設計與優良設計之間的差距，還讓我學到了許多架構技巧和程式設計知識。在原始程式閱讀的過程中，我也歸納出了許多經驗和方法。因此，我決定寫這本書，將經驗和方法分享出來，指引許多和我一樣前行在原始程式閱讀道路上的人。

原始程式閱讀首先要選定對應的原始程式作為材料。從專案的成熟度、涉及面、應用廣度、專案規模等多方面考慮，本書最後選取 MyBatis 原始程式。因此，本書將以閱讀 MyBatis 原始程式為例，介紹原始程式閱讀的經驗和方法。

在本書的寫作中，我努力做到詳盡而不囉唆。本書以套件為單位，對 MyBatis 原始程式中的 300 多個類別進行了介紹。在此過程中，對於簡單或重複的類別一筆帶過，但對於複雜的類別，則是逐方法、逐行地進行分析，力求讓大家讀得順、讀得懂、有收穫。

本書分為五篇,各篇主要內容如下。

⧗ 第一篇為背景介紹,包含第 1 ～ 4 章。

第 1 章介紹了原始程式閱讀的意義和方法。

第 2 章對 MyBatis 的背景和快速上手方法進行了介紹。這一章的內容是簡單但重要的。對於任何一個軟體,其背景對應於軟體的「設計需求」,其使用對應於軟體的「主要功能」。把握一個軟體的設計需求和主要功能對於閱讀軟體的原始程式很有幫助。

第 3 章中使用中斷點偵錯方法對 MyBatis 的執行過程進行了追蹤。該章內容有助我們了解整個 MyBatis 的內部架構。

第 4 章對 MyBatis 原始程式結構進行了介紹,並根據原始程式套件的功能對套件進行了分類。

⧗ 第二篇為基礎功能套件原始程式閱讀,包含第 5 ～ 11 章。

在這一篇中,我們對基礎功能套件中的原始程式進行了閱讀。基礎功能套件相對獨立,與 MyBatis 的核心邏輯耦合小,比較適合作為原始程式閱讀的切入點。在閱讀這些原始程式時,我們也會逐步介紹一些閱讀原始程式常用的方法和技巧。

第 5 章介紹了 exceptions 套件的原始程式,可以透過該套件了解 MyBatis 的整個例外系統。

第 6 章介紹了 reflection 套件的原始程式。該套件基於反射提供了建立物件、修改物件屬性、呼叫物件方法等功能。這些功能在 MyBatis 的參數處理、結果處理等環節都發揮了重要的作用。

第 7 章介紹了 annotations 套件與 lang 套件的原始程式。這兩個套件中全是註釋類別。我們將透過對 Java 註釋的學習詳細了解每個註釋類別的含義。最後,我們還透過原始程式分析了註釋類別如何在 MyBatis 的執行中發揮作用。

第 8 章介紹了 type 套件的原始程式。透過這一章將了解 MyBatis 如何組織和實現類型處理器，以完成對各種類類型資料的處理。

第 9 章介紹了 io 套件的原始程式。透過該套件將了解到 MyBatis 如何完成外部類別的篩選和載入。

第 10 章介紹了 logging 套件的原始程式。logging 套件不僅為 MyBatis 提供了記錄檔記錄功能，還提供了取得和記錄 JDBC 中記錄檔的功能。透過這一章將了解這些功能的實現細節。

第 11 章介紹了 parsing 套件的原始程式。透過這一章將了解 MyBatis 如何完成 XML 檔案的解析。

⚡ 第三篇為設定解析套件原始程式閱讀，包含第 12 ～ 17 章。

第 12 章介紹了設定解析相關類別的分類方法。設定解析相關類別可以按照類別的功能劃分為解析器類別和解析實體類別。

第 13 章介紹了 binding 套件的原始程式。該套件負責將 SQL 敘述連線對映介面。

第 14 章介紹了 builder 套件的原始程式。該套件中的建造者基礎類別和工具類別為 MyBatis 基於建造者模式建造物件提供了基礎。此外，該套件還完成了 XML 檔案和註釋對映的解析工作。

第 15 章介紹了 mapping 套件的原始程式。該套件完成了 SQL 敘述的處理、輸入參數的處理、輸出結果的處理等功能，並為 MyBatis 提供了多資料庫支援的能力。

第 16 章介紹了 scripting 套件的原始程式。就是在這個套件中，複雜的 SQL 節點被逐步解析為純粹的 SQL 敘述，該章將詳細說明這一解析過程。

第 17 章介紹了 datasource 套件的原始程式。該套件包含了 MyBatis 中與資料來源相關的類別，包含非池化資料來源、池化資料來源、資料來源工廠等。也正是透過該套件，MyBatis 完成了和資料庫的對接。

⧗ 第四篇為核心操作套件原始程式閱讀，包含第 18 ～ 24 章。

在這一篇中，將詳細介紹 MyBatis 的核心操作套件。

第 18 章介紹了 jdbc 套件的原始程式。該套件僅使用六個類別便為 MyBatis 提供了執行 SQL 敘述和指令稿的能力。

第 19 章介紹了 cache 套件的原始程式。該套件向我們展示了 MyBatis 如何使用裝飾器模式提供給使用者豐富的、可設定的快取，並且該章還從功能維度出發詳細介紹了 MyBatis 的兩級快取機制。

第 20 章介紹了 transaction 套件的原始程式。該套件為 MyBatis 提供了內部和外部的交易支援。

第 21 章介紹了 cursor 套件的原始程式。透過該套件，MyBatis 能將查詢結果封裝為游標形式傳回。

第 22 章介紹了 executor 套件的原始程式。executor 套件是 MyBatis 中最為重要也是最複雜的套件。在這一章中，首先，以子套件為單位分別介紹了 MyBatis 的主鍵自動增加功能、懶載入功能、敘述處理功能、參數處理功能、結果處理功能和結果集處理功能。然後，在此基礎上對 MyBatis 中執行器的原始程式進行了閱讀。最後，介紹了 MyBatis 中錯誤上下文的原始程式，了解 MyBatis 如何及時地保留錯誤發生時的現場環境。

第 23 章介紹了 session 套件的原始程式。session 套件是一個對外介面套件，是使用者在使用 MyBatis 時接觸最多的套件。

第 24 章介紹了 plugin 套件的原始程式。在該章中我們撰寫了一個外掛程式，然後透過原始程式詳細了解了 MyBatis 外掛程式的實現原理及 MyBatis 外掛程式平台的架構。

⧗ 第五篇為歸納與展望，包含第 25、26 章。

第 25 章對閱讀 MyBatis 原始程式過程中的方法和技巧進行了歸納。

第 26 章從專案的成熟度、涉及面、應用廣度和規模等角度綜合考量，為大家推薦了一些優秀的開放原始碼專案。學習完本書後，大家可以從這些專案中挑選一些進行原始程式閱讀。

原始程式閱讀畢竟是一個對知識廣度和深度都有較高要求的工作，為了大家能夠順利地閱讀 MyBatis 的原始程式，我們會在很多章節之前先介紹該章節原始程式涉及的基礎知識。掌握這些基礎知識後再閱讀相關原始程式則會輕鬆很多。

受篇幅所限，書中只能列出部分 MyBatis 原始程式。我們將完整的帶中文註釋的 MyBatis 原始程式整理成了開放原始碼專案，供大家下載與參考，您可至本公司官網 https://www.deepmind.com.tw/ 尋找本書並下載原始繁體中文程式碼。另原作者也提供了簡體中文程式碼於 github 上，該簡體中文註釋的網址為：https://github.com/yeecode/MyBatisCN。

為了讓大家能更輕鬆地了解和掌握一些相對複雜的基礎知識，本書也準備了許多範例專案。繁體中文程式碼可到本公司官網 https://www.deepmind.com.tw/ 尋找本書並下載原始程式碼，本書的簡體中文範例程式也可以在 github 上下載，網址為：https://github.com/yeecode/MyBatisDemo。

由於時間和水準有限，書中難免會有疏漏之處。您可以透過我的個人首頁與我取得聯繫並進行交流，在那裡也能看到我的最新專案。我的個人首頁網址為：http://yeecode.top。

透過閱讀本書，您將詳細了解 MyBatis 中每一個類別的結構、原理和細節。但要注意，這只是我們閱讀本書的額外收穫。掌握原始程式閱讀的方法和技巧，並將這些方法和技巧應用到其他專案的原始程式閱讀工作、系統設計工作、軟體開發工作中，這才是閱讀本書的最後目的。

原始程式閱讀是一項過程艱苦而結果可觀的工作。每一個潛心閱讀原始程式的開發者都值得尊敬，也希望本書能夠在您閱讀原始程式的過程中為您提供一些幫助，讓您多一些收穫。

加油！奮鬥路上的你和我。

作者

目錄

Contents

第三篇
設定解析套件原始程式閱讀

12 設定解析概述

13 binding 套件

14 builder 套件

15 mapping 套件

16 scripting 套件

17 datasource 套件

第四篇
核心操作套件原始程式閱讀

18 jdbc 套件

19 cache 套件

20 transaction 套件

21 cursor 套件

22 executor 套件

23　session 套件

24　plugin 套件

第五篇
歸納與展望

25　原始程式閱讀歸納

26　優秀開放原始碼專案推薦

第一篇

背景介紹

在本篇中，我們將對原始程式閱讀的背景和方法進行初步介紹，同時對本書的結構進行一些說明。

另外，也會在本篇中簡介 MyBatis 的使用方法和執行原理，並在此基礎上對 MyBatis 的原始程式結構進行初步分析，為後續章節的原始程式閱讀打好基礎。

原始程式碼閱讀

1.1 原始程式閱讀的意義

電腦技術和 通訊技術的蓬勃發展催生了一批又一批的軟體開發者。對於軟體開發者而言,學校的教科書、網上的教育訓練視訊都是非常好的入門資料。正是這些入門資料,幫我們打下了軟體開發的基礎。

資訊技術的高速發展也帶來了許許多多的新概念,物聯網、區塊鏈、人工智慧、雲端運算……層出不窮的新概念為我們描繪出一幅幅壯美的藍圖。介紹這些概念的書籍也如雨後春筍般不斷湧現。

然而,在基礎和藍圖之間卻具有極大的知識斷層:我們很容易找到用來打下基礎的入門書籍,也很容易找到用來說明藍圖的分析文章,卻鮮有資料告訴我們如何從基礎開始建置出藍圖中的雄偉建築。於是,許許的開發者迷失在了基礎和藍圖的知識斷層中,如同一個手握鐵錘的建築工人看著摩天大樓的規劃圖卻不知從何下手。於是有人選擇了放棄,繼續在增、刪、改、查中沉淪;有人選擇了摸索,不斷在重構改版中掙扎。

本書的目的不是幫開發者建置軟體開發的基礎,也不是向開發者描繪新概念的藍圖。本書是為了給開發者指引一條從基礎到藍圖的前進道路,幫助開發者具備在紮實的基礎上建造藍圖中雄偉建築的能力。

原始程式閱讀是了解和分析優秀的開源程式碼,並從中累積和學習的過程。就如同剖析一座摩天大樓的內部建置般去分析一個優秀開放原始碼專案的組織劃分、結構設計和功能實現,進而學習、參考並最後應用到自己的專案中,提升自己的軟體設計和開發能力。

原始程式閱讀也是一個優秀軟體開發者必備的能力。如今絕大多數軟體都是團隊協作的成果,只有讀懂別人的程式才能繼續開發新的功能。即使是單兵作戰,也需要讀懂自己所寫的舊程式,之後才能開展新的工作。

優秀的原始程式是最棒的程式設計教材,它能將整個專案完整地呈現給我們,使我們獲得全面的提升。原始程式閱讀能讓我們:

- 透徹地了解專案的實現原理;
- 接觸到成熟和先進的架構方案;
- 學習到可靠與巧妙的實施技巧;
- 發現本身知識盲點,增強本身知識儲備。

因此,原始程式閱讀是軟體開發者提升本身能力極為重要的方法。

1.2 原始程式閱讀的方法

原始程式閱讀對於提升開發者的技術能力大有裨益,可原始程式閱讀的過程卻是極為痛苦的。

每一個優秀的專案都凝聚了許多開發者的縝密思維邏輯;每一個優秀的專案都經歷了從雛形到成熟的曲折演化過程。最後,這些思維邏輯和演化過程都會投射和堆疊到原始程式上,使得原始程式變得複雜和難以了解。因此,原始程式閱讀的過程是一個透過原始程式去逆推思維邏輯和演化過程的工作。於是有人說讀懂原始程式比撰寫原始程式更為困難,想必也是有一定道理的。

當我們閱讀一份原始程式時,需要面對的困難通常有:

- 難以歸納的凌亂檔案；
- 稀奇古怪的類型組織；
- 混亂不堪的邏輯跳躍；
- 不明其意的方法變數。

……

可是，舒適能帶來的只是原地踏步。整理這些凌亂檔案、了解這些類型組織、追蹤這些邏輯跳躍、弄清這些方法變數的痛苦過程，才是真正能讓我們獲得提升的過程。

原始程式閱讀的過程中也有一些技巧，掌握這些技巧能減少原始程式閱讀過程中的痛苦。「授人以魚，不如授人以漁」，本書會將原始程式閱讀中的方法和技巧歸納出來，並希望大家將它們應用在其他專案的原始程式閱讀中。我們先將一些基本的技巧介紹如下，更多的技巧將在原始程式閱讀的過程中不斷列出。

- 偵錯追蹤：多數情況下，當我們對某些變數的含義產生疑惑時，借助開發工具的偵錯功能直接檢視變數值的變化是一個非常好的方法。而且該方法還能指引程式邏輯的跳躍過程，對於了解原始程式極為有用。
- 歸類歸納：優秀的原始程式都遵循一定的設計規則，這些規則可能是專案間通用的，也可能是專案內獨有的。在原始程式閱讀的過程中將這些設計規則歸納出來，將使原始程式閱讀的過程越來越順暢。
- 上下文整合：有些物件、屬性、方法等，僅透過本身很難判斷其作用和實現。此時可以結合其呼叫的上下文，檢視物件何時被參考、屬性怎樣被設定值、方法為何被呼叫，這對於了解它們的作用和實現很有幫助。

另外，還有一點不得不提，那就是要有一套強大的開發工具。有一套支援程式反白顯示、錯誤訊息、參考跳躍、中斷點偵錯等功能的開發工具十分必要，它能讓我們快速找出到所呼叫的方法，也能讓我們快速找到目前變數的參考，這些功能是進行原始程式閱讀所必需的。在 Java 程式設計領域，強大的開發工具有 IDEA、Eclipse 等，大家可以根據自己的喜好選用。

1.3 開放原始碼軟體

開放原始碼軟體（open source software）即開放原始程式碼軟體。這種軟體具有極強的開放性，其原始程式碼被公開出來供大眾取得、學習、修改，甚至重新分發。也正因為其開放性，一些開放原始碼軟體吸引了許多開發者參與其中，而這些開發者中不乏領域內的頂尖「高手」。

以 Linux 原始程式碼為例，截至目前它經歷過 21000 多名開發者的 840000 多次的提交。這充分說明了它是許多開發者智慧的結晶，也從側面說明了該專案程式的嚴謹與優雅。

所以說優秀的開放原始碼軟體是進行原始程式閱讀的絕佳材料。

Github 平台是全球最為知名的開放原始碼軟體函數庫，許多優秀的開放原始碼軟體就是在 Github 平台上協作開發的。我們可到 Github 平台尋找自己領域內的優秀開放原始碼軟體，開展原始程式閱讀工作。圖 1-1 展示了 Java 領域的一些優秀開放原始碼專案。

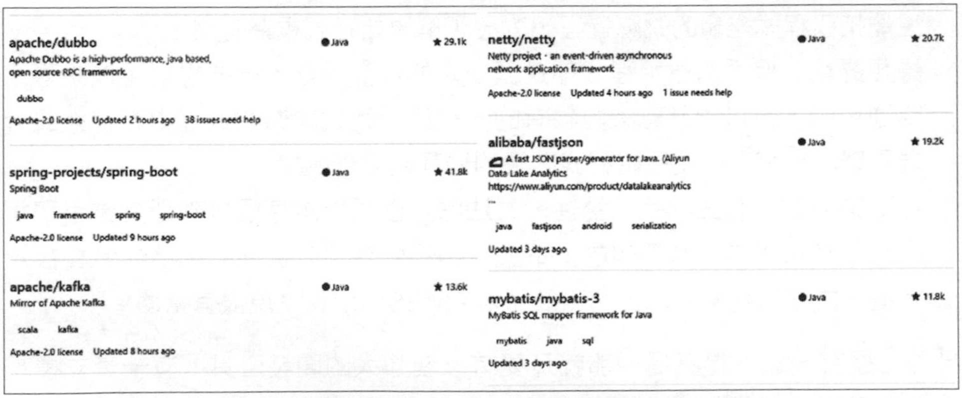

圖 1-1　Java 領域的一些優秀開放原始碼專案

- apache/dubbo：一個高性能的遠端程序呼叫架構；
- netty/netty：事件驅動的非同步網路應用架構；
- spring-projects/spring-boot：一套簡單好用的 Spring 架構；

- alibaba/fastjson：一套快速的 JSON 解析、產生元件；
- apache/kafka：一套即時資料流處理平台；
- mybatis/mybatis-3：一套強大的物件關係對映工具。

除上述專案外，Github 上還有許多優秀的開放原始碼軟體供大家使用、學習，甚至參與開發。

1.4　MyBatis 原始程式

經過不斷的篩選，本書最後選擇了開放原始碼軟體 MyBatis 作為原始程式閱讀的材料。這主要基於以下幾方面的考慮。

- MyBatis 專案悠久、成熟，且具有極廣的應用範圍，目前有十餘萬個開放原始碼專案參考它。
- MyBatis 包含資料庫操作、物件關係對映、設定檔解析、快取處理等許多功能，涉及的知識面十分廣泛。
- MyBatis 原始程式的程式量比較合適，如果程式量太大，則一本書難以細緻地講完；而如果程式量太小，則不能充分曝露原始程式閱讀過程中可能遇到的問題。

因為 MyBatis 是我們原始程式閱讀的材料，所以學完本書後，我們不僅會學到原始程式閱讀的方法和技巧，還會對 MyBatis 的實現原理、程式結構和設計技巧等瞭若指掌。最後，我們會成為 MyBatis 的精通者，這算是學習本書的額外收穫。因此，也可以單純地將本書作為一本 MyBatis 原始程式解析書來看待。

本書所使用的 MyBatis 版本為最新的穩定版 3.5.2，其開放原始碼專案位址為：

```
https://github.com/mybatis/mybatis-3/releases/tag/mybatis-3.5.2
```

建議在閱讀本書時參考上述程式的中文註釋版，其開放原始碼專案位址為：

```
https://github.com/yeecode/MyBatisCN
```

該版本在 3.5.2 版本的基礎上增加了中文註釋。由於篇幅所限，很多書中沒有展示的程式及註釋也能在該版本中找到。因此這是閱讀本書時非常必要的輔助資料。

1.5　本書結構

在這一節中我們將對本書的結構進行簡要的介紹。同時，考慮到本書會涉及 MyBatis 的相關檔案和大量的原始程式，我們也會對原始程式分析中涉及的術語進行規範。

1.5.1　背景知識

如果要說什麼是原始程式閱讀中最重要的因素，那應該是基礎知識。

如果不了解開放原始碼專案中的設計模式，則很難理清楚原始程式的結構；如果不清楚開放原始碼專案中的程式設計知識，則很難弄明白邏輯的走向。因此，掌握好開放原始碼專案中用到的相關基礎知識非常重要。

為了更進一步地了解原始程式，在每個章節開始處將章節所述原始程式中涉及的知識介紹給大家。這些知識包含但不限於：

- 設計模式；
- Java 基礎與進階知識；
- 專案用到的外部工具套件；
- 專案依賴的外部類別。

可以根據自己的知識儲備對這些背景知識進行學習，然後進行章節內原始程式的閱讀。

為了能夠更快地消化和吸收相關的知識，本書還準備了大量的範例，並將這些範例整理成了一個開放原始碼專案 MyBatisDemo，其開放原始碼位址為：

```
https://github.com/yeecode/MyBatisDemo
```

1.5.2 檔案的指代

使用 MyBatis 時，會涉及三種檔案。下面分別對這三種檔案進行簡介，在本書後面的敘述中，將使用這些名稱來指代對應的檔案。

1. 設定檔

MyBatis 的設定檔為一個 XML 檔案，通常被命名為 mybatis-config.xml。該 XML 檔案的根節點為 configuration，根節點內可以包含的一級節點及其含義如下所示。

- properties：屬性資訊，相當於 MyBatis 的全域變數。
- settings：設定資訊，透過它對 MyBatis 的功能進行調整。
- typeAliases：類型別名，在這裡可以為類型設定一些簡短的名字。
- typeHandlers：類型處理器，在這裡可以為不同的類型設定對應的處理器。
- objectFactory：物件工廠，在這裡可以指定 MyBatis 建立新物件時使用的工廠。
- objectWrapperFactory：物件包裝器工廠，在這裡可以指定 MyBatis 使用的物件包裝器工廠。
- reflectorFactory：反射器工廠，在這裡可以設定 MyBatis 的反射器工廠。
- plugins：外掛程式，在這裡可以為 MyBatis 設定差價，進一步修改或擴充 MyBatis 的行為。
- environments：環境，這裡可以設定 MyBatis 執行的環境資訊，如資料來源資訊等。
- databaseIdProvider：資料庫編號，在這裡可以為不同的資料庫設定不同的編號，這樣可以對不同類型的資料庫設定不同的資料庫動作陳述式。
- mappers：對映檔案，在這裡可以設定對映檔案或對映介面檔案的位址。

同時要注意，對設定檔中的一級節點是有順序要求的，這些節點必須按照上面列舉的順序出現。在使用中可以根據實際需要選擇對應的節點依次寫入設定檔。

程式 1-1 展示了一個簡單的設定檔範例。

程式 1-1

```xml
<?xml version="1.0" encoding="UTF-8" ?>
<!DOCTYPE configuration
    PUBLIC "-//mybatis.org//DTD Config 3.0//EN"
    "http://mybatis.org/dtd/mybatis-3-config.dtd">
<configuration>
    <typeAliases>
        <package name="com.github.yeecode.mybatisdemo.model"/>
    </typeAliases>
    <environments default="development">
        <environment id="development">
            <transactionManager type="JDBC"/>
                <dataSource type="POOLED">
                    <property name="driver" value="com.mysql.cj.jdbc.Driver"/>
                    <property name="url" value="jdbc:mysql://127.0.0.1:3306/
                        yeecode? serverTimezone=UTC"/>
                    <property name="username" value="root"/>
                    <property name="password" value="yeecode"/>
                </dataSource>
        </environment>
    </environments>
    <mappers>
        <mapper resource="com/github/yeecode/mybatisDemo/UserMapper.xml"/>
    </mappers>
</configuration>
```

2. 對映檔案

對映檔案也是一個 XML 檔案，用來完成 Java 方法與 SQL 敘述的對映、Java 物件與 SQL 參數的對映、SQL 查詢結果與 Java 物件的對映等。一般來説在一個專案中可以有多個對映檔案。

對映檔案的根節點為 mapper，在 mapper 節點下可以包含的節點及其含義如下所示。

■ cache：快取，透過它可以對目前命名空間進行快取設定。

- cache-ref：快取參考，透過它可以參考其他命名空間的快取作為目前命名空間的快取。
- resultMap：結果對映，透過它來設定如何將 SQL 查詢結果對映為物件。
- parameterMap：參數對映，透過它來設定如何將參數物件對映為 SQL 參數。該節點已廢棄，建議直接使用內聯參數。
- sql：SQL 敘述片段，透過它來設定可以被重複使用的敘述片段。
- insert：插入敘述。
- update：更新敘述。
- delete：刪除敘述。
- select：查詢敘述。

程式 1-2 列出了一個簡單的對映檔案範例。

程式 1-2

```xml
<?xml version="1.0" encoding="UTF-8" ?>
        <!DOCTYPE mapper
            PUBLIC "-//mybatis.org//DTD Mapper 3.0//EN"
            "http://mybatis.org/dtd/mybatis-3-mapper.dtd">
<mapper namespace="com.github.yeecode.mybatisdemo.dao.UserMapper">
  <select id="queryUserBySchoolName" resultType="User">
SELECT * FROM 'user' WHERE schoolName = #{schoolName}
  </select>
</mapper>
```

在對映檔案中，insert、update、delete、select 節點最為常見，這種節點統稱為資料庫操作節點，而節點的內容是一個支援複雜語法的 SQL 敘述，稱為資料庫動作陳述式。資料庫操作節點與資料庫動作陳述式如圖 1-2 所示。

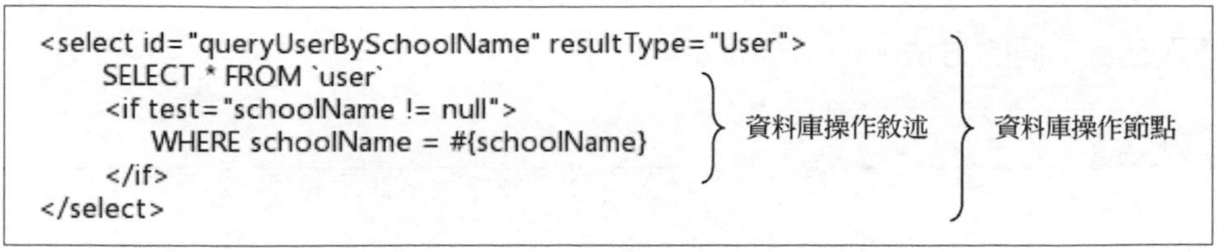

```
<select id="queryUserBySchoolName" resultType="User">
    SELECT * FROM `user`
    <if test="schoolName != null">
        WHERE schoolName = #{schoolName}
    </if>
</select>
```
資料庫操作敘述　　資料庫操作節點

圖 1-2　資料庫操作節點與資料庫動作陳述式

3. 對映介面檔案

對映介面檔案是一個 Java 介面檔案，並且該介面不需要實現類別。大部分的情況下，每個對映介面檔案都有一個名稱相同的對映檔案與之相對應。

在對映介面檔案中可以定義一些抽象方法，這些抽象方法可以分為兩種：

- 第一種抽象方法與對應的對映檔案中的資料庫操作節點相對應。
- 第兩種抽象方法透過註釋宣告本身的資料庫動作陳述式。當整個介面檔案中均為該類別抽象方法時，則該對映介面檔案可以沒有對應的對映檔案。

程式 1-3 列出了一個對映介面檔案的範例。

程式 1-3

```
public interface UserMapper {
    // 該抽象方法對應著對映檔案中的資料庫操作節點
    List<User> queryUserBySchoolName(User user);

    // 該抽象方法透過註釋宣告本身的資料庫動作陳述式
    @Select("SELECT * FROM 'user' WHERE 'id' = #{id}")
    User queryUserById(Integer id);
}
```

因為對映介面檔案實際是一個 Java 介面，所以有時也會稱其為對映介面。

1.5.3 方法的指代

1. 方法名

在 Java 程式中，通常會針對某一方法多載多個方法，以滿足不同的使用需求。舉例來說，程式 1-4 是 CacheException 類別的一組建構方法，共包含四個輸入參數不同的方法。

程式 1-4

```
// 方法一
public CacheException() {
```

```
  super();
}
// 方法二
public CacheException(String message) {
  super(message);
}
// 方法三
public CacheException(String message, Throwable cause) {
  super(message, cause);
}
// 方法四
public CacheException(Throwable cause) {
  super(cause);
}
```

在本書中，將使用 CacheException 來指代具有該方法名稱的上述四個方法，而使用 CacheException() 來特指方法一，使用 CacheException(String, Throwable) 來特指方法三。

這種方法的指代方式參考《Java 編程風格》一書。

2. 核心方法

在某些情況下，具有相同方法名稱的一組方法是為了便於外部呼叫而多載的，其核心實現邏輯都集中在某一個方法內，其他方法只做了轉接轉換的工作。

舉例來說，程式 1-5 所示的三個 selectMap 方法中，方法一、二中僅進行了預設參數的設定、轉化等簡單的轉換操作，然後呼叫了方法三。方法三中則包含了核心的操作邏輯。

程式 **1-5**

```
// 方法一
public <K, V> Map<K, V> selectMap(String statement, String mapKey) {
  return this.selectMap(statement, null, mapKey, RowBounds.DEFAULT);
}
```

```
// 方法二
public <K, V> Map<K, V> selectMap(String statement, Object parameter,
String mapKey) {
  return this.selectMap(statement, parameter, mapKey, RowBounds.DEFAULT);
}

// 方法三
public <K, V> Map<K, V> selectMap(String statement, Object parameter,
String mapKey, RowBounds rowBounds) {
  final List<? extends V> list = selectList(statement, parameter, rowBounds);
  final DefaultMapResultHandler<K, V> mapResultHandler = new
      DefaultMapResultHandler< > (mapKey, configuration.
      getObjectFactory(), configuration.getObjectWrapperFactory(),
      configuration. getReflectorFactory());
  final DefaultResultContext<V> context = new DefaultResultContext< >();
  for (V o : list) {
    context.nextResultObject(o);
    mapResultHandler.handleResult(context);
  }
  return mapResultHandler.getMappedResults();
}
```

在本書中，將方法三這樣的包含核心操作邏輯的方法稱為核心方法。所以，
selectMap (String, Object, String, RowBounds) 就是 selectMap 這一組方法中的
核心方法。

非核心方法中的程式大多十分簡單和易於了解，因此在後面的原始程式分析
中，我們多圍繞核心方法展開。

MyBatis 概述

在開始一個專案的原始程式閱讀之前，首先要對整個專案有較為全面的了解。需要了解的資訊包含專案的產生背景、演進過程、使用方法等，這些資訊能夠幫助我們直觀地勾勒整個專案的外在輪廓。這樣，在我們遇到一段程式時就能根據外在輪廓更進一步地揣測它在整體功能中的作用，大幅地減少了解偏差。

在本章我們將綜合性地了解 MyBatis 專案，包含其背景介紹、快速上手方法等，而對於一些更為細節的使用方法，將在相關部分的原始程式解析時介紹。

2.1 背景介紹

2.1.1 傳統資料庫連接

資料庫是軟體專案中儲存持久化資料最常用的場所，應用十分廣泛。舉例來說，在網站應用中，註冊使用者的資訊、頁面展示的資訊、使用者提交的資訊等大都是儲存在資料庫中的。因此，與資料庫進行互動是很多軟體專案中非常重要的部分。

然而，軟體程式與資料庫互動的過程需要建立連接、拼裝和執行 SQL 敘述、轉化操作結果等步驟，相比較較煩瑣。程式 2-1 是一個從資料庫中查詢 User 清單的範例。

程式 **2-1**

```
// 第一步：載入驅動程式
Class.forName("com.mysql.jdbc.Driver");

// 第二步：獲得資料庫的連接
Connection conn = DriverManager.getConnection(url, userName, password);

// 第三步：建立敘述並執行
Statement stmt = conn.createStatement();
ResultSet resultSet = stmt.executeQuery("SELECT * FROM 'user' WHERE schoolName
  = \'" + userParam.getSchoolName() + "\';");

// 第四步：處理資料庫操作結果
List<User> userList = new ArrayList< >();
while(resultSet.next()){
    User user = new User();
    user.setId(resultSet.getInt("id"));
    user.setName(resultSet.getString("name"));
    user.setEmail(resultSet.getString("email"));
    user.setAge(resultSet.getInt("age"));
    user.setSex(resultSet.getInt("sex"));
    user.setSchoolName(resultSet.getString("schoolName"));
    userList.add(user);
}

// 第五步：關閉連接
stmt.close();
```

該範例的完整程式請參見 MyBatisDemo 專案中的範例 1。

在執行範例前需要先使用 MyBatisDemo 專案 database 資料夾下的 SQL 指令稿初始化兩個資料表。這兩個資料表會在 MyBatisDemo 專案的多個範例中用到，後面不再重複提及。

程式 2-1 所示的過程中，第一、二、五步的工作是相對固定的，可以透過封裝函數進行統一操作；而第三、四步的操作卻因為涉及的輸入參數和輸出參數的 Java 物件不同而很難將其統一起來。

不僅是在資料的查詢操作中，在資料的寫入、編輯操作中也會面臨同樣的問題。在進行資料寫入和編輯操作時通常需要處理更多的輸入參數，需要將這些參數一一拼裝到 SQL 敘述內。

隨著 SQL 敘述及輸入參數、輸出參數物件的不同，上述程式中第三、四步展示的操作會千變萬化，我們只能針對不同物件的不同操作拼裝不同的動作陳述式，然後單獨處理傳回的結果。資料庫寫入、讀取操作十分頻繁，這就帶來了大量煩瑣的工作。

ORM 架構就是為解決上述問題而產生。

2.1.2 ORM 架構

在目前主流的軟體開發過程中，多使用物件導向的開發方法和以關聯式資料庫為基礎的持久化方案。

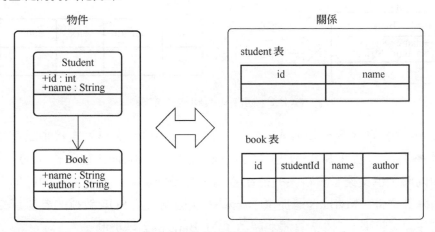

圖 2-1　物件和關係的對映

物件導向是在軟體工程原則（如聚合、封裝）的基礎上發展起來的，而關聯式資料庫則是在數學理論（集合代數等）的基礎上發展起來的，兩者並不是完全符合，它們中間需要資訊的轉化。舉例來説，在將物件持久化到關聯式資料庫中時通常需要圖 2-1 所示的轉化過程。

這樣的轉化稱為物件關係對映（Object Relational Mapping，簡稱 ORM、O/RM 或 O/R mapping）。ORM 會在資料庫資料的讀取和寫入操作過程中頻繁發生，為了降低這種轉化過程的開發成本，產生了大量的 ORM 架構，MyBatis 就是其中非常出色的一款。

2.1.3 MyBatis 的特點

大多數 ORM 架構選擇將 Java 物件和資料表直接連結起來，用一組對應關係將兩者綁定在一起。物件和資料表的對映如圖 2-2 所示。

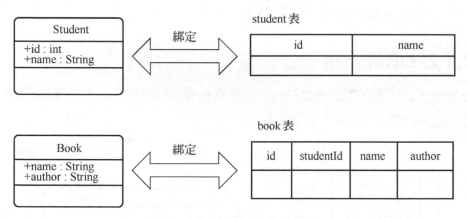

圖 2-2　物件和資料表的對映

MyBatis 則採取了另一種方式，它沒有將 Java 物件和資料表直接連結起來，而是將 Java 方法和 SQL 敘述連結起來。這使得 MyBatis 在簡化了 ORM 操作的同時，也支援了資料表的連結查詢、視圖的查詢、預存程序的呼叫等操作。除此之外，MyBatis 還提供了一種對映機制，將 SQL 敘述的參數或結果與物件連結起來。圖 2-3 具體地展示了 MyBatis 的對映機制。

這樣，使用 MyBatis 時，只要呼叫一個方法就可以執行一筆複雜的 SQL 敘述。在呼叫方法時可以給方法傳遞物件作為 SQL 敘述的參數，而 SQL 敘述的執行結果也會被對映成物件後傳回。因此，關聯式資料庫被 MyBatis 隱藏了，讀寫資料庫的過程成了一個純粹的物件導向的過程。

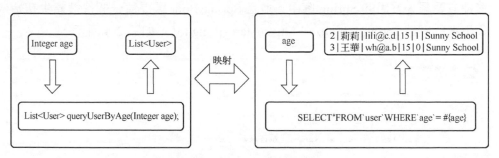

圖 2-3　MyBatis 的對映機制

除核心對映功能外，MyBatis 還提供了快取功能、惰性載入功能、主鍵自動增加功能、多資料集處理功能等，這些功能的實現原理會在後續的原始程式閱讀中詳細介紹。

2.2　快速上手

在這一節中我們將架設並執行一個包含 MyBatis 的專案，進一步對 MyBatis 的功能建立直觀的認識。

MyBatis 的使用非常靈活，支援多種設定方式：

- 完全程式設定。MyBatis 提供完整的設定類別，使用者可以呼叫這些設定類別完成所有設定工作。但是使用這種設定方式會使得設定資訊和業務程式混雜在一起，因此很少採用。
- 以 XML 為基礎的設定。MyBatis 提供使用 XML 進行設定的功能。這種設定方式簡單明瞭，經常使用。
- 外部架構設定。因為 Spring、Spring Boot 等架構非常流行，MyBatis 開發團隊也開發了與這些架構進行對接的相關元件。有了這些元件的支援，可以在 Spring、Spring Boot 中直接實現 MyBatis 的一些簡單設定。

下面將基於 Spring Boot 來快速設定一個包含 MyBatis 的專案。Spring Boot 是一個可以快速上手的 Spring 架構，它能夠幫助開發者在設定極少的情況下快速建立輕量、好用的 Spring 應用。並且 Spring Boot 還提供一個快速產生初始化專案的網站 Spring Initializr：https://start.spring.io/，如圖 2-4 所示。

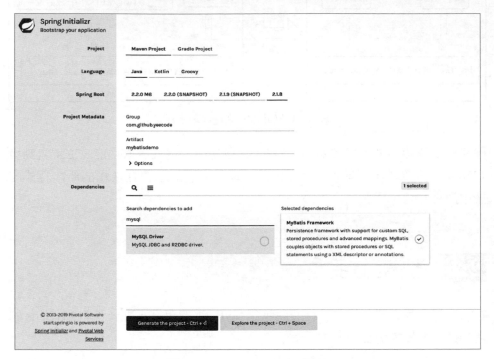

圖 2-4　Spring Initializr 網站

在 Spring Initializr 網站中，設定好專案的 Group 名稱、Artifact 名稱及專案依賴後，就可以直接將一個初始化好的專案套件下載到本機。在快速上手專案中，需要的專案依賴有：

- MyBatis Framework：提供 MyBatis 及其與 Spring Boot 對接的元件。
- MySQL Driver：提供連接 MySQL 資料庫的驅動。
- Spring Web：提供基本的 Web 存取功能。

之後便可以點擊 "Generate the project-Ctrl+⏎" 按鈕，將初始化好的 Spring Boot 專案下載到本機。

本節完整程式參見 MyBatisDemo 專案中的範例 2。

2.2.1 MyBatis 套件的引用

觀察使用 Spring Initializr 初始化的專案，可能會有人疑惑其 POM 中沒有參考
mybatis 套件。這是因為參考了 mybatis-spring-boot-starter 套件，如程式 2-2 所
示。

程式 2-2

```
<dependency>
  <groupId>org.mybatis.spring.boot</groupId>
  <artifactId>mybatis-spring-boot-starter</artifactId>
  <version>2.1.0</version>
</dependency>
```

開啟 mybatis-spring-boot-starter 的 POM 檔案，如程式 2-3 所示，就可以發現
這裡不僅參考了 mybatis 套件，還參考了 mybatis-spring、mybatis-spring-boot-
autoconfigure 等套件。

程式 2-3

```
<project xmlns="http://maven.apache.org/POM/4.0.0" xmlns:xsi="http://www.w3.
  org/2001/XMLSchema- instance" xsi:schemaLocation="http://maven.apache.org/
  POM/4.0.0http://maven.apache.org/xsd/maven-4.0.0.xsd">
  <modelVersion>4.0.0</modelVersion>
  <parent>
    <groupId>org.mybatis.spring.boot</groupId>
    <artifactId>mybatis-spring-boot</artifactId>
    <version>2.1.0</version>
  </parent>
  <artifactId>mybatis-spring-boot-starter</artifactId>
  <name>mybatis-spring-boot-starter</name>
  <properties>
    <module.name>org.mybatis.spring.boot.starter</module.name>
  </properties>
  <dependencies>
```

```
  <dependency>
    <groupId>org.springframework.boot</groupId>
    <artifactId>spring-boot-starter</artifactId>
  </dependency>
  <dependency>
    <groupId>org.springframework.boot</groupId>
    <artifactId>spring-boot-starter-jdbc</artifactId>
  </dependency>
  <dependency>
    <groupId>org.mybatis.spring.boot</groupId>
    <artifactId>mybatis-spring-boot-autoconfigure</artifactId>
  </dependency>
  <dependency>
    <groupId>org.mybatis</groupId>
    <artifactId>mybatis</artifactId>
  </dependency>
  <dependency>
    <groupId>org.mybatis</groupId>
    <artifactId>mybatis-spring</artifactId>
  </dependency>
  </dependencies>
</project>
```

mybatis-spring-boot-starter 的 POM 檔案中並沒有定義 mybatis 套件的版本，
這是因為 mybatis 套件的版本是在 mybatis-spring-boot-starter 的祖父套件
mybatis-parent 中定義的，如程式 2-4 所示。

程式 **2-4**

```
<properties>
  <mybatis.version>3.5.2</mybatis.version>
  <mybatis-spring.version>2.0.2</mybatis-spring.version>
  <mybatis-freemarker.version>1.2.0</mybatis-freemarker.version>
  <mybatis-velocity.version>2.1.0</mybatis-velocity.version>
  <mybatis-thymeleaf.version>1.0.1</mybatis-thymeleaf.version>
  <spring-boot.version>2.1.6.RELEASE</spring-boot.version>
</properties>
```

所以，只要參考了 mybatis-spring-boot-starter 套件，就間接參考了 mybatis 套件及其他的一些元件套件。

2.2.2 MyBatis 的簡單設定

首先，在 Spring Boot 的設定檔中設定應用服務通訊埠編號，以及要連接的資料庫的位址、使用者名稱、密碼資訊，如程式 2-5 所示。

程式 2-5

```
server.port=8099

spring.datasource.url=jdbc:{db}://{db_address}/{db_name}
spring.datasource.username={db_username}
spring.datasource.password={db_password}
```

使用了 mybatis-spring-boot-starter 套件之後，可以省略 MyBatis 的設定檔，只需建立對映檔案即可。建立的對映檔案如程式 2-6 所示。

程式 2-6

```xml
<?xml version="1.0" encoding="UTF-8" ?>
<!DOCTYPE mapper PUBLIC "-//mybatis.org//DTD Mapper 3.0//EN" "http://mybatis.
  org/dtd/mybatis- 3-mapper.dtd">
<mapper namespace="com.github.yeecode.mybatisdemo.UserMapper">
    <select id="queryUserBySchoolName" resultType="com.github.yeecode.
        mybatisdemo. User">
        SELECT * FROM 'user'
        <if test="schoolName != null">
            WHERE schoolName = #{schoolName}
        </if>
    </select>
</mapper>
```

這樣，MyBatis 的所有設定就完成了。

2.2.3 以 MyBatis 為基礎的資料庫操作

為了讓 MyBatis 能夠完成 ORM 的轉化工作，首先在範例專案中建立一個模型類別，如程式 2-7 所示。

程式 **2-7**

```
public class User {
    private Integer id;
    private String name;
    private String email;
    private Integer age;
    private Integer sex;
    private String schoolName;

    // 省略屬性的 get、set 方法
}
```

然後，建立一個與對映檔案相對應的對映介面檔案，如程式 2-8 所示。這裡一定不要忘記增加 @Mapper 註釋，正是這個註釋宣告了該類別是一個對映介面。

程式 **2-8**

```
@Mapper
public interface UserMapper {
    List<User> queryUserBySchoolName(User user);
}
```

最後，建立一個接收網路請求並透過 MyBatis 進行資料庫存取的控制器，如程式 2-9 所示。

程式 **2-9**

```
@RestController
@RequestMapping("/")
public class MainController {
    @Autowired
```

```
    private UserMapper userMapper;

    @RequestMapping("/")
    public Object index() {
        User userParam = new User();
        userParam.setSchoolName("Sunny School");
        List<User> userList = userMapper.queryUserBySchoolName(userParam);
        for (User user : userList) {
            System.out.println("name : " + user.getName() + " ;  email : " +
user. getEmail());
        }
        return userList;
    }
}
```

這樣，整個範例專案就架設完成了。最後的專案檔案結構如圖 2-5 所示。

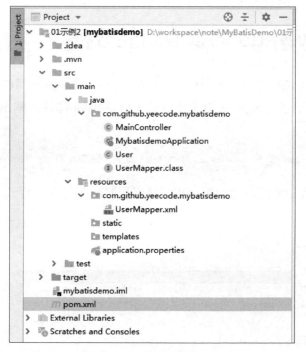

圖 2-5　專案檔案結構

這裡要注意，對映檔案 UserMapper.xml 和對映介面檔案 UserMapper.class 分別位於 resources 資料夾和 java 資料夾的同一路徑。

這樣，所有的設定工作就全部完成了。啟動該 Spring Boot 專案後，使用瀏覽器存取該服務的通訊埠，即可在瀏覽器和主控台看到資料庫查詢結果，如圖 2-6 所示。

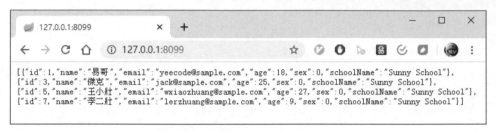

圖 2-6 資料庫查詢結果

2.3 MyBatis 的核心功能分析

在快速上手範例中，只使用了下面一行程式便完成了資料庫的查詢操作。在這行程式中，不包含 SQL 敘述，接收的參數是 Java 物件，輸出的結果是 Java 物件列表。

```
List<User> userList = userMapper.queryUserBySchoolName(userParam);
```

而 2.1.1 節中所介紹的直接使用 JDBC 操作資料庫的程式如程式 2-10 所示。

程式 2-10

```
// 第三步：建立敘述並執行
Statement stmt = conn.createStatement();
ResultSet resultSet = stmt.executeQuery("SELECT * FROM 'user' WHERE schoolName
= \'" + userParam.getSchoolName() + "\';");


// 第四步：處理資料庫操作結果
List<User> userList = new ArrayList<>();
```

```
while(resultSet.next()){
    User user = new User();
    user.setId(resultSet.getInt("id"));
    user.setName(resultSet.getString("name"));
    user.setEmail(resultSet.getString("email"));
    user.setAge(resultSet.getInt("age"));
    user.setSex(resultSet.getInt("sex"));
    user.setSchoolName(resultSet.getString("schoolName"));
    userList.add(user);
}
```

可以看出，使用 MyBatis 後大幅簡化了資料庫的讀寫操作。其原因是，在該設定下，MyBatis 完成了下面的對映關係：

■ 對映檔案中的 SQL 敘述與對映介面中的抽象方法建立了對映。範例中，SQL 敘述 "SELECT * FROM 'user' WHERE schoolName = #{schoolName}" 對應了 "List <User>queryUserBySchoolName(User user)" 方法。

■ SQL 敘述的輸入參數與方法輸入參數建立了對映。範例中，SQL 敘述中的 "#{schoolName}" 參數對應了方法輸入參數 User 物件的 schoolName 屬性。

■ SQL 敘述的輸出結果與方法結果建立了對映。範例中，SQL 敘述的輸出結果對應了 User 物件。

這種對映關係也可以用圖 2-7 表示。

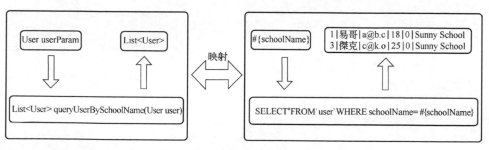

圖 2-7 對映關係

以上對映之間的轉化工作是在資料庫讀寫過程中由 MyBatis 自動完成的。因此，可以歸納出 MyBatis 完成的主要工作，這些工作就是 MyBatis 的核心功能。

- 將包含 if 等標籤的複雜資料庫動作陳述式解析為純粹的 SQL 敘述。
- 將資料庫操作節點和對映介面中的抽象方法進行綁定，在抽象方法被呼叫時執行資料庫操作。
- 將輸入參數物件轉化為資料庫動作陳述式中的參數。
- 將資料庫動作陳述式的傳回結果轉化為物件。

在接下來的原始程式閱讀中，把握住 MyBatis 的核心功能，並特別注意與核心功能相關的程式，可以使我們在面對紛雜的類別和方法時不易迷失。

在其他專案的原始程式閱讀中，也要遵循這樣的策略：找出軟體專案的核心功能，特別注意與核心功能相關的程式。

MyBatis 執行初探

在閱讀一個專案的原始程式前,使用具有中斷點偵錯功能的開發軟體對專案程式進行一次追蹤是非常有必要的。這項工作將讓我們對整個專案的骨架脈絡有一個整體的認識,為之後的原始程式閱讀提供指引。

在追蹤的過程中要抓大放小,特別注意與專案核心功能相關的部分,忽略一些細枝末節的程式。在追蹤過程中也可以對程式的邏輯進行一些猜測,但不要對看不懂的程式過分糾結。

進行程式追蹤時,可以將整個過程大致記錄下來,作為原始程式閱讀的架構;也可以將遇到的問題記錄下來,等待原始程式閱讀時分析解答。

現在就開始對 MyBatis 的原始程式進行一次偵錯追蹤,進一步了解 MyBatis 原始程式的骨架脈絡。在這一次偵錯追蹤中,我們不會使用第 2 章中建立的專案。因為上述專案透過 mybatis-spring-boot-starter 套件引入了 mybatis-spring、mybatis-spring-boot-autoconfigure 等套件,這會給偵錯工作帶來干擾。因此,我們會儘量不依賴其他外部專案,而架設一個純粹的 MyBatis 專案。

最後,架設的專案除依賴 Spring Boot 必需的 spring-boot-starter 外,還依賴 mybatis 和 mysql-connector-java。該專案的依賴如程式 3-1 所示。

程式 3-1

```xml
<dependencies>
  <dependency>
    <groupId>org.springframework.boot</groupId>
    <artifactId>spring-boot-starter</artifactId>
  </dependency>
  <dependency>
    <groupId>mysql</groupId>
    <artifactId>mysql-connector-java</artifactId>
    <version>8.0.17</version>
  </dependency>
  <dependency>
    <groupId>org.mybatis</groupId>
    <artifactId>mybatis</artifactId>
    <version>3.5.2</version>
  </dependency>
</dependencies>
```

本章完整程式參見 MyBatisDemo 專案中的範例 3。

該專案需要手動建立 MyBatis 設定檔，如程式 3-2 所示。

程式 3-2

```xml
<?xml version="1.0" encoding="UTF-8" ?>
<!DOCTYPE configuration
        PUBLIC "-//mybatis.org//DTD Config 3.0//EN"
        "http://mybatis.org/dtd/mybatis-3-config.dtd">
<configuration>
    <typeAliases>
        <package name="com.github.yeecode.mybatisdemo"/>
    </typeAliases>
    <environments default="development">
        <environment id="development">
            <transactionManager type="JDBC"/>
            <dataSource type="POOLED">
                <property name="driver" value="com.mysql.jdbc.Driver"/>
```

```
                <property name="url" value="jdbc:{db}://{db_address}/{db_name}"/>
                <property name="username" value="{db_username}"/>
                <property name="password" value="{db_password}"/>
            </dataSource>
        </environment>
    </environments>
    <mappers>
        <mapper resource="com/github/yeecode/mybatisdemo/UserMapper.xml"/>
    </mappers>
</configuration>
```

此外，User 類別、UserMapper 介面、對映檔案 UserMapper.xml 均和第 2 章中
建立的專案一致，並且 application.properties 檔案中不需要任何設定，只留下
一個空檔案即可。最後的專案檔案結構如圖 3-1 所示。

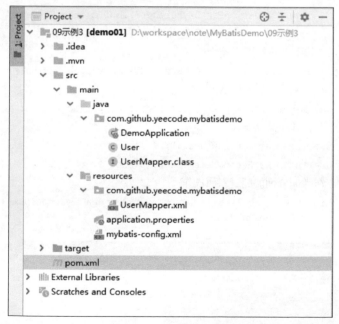

圖 3-1　專案檔案結構

專案架設完成後，在 Spring Boot 的主函數中寫入操作邏輯，如程式 3-3 所
示。執行後便可以透過資料庫查詢出圖 3-2 所示的程式執行結果。

程式 **3-3**

```java
@SpringBootApplication
public class DemoApplication {
    public static void main(String[] args) {
        // 第一階段：MyBatis 初始化階段
        String resource = "mybatis-config.xml";
        // 獲得設定檔的輸入串流
        InputStream inputStream = null;
        try {
            inputStream = Resources.getResourceAsStream(resource);
        } catch (IOException e) {
            e.printStackTrace();
        }
        // 獲得 SqlSessionFactory
        SqlSessionFactory sqlSessionFactory =
                new SqlSessionFactoryBuilder().build(inputStream);

        // 第二階段：資料讀寫階段
        try (SqlSession session = sqlSessionFactory.openSession()) {
            // 找到介面對應的實現
            UserMapper userMapper = session.getMapper(UserMapper.class);
            // 組建查詢參數
            User userParam = new User();
            userParam.setSchoolName("Sunny School");
            // 呼叫介面展開資料庫操作
            List<User> userList =  userMapper.queryUserBySchoolName(userParam);
            // 列印查詢結果
            for (User user : userList) {
                System.out.println("name : " + user.getName() + " ;  email :
                 " + user.getEmail());
            }
        }
    }
}
```

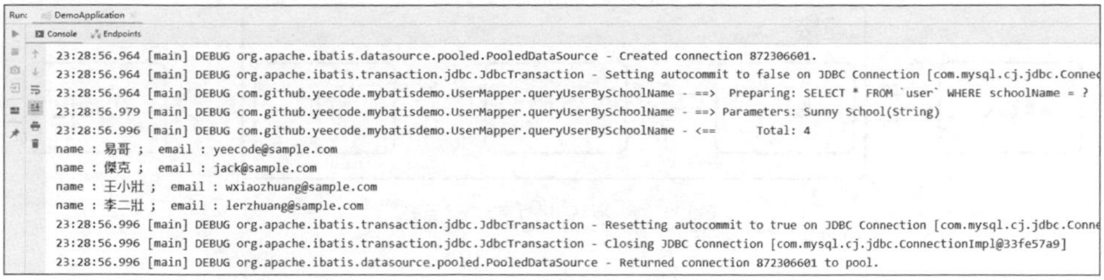

```
Run:   DemoApplication
  ▶  Console  ⚡ Endpoints
      23:28:56.964 [main] DEBUG org.apache.ibatis.datasource.pooled.PooledDataSource - Created connection 872306601.
      23:28:56.964 [main] DEBUG org.apache.ibatis.transaction.jdbc.JdbcTransaction - Setting autocommit to false on JDBC Connection [com.mysql.cj.jdbc.Conne
      23:28:56.964 [main] DEBUG com.github.yeecode.mybatisdemo.UserMapper.queryUserBySchoolName - ==> Preparing: SELECT * FROM `user` WHERE schoolName = ?
      23:28:56.979 [main] DEBUG com.github.yeecode.mybatisdemo.UserMapper.queryUserBySchoolName - ==> Parameters: Sunny School(String)
      23:28:56.996 [main] DEBUG com.github.yeecode.mybatisdemo.UserMapper.queryUserBySchoolName - <==     Total: 4
      name：易哥 ； email：yeecode@sample.com
      name：傑克 ； email：jack@sample.com
      name：王小壯 ； email：wxiaozhuang@sample.com
      name：李二壯 ； email：lerzhuang@sample.com
      23:28:56.996 [main] DEBUG org.apache.ibatis.transaction.jdbc.JdbcTransaction - Resetting autocommit to true on JDBC Connection [com.mysql.cj.jdbc.Conne
      23:28:56.996 [main] DEBUG org.apache.ibatis.transaction.jdbc.JdbcTransaction - Closing JDBC Connection [com.mysql.cj.jdbc.ConnectionImpl@33fe57a9]
      23:28:56.996 [main] DEBUG org.apache.ibatis.datasource.pooled.PooledDataSource - Returned connection 872306601 to pool.
```

圖 3-2　程式執行結果

透過程式可以清晰地看出，MyBatis 的操作主要分為兩大階段：

- 第一階段：MyBatis 初始化階段。該階段用來完成 MyBatis 執行環境的準備工作，只在 MyBatis 啟動時執行一次。
- 第二階段：資料讀寫階段。該階段由資料讀寫操作觸發，將根據要求完成實際的增、刪、改、查等資料庫操作。

在進行 MyBatis 的執行追蹤時，也按照上述兩個階段分別展開。

3.1　初始化階段追蹤

MyBatis 的初始化會在整個專案啟動時開始執行，主要用來完成設定檔的解析、資料庫的連接等工作。

3.1.1　靜態程式區塊的執行

每個 Java 類別在被「第一次主動使用」時都需要先進行類別的載入。所謂的「第一次主動使用」包含建立類別的實例、存取類別或介面的靜態變數、被反射呼叫、初始化類別的子類別等。

類別的載入就是 Java 虛擬機器將描述類別的資料從 Class 檔案載入到 JVM 的過程，在這一過程中會對 Class 檔案進行資料載入、連接和初始化，最後形成可以被虛擬機器直接使用的 Java 類別。類別的載入過程如圖 3-3 所示。

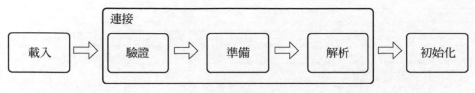

圖 3-3　類別的載入過程

而在圖 3-3 所示的初始化階段，會執行類別的靜態程式區塊。

靜態程式區塊是類別中一段由 static 關鍵字標識的程式，它通常用來對類別靜態變數進行初始化。舉例來說，程式 3-4 所示的靜態程式區塊位於 MyBatis 的 Jdk 類別中，用來判斷目前環境中是否存在 java.lang.reflect.Parameter 類別，並根據結果初始化 parameterExists 變數的值。

程式 **3-4**

```
public static final boolean parameterExists;

static {
  boolean available = false;
  try {
    Resources.classForName("java.lang.reflect.Parameter");
    available = true;
  } catch (ClassNotFoundException e) {
  }
  parameterExists = available;
}
```

靜態程式區塊會在類別載入過程的初始化階段執行，並且只會執行一次。一個類別中可以有多個靜態程式區塊，它們會按照順序依次執行。

MyBatis 中存在許多的類別，而這些類別被「第一次主動使用」的時間各不相同，因此不同類中的靜態程式區塊的即時執行機各不相同。但是，對於每一個類別而言，類別中的靜態程式區塊都是這個類別中首先被執行的程式。

因此，接下來系統呼叫任何一個類別時，這個類別的靜態程式區塊必定已經執行完成。對於這一點，在後面的分析中不再單獨提及。

3.1.2 取得 InputStream

下面從主方法入手，來追蹤 MyBatis 的初始化過程。主方法中首先進行的是
InputStream 物件的取得，如程式 3-5 所示。

程式 3-5

```
String resource = "mybatis-config.xml";
// 獲得設定檔的輸入串流
InputStream inputStream = null;
try {
    inputStream = Resources.getResourceAsStream(resource);
} catch (IOException e) {
    e.printStackTrace();
}
```

在程式 3-5 中將設定檔的路徑傳遞給了 Resource 中的 getResourceAsStream 方
法。我們以此為入口透過單步執行的方式不斷追蹤程式。

最後，我們發現 ClassLoaderWrapper 中的 getResourceAsStream(String, Class
Loader[]) 方法根據設定檔的路徑取得到設定檔的輸入串流。程式 3-6 列出了該
方法的原始程式。

程式 3-6

```
InputStream getResourceAsStream(String resource, ClassLoader[] classLoader) {
  for (ClassLoader cl : classLoader) {
    if (null != cl) {

      InputStream returnValue = cl.getResourceAsStream(resource);

      if (null == returnValue) {
        returnValue = cl.getResourceAsStream("/" + resource);
      }

      if (null != returnValue) {
        return returnValue;
```

```
      }
    }
  }
  return null;
}
```

程式 3-6 所示方法的輸入參數除設定檔的路徑外，還包含一組 ClassLoader。ClassLoader 叫作類別載入器，是負責載入類別的物件。指定類別的二進位名稱，類別載入器會嘗試定位或產生組成該類別定義的資料。一般情況下，類別載入器會將名稱轉為檔案名稱，然後從檔案系統中讀取該名稱的類別檔案。因此，類別載入器具有讀取外部資源的能力，這裡要借助的正是類別載入器的這種能力。

程式 3-6 所示的 getResourceAsStream 方法會依次呼叫傳入的每一個類別載入器的 getResourceAsStream 方法來嘗試取得設定檔的輸入串流。在嘗試過程中如果失敗的話，會在傳入的位址前加上 "/" 再試一次。只要嘗試成功，即表明成功載入了指定的資源，會將所獲得的輸入串流傳回。

整個過程中涉及的 Resource 類別和 ClassLoaderWrapper 類別均在 MyBatis 的 io 套件中，這也印證了 Resource 類別和 ClassLoaderWrapper 類別是負責讀寫外部檔案的。

3.1.3 設定資訊讀取

取得 InputStream 後，進行的是程式 3-7 所示的操作。

程式 3-7

```
SqlSessionFactory sqlSessionFactory = new SqlSessionFactoryBuilder().
build(inputStream);
```

這一步首先建立了一個 SqlSessionFactoryBuilder 類別的實例，然後呼叫了其 build 方法。build 方法有多個，其中的核心方法如程式 3-8 所示。

程式 3-8

```
public SqlSessionFactory build(InputStream inputStream, String environment,
Properties properties) {
  try {
    XMLConfigBuilder parser = new XMLConfigBuilder(inputStream, environment,
properties);
    return build(parser.parse());
  } catch (Exception e) {
    throw ExceptionFactory.wrapException("Error building SqlSession.", e);
  } finally {
    ErrorContext.instance().reset();
    try {
      inputStream.close();
    } catch (IOException e) {
    }
  }
}
```

整個方法中最核心的部分如程式 3-9 所示。

程式 3-9

```
XMLConfigBuilder parser = new XMLConfigBuilder(inputStream, environment,
properties);
return build(parser.parse());
```

這兩行程式碼完成了兩步操作：

（1）產生了一個 XMLConfigBuilder 物件，並呼叫了其 parse 方法，獲得一個 Configuration 物件（因為 parse 方法的輸出結果為 Configuration 物件）。

（2）呼叫了 SqlSessionFactoryBuilder 本身的 build 方法，傳導入參數為上一步 獲得的 Configuration 物件。

我們對上述兩步操作分別進行追蹤。

首先找到 XMLConfigBuilder 類別的 parse 方法，如程式 3-10 所示。

程式 **3-10**

```
public Configuration parse() {
  if (parsed) {
    throw new BuilderException("Each XMLConfigBuilder can only be used once.");
  }
  parsed = true;
  parseConfiguration(parser.evalNode("/configuration"));
  return configuration;
}
```

在程式 3-10 中出現了 "/configuration" 字元。"/configuration" 是整個設定檔的根節點，因此這裡是解析整個設定檔的入口。而 parseConfiguration 方法是解析設定檔的起始方法，如程式 3-11 所示。

程式 **3-11**

```
private void parseConfiguration(XNode root) {
  try {
    propertiesElement(root.evalNode("properties"));
    Properties settings = settingsAsProperties(root.evalNode("settings"));
    loadCustomVfs(settings);
    loadCustomLogImpl(settings);
    typeAliasesElement(root.evalNode("typeAliases"));
    pluginElement(root.evalNode("plugins"));
    objectFactoryElement(root.evalNode("objectFactory"));
    objectWrapperFactoryElement(root.evalNode("objectWrapperFactory"));
    reflectorFactoryElement(root.evalNode("reflectorFactory"));
    settingsElement(settings);
    environmentsElement(root.evalNode("environments"));
    databaseIdProviderElement(root.evalNode("databaseIdProvider"));
    typeHandlerElement(root.evalNode("typeHandlers"));
    mapperElement(root.evalNode("mappers"));
  } catch (Exception e) {
    throw new BuilderException("Error parsing SQL Mapper Configuration.
        Cause: " + e, e);
  }
}
```

在程式 3-11 中，parseConfiguration 方法依次解析了設定檔 configuration 節點下的各個子節點，包含連結了所有的對映檔案的 mappers 子節點。

進入每個子方法可以看出，解析出的相關資訊都放到了 Configuration 類別的實例中。因此 Configuration 類別中儲存了設定檔的所有設定資訊，也儲存了對映檔案的資訊。可見 Configuration 類別是一個非常重要的類別。

最後，XMLConfigBuilder 物件的 parse 方法傳回了一個 Configuration 物件。

透過 XMLConfigBuilder 物件的 parse 方法獲得了 Configuration 物件後，SqlSessionFactoryBuilder 本身的 build 方法接受 Configuration 物件為參數，傳回了 SqlSessionFactory 物件。

這樣主函數中 "SqlSessionFactory sqlSessionFactory = new SqlSessionFactoryBuilder().build(inputStream)" 這一句的解析就結束了。

3.1.4 歸納

透過上面的追蹤，MyBatis 的初始化階段已經分析完畢。在初始化階段，MyBatis 主要進行了以下幾項工作。

- 根據設定檔的位置，取得它的輸入串流 InputStream。
- 從設定檔的根節點開始，逐層解析設定檔，也包含相關的對映檔案。解析過程中不斷將解析結果放入 Configuration 物件。
- 以設定好的 Configuration 物件為參數，取得一個 SqlSessionFactory 物件。

3.2 資料讀寫階段追蹤

在初始化階段結束之後，我們來對讀寫階段進行追蹤，初步深入當進行一次資料庫的讀取或寫入操作時，MyBatis 內部都要經過哪些步驟。

3.2.1 獲得 SqlSession

在初始化階段，我們已經獲得了 SqlSessionFactory，而資料庫操作過程中需要一個 SqlSession 物件。從類別的名稱就可以看出，SqlSession 是由 SqlSessionFactory 產生的。在主方法中，由 SqlSessionFactory 產生 SqlSession 的過程如程式 3-12 所示。

程式 3-12

```
SqlSession session = sqlSessionFactory.openSession()
```

我們追蹤 openSession 方法了解實現細節，在 DefaultSqlSessionFactory 中找到了 openSessionFromDataSource 方法，這是產生 SqlSession 的核心原始程式，如程式 3-13 所示。

程式 3-13

```
private SqlSession openSessionFromDataSource(ExecutorType execType,
TransactionIsolationLevel level, boolean autoCommit) {
  Transaction tx = null;
  try {
    final Environment environment = configuration.getEnvironment();
    final TransactionFactory transactionFactory =
        getTransactionFactoryFromEnvironment (environment);
    tx = transactionFactory.newTransaction(environment.getDataSource(),
        level, autoCommit);
    final Executor executor = configuration.newExecutor(tx, execType);
    return new DefaultSqlSession(configuration, executor, autoCommit);
  } catch (Exception e) {
    closeTransaction(tx);
    throw ExceptionFactory.wrapException("Error opening session.  Cause: "
      + e, e);
  } finally {
    ErrorContext.instance().reset();
  }
}
```

在程式 3-13 中，我們看到 Configuration 物件中儲存的設定資訊被用來建立各種物件，包含交易工廠 TransactionFactory、執行器 Executor 及預設的 DefaultSqlSession。

進入 DefaultSqlSession 類別，可以看到它提供了查詢、增加、更新、刪除、提交、回覆等大量的方法。從 DefaultSqlSession 傳回後，主方法中 "SqlSession session = sqlSessionFactory.openSession()" 這行程式碼就執行完畢了。

有一點需要注意，資料讀寫階段是在進行資料讀寫時觸發的，但並不是每次讀寫都會觸發 "SqlSession session = sqlSessionFactory.openSession()" 操作，因為該操作獲得的 SqlSession 物件可以供多次資料庫讀寫操作重複使用。

3.2.2 對映介面檔案與對映檔案的綁定

在 1.5.2 節我們已經介紹，對映介面檔案是指 UserMapper.class 等存有介面的檔案，而對映檔案是指 UserMapper.xml 等存有 SQL 動作陳述式的檔案。最後，MyBatis 將這兩種檔案一一對應了起來。

在進行資料查詢之前，主方法先透過程式 3-14 所示的敘述找到 UserMapper 介面對應的實現。

程式 3-14
```
// 找到介面對應的實現
UserMapper userMapper = session.getMapper(UserMapper.class);
```

該操作透過 Configuration 類別的 getMapper 方法轉接，最後進入 MapperRegistry 類別中的 getMapper 方法。MapperRegistry 類別中的 getMapper 方法如程式 3-15 所示。

程式 3-15
```
public <T> T getMapper(Class<T> type, SqlSession sqlSession) {
  final MapperProxyFactory<T> mapperProxyFactory = (MapperProxyFactory<T>)
    knownMappers. get(type);
```

```
  if (mapperProxyFactory == null) {
    throw new BindingException("Type " + type + " is not known to the
    MapperRegistry.");
  }
  try {
    return mapperProxyFactory.newInstance(sqlSession);
  } catch (Exception e) {
    throw new BindingException("Error getting mapper instance. Cause: " + e, e);
  }
}
```

在程式 3-15 所示的原始程式中，getMapper 方法透過對映介面資訊從所有已經解析的對映檔案中找到對應的對映檔案，然後根據該對映檔案組建並傳回介面的實現物件。

3.2.3 對映介面的代理

我 們 已 經 知 道 "session.getMapper(UserMapper.class)" 方 法 最 後 獲 得 的 是 "mapperProxy Factory.newInstance(sqlSession)" 傳回的物件。那該物件到底是什麼呢？

我們追蹤 "mapperProxyFactory.newInstance(sqlSession)" 方法，可以在 Mapper ProxyFactory 類別中找到程式 3-16 所示的方法。

程式 3-16

```
@SuppressWarnings("unchecked")
protected T newInstance(MapperProxy<T> mapperProxy) {
  return (T) Proxy.newProxyInstance(mapperInterface.getClassLoader(),
    new Class[] { mapperInterface }, mapperProxy);
}
```

可見這裡傳回的是一個以反射為基礎的動態代理物件，因此我們直接找到 MapperProxy 類別的 invoke 方法並在其中打上中斷點。invoke 方法的原始程式如程式 3-17 所示。

這是因為以反射為基礎的動態代理物件建立後，被代理物件的方法會被代理物件的 invoke 方法攔截。關於這一點，將在 10.1.3 節進行詳細介紹，這裡可以先略過。

程式 **3-17**

```java
/**
 * 代理方法
 * @param proxy 代理物件
 * @param method 代理方法
 * @param args 代理方法的參數
 * @return 方法執行結果
 * @throws Throwable
 */
@Override
public Object invoke(Object proxy, Method method, Object[] args) throws
Throwable {
  try {
    if (Object.class.equals(method.getDeclaringClass())) {
      return method.invoke(this, args);
    } else if (method.isDefault()) {
      return invokeDefaultMethod(proxy, method, args);
    }
  } catch (Throwable t) {
    throw ExceptionUtil.unwrapThrowable(t);
  }
  final MapperMethod mapperMethod = cachedMapperMethod(method);
  return mapperMethod.execute(sqlSession, args);
}
```

接下來主方法中程式 3-18 所示的操作會進入程式 3-17 所示的方法。

程式 **3-18**

```java
// 呼叫介面展開資料庫操作
List<User> userList = userMapper.queryUserBySchoolName(userParam);
```

然後，會觸發 MapperMethod 物件的 execute 方法，該方法如程式 3-19 所示。

程式 3-19

```java
public Object execute(SqlSession sqlSession, Object[] args) {
  Object result;
  switch (command.getType()) {
    case INSERT: {
      Object param = method.convertArgsToSqlCommandParam(args);
      result = rowCountResult(sqlSession.insert(command.getName(), param));
      break;
    }
    case UPDATE: {
      Object param = method.convertArgsToSqlCommandParam(args);
      result = rowCountResult(sqlSession.update(command.getName(), param));
      break;
    }
    case DELETE: {
      Object param = method.convertArgsToSqlCommandParam(args);
      result = rowCountResult(sqlSession.delete(command.getName(), param));
      break;
    }
    case SELECT:
      if (method.returnsVoid() && method.hasResultHandler()) {
        executeWithResultHandler(sqlSession, args);
        result = null;
      } else if (method.returnsMany()) {
        result = executeForMany(sqlSession, args);
      } else if (method.returnsMap()) {
        result = executeForMap(sqlSession, args);
      } else if (method.returnsCursor()) {
        result = executeForCursor(sqlSession, args);
      } else {
        Object param = method.convertArgsToSqlCommandParam(args);
        result = sqlSession.selectOne(command.getName(), param);
        if (method.returnsOptional()
            && (result == null || !method.getReturnType().equals(result.
getClass()))) {
          result = Optional.ofNullable(result);
```

```
        }
      }
      break;
    case FLUSH:
      result = sqlSession.flushStatements();
      break;
    default:
      throw new BindingException("Unknown execution method for: " + command.
getName());
  }
  if (result == null && method.getReturnType().isPrimitive() && !method.
returnsVoid()) {
    throw new BindingException("Mapper method '" + command.getName()
        + " attempted to return null from a method with a primitive return
type (" + method. getReturnType() + ").");
  }
  return result;
}
```

在程式 3-19 中，MyBatis 根據不同資料庫操作類型呼叫了不同的處理方法。目前專案進行的是資料庫查詢操作，因此會觸發程式 3-19 中的 "result = execute ForMany(sqlSession, args)" 敘述。executeForMany 方法的原始程式如程式 3-20 所示。

程式 3-20

```
private <E> Object executeForMany(SqlSession sqlSession, Object[] args) {
  List<E> result;
  Object param = method.convertArgsToSqlCommandParam(args);
  if (method.hasRowBounds()) {
    RowBounds rowBounds = method.extractRowBounds(args);
    result = sqlSession.selectList(command.getName(), param, rowBounds);
  } else {
    result = sqlSession.selectList(command.getName(), param);
  }
  if (!method.getReturnType().isAssignableFrom(result.getClass())) {
```

```
    if (method.getReturnType().isArray()) {
        return convertToArray(result);
    } else {
        return convertToDeclaredCollection(sqlSession.getConfiguration(), result);
    }
  }
  return result;
}
```

在程式 3-20 所示的 executeForMany 方法中，MyBatis 開始透過 SqlSession 物件的 selectList 方法開展後續的查詢工作。

追蹤到這裡，MyBatis 已經完成了為對映介面植入實現的過程。於是，對對映介面中抽象方法的呼叫轉變為了資料查詢操作。

3.2.4 SQL 敘述的尋找

程式 3-20 所示的操作呼叫到了 DefaultSqlSession 類別中的 selectList 方法，該方法的原始程式如程式 3-21 所示。

程式 3-21

```
public <E> List<E> selectList(String statement, Object parameter, RowBounds
rowBounds) {
  try {
    MappedStatement ms = configuration.getMappedStatement(statement);
    return executor.query(ms, wrapCollection(parameter), rowBounds,
Executor.NO_RESULT_ HANDLER);
  } catch (Exception e) {
    throw ExceptionFactory.wrapException("Error querying database.Cause: " +
e, e);
  } finally {
    ErrorContext.instance().reset();
  }
}
```

每個 MappedStatement 物件對應了我們設定的資料庫操作節點，它主要定義了資料庫動作陳述式、輸入 / 輸出參數等資訊。

程式 3-21 中的 "configuration.getMappedStatement(statement)" 敘述將要執行的 MappedStatement 物件從 Configuration 物件儲存的對映檔案資訊中找了出來。

3.2.5　查詢結果快取

對應的資料庫操作節點被尋找到後，MyBatis 使用執行器開始執行敘述。在程式 3-21 中可以看到程式 3-22 所示的觸發操作。

程式 3-22

```
return executor.query(ms, wrapCollection(parameter), rowBounds,
  Executor.NO_RESULT_HANDLER);
```

上述 query 方法實際是一個 Executor 介面中的抽象方法，如程式 3-23 所示。

程式 3-23

```
<E> List<E> query(MappedStatement ms, Object parameter, RowBounds rowBounds,
ResultHandler resultHandler) throws SQLException;
```

該抽象方法有兩種實現，分別在 BaseExecutor 類別和 CachingExecutor 類別中。這時可以直接在抽象方法上打斷點，如圖 3-4 所示，檢視程式會跳躍到哪個實現方法上。

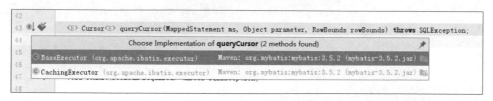

圖 3-4　抽象方法的中斷點

執行到中斷點後可以發現，實際執行的是 CachingExecutor 類別中的程式 3-24 所示的方法。

程式 3-24

```
@Override
public <E> List<E> query(MappedStatement ms, Object parameterObject,
RowBounds rowBounds, ResultHandler resultHandler) throws SQLException {
  BoundSql boundSql = ms.getBoundSql(parameterObject);
  CacheKey key = createCacheKey(ms, parameterObject, rowBounds, boundSql);
  return query(ms, parameterObject, rowBounds, resultHandler, key, boundSql);
}
```

BoundSql 是經過層層轉化後去除掉 if、where 等標籤的 SQL 敘述，而 CacheKey
是為該次查詢操作計算出來的快取鍵。接下來流程會走到程式 3-25 所示的函
數。

程式 3-25

```
public <E> List<E> query(MappedStatement ms, Object parameterObject, RowBounds
rowBounds, ResultHandler resultHandler, CacheKey key, BoundSql boundSql)
    throws SQLException {
  Cache cache = ms.getCache();
  if (cache != null) {
    flushCacheIfRequired(ms);
    if (ms.isUseCache() && resultHandler == null) {
      ensureNoOutParams(ms, boundSql);
      @SuppressWarnings("unchecked")
      List<E> list = (List<E>) tcm.getObject(cache, key);
      if (list == null) {
        list = delegate.query(ms, parameterObject, rowBounds, resultHandler,
            key, boundSql);
        tcm.putObject(cache, key, list); // issue #578 and #116
      }
      return list;
    }
  }
  return delegate.query(ms, parameterObject, rowBounds, resultHandler, key,
      boundSql);
}
```

在程式 3-25 中，MyBatis 檢視目前的查詢操作是否命中快取。如果是，則從快取中取得資料結果；不然便透過 delegate 呼叫 query 方法。

3.2.6 資料庫查詢

3.2.5 節中 delegate 呼叫的 query 方法再次呼叫了一個 Executor 介面中的抽象方法，如程式 3-26 所示。我們同樣在該抽象方法上打斷點以追蹤程式的實際流向。

程式 **3-26**

```
<E> List<E> query(MappedStatement ms, Object parameter, RowBounds rowBounds,
ResultHandler resultHandler, CacheKey cacheKey, BoundSql boundSql) throws
SQLException;
```

我們發現，程式停留在了 BaseExecutor 類別中的 query 方法上。該方法如程式 3-27 所示。

程式 **3-27**

```
public <E> List<E> query(MappedStatement ms, Object parameter, RowBounds
rowBounds, ResultHandler resultHandler, CacheKey key, BoundSql boundSql)
throws SQLException {
  ErrorContext.instance().resource(ms.getResource()).activity("executing a
    query").object(ms.getId());
  if (closed) {
    throw new ExecutorException("Executor was closed.");
  }
  if (queryStack == 0 && ms.isFlushCacheRequired()) {
    clearLocalCache();
  }
  List<E> list;
  try {
    queryStack++;
    list = resultHandler == null ? (List<E>) localCache.getObject(key): null;
    if (list != null) {
      handleLocallyCachedOutputParameters(ms, key, parameter, boundSql);
```

```
    } else {
      list = queryFromDatabase(ms, parameter, rowBounds, resultHandler, key,
        boundSql);
    }
  } finally {
    queryStack--;
  }
  if (queryStack == 0) {
    for (DeferredLoad deferredLoad : deferredLoads) {
      deferredLoad.load();
    }
    deferredLoads.clear();
    if (configuration.getLocalCacheScope() == LocalCacheScope.STATEMENT) {
      clearLocalCache();
    }
  }
  return list;
}
```

上述方法邏輯判斷較多，相對複雜，我們不去深究。其中的關鍵操作如程式 3-28 所示。這表明 MyBatis 開始呼叫資料庫展開查詢操作。

程式 3-28

```
list = queryFromDatabase(ms, parameter, rowBounds, resultHandler, key,
  boundSql);
```

queryFromDatabase 方法的原始程式如程式 3-29 所示。

程式 3-29

```
private <E> List<E> queryFromDatabase(MappedStatement ms, Object parameter,
RowBounds rowBounds, ResultHandler resultHandler, CacheKey key, BoundSql
boundSql) throws SQLException {
  List<E> list;
  localCache.putObject(key, EXECUTION_PLACEHOLDER);
  try {
    list = doQuery(ms, parameter, rowBounds, resultHandler, boundSql);
```

```
} finally {
  localCache.removeObject(key);
}
localCache.putObject(key, list);
if (ms.getStatementType() == StatementType.CALLABLE) {
  localOutputParameterCache.putObject(key, parameter);
}
return list;
}
```

透過程式 3-29 可以看出，MyBatis 先在快取中放置一個預留位置，然後呼叫 doQuery 方法實際執行查詢操作。最後，又把快取中的預留位置取代成真正的查詢結果。

doQuery 方法是 BaseExecutor 類別中的抽象方法，實際執行的最後實現如程式 3-30 所示。

程式 **3-30**

```
public <E> List<E> doQuery(MappedStatement ms, Object parameter, RowBounds
rowBounds, ResultHandler resultHandler, BoundSql boundSql) throws SQLException
{
    Statement stmt = null;
    try {
      Configuration configuration = ms.getConfiguration();
      StatementHandler handler = configuration.newStatementHandler(wrapper,
ms, parameter, rowBounds, resultHandler, boundSql);
      stmt = prepareStatement(handler, ms.getStatementLog());
      return handler.<E>query(stmt, resultHandler);
    } finally {
      closeStatement(stmt);
    }
}
```

上述方法產生了 Statement 物件 stmt。Statement 類別並不是 MyBatis 中的類別，而是 java.sql 套件中的類別。Statement 類別能夠執行靜態 SQL 敘述並傳回結果。

程式還透過 Configuration 的 newStatementHandler 方法獲得了一個 Statement Handler 物件 handler，然後將查詢操作交給 StatementHandler 物件進行。StatementHandler 是一個敘述處理器類別，其中封裝了很多敘述操作方法，這裡先不細究。繼續追蹤 "handler.<E>query (stmt, resultHandler)" 敘述。

"handler.<E>query(stmt, resultHandler)" 呼叫的是 StatementHandler 介面中如程式 3-31 所示的抽象方法。

程式 3-31

```
<E> List<E> query(Statement statement, ResultHandler resultHandler)
    throws SQLException;
```

我們在程式 3-31 所示的抽象方法上打斷點，經過多次跳躍後，程式執行到了 PreparedStatementHandler 類別中的程式 3-32 所示的方法中。

程式 3-32

```
public <E> List<E> query(Statement statement, ResultHandler resultHandler)
throws SQLException {
  PreparedStatement ps = (PreparedStatement) statement;
  ps.execute();
  return resultSetHandler.<E> handleResultSets(ps);
}
```

這裡 ps.execute() 真正執行了 SQL 敘述，然後把執行結果交給 ResultHandler 物件處理。而 PreparedStatement 類別並不是 MyBatis 中的類別，因而 ps.execute() 的執行不再由 MyBatis 負責，而是由 com.mysql.cj.jdbc 套件中的類別負責，這裡不再繼續追蹤。

此處以使用 MySQL 資料庫為例。若使用其他資料庫，則負責執行 ps.execute() 的套件會不同。

查詢完成之後的結果放在 PreparedStatement 物件中，透過偵錯工具可以看到其中包含了這次查詢獲得的資料庫欄位資訊、資料記錄資訊等，如圖 3-5 所示。

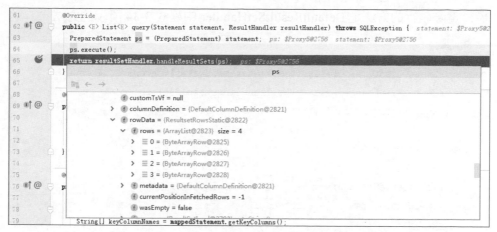

圖 3-5　PreparedStatement 物件中的資訊

資料庫查詢結果在 PreparedStatement 物件中的層級較深，為 h>statement>
result。資料庫欄位資訊在其中的 columnDefinition 變數中，資料記錄資訊在其
中的 rowData 變數中。

這一步資料庫查詢操作涉及的方法較多。整個流程的關鍵步驟如下。

- 在進行資料庫查詢前，先查詢快取；如果確實需要查詢資料庫，則資料庫
  查詢之後的結果也放入快取中。
- SQL 敘述的執行經過了層層轉化，依次經過了 MappedStatement 物件、
  Statement 物件和 PreparedStatement 物件，最後才得以執行。
- 最後資料庫查詢獲得的結果交給 ResultHandler 物件處理。

3.2.7　處理結果集

查詢獲得的結果並沒有直接傳回，而是交給 ResultHandler 物件處理。Result
Handler 是結果處理器，用來接收此次查詢結果的方法是該介面中的抽象方法
handleResultSets，如程式 3-33 所示。

程式 **3-33**

```
<E> List<E> handleResultSets(Statement stmt) throws SQLException;
```

最後實際執行的方法是 DefaultResultSetHandler 中程式 3-34 所示的方法。

程式 3-34

```java
public List<Object> handleResultSets(Statement stmt) throws SQLException {
  ErrorContext.instance().activity("handling results").object
    (mappedStatement.getId());

  final List<Object> multipleResults = new ArrayList<Object>();

  int resultSetCount = 0;
  ResultSetWrapper rsw = getFirstResultSet(stmt);

  List<ResultMap> resultMaps = mappedStatement.getResultMaps();
  int resultMapCount = resultMaps.size();
  validateResultMapsCount(rsw, resultMapCount);
  while (rsw != null && resultMapCount > resultSetCount) {
    ResultMap resultMap = resultMaps.get(resultSetCount);
    handleResultSet(rsw, resultMap, multipleResults, null);
    rsw = getNextResultSet(stmt);
    cleanUpAfterHandlingResultSet();
    resultSetCount++;
  }

  String[] resultSets = mappedStatement.getResultSets();
  if (resultSets != null) {
    while (rsw != null && resultSetCount < resultSets.length) {
      ResultMapping parentMapping = nextResultMaps.get(resultSets
        [resultSetCount]);
      if (parentMapping != null) {
        String nestedResultMapId = parentMapping.getNestedResultMapId();
        ResultMap resultMap = configuration.getResultMap(nestedResultMapId);
        handleResultSet(rsw, resultMap, null, parentMapping);
      }
      rsw = getNextResultSet(stmt);
      cleanUpAfterHandlingResultSet();
      resultSetCount++;
```

```
    }
  }

  return collapseSingleResultList(multipleResults);
}
```

在上述方法中，查詢出來的結果被檢查後放入了列表 multipleResults 中並傳回。multipleResults 中儲存的就是這次查詢期望的結果 List<User>。

在結果處理中，我們最關心的是 MyBatis 如何將資料庫輸出的記錄轉化為物件清單，因此詳細追蹤這個過程。然而整個過程非常長，在 DefaultResultSetHandler 的方法中進行了多次跳躍，這裡直接列出整個方法的呼叫鏈路，如圖 3-6 所示。

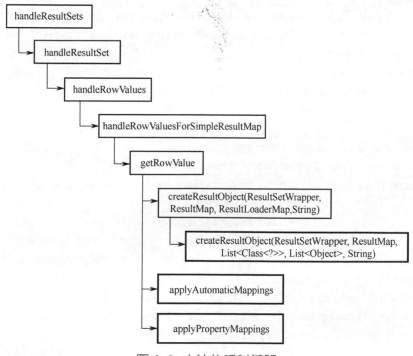

圖 3-6　方法的呼叫鏈路

其中特別注意的是圖 3-6 中粗線邊框標記的三個方法。

- createResultObject(ResultSetWrapper, ResultMap, List<Class<?>>, List<Object>, String) 方法：該方法建立了輸出結果物件。在範例中，為 User 物件。
- applyAutomaticMappings 方法：在自動屬性對映功能開啟的情況下，該方法將資料記錄的值指定給輸出結果物件。
- applyPropertyMappings 方法：該方法按照使用者的對映設定，給輸出結果物件的屬性設定值。

其中，createResultObject(ResultSetWrapper, ResultMap, List<Class<?>>, List<Object>, String) 方法的原始程式如程式 3-35 所示，該方法根據輸出物件的不同，使用類型處理器或透過呼叫建構方法等方式建立輸出結果物件。

程式 3-35

```
private Object createResultObject(ResultSetWrapper rsw, ResultMap resultMap,
  List<Class<?>> constructorArgTypes, List<Object> constructorArgs,
  String columnPrefix)
    throws SQLException {
  final Class<?> resultType = resultMap.getType();
  final MetaClass metaType = MetaClass.forClass(resultType, reflectorFactory);
  final List<ResultMapping> constructorMappings = resultMap.
    getConstructorResultMappings();
  if (hasTypeHandlerForResultObject(rsw, resultType)) {
    return createPrimitiveResultObject(rsw, resultMap, columnPrefix);
  } else if (!constructorMappings.isEmpty()) {
    return createParameterizedResultObject(rsw, resultType,
      constructorMappings, constructorArgTypes, constructorArgs, columnPrefix);
  } else if (resultType.isInterface() || metaType.hasDefaultConstructor()) {
    return objectFactory.create(resultType);
  } else if (shouldApplyAutomaticMappings(resultMap, false)) {
    return createByConstructorSignature(rsw, resultType, constructorArgTypes,
      constructorArgs, columnPrefix);
  }
  throw new ExecutorException("Do not know how to create an instance of " +
    resultType);
}
```

applyAutomaticMappings 方法和 applyPropertyMappings 方法的實現邏輯類似，以程式 3-36 所示的 applyAutomaticMappings 方法為例介紹。

程式 **3-36**

```
private boolean applyAutomaticMappings(ResultSetWrapper rsw, ResultMap
resultMap, MetaObject metaObject, String columnPrefix) throws SQLException {
  List<UnMappedColumnAutoMapping> autoMapping = createAutomaticMappings(rsw,
resultMap, metaObject, columnPrefix);
  boolean foundValues = false;
  if (!autoMapping.isEmpty()) {
    for (UnMappedColumnAutoMapping mapping : autoMapping) {
      final Object value = mapping.typeHandler.getResult(rsw.getResultSet(),
mapping.column);
      if (value != null) {
        foundValues = true;
      }
      if (value != null || (configuration.isCallSettersOnNulls() && !mapping.
primitive)) {
        // gcode issue #377, call setter on nulls (value is not 'found')
        metaObject.setValue(mapping.property, value);
      }
    }
  }
  return foundValues;
}
```

其基本想法就是循環檢查每個屬性，然後呼叫 "metaObject.setValue (mapping. property, value)" 敘述為屬性設定值。

經過以上過程，MyBatis 將資料庫輸出的記錄轉化為了物件清單。

之後，以上方法逐級傳回。最後，載入著物件列表的 multipleResults 被傳回給 "List<User> userList" 變數，我們便拿到了查詢結果。追蹤到這裡，主方法中程式 3-37 所示的敘述終於執行完成了。

程式 3-37

```
// 呼叫介面展開資料庫操作
List<User> userList = userMapper.queryUserBySchoolName(userParam);
```

3.2.8 歸納

在整個資料庫操作階段，MyBatis 完成的工作可以概述為以下幾點。

- 建立連接資料庫的 SqlSession。
- 尋找目前對映介面中抽象方法對應的資料庫操作節點，根據該節點產生介面的實現。
- 介面的實現攔截對對映介面中抽象方法的呼叫，並將其轉化為資料查詢操作。
- 對資料庫操作節點中的資料庫動作陳述式進行多次處理，最後獲得標準的 SQL 敘述。
- 嘗試從快取中尋找操作結果，如果找到則傳回；如果找不到則繼續從資料庫中查詢。
- 從資料庫中查詢結果。
- 處理結果集。
  - 建立輸出物件；
  - 根據輸出結果對輸出物件的屬性設定值。
- 在快取中記錄查詢結果。
- 傳回查詢結果。

透過以上步驟可以看出，MyBatis 完成一次資料庫操作的過程還是十分複雜的。因此，平時的軟體開發過程中要儘量減少資料庫操作，這樣能相當大地加強軟體執行的效率。

終於，我們完成了 MyBatis 原始程式的一次執行追蹤。整個追蹤過程中可能會有一些點讓我們恍然大悟，但有更多的點讓我們感到迷茫。這種情況是正常的，因為這只是一次建置整個專案架構脈絡的初步探索。接下來，將以套件為單位詳細閱讀 MyBatis 的原始程式，在此過程中，這些迷茫會漸漸消失。

Chapter

MyBatis 原始程式結構概述

經過第 3 章的學習，我們對 MyBatis 的初始化階段、資料讀寫階段都有了粗略的了解，同時也對整個流程中涉及的類別、方法有了模糊的認識。

在這一章，我們將對 MyBatis 原始程式中所有的套件從功能上進行歸類劃分，為後續分類展開原始程式閱讀工作奠定基礎。

4.1　套件結構

首先下載 MyBatis 的原始程式，可以透過以下位址下載附帶中文註釋的 3.5.2 版：

https://github.com/yeecode/MyBatisCN

下載專案原始程式碼後，在 "src\main\java\org.apache.ibatis" 目錄下可以看到 MyBatis 專案的所有套件，共 20 個，如圖 4-1 所示。

圖 4-1　MyBatis 專案的套件

4.2 分組結構

按照套件的功能，我們將所有的套件分成三大類：

- 基礎功能套件：這些套件用來為其他套件提供一些週邊基礎功能，如檔案讀取功能、反射操作功能等。這些套件的特點是功能相對獨立，與業務邏輯耦合小。
- 設定解析套件：這些套件用來完成設定解析、儲存等工作。這些套件中的方法主要在系統初始化階段執行。
- 核心操作套件：這些套件用來完成資料庫操作。在工作過程中，這些套件可能會依賴基礎功能套件提供的基礎功能和設定解析套件提供的設定資訊。這些套件中的方法主要在資料庫操作階段執行。

以上只是功能上的大致劃分，各個套件中的類別、方式實際是互相關聯、交織耦合在一起的。

在其他專案的原始程式閱讀中，也可以按照上面的方式對套件進行功能歸類。這會使得後面的原始程式閱讀工作更加有條理、有層次。

按照功能劃分好的套件如下所示。

- 基礎功能套件：
  - exceptions
  - reflection
  - annotations
  - lang
  - type
  - io
  - logging
  - parsing

- 設定解析套件：
  - binding
  - builder
  - mapping
  - scripting
  - datasource

- 核心操作套件：
  - jdbc
  - cache
  - transaction
  - cursor
  - executor
  - session
  - plugin

可以用圖 4-2 來表示這些套件在整個 MyBatis 中的作用。

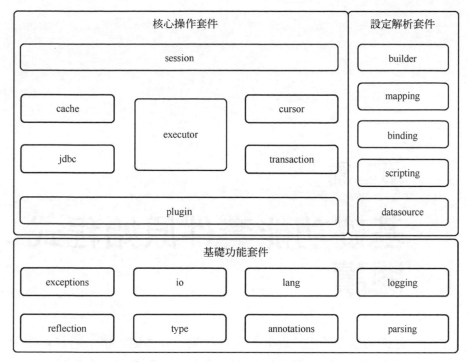

圖 4-2 MyBatis 專案中套件的作用

原始程式閱讀過程中有一個非常重要的技巧,那就是從整個專案的週邊原始程式入手。

- 週邊原始程式很少依賴核心原始程式,相對獨立。先閱讀週邊原始程式,受到其他未閱讀部分的干擾較小。
- 核心原始程式大量依賴週邊原始程式。在閱讀核心原始程式時應確保其涉及的週邊原始程式均已閱讀完畢,降低核心原始程式的閱讀難度。

於是整個原始程式閱讀過程會如同剝洋蔥一般,由外而內、逐層深入。

MyBatis 原始程式中,基礎功能套件是最週邊的套件,設定解析套件位於中間,核心操作套件位於內層。因此,本書中會按照基礎功能套件、設定解析套件、核心操作套件的順序,以套件為單位,對套件中的原始程式碼逐一進行閱讀。

第二篇

基礎功能套件原始程式閱讀

基礎功能套件用來為其他套件提供一些基礎功能。這些套件與 MyBatis 核心邏輯的耦合度很低，甚至有很多套件可以在建立其他專案時直接複製使用。

在本篇中，我們將對 MyBatis 基礎功能套件中的原始程式進行閱讀，並在此過程中歸納原始程式閱讀的技巧。

exceptions 套件

exceptions 套件是整個專案中最為簡單的套件，套件中只有四個類別。

exceptions 套件為 MyBatis 定義了絕大多數例外類別的父類別，同時也提供了例外類別的生產工廠。

5.1　背景知識

5.1.1　Java 的例外

「例外」代表程式執行中遇到了意料之外的事情，為了代表例外，Java 標準函數庫中內建了一些通用的例外，這些類別以 Throwable 為父類別。而 Throwable 又衍生出 Error 類別和 Exception 類別兩大子類別。

- Error 及其子類別，代表了 JVM 本身的例外。這一種例外發生時，無法透過程式來修正。最可靠的方式就是儘快停止 JVM 的執行。
- Exception 及其子類別，代表程式執行中發生了意料之外的事情。這些意外的事情可以被 Java 例外處理機制處理。而 Exception 類別及其子類別又可以劃分為兩大類：

- RuntimeException 及其子類別：這一種例外其實是程式設計的錯誤，透過修正程式設計是可以避免的，如陣列越界例外、數值例外等。
- 非 RuntimeException 及其子類別：這一種例外的發生通常由外部因素導致，是不可預知和避免的，如 IO 例外、類型尋找例外等。

在遇到複雜的類別間關係時，繪製它們的 UML 類別圖是釐清它們之間關係的非常好的方法。很多時候，在繪製 UML 類別圖的過程中，你就會對它們之間的關係豁然開朗。Throwable 及其子類別的繼承關係可以用圖 5-1 所示的類別圖表示。

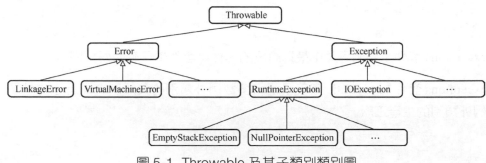

圖 5-1　Throwable 及其子類別類別圖

在圖 5-1 所示的所有例外中，Error 及其子類別代表 JVM 出現例外，且無法透過軟體修復；RuntimeException 及其子類別是程式設計的錯誤，可以在撰寫程式時避免。以上這兩大類例外稱為免檢例外，即不需要對這兩種例外進行強制檢查。而除上述兩種例外外的其他例外，它們的發生與外部環境涉及，稱為必檢例外。在撰寫程式時必須用 try、catch 敘述將其包圍起來。

對於 Throwable 物件，其主要的成員變數有 detailMessage 和 cause。

- detailMessage 為一個字串，用來儲存例外的詳細資訊。
- cause 為另一個 Throwable 物件，用來儲存引發例外的原因。這是因為一個例外發生時，通常引發例外的上級程式也發生例外，進一步導致一連串的例外產生，叫作例外鏈。一個例外的 cause 屬性可以指向引發它的下級例外，進一步將整個例外鏈儲存下來，如圖 5-2 所示。

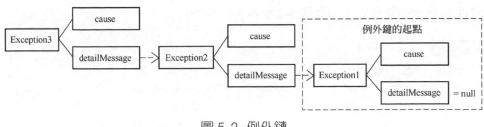

圖 5-2　例外鏈

5.1.2　序列化與反序列化

序列化是把物件轉為位元組序列的過程；反序列化是把位元組序列恢復為物件的過程。物件的序列化主要有兩個目的：一是將物件轉化成位元組後儲存在儲存媒體中，即為了持久化物件；二是將物件轉化成位元組後在網路上傳輸，即為了傳輸物件。而與之對應，將位元組還原為物件的過程就是反序列化。

在 Java 中，要表明一個類別的物件是可序列化的，則必須繼承 Serializable 介面或其子介面 Externalizable 介面。Externalizable 介面的使用稍複雜，將在 22.1.3 節中介紹，這一節先介紹 Serializable 介面。

Serializable 介面的使用非常簡單，只要一個類別實現了該介面，便表明該類別的物件是可序列化的，而不需要增加任何方法。舉例來說，程式 5-1 便宣告了 User 類別是可序列化的。

程式 **5-1**

```
public class User implements Serializable {
    // 省略其他屬性、方法
}
```

序列化與反序列化過程中，要面臨版本問題。舉例來說，將一個 User 類別的物件 user1 持久化到了硬碟中，然後增刪了 User 類別的屬性，那麼此時還能將持久化在硬碟中的 user1 物件的序列還原成一個新的 User 類別的物件嗎？

該問題的回答需要涉及 Serializable 介面的 serialVersionUID 欄位。serialVersionUID 欄位叫作序列化版本控制欄位，我們經常會在實現了 Serializable

介面的類別中見到它，如程式 5-2 所示。

程式 5-2

```
public class User implements Serializable {
  private static final long serialVerisionUID = 1L ;
  // 省略其他屬性、方法
}
```

在反序列化過程中，如果物件位元組序列中的 serialVersionUID 與目前類別的該值不同，則反序列化失敗，否則成功。

如果沒有顯性地為一個類別定義 serialVersionUID 屬性，系統就會自動產生一個。自動產生的序列化版本控制欄位與類別的類別名稱、類別及其屬性修飾符號、介面及介面順序、屬性、建構函數等相關，其中任何一項的改變都會導致 serialVersionUID 發生變化。

因此，對於上面所述的 user1 物件的序列是否可還原成一個新的 User 類別的物件，需要分情況進行討論。

- 如果舊 User 類別和新 User 類別中均有 serialVersionUID 欄位，且其值一樣，則持久化在硬碟中的 user1 物件的序列可以還原成一個新的 User 類別的物件。還原的過程中，新 User 類別物件中新增的屬性值為 null。
- 如果舊 User 類別和新 User 類別中一方不含 serialVersionUID 欄位，或兩方都含有 serialVersionUID 欄位但其值不同，則無法反序列化，反序列化過程中會顯示序號版本不一致例外（InvalidClassException）。

在使用時，一般都會為實現 Serializable 介面的類別顯性宣告一個 serialVersionUID。這樣便可以：

- 在希望類別的版本間實現序列化和反序列化的相容時，保持 serialVersionUID 值不變。
- 在希望類別的版本間序列化和反序列化不相容時，確保 serialVersionUID 值發生變化。

5.2　Exception 類別

exceptions 套件中有三個與 Exception 相關的類別，分別是 IbatisException 類別、PersistenceException 類別和 TooManyResultsException 類別。

在 MyBatis 的其他套件中，還有許多例外類別。這些例外類別中除 RuntimeSqlException 類別外，均為 PersistenceException 的子類別。MyBatis 中例外類別類別圖如圖 5-3 所示。

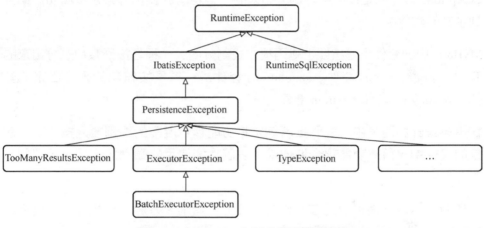

圖 5-3　MyBatis 中例外類別類別圖

至於 RuntimeSqlException 類別為何特殊，我們將在 18.4 節介紹。

IbatisException 類別僅作為 PersistenceException 類別的父類別存在，所以 IbatisException 類別是被架空的，可以刪除 IbatisException 類別後讓 PersistenceException 類別直接繼承 RuntimeException 類別。因此，Ibatis Exception 類別上有 @Deprecated 註釋，表明該類別在未來可能會被廢棄。後面的原始程式閱讀中，遇到 @Deprecated 註釋標記的類別，我們可以直接省略。

透過 MyBatis 例外類別的類別圖還可以看出，許多的例外類別並沒有放在 exceptions 套件中，而是散落在其他各個套件中。這涉及專案規劃時的分拆問題。一般來說在規劃一個專案的套件結構時，可以按照以下兩種方式進行套件的劃分。

- 按照類型方式劃分，例如將所有的介面類別放入一個套件，將所有的 Controller 類別放入一個套件。這種分類方式從類型上看更為清晰，但是會將完成同一功能的多個類別分散在不同的套件中，不便於模組化開發。
- 按照功能方式劃分，例如將所有與加 / 解密涉及的類別放入一個套件，將所有與 HTTP 請求有關的類別放入一個套件。這種分類方式下，同一功能的類別內聚性高，便於模組化開發，但會導致同一套件內類別的類型混亂。

一般來説在進行一個專案的套件結構設計時會同時採用以上兩種劃分方式。exceptions 套件就是按照類型劃分出來的，但也有許多例外類別按照功能劃分到了其他套件中。

MyBatis 中的套件也是按照上述兩種方式劃分的，一種是按照類型劃分出來的套件，如 exceptions 套件、annotations 套件；一種是按照功能劃分出來的套件，如 logging 套件、plugin 套件。

在專案設計和開發中，我們推薦優先將功能耦合度高的類別放入按照功能劃分的套件中，而將功能耦合度低或供多個功能使用的類別放入按照類型劃分的套件中。

這種劃分思想不僅可以用在套件的劃分上，類別、方法、程式片段的組合與拆分等都可以參照這種思想。

下面繼續分析 PersistenceException 類別和 TooManyResultsException 類別。與 MyBatis 中的許多其他 Exception 類別一樣，這兩個類別都有一個設定了值的 serialVersionUID 欄位，並且每個類別都有四種建構方法：

- 無參建構方法；
- 傳入錯誤訊息字串的建構方法；
- 傳入上級 Throwable 實例的建構方法；
- 傳入上級 Throwable 實例和錯誤訊息字串的建構方法。

為 Throwable 類別及其子類別建立上述四種建構方法幾乎是慣例。這樣一來，無論已知幾個輸入參數資訊，都可以方便地呼叫合適的建構方法建立實例。

5.3　ExceptionFactory 類別

透過名字即可以判斷，該類別是負責生產 Exception 的工廠。Exception Factory 類別只有兩個方法。

建構方法由 private 修飾，確保該方法無法在類別的外部被呼叫，也就永遠無法產生該類別的實例。一般來說會對一些工具類別、工廠類別等僅提供靜態方法的類別進行這樣的設定，因為這些類別不需要產生實體就可以使用。

wrapException 方法就是 ExceptionFactory 類別提供的靜態方法，它用來產生並傳回一個 RuntimeException 物件。該方法中參考的 ErrorContext 類別可以先略過，將在 22.9 節中介紹。

reflection 套件

reflection 套件是提供反射功能的基礎套件。該套件功能強大且與 MyBatis 的
業務程式耦合度低,可以直接複製到其他專案中使用。

6.1　背景知識

6.1.1　裝飾器模式

裝飾器模式又稱包裝模式,是一種結構型模式。這種設計模式是指能夠在一
個類別的基礎上增加一個裝飾類別(也可以叫包裝類別),並在裝飾類別中增
加一些新的特性和功能。這樣,透過對原有類別的包裝,就可以在不改變原
有類別的情況下為原有類別增加更多的功能。

舉例來說,定義如程式 6-1 所示的 Phone 介面,它規定了發送和接收語音的抽
象方法。

程式 6-1

```
public interface Phone {
    String callIn();
    Boolean callOut(String info);
}
```

然後定義一個類別 TelePhone，實現 Phone 介面，能夠實現打電話的功能，如程式 6-2 所示。

程式 6-2

```java
public class TelePhone implements Phone {
    @Override
    public String callIn() {
        System.out.println(" 接收語音……");
        return "get info";
    }

    @Override
    public Boolean callOut(String info) {
        System.out.println(" 發送語音：" + info);
        return true;
    }
}
```

現在要建立一個裝飾類別，在不改變原有 TelePhone 的基礎上，實現通話錄音功能。裝飾類別的原始程式如程式 6-3 所示。

程式 6-3

```java
public class PhoneRecordDecorator implements Phone {
    private Phone decoratedPhone;

    public PhoneRecordDecorator(Phone decoratedPhone) {
        this.decoratedPhone = decoratedPhone;
    }

    @Override
    public String callIn() {
        System.out.println(" 啟動錄音……");
        String info = decoratedPhone.callIn();
        System.out.println(" 結束錄音並儲存錄音檔案。");
        return info;
    }
```

```
@Override
public Boolean callOut(String info) {
    System.out.println(" 啟動錄音……");
    Boolean result = decoratedPhone.callOut(info);
    System.out.println(" 結束錄音並儲存錄音檔案。");
    return result;
}
}
```

這樣，經過 PhoneRecordDecorator 包裝過的 Phone 就具有了通話錄音功能，
如程式 6-4 所示。

程式 6-4

```
System.out.println("-- 原有 Phone 無錄音功能 --");
Phone phone = new TelePhone();
phone.callOut("Hello, this is yee.");

System.out.println();

System.out.println("-- 經過裝飾後的 Phone 有錄音功能 --");
Phone phoneWithRecorder = new PhoneRecordDecorator(phone);
phoneWithRecorder.callOut("Hello, this is yee.");
```

程式執行結果如圖 6-1 所示。

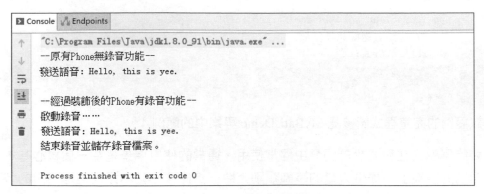

圖 6-1 程式執行結果

本範例中，我們使用裝飾器模式對被包裝類別的功能進行了擴充，但是不影響原有類別。遵照這個思想，還可以透過裝飾類別增加新的方法、屬性等。舉例來說，我們替原來的 TelePhone 類別增加收發簡訊功能，如程式 6-5 所示。

程式 6-5

```java
public class PhoneMessageDecorator implements Phone {
    private Phone decoratedPhone;

    public PhoneMessageDecorator(Phone decoratedPhone) {
        this.decoratedPhone = decoratedPhone;
    }

    @Override
    public String callIn() {
        return decoratedPhone.callIn();
    }

    @Override
    public Boolean callOut(String info) {
        return decoratedPhone.callOut(info);
    }

    public String receiveMessage() {
        // 省略接收簡訊操作
        return "receive message";
    }

    public Boolean sendMessage(String info) {
        // 省略發送簡訊操作
        return true;
    }
}
```

該範例的完整程式請參見 MyBatisDemo 專案中的範例 4。

裝飾器模式在程式設計開發中經常使用。通常的使用場景是在一個核心基本類別的基礎上，提供大量的裝飾類別，進一步使核心基本類別經過不同的裝飾類別修飾後獲得不同的功能。

裝飾類別還有一個優點，就是可以疊加使用，即一個核心基本類別可以被多個裝飾類別修飾，進一步同時具有多個裝飾類別的功能。

6.1.2 反射

透過 Java 反射，能夠在類別的執行過程中知道這個類別有哪些屬性和方法，還可以修改屬性、呼叫方法、建立類別的實例。

下面假設有一個如程式 6-6 所示的類別。

程式 6-6

```
public class User {
    private Integer id;
    private String name;

    // 省略建構方法與 get、set 方法
}
```

在程式設計時可以使用程式 6-7 為物件設定值。

程式 6-7

```
User user = new User();
user.setName("xiaoming");
```

我們之所以能呼叫 User 實例的 setName 方法，是因為編譯器透過分析原始程式知道 User 中確實存在一個 setName 方法。要實現一個物件比較功能，比較兩個 User 物件的屬性有什麼不同，則可以透過程式 6-8 實現。

程式 6-8

```
/**
 * 比較兩個 User 物件的屬性不同
 * @param oldUser 第一個 User 物件
 * @param newUser 第二個 User 物件
 * @return 兩個 User 物件的屬性變化
 */
```

```
public static Map<String,String> diffUser(User oldUser, User newUser) {
    Map<String,String> diffMap = new HashMap<>();
    if ((oldUser.getId() == null && newUser.getId() != null) ||
        (oldUser.getId()!= null && !oldUser.getId().equals(newUser.getId())))
    {
        diffMap.put("id","from " + oldUser.getId() + " to " + newUser.getId());
    }
    if ((oldUser.getName() == null && newUser.getName() != null) ||
            (oldUser.getName()!= null && !oldUser.getName().equals(newUser.
              getName())))
    {
        diffMap.put("name","from " + oldUser.getName() + " to " + newUser.
          getName());
    }
    return diffMap;
}
```

在程式 6-8 所示的 diffUser 方法中，我們在編碼時就知道 User 物件有哪些屬性、方法，然後輪番比較即可。因此，該 diffUser 方法只能比較兩個 User 物件的不同，而無法比較其他類別的物件。

那如何修改才能使得該比較方法適用於任何類別的物件呢？我們面臨兩個問題：

- 不知道所要傳入的物件的實際類型；
- 因為傳入物件的類型未知，那麼物件的屬性也是未知的。

要解決上述兩個問題，需要在系統執行時，準確地說是在參數傳入後，直接判斷傳入物件的類型及其包含的屬性和方法。這時，反射就派上用場了。

Java 反射機制主要提供了以下功能。

- 在執行時期判斷任意一個物件所屬的類別；
- 在執行時期建構任意一個類別的物件；
- 在執行時期修改任意一個物件的成員變數；
- 在執行時期呼叫任意一個物件的方法。

於是，我們可以先透過反射取得物件的類別，進一步判斷兩個物件是否屬於同一個類別；然後取得物件的成員變數，輪番比較兩個物件的成員變數是否一致。最後，我們將功能改寫為程式 6-9 所示的形式。

程式 6-9

```java
/**
 * 比較兩個任意物件的屬性不同
 * @param oldObj 第一個物件
 * @param newObj 第二個物件
 * @return 兩個物件的屬性不同
 */
public static Map<String, String> diffObj(Object oldObj, Object newObj) {
    Map<String, String> diffMap = new HashMap<>();
    try {
        // 取得物件的類別
        Class oldObjClazz = oldObj.getClass();
        Class newObjClazz = newObj.getClass();
        // 判斷兩個物件是否屬於同一個類別
        if (oldObjClazz.equals(newObjClazz)) {
            // 取得物件的所有屬性
            Field[] fields = oldObjClazz.getDeclaredFields();
            // 對每個屬性逐一判斷
            for (Field field : fields) {
                // 使屬性可以被反射存取
                field.setAccessible(true);
                // 取得目前屬性的值
                Object oldValue = field.get(oldObj);
                Object newValue = field.get(newObj);
                // 如果某個屬性的值在兩個物件中不同，則進行記錄
                if ((oldValue == null && newValue != null) || oldValue !=
null && !oldValue. equals(newValue)) {
                    diffMap.put(field.getName(), "from " + oldValue + " to "
                    + newValue);
                }
            }
        }
```

```
    } catch (Exception ex) {
        ex.printStackTrace();
    }
    return diffMap;
}
```

這樣，diffObj 方法可以比較任意類型物件的屬性不同。舉例來說，我們列出程式 6-10 所示的測試程式，使用 diffObj 方法分別比較 User 物件和 Book 物件的不同，即可獲得圖 6-2 所示的程式執行結果。

程式 6-10

```
User oldUser = new User(1,"yee");
User newUser = new User(1,"yeecode");

System.out.println(" 不使用反射，只能比較單一類型的物件:");

Map<String,String> diffUserMap = diffUser(oldUser,newUser);
for (Map.Entry entry : diffUserMap.entrySet()) {
    System.out.println(" 屬性 " + entry.getKey() + "; 變化為:" + entry.
     getValue());
}

System.out.println(" 使用反射，可以比較屬性不同的各種物件:");

Map<String,String> diffObjMap = diffObj(oldUser,newUser);
for (Map.Entry entry : diffObjMap.entrySet()) {
    System.out.println(" 屬性 " + entry.getKey() + "; 變化為:" + entry.
     getValue());
}

Book oldBook = new Book(" 語文 ",15.7);
Book newBook = new Book(" 語文 ",18.7);
diffObjMap = diffObj(oldBook,newBook);
for (Map.Entry entry : diffObjMap.entrySet()) {
    System.out.println(" 屬性 " + entry.getKey() + "; 變化為:" + entry.
     getValue());
}
```

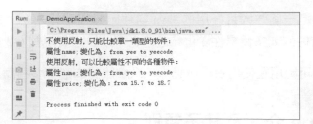

圖 6-2 程式執行結果

在程式 6-10 中呼叫程式 6-9 所示的 diffObj 方法完成了 User 和 Book 兩個完全不同類別的物件屬性比較工作。因此，反射相當大地提升了 Java 的靈活性，降低了 diffObj 方法和輸入參數的耦合，使功能更為通用。

該範例的完整程式請參見 MyBatisDemo 專案中的範例 5。

以上實例來自開放原始碼專案 ObjectLogger(https://github.com/yeecode/ObjectLogger)。這裡只是 ObjectLogger 的非常簡化的實現。

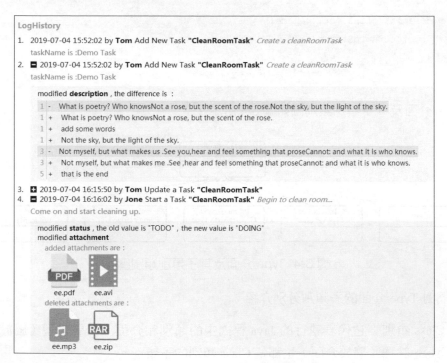

圖 6-3 ObjectLogger 功能示意圖

ObjectLogger 是一個強大且好用的 Java 物件記錄檔記錄系統，能夠自動分析和記錄任何物件的或多個屬性變化。透過它可以快速實現圖 6-3 所示的功能。

ObjectLogger 可應用在使用者操作記錄、系統狀態追蹤等多種應用場合。

6.1.3 Type 介面及其子類別

在反射中，我們經常會遇到 Type 介面，它代表一個類型，位於 "java.lang.reflect" 套件內。該介面的原始程式如程式 6-11 所示，介面內只定義了一個方法。

程式 **6-11**

```java
public interface Type {
    /**
     * 取得類型的名稱
     */
    default String getTypeName() {
        return toString();
    }
}
```

Type 介面及其子類別類別圖如圖 6-4 所示。

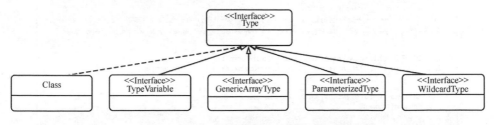

圖 6-4 Type 介面及其子類別類別圖

我們對 Type 介面的子類別分別介紹。

- Class 類別：它代表執行的 Java 程式中的類別和介面，列舉類型（屬於類別）、註釋（屬於介面）也都是 Class 類別的子類別。

- WildcardType 介面：它代表萬用字元運算式。舉例來說，"?"、"? extends Number"、"? super Integer" 都是萬用字元運算式。
- TypeVariable 介面：它是類型變數的父介面。舉例來說，"Map<K，V>" 中的 "K"、"V" 就是類型變數。
- ParameterizedType 介面：它代表參數化的類型。舉例來說，"Collection <String>" 就是參數化的類型。
- GenericArrayType 介面：它代表包含 ParameterizedType 或 TypeVariable 元素的清單。

在學習這些子類別時，沒有必要死記硬背，只要有個大致的印象，遇到時直接透過開發工具跳躍到原始程式碼處檢視定義即可。圖 6-5 展示了 WildcardType 介面上的原生註釋。

```
26        package java.lang.reflect;
27
28        /**
29         * WildcardType represents a wildcard type expression, such as
30         * {@code ?}, {@code ? extends Number}, or {@code ? super Integer}.
31         *
32         * @since 1.5
33         */
34        public interface WildcardType extends Type {
```

圖 6-5　WildcardType 介面上的原生註釋

遇到不了解的類別、方法時，直接跳躍到類別、方法的定義處檢視其原生註釋是學習 Java 程式設計、閱讀專案原始程式非常有效的方法。

6.2　物件工廠子套件

reflection 套件下的 factory 子套件是一個物件工廠子套件，該套件中的類別用來基於反射生產出各種物件。

我們首先看 ObjectFactory 介面，它有以下幾個方法。

- void setProperties(Properties)：設定工廠的屬性。
- <T> T create(Class<T>)：傳入一個類型，採用無參建構方法產生這個類型的實例。
- <T> T create(Class<T>, List<Class<?>> , List<Object>)：傳入一個目標類型、一個參數類型列表、一個參數值清單，根據參數清單找到對應的含參建構方法產生這個類型的實例。
- <T> boolean isCollection(Class<T>)：判斷傳入的類型是否是集合類別。

而 DefaultObjectFactory 繼承了 ObjectFactory 介面，是預設的物件工廠實現。作為工廠，DefaultObjectFactory 的 create 方法用來生產物件，而兩個 create 方法最後都用到了程式 6-12 所示的 instantiateClass 方法。

instantiateClass 方法能夠透過反射找到與參數符合的建構方法，然後基於反射呼叫該建構方法產生一個物件。

程式 6-12

```
/**
 * 建立類別的實例
 * @param type 要建立實例的類別
 * @param constructorArgTypes 建構方法輸入參數類型
 * @param constructorArgs 建構方法輸入參數
 * @param <T> 實例類型
 * @return 建立的實例
 */
private <T> T instantiateClass(Class<T> type, List<Class<?>>
  constructorArgTypes, List<Object> constructorArgs) {
  try {
    // 建構方法
    Constructor<T> constructor;
    if (constructorArgTypes == null || constructorArgs == null) {
      // 參數類型列表為 null 或參數列表為 null
      // 因此取得無參建構函數
      constructor = type.getDeclaredConstructor();
      try {
        // 使用無參建構函數建立物件
```

```
      return constructor.newInstance();
    } catch (IllegalAccessException e) {
      // 如果發生例外，則修改建構函數的存取屬性後再次嘗試
      if (Reflector.canControlMemberAccessible()) {
        constructor.setAccessible(true);
        return constructor.newInstance();
      } else {
        throw e;
      }
    }
  }

  // 根據輸入參數類型尋找對應的建構元
  constructor = type.getDeclaredConstructor(constructorArgTypes.toArray(new
Class[constructor ArgTypes.size()]));
  try {
    // 採用有參建構函數建立實例
    return constructor.newInstance(constructorArgs.toArray(new Object
      [constructorArgs.size()]));
  } catch (IllegalAccessException e) {
    if (Reflector.canControlMemberAccessible()) {
      // 如果發生例外，則修改建構函數的存取屬性後再次嘗試
      constructor.setAccessible(true);
      return constructor.newInstance(constructorArgs.toArray(new Object
        [constructorArgs.size()]));
    } else {
      throw e;
    }
  }
} catch (Exception e) {
  // 收集所有的參數類型
  String argTypes = Optional.ofNullable(constructorArgTypes).orElseGet
    (Collections::empty List)
      .stream().map(Class::getSimpleName).collect(Collectors.joining(","));
  // 收集所有的參數
  String argValues = Optional.ofNullable(constructorArgs).orElseGet(
```

```
    Collections::emptyList)
        .stream().map(String::valueOf).collect(Collectors.joining(","));
    throw new ReflectionException("Error instantiating " + type + " with
    invalid types (" + argTypes + ") or values (" + argValues + "). Cause:
    " + e, e);
    }
}
```

此外，DefaultObjectFactory 中還有一個 resolveInterface 方法。當傳入的目標
類型是一個介面時，該方法可以列出一個符合該介面的實現。舉例來說，當
要建立一個 Map 物件時，最後會建立一個 HashMap 物件。因為整個程式比較
簡單，不再附上。

6.3　執行器子套件

reflection 套件下的 invoker 子套件是執行器子套件，該子套件中的類別能夠以
反射實現物件方法為基礎的呼叫和物件屬性的讀寫。

學習了反射的基本概念之後，我們知道透過反射可以很方便地呼叫物件的方
法和讀寫方法的屬性。而 invoker 子套件則進一步封裝和簡化了這些操作。

invoker 子套件有一個 Invoker 介面和三個實現，Invoker 介面及其實現類別類
別圖如圖 6-6 所示。

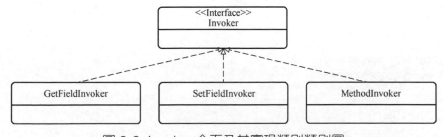

圖 6-6　Invoker 介面及其實現類別類別圖

Invoker 介面的三個實現分別用來處理三種不同情況。

- GetFieldInvoker：負責物件屬性的讀取操作；
- SetFieldInvoker：負責物件屬性的寫入操作；
- MethodInvoker：負責物件其他方法的操作。

我們先閱讀 Invoker 介面的原始程式，它只定義了以下兩個抽象方法。

- invoke 方法，即執行方法。該方法負責完成物件方法的呼叫和物件屬性的讀寫。在三個實現類別中，分別是屬性讀取操作、屬性設定值操作、方法觸發操作。
- getType 方法，用來取得類型。它對於 GetFieldInvoker 和 SetFieldInvoker 的含義也是明確的，即獲得目標屬性的類型。可 MethodInvoker 對應的是一個方法，getType 方法對於 MethodInvoker 類型而言的意義是什麼呢？

閱讀 MethodInvoker 中的 getType 方法，我們發現該方法直接傳回了 MethodInvoker 中的 type 屬性。該 type 屬性的定義如程式 6-13 所示。

程式 6-13

```
/**
 * MethodInvoker 建構方法
 * @param method 方法
 */
public MethodInvoker(Method method) {
  this.method = method;

  if (method.getParameterTypes().length == 1) {
    // 有且只有一個輸入參數時，type 為輸入參數類型
    type = method.getParameterTypes()[0];
  } else {
    // 否則 type 為輸出參數類型
    type = method.getReturnType();
  }
}
```

閱讀程式 6-13 後可以得出結論，如果一個方法有且只有一個輸入參數，則 type 為輸入參數的類型；不然 type 為方法傳回值的類型。

至此，關於 Invoker 介面中 getType 方法在三個實現類別中的含義也就清晰了。

閱讀原始程式時，特別注意自己了解不夠清晰的點是讓自己快速了解原始程式的小技巧。

invoke 方法的實現也非常簡單，下面列出 GetFieldInvoker 中該方法的原始程式式，如程式 6-14 所示。

程式 6-14

```
/**
 * 代理方法
 * @param target 被代理的目標物件
 * @param args 方法的參數
 * @return 方法執行結果
 * @throws IllegalAccessException
 */
@Override
public Object invoke(Object target, Object[] args) throws
IllegalAccessException {
  try {
    // 直接透過反射取得目標屬性的值
    return field.get(target);
  } catch (IllegalAccessException e) { // 如果無法存取
    if (Reflector.canControlMemberAccessible()) { // 如果屬性的存取性可以修改
      // 將屬性的可存取性修改為可存取
      field.setAccessible(true);
      // 再次透過反射取得目標屬性的值
      return field.get(target);
    } else {
      throw e;
    }
  }
}
```

這樣，我們對於 invoker 子套件中的原始程式已經有了全面的了解。

6.4 屬性子套件

reflection 套件下的 property 子套件是屬性子套件，該子套件中的類別用來完成與物件屬性相關的操作。

如程式 6-15 所示，如果想讓 user2 的屬性和 user1 的屬性完全一致，則需要對屬性一一進行複製，這樣的過程非常繁雜。

程式 6-15

```
User user1 = new User(1," 易哥 ",0,"Sunny School");
User user2 = new User();


user2.setId(user1.getId());
user2.setName(user1.getName());
user2.setSex(user1.getSex());
user2.setSchoolName(user1.getSchoolName());
```

PropertyCopier 作為屬性複製器，就是用來解決上述問題的。借助於屬性複製器 PropertyCopier，我們可以方便地將一個物件的屬性複製到另一個物件中，如程式 6-16 所示。

程式 6-16

```
User user1 = new User(1," 易哥 ",0,"Sunny School");
User user2 = new User();


// 將 user1 的屬性全部複製給 user2
PropertyCopier.copyBeanProperties(user1.getClass(),user1,user2);
```

屬性複製器 PropertyCopier 的屬性複製工作在 copyBeanProperties 方法中完成，該方法的原始程式如程式 6-17 所示。

程式 6-17

```
/**
 * 完成物件的輸出複製
 * @param type 物件的類型
```

```java
 * @param sourceBean 提供屬性值的物件
 * @param destinationBean 要被寫入新屬性值的物件
 */
public static void copyBeanProperties(Class<?> type, Object sourceBean,
Object destinationBean) {
  // 這兩個物件同屬的類別
  Class<?> parent = type;
  while (parent != null) {
    // 取得該類別的所有屬性
    final Field[] fields = parent.getDeclaredFields();
    // 循環檢查屬性進行複製
    for (Field field : fields) {
      try {
        try {
          field.set(destinationBean, field.get(sourceBean));
        } catch (IllegalAccessException e) {
          if (Reflector.canControlMemberAccessible()) {
            field.setAccessible(true);
            field.set(destinationBean, field.get(sourceBean));
          } else {
            throw e;
          }
        }
      } catch (Exception e) {
      }
    }
    parent = parent.getSuperclass();
  }
}
}
```

copyBeanProperties 方法的工作原理非常簡單：透過反射取得類別的所有屬性，然後依次將這些屬性值從源物件複製出來並指定給目標物件。但是要注意一點，該屬性複製器無法完成繼承得來的屬性的複製，因為 getDeclaredFields 方法傳回的屬性中不包含繼承屬性。

PropertyNamer 提供屬性名稱相關的操作功能，舉例來說，透過 get、set 方法的方法名稱找出對應的屬性等。要想讓 PropertyNamer 正常地發揮作用，需保障物件屬性、方法的命名遵循 Java Bean 的命名標準，即：

- 如果類別的成員變數的名字是 abc，那麼該屬性對應的讀寫方法分別命名為 getAbc( ) 和 setAbc( )。
- 如果類別的屬性是 boolean 類型，則允許使用 "is" 代替上面的 "get"，讀方法命名為 isAbc( )。

了解了這個標準後，PropertyNamer 中的相關程式也就非常簡單了。

PropertyTokenizer 是一個屬性標記器。傳入一個形如 "student[sId].name" 的字串後，該標記器會將其拆分開，放入各個屬性中。拆分結束後各個屬性的值如程式 6-18 中的註釋所示。

程式 6-18

```
// student
private String name;
// student[sId]
private final String indexedName;
// sId
private String index;
// name
private final String children;
```

其中的操作全為字串操作，留給讀者自行分析。

6.5　物件包裝器子套件

reflection 套件下的 wrapper 子套件是物件包裝器子套件，該子套件中的類別使用裝飾器模式對各種類型的物件（包含基本 Bean 物件、集合物件、Map 物件）進行進一步的封裝，為其增加一些功能，使它們更易用。

wrapper 子套件類別圖如圖 6-7 所示。

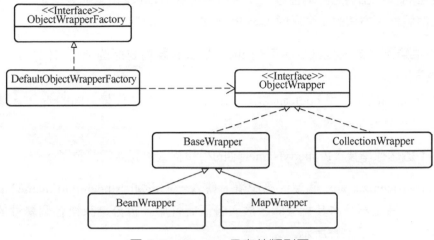

圖 6-7 wrapper 子套件類別圖

ObjectWrapperFactory 是 物 件 包 裝 器 工 廠 的 介 面，DefaultObjectWrapper
Factory 是它的預設實現。不過該預設實現中並沒有實現任何功能。MyBatis
也 允 許 使 用 者 透 過 設 定 檔 中 的 objectWrapperFactory 節 點 來 植 入 新 的
ObjectWrapperFactory。

ObjectWrapper 介面是所有物件包裝器的總介面。

以 BeanWrapper 為例，我們介紹一下包裝器的實現。在介紹之前我們先了解
reflection 套件中的兩個類別：MetaObject 類別和 MetaClass 類別。

meta 在中文中常譯為「元」，在英文單字中作為詞頭有「涵蓋」、「超越」、「轉
換」等多種含義。在這裡，這三種含義都是存在的。舉例來說，MetaObject 類
別中涵蓋了對應 Object 類別中的全部資訊，並經過變化和拆解獲得了一些更
為細節的資訊。因此，可以將 MetaObject 類別了解為一個涵蓋物件（Object）
中更多細節資訊和功能的類別，稱為「元物件」。同理，MetaClass 就是一個
涵蓋了類型（Class）中更多細節資訊和功能的類別，稱為「母類別」。

BeanWrapper 有三個屬性，其中的 metaObject 屬性從其父類別 BaseWrapper 繼
承而來。這三個屬性的含義如程式 6-19 中的註釋所示。

程式 **6-19**

```
// 被包裝物件的元物件（繼承自父類別 BaseWrapper）
protected final MetaObject metaObject;

// 被包裝的物件
private final Object object;
// 被包裝物件所屬類別的母類別
private final MetaClass metaClass;
```

透過對 BeanWrapper 屬性的了解，加上對 MetaObject 類別和 MetaClass 類別的簡單介紹，可以得出結論：BeanWrapper 中包含了一個 Bean 的物件資訊、類型資訊，並提供了更多的一些功能。BeanWrapper 中存在的方法有：

- get：獲得被包裝物件某個屬性的值；
- set：設定被包裝物件某個屬性的值；
- findProperty：找到對應的屬性名稱；
- getGetterNames：獲得所有的屬性 get 方法名稱；
- getSetterNames：獲得所有的屬性 set 方法名稱；
- getSetterType：獲得指定屬性的 set 方法的類型；
- getGetterType：獲得指定屬性的 get 方法的類型；
- hasSetter：判斷某個屬性是否有對應的 set 方法；
- hasGetter：判斷某個屬性是否有對應的 get 方法；
- instantiatePropertyValue：產生實體某個屬性的值。

因此，一個 Bean 經過 BeanWrapper 封裝後，就可以曝露出大量的好用方法，進一步可以簡單地實現對其屬性、方法的操作。

同理，wrapper 子套件下的 CollectionWrapper、MapWrapper 與 BeanWrapper 一樣，它們分別負責包裝 Collection 和 Map 類型，進一步使它們曝露出更多的好用方法。

BaseWrapper 作為 BeanWrapper 和 MapWrapper 的父類別，為這兩個類別提供一些共用的基礎方法。

原始程式閱讀時，遇到同類型的類別（一般具有類似的名稱、功能），可以重點閱讀其中的類別。當這個類別的原始程式閱讀清楚時，同類型類別的原始程式也就清晰了。

反射核心類別

reflection 套件中最為核心的類別就是 Reflector 類別。圖 6-8 列出了與 Reflector 類別最為密切的幾個類別的類別圖。

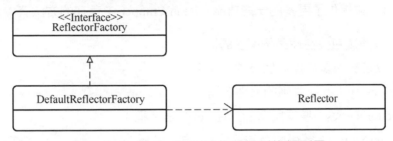

圖 6-8　Reflector 類別及相關類別的類別圖

Reflector 類別負責對一個類別進行反射解析，並將解析後的結果在屬性中儲存起來。該類別包含的屬性如程式 6-20 所示，各個屬性的含義已經透過註釋進行了標記。

程式 6-20

```
// 要被反射解析的類別
private final Class<?> type;
// 能夠讀的屬性清單，即有 get 方法的屬性清單
private final String[] readablePropertyNames;
// 能夠寫的屬性清單，即有 set 方法的屬性清單
private final String[] writablePropertyNames;
// set 方法對映表。鍵為屬性名稱，值為對應的 set 方法
private final Map<String, Invoker> setMethods = new HashMap<>();
// get 方法對映表。鍵為屬性名稱，值為對應的 get 方法
```

```
private final Map<String, Invoker> getMethods = new HashMap<>();
// set 方法輸入類型。鍵為屬性名稱，值為對應的該屬性的 set 方法的類型（實際為 set
方法的第一個參數的類型）
private final Map<String, Class<?>> setTypes = new HashMap<>();
// get 方法輸出類型。鍵為屬性名稱，值為對應的該屬性的 get 方法的類型（實際為 get
方法的傳回數值型態）
private final Map<String, Class<?>> getTypes = new HashMap<>();
// 預設建構函數
private Constructor<?> defaultConstructor;
// 大小寫無關的屬性對映表。鍵為屬性名稱全大寫值，值為屬性名稱
private Map<String, String> caseInsensitivePropertyMap = new HashMap<>();
```

Reflector 類別將一個類別反射解析後，會將該類別的屬性、方法等一一歸類放到以上的各個屬性中。因此 Reflector 類別完成了主要的反射解析工作，這也是我們將其稱為反射核心類別的原因。reflection 套件中的其他類別則多是在其反射結果的基礎上進一步包裝的，使整個反射功能更好用。

Reflector 類別反射解析一個類別的過程是由建構函數觸發的，邏輯非常清晰。Reflector 類別的建構函數如程式 6-21 所示。

程式 6-21

```
/**
 * Reflector 的建構方法
 * @param clazz 需要被反射處理的目標類別
 */
public Reflector(Class<?> clazz) {
  // 要被反射解析的類別
  type = clazz;
  // 設定預設建構元屬性
  addDefaultConstructor(clazz);
  // 解析所有的 getter
  addGetMethods(clazz);
  // 解析所有的 setter
  addSetMethods(clazz);
```

```
    // 解析所有屬性
    addFields(clazz);
    // 設定讀取屬性
    readablePropertyNames = getMethods.keySet().toArray(new String[0]);
    // 設定寫入屬性
    writablePropertyNames = setMethods.keySet().toArray(new String[0]);
    // 將讀取或寫入的屬性放入大小寫無關的屬性對映表
    for (String propName : readablePropertyNames) {
        caseInsensitivePropertyMap.put(propName.toUpperCase(Locale.ENGLISH),
propName);
    }
    for (String propName : writablePropertyNames) {
        caseInsensitivePropertyMap.put(propName.toUpperCase(Locale.ENGLISH),
propName);
    }
}
```

實際到每個子方法，其邏輯比較簡單。下面以其中的 addGetMethods 方法為例介紹。addGetMethods 方法的功能是分析參數中傳入的類別，將類別中的 get 方法增加到 getMethods 方法中。其帶註釋的原始程式如程式 6-22 所示。

程式 6-22

```
/**
 * 找出類別中的 get 方法
 * @param clazz 需要被反射處理的目標類別
 */
private void addGetMethods(Class<?> clazz) {
    // 儲存屬性的 get 方法。Map 的鍵為屬性名稱，值為 get 方法列表。某個屬性的 get
    //    方法用清單儲存是因為前期可能會為某一個屬性找到多個可能的 get 方法
    Map<String, List<Method>> conflictingGetters = new HashMap<>();

    // 找出該類別中所有的方法
    Method[] methods = getClassMethods(clazz);
    // 過濾出 get 方法，過濾條件有：無輸入參數、符合 Java Bean 的命名規則；然後取
    //    出方法對應的屬性名稱、方法，放入 conflictingGetters
    Arrays.stream(methods).filter(m -> m.getParameterTypes().length == 0 &&
```

```
PropertyNamer. isGetter(m.getName()))
    .forEach(m -> addMethodConflict(conflictingGetters, PropertyNamer.
methodToProperty (m.getName()), m));
   // 如果一個屬性有多個疑似 get 方法，resolveGetterConflicts 用來找出合適的那個
   resolveGetterConflicts(conflictingGetters);
}
```

其中的 conflictingGetters 變數是一個 Map，它的 key 是屬性名稱，value 是該屬性可能的 get 方法的列表。但是，最後每個屬性真正的 get 方法應該只有一個。resolveGetterConflicts 方法負責嘗試找出該屬性真正的 get 方法，該方法原始程式並不複雜，讀者可以自行閱讀。

ReflectorFactory 是 Reflector 的工廠介面，而 DefaultReflectorFactory 是該工廠介面的預設實現。下面直接以 DefaultReflectorFactory 為例，介紹 Reflector 工廠。

DefaultReflectorFactory 中最核心的方法就是用來產生一個類別的 Reflector 物件的 findForClass 方法，如程式 6-23 所示。

程式 **6-23**

```
/**
 * 生產 Reflector 物件
 * @param type 目標類型
 * @return 目標類型的 Reflector 物件
 */
@Override
public Reflector findForClass(Class<?> type) {
  if (classCacheEnabled) { // 允許快取
    // 生產輸入參數 type 的反射器物件，並放入快取
    return reflectorMap.computeIfAbsent(type, Reflector::new);
  } else {
    return new Reflector(type);
  }
}
```

6.7　反射包裝類別

reflection 套件中存在許多的包裝類別，它們使用裝飾器模式（又稱包裝模式）將許多反射相關的類別包裝得更為好用。前面介紹過的 wrapper 子套件中就存在大量的這種包裝類別，並且我們在 6.5 節提到，wrapper 子套件中的包裝類別依賴兩個更為基礎的包裝類別：MetaClass 類別和 MetaObject 類別。

MetaObject 被稱為元物件，是一個針對普通 Object 物件的反射包裝類別，其屬性如程式 6-24 所示。

程式 6-24

```
// 原始物件
private final Object originalObject;
// 物件包裝器
private final ObjectWrapper objectWrapper;
// 物件工廠
private final ObjectFactory objectFactory;
// 物件包裝器工廠
private final ObjectWrapperFactory objectWrapperFactory;
// 反射工廠
private final ReflectorFactory reflectorFactory;
```

整個包裝類別中除了原始物件本身外，還包裝了物件包裝器、物件工廠、物件包裝器工廠、反射工廠等。因此，只要使用 MetaObject 對一個物件進行包裝，包裝類別中就具有大量的輔助類別，便於進行各種反射操作。

SystemMetaObject 中限定了一些預設值，其中的 forObject 方法可以使用預設值輸出一個 MetaObject 物件。因此，SystemMetaObject 是一個只能使用預設值的 MetaObject 工廠。

MetaClass 被稱為母類別，它是針對類別的進一步封裝，其內部整合了類別可能使用的反射器和反射器工廠。

6.8 例外拆裝工具

ExceptionUtil 是一個例外工具類別，它提供一個拆裝例外的工具方法 unwrap Throwable。該方法將 InvocationTargetException 和 UndeclaredThrowableException 這兩種例外進行拆裝，獲得其中包含的真正的例外。

unwrapThrowable 方法帶註釋的原始程式如程式 6-25 所示。

程式 6-25

```
/**
 * 拆解 InvocationTargetException 和 UndeclaredThrowableException 例外的包裝，
   進一步獲得被包裝的真正例外
 * @param wrapped 包裝後的例外
 * @return 拆解出的被包裝例外
 */
public static Throwable unwrapThrowable(Throwable wrapped) {
  // 該變數用以儲存拆裝獲得的例外
  Throwable unwrapped = wrapped;
  while (true) {
    if (unwrapped instanceof InvocationTargetException) {
      // 拆裝獲得內部例外
      unwrapped = ((InvocationTargetException) unwrapped).getTargetException();
    } else if (unwrapped instanceof UndeclaredThrowableException) {
      // 拆裝獲得內部例外
      unwrapped = ((UndeclaredThrowableException) unwrapped).
        getUndeclaredThrowable();
    } else {
      // 該例外無須拆裝
      return unwrapped;
    }
  }
}
```

unwrapThrowable 方法的結構非常簡單，但是我們需要思考它存在的意義：為什麼需要給 InvocationTargetException 和 UndeclaredThrowableException 這兩個類別拆裝？這兩個類別為什麼要把其他例外包裝起來？

很多時候讀懂原始程式的實現並不難，但是一定要多思考原始程式為什麼這麼寫。只有這樣，才能在原始程式閱讀的過程中有更多的收穫。

接下來通過了解 InvocationTargetException 和 UndeclaredThrowableException 這兩個類別來解答上述疑問。

InvocationTargetException 為必檢例外，UndeclaredThrowableException 為免檢的執行時期例外。它們都不屬於 MyBatis，而是來自 java.lang.reflect 套件。

反射操作中，代理類別透過反射呼叫目標類別的方法時，目標類別的方法可能拋出例外。反射可以呼叫各種目標方法，因此目標方法拋出的例外是多種多樣無法確定的。這表示反射操作可能拋出一個任意類型的例外。可以用 Throwable 去接收這個例外，但這無疑太過寬泛。

InvocationTargetException 就是為解決這個問題而設計的，當反射操作的目標方法中出現例外時，都統一包裝成一個必檢例外 InvocationTargetException。InvocationTargetException 內部的 target 屬性則儲存了原始的例外。這樣一來，便使得反射操作中的例外更易管理。InvocationTargetException 類別帶註釋的原始程式如程式 6-26 所示。

程式 **6-26**

```
public class InvocationTargetException extends ReflectiveOperationException {
    private static final long serialVersionUID = 4085088731926701167L;
    // 用來儲存被包裝的例外
    private Throwable target;

    /**
     * 建構方法
     * @param target 被包裝的例外
     * @param s      例外的詳細資訊
     */
    public InvocationTargetException(Throwable target, String s) {
        super(s, null);  // Disallow initCause
        this.target = target;
    }
```

```
    // 省略了許多其他方法
}
```

講完 InvocationTargetException，接下來講 UndeclaredThrowableException。

根據 Java 的繼承原則，我們知道：如果子類別中要重新定義父類別中的方法，那麼子類別方法中拋出的必檢例外必須是父類別方法中宣告過的類型。

在建立目標類別的代理類別時，通常是建立了目標類別介面的子類別或目標類別的子類別（10.1.3 節和 22.1.1 節會詳細介紹動態代理）。因此，將 Java 的繼承原則放在代理類別和被代理類別上可以演化為：

- 如果代理類別和被代理類別實現了共同的介面，則代理類別方法中拋出的必檢例外必須是在共同介面中宣告過的；
- 如果代理類別是被代理類別的子類別，則代理類別方法中拋出的必檢例外必須是在被代理類別的方法中宣告過的。

可是在代理類別中難免會在執行某些方法時拋出一些共同介面或父類別方法中沒有宣告的必檢例外，那這個問題該怎麼解決呢？如果不拋出，則它是必檢例外，必須拋出；如果拋出，則父介面或父類別中沒有宣告該必檢例外，不能拋出。

答案就是這些必檢例外會被包裝為免檢例外 UndeclaredThrowableException 後拋出。所以說 UndeclaredThrowableException 也是一個包裝了其他例外的例外，UndeclaredThrowableException 類別帶註釋的原始程式如程式 6-27 所示，其包裝的例外在 undeclaredThrowable 屬性中。

程式 6-27

```
public class UndeclaredThrowableException extends RuntimeException {
    static final long serialVersionUID = 3301271140550566339L;
    // 被包裝的必檢例外
    private Throwable undeclaredThrowable;

    /**
```

```
 * 建構方法
 * @param undeclaredThrowable 被包裝的必檢例外
 * @param s                   例外的詳細資訊
 */
public UndeclaredThrowableException(Throwable undeclaredThrowable, String s)
{
    super(s, null);
    this.undeclaredThrowable = undeclaredThrowable;
}


// 省略了許多其他方法
}
```

有一個簡單的實例可以剛好同時涉及 InvocationTargetException 和 Undeclared-hrowablexception 這兩個例外。就是代理類別在進行反射操作時發生例外，於是例外被包裝成 InvocationTargetException。InvocationTargetException 顯然沒有在共同介面或父類別方法中宣告過，於是又被包裝成了 Undeclared ThrowableException。這樣，真正的例外就被包裝了兩層。這也是為什麼在 ExceptionUtil 的 unwrapThrowable 方法中存在一個 "while (true)" 無窮迴圈，用來持續拆裝。

總之，InvocationTargetException 和 UndeclaredThrowableException 這兩個類別都是例外包裝類別，需要拆裝後才能獲得真正的例外類別。而 ExceptionUtil 的 unwrapThrowable 方法就可以完成該拆裝工作。

6.9　參數名稱解析器

ParamNameResolver 是一個參數名稱解析器，用來按順序列出方法中的虛參，並對實際參數進行名稱標記。

參數名稱解析器中主要涉及的是字串的處理，因此關於參數名稱解析器的原始程式閱讀我們也採用一種比較特殊的方法：中斷點偵錯法。

ParamNameResolver 類別的屬性如程式 6-28 所示。

程式 6-28

```
// 方法輸入參數的參數次序表。鍵為參數次序，值為參數名稱或參數 @Param 註釋的值
private final SortedMap<Integer, String> names;
// 該方法輸入參數中是否含有 @Param 註釋
private boolean hasParamAnnotation;
```

ParamNameResolver 類別主要的方法有兩個：建構方法 ParamNameResolver 和 getNamedParams 方法。

建構方法 ParamNameResolver 能夠將目標方法的參數名稱依次列舉出來。在列舉的過程中，如果某個參數存在 @**Param** 註釋，則會用註釋的 value 值取代參數名稱。

我們直接用中斷點偵錯法深入該方法的功能。假設有程式 6-29 所示的方法。

程式 6-29

```
List<User> queryUserBySchoolName(int id, String name, @Param("emailAddress")
  String email, int age, String schoolName);
```

經過建構方法 ParamNameResolver 解析後，可以透過偵錯工具看到屬性 names 和 hasParamAnnotation 中的值，如圖 6-9 所示。

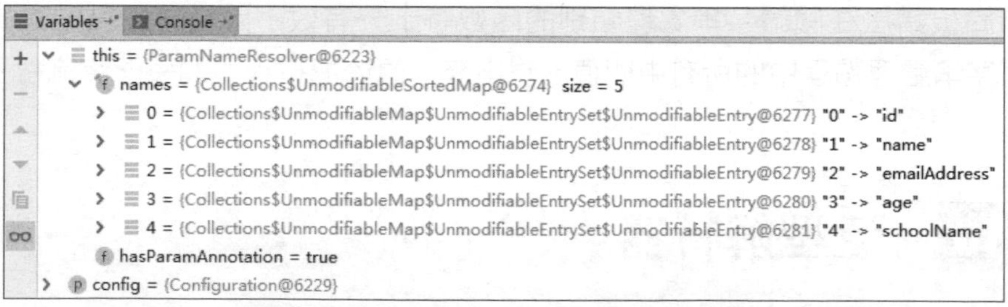

圖 6-9 參數名稱解析器執行結果（1）

而 getNamedParams 方法是在建構方法確定的 names 屬性和 hasParamAnnotation 屬性值的基礎上，列出實際參數的參數名稱。舉例來說，使用程式 6-30 所示的敘述呼叫程式 6-29 中的方法。

程式 6-30

```
queryUserBySchoolName(1," 易哥 ","yeecode@sample.com",15,"Sunny School");
```

呼叫後，則 getNamedParams 會列出如圖 6-10 所示的輸出。

圖 6-10　參數名稱解析器執行結果（２）

這樣，我們就在對映檔案中使用變數名稱 "param3" 或 "emailAddress" 參考了參數值 "yeecode@sample.com"。

有了中斷點偵錯的結果後，再閱讀建構方法 ParamNameResolver 和 getNamedParams 方法就變得非常簡單，留給大家自行完成。

中斷點偵錯法在閱讀字串處理類別的函數時十分有效，因為打斷點的方式能夠將字串處理過程中的所有中間值展現出來，便於把握程式的每一步流程。

6.10　泛型解析器

在上一節中使用中斷點偵錯法進行了原始程式閱讀，在這一節中繼續使用這個方法。我們會以某個測試使用案例為依據，隨著該測試使用案例的邏輯跳躍完成整個類別的原始程式閱讀。

TypeParameterResolver 是泛型參數解析器。在閱讀它的原始程式之前我們先弄清一個問題：它的功能是什麼？很多情況下，弄清一個類別的功能對閱讀其原始程式十分必要。

假設有 User 和 Student 兩個類別，分別如程式 6-31 和程式 6-32 所示。

程式 **6-31**

```
public class User<T> {
    public List<T> getInfo() {
        return null;
    }
}
```

程式 **6-32**

```
public class Student extends User<Number> {
}
```

請問：Student 類別中的 getInfo 方法（繼承自父類別 User）的輸出參數類型是什麼？

答案很簡單，是 "List<Number>"。但是得出這個答案的過程卻涉及 User 和 Student 兩個類別。首先透過 User 類別確定 getInfo 方法的輸出結果是 "List<T>"，然後透過 Student 類別得知 "T" 被設定為 "Number"。因此，Student 類別中的 getInfo 方法的輸出參數是 "List<Number>"。

TypeParameterResolver 類別的功能就是完成上述分析過程，幫助 MyBatis 推斷出屬性、傳回值、輸入參數中泛型的實際類型。舉例來說，透過程式 6-33 所示的呼叫，TypeParameterResolver 便分析出 User 類別中的 getInfo 方法的輸出參數是 "List<Object>"，Student 類別中的 getInfo 方法的輸出參數是 "List<Number>"。

程式 **6-33**

```
// 使用 TypeParameterResolver 分析 User 類別中 getInfo 方法輸出結果的實際類型
Type type1 = TypeParameterResolver.resolveReturnType(User.class.getMethod
("getInfo"), User.class);
System.out.println("User 類別中 getInfo 方法的輸出結果類型 :\n" + type1);

// 使用 TypeParameterResolver 分析 Student 類別中 getInfo 方法輸出結果的實際類型
Type type2 = TypeParameterResolver.resolveReturnType(User.class.getMethod
```

```
("getInfo"), Student.class);
System.out.println("Student 類別中 getInfo 方法的輸出結果類型 :\n" + type2);
```

泛型解析器執行結果如圖 6-11 所示。

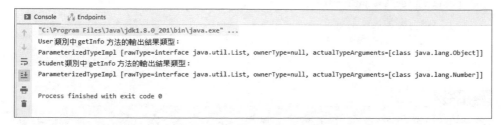

圖 6-11 泛型解析器執行結果

該範例的完整程式請參見 MyBatisDemo 專案中的範例 6。

了解了 TypeParameterResolver 類別的功能後，下面來檢視它的原始程式。它對外提供以下三個方法。

- resolveFieldType：解析屬性的泛型；
- resolveReturnType：解析方法傳回值的泛型；
- resolveParamTypes：解析方法輸入參數的泛型。

上述這三個方法都只是將要解析的變數從屬性、方法傳回值、方法輸入參數中找出來。變數的泛型解析才是最核心的工作。以程式 6-34 所示的 resolveParamTypes 方法為例，該方法將變數從方法輸入參數中找出後，對每個變數都呼叫了 resolveType 方法。因此，resolveType 是最重要的方法。

程式 6-34

```
/**
 * 解析方法輸入參數
 * @param method 目標方法
 * @param srcType 目標方法所屬的類別
 * @return 解析結果
 */
public static Type[] resolveParamTypes(Method method, Type srcType) {
    // 取出方法的所有輸入參數
```

```
  Type[] paramTypes = method.getGenericParameterTypes();
  // 定義目標方法的類別或介面
  Class<?> declaringClass = method.getDeclaringClass();
    // 解析結果
  Type[] result = new Type[paramTypes.length];
  for (int i = 0; i < paramTypes.length; i++) {
    // 對每個輸入參數依次呼叫 resolveType 方法
    result[i] = resolveType(paramTypes[i], srcType, declaringClass);
  }
  return result;
}
```

resolveType 方法根據目標類型的不同呼叫不同的子方法進行處理。

在分析 resolveType 方法的原始程式之前，有必要再強調一下 resolveType 的輸入參數，以防大家混淆。以上文中提到的「Student 類別中的 getInfo 方法（繼承自父類別 User）的輸出參數類型是什麼？」這一問題為例，則：

■ type：指要分析的欄位或參數的類型。這裡我們要分析的是 getInfo 的輸出參數，即 "List<T>" 的類型。

■ srcType：指要分析的欄位或參數所屬的類別。我們這裡要分析的是 Student 類別中的 getInfo 方法，故所屬的類別是 Student 類別。

■ declaringClass：指定義要分析的欄位或參數的類別。getInfo 方法在 User 類別中被定義，故這裡是 User 類別。

resolveType 方法的帶註釋原始程式如程式 6-35 所示。

程式 **6-35**

```
/**
 * 解析變數的實際類型
 * @param type 變數的類型
 * @param srcType 變數所屬的類別
 * @param declaringClass 定義變數的類別
 * @return 解析結果
 */
private static Type resolveType(Type type, Type srcType, Class<?>
```

```
declaringClass) {
  if (type instanceof TypeVariable) { // 如果是類型變數,如 "Map<K,V>" 中的
    "K""V" 就是類型變數
    return resolveTypeVar((TypeVariable<?>) type, srcType, declaringClass);
  } else if (type instanceof ParameterizedType) { // 如果是參數化類型,如
    "Collection<String>" 就是參數化類型
    return resolveParameterizedType((ParameterizedType) type, srcType,
    declaringClass);
  } else if (type instanceof GenericArrayType) { // 如果是包含 ParameterizedType
    或 Type Variable 元素的清單
    return resolveGenericArrayType((GenericArrayType) type, srcType,
    declaringClass);
  } else {
    return type;
  }
}
```

resolveType 根據不同的參數類型呼叫了不同的子方法進行處理。我們直接以 "List<T>" 對應的 resolveParameterizedType 子方法為例進行分析,而該子方法也是所有子方法中最為複雜的。

"List<T>" 作為參數化類型會觸發 resolveParameterizedType 方法進行處理。resolveParameterizedType 方法的帶註釋原始程式如程式 6-36 所示。

程式 6-36

```
/**
 * 解析參數化類型的實際結果
 * @param parameterizedType 參數化類型的變數
 * @param srcType 該變數所屬的類別
 * @param declaringClass 定義該變數的類別
 * @return 參數化類型的實際結果
 */
private static ParameterizedType resolveParameterizedType(ParameterizedType
parameterizedType, Type srcType, Class<?> declaringClass) {
    // 變數的原始類型。本例中為 List
    Class<?> rawType = (Class<?>) parameterizedType.getRawType();
```

```
// 取得類型參數。本例中只有一個類型參數 T
Type[] typeArgs = parameterizedType.getActualTypeArguments();
// 類型參數的實際類型
Type[] args = new Type[typeArgs.length];
for (int i = 0; i < typeArgs.length; i++) { // 依次處理每一個類型參數
    if (typeArgs[i] instanceof TypeVariable) { // 類型參數是類型變數。
        例如 parameterized Type 為 List<T> 則屬於這種情況
        args[i] = resolveTypeVar((TypeVariable<?>) typeArgs[i], srcType,
        declaringClass);
    } else if (typeArgs[i] instanceof ParameterizedType) { // 類型參數是
        參數化類型。例如 parameterizedType 為 List<List<T>> 則屬於這種情況
        args[i] = resolveParameterizedType((ParameterizedType)
        typeArgs[i], srcType, declaringClass);
    } else if (typeArgs[i] instanceof WildcardType) { // 類型參數是萬用字
        元泛型。例如 parameterizedType 為 List<? extends Number> 則屬於這種
        情況
        args[i] = resolveWildcardType((WildcardType) typeArgs[i], srcType,
        declaringClass);
    } else { // 類型參數是確定的類型。例如 parameterizedType 為 List<String>
        則屬於這種情況
        args[i] = typeArgs[i];
    }
}
return new ParameterizedTypeImpl(rawType, null, args);
}
```

對於 resolveParameterizedType 方法中的各種分支情況我們已經在程式 6-36 中透過註釋進行了詳細說明。在範例中，parameterizedType 為 "List<T>"，因此會繼續呼叫 resolveTypeVar 方法對泛型變數 "T" 進行進一步的解析。

resolveTypeVar 方法的帶註釋原始程式如程式 6-37 所示。resolveTypeVar 方法會嘗試透過繼承關係等確定泛型變數的實際結果。

程式 6-37

```
/**
 * 解析泛型變數的實際結果
```

```java
 * @param typeVar 泛型變數
 * @param srcType 該變數所屬的類別
 * @param declaringClass 定義該變數的類別
 * @return 泛型變數的實際結果
 */
private static Type resolveTypeVar(TypeVariable<?> typeVar, Type srcType,
Class<?> declaringClass) {
    // 解析出的泛型變數的結果
    Type result;
    Class<?> clazz;
    if (srcType instanceof Class) { // 該變數屬於確定的類別。該範例中，變數 T
        屬於 Student 類別，Student 類別是一個確定的類別
        clazz = (Class<?>) srcType;
    } else if (srcType instanceof ParameterizedType) { // 該變數屬於參數化類型
        ParameterizedType parameterizedType = (ParameterizedType) srcType;
        // 取得參數化類型的原始類型
        clazz = (Class<?>) parameterizedType.getRawType();
    } else {
        throw new IllegalArgumentException("The 2nd arg must be Class or
        ParameterizedType, but was: " + srcType.getClass());
    }

    if (clazz == declaringClass) { // 變數所屬的類別和定義變數的類別一致。
        該範例中，變數 T 屬於 Student 類別，定義於 User 類別
        // 確定泛型變數的上界
        Type[] bounds = typeVar.getBounds();
        if (bounds.length > 0) {
            return bounds[0];
        }
        // 泛型變數無上界，則上界為 Object
        return Object.class;
    }

    // 取得變數所屬類別的父類別。在該範例中，變數屬於 Student 類別，其父類別為
    User<Number> 類別
    Type superclass = clazz.getGenericSuperclass();
```

```
    // 掃描父類別,檢視是否可確定邊界。該範例中,能確定出邊界為 Number
    result = scanSuperTypes(typeVar, srcType, declaringClass, clazz, superclass);
    if (result != null) {
        return result;
    }

    // 取得變數所屬類別的介面
    Type[] superInterfaces = clazz.getGenericInterfaces();
    // 依次掃描各個父介面,檢視是否可確定邊界。該範例中,Student 類別無父介面
    for (Type superInterface : superInterfaces) {
        result = scanSuperTypes(typeVar, srcType, declaringClass, clazz,
superInterface);
        if (result != null) {
            return result;
        }
    }
    // 如果始終找不到結果,則未定義,即為 Object
    return Object.class;
}
```

這樣,我們以「Student 類別中的 getInfo 方法（繼承自父類別 User）的輸出參數類型是什麼？」這一問題為主線,對 TypeParameterResolver 的原始程式進行了閱讀。

在程式 6-35 所示的 resolveType 方法中,會根據變數的類型呼叫 resolveTypeVar、resolveParameterizedType、resolveGenericArrayType 三個方法進行解析。而在本節中,我們透過範例 "List<T>" 對 resolveTypeVar（程式 6-37）、resolveParameterizedType（程式 6-36）的原始程式進行了閱讀。而 resolveGenericArrayType 方法的帶註釋原始程式如程式 6-38 所示。

程式 6-38

```
/**
 * 解析泛型列表的實際類型
 * @param genericArrayType 泛型清單變數類型
 * @param srcType 變數所屬的類別
```

```
 * @param declaringClass 定義變數的類別
 * @return 解析結果
 */
private static Type resolveGenericArrayType(GenericArrayType genericArrayType,
Type srcType, Class<?> declaringClass) {
    Type componentType = genericArrayType.getGenericComponentType();
    Type resolvedComponentType = null;
    if (componentType instanceof TypeVariable) { // 元素類型是類別變數。例如
        genericArrayType 為 T[] 則屬於這種情況
        resolvedComponentType = resolveTypeVar((TypeVariable<?>)
        componentType, srcType, declaringClass);
    } else if (componentType instanceof GenericArrayType) { // 元素類型是泛型
        清單。例如 genericArrayType 為 T[][] 則屬於這種情況
        resolvedComponentType = resolveGenericArrayType((GenericArrayType)
        componentType, srcType, declaringClass);
    } else if (componentType instanceof ParameterizedType) { // 元素類型是參
        數化類型。例如 genericArrayType 為 Collection<T>[] 則屬於這種情況
        resolvedComponentType = resolveParameterizedType((ParameterizedType)
            componentType, srcType, declaringClass);
    }
    if (resolvedComponentType instanceof Class) {
        return Array.newInstance((Class<?>) resolvedComponentType, 0).
            getClass();
    } else {
        return new GenericArrayTypeImpl(resolvedComponentType);
    }
}
```

resolveGenericArrayType 方法並不複雜，只是根據元素類型又呼叫了其他幾個方法。

這樣，我們以中斷點偵錯法為基礎，以 "List<T>" 類型的泛型變數為使用案例，透過以點帶面的方式完成了 TypeParameterResolver 類別的原始程式閱讀。這種以使用案例為主線的原始程式閱讀方法能幫助我們排除很多干擾進一步專注於一條邏輯主線。而等這條邏輯主線的原始程式被閱讀清楚時，其他邏輯主線通常也會迎刃而解。

annotations 套件與 lang 套件

annotations 套件和 lang 套件中儲存的全是註釋類別，因此我們將其合併説明。

要閱讀 annotations 套件和 lang 套件中的各個註釋類別，最重要的是弄清楚 Java 中註釋的宣告方式。只要把 Java 註釋的語法和原理了解透徹，便無須再逐一閱讀各個註釋類別的原始程式，只需在每個註釋類別使用的地方對它們稍加關注即可。

因此，本節的重點在於學習 Java 註釋的相關知識，並在此基礎上選取一個註釋對其使用和生效原理介紹。

7.1　Java 註釋詳解

Java 註釋是一種標記。Java 中的類別、方法、變數、參數、套件等均可以被註釋標記進一步增加額外的資訊。相比於直接修改程式的強制寫入方式，以註釋為基礎的這種鬆散耦合的資訊增加方式更受歡迎。

本節中，我們將對註釋的宣告方式、註釋的原理進行詳細的介紹。

1. 元註釋

隨便開啟一個註釋類別，會發現它們中也包含註釋。舉例來說，程式 7-1 所示的 @Param 註釋中就存在 @Documented、@Retention、@Target 等註釋。這些用來註釋其他註釋的註釋，稱為元註釋。

程式 **7-1**

```
@Documented      // 表明該註釋會保留在 API 文件中
@Retention(RetentionPolicy.RUNTIME)  // 表明註釋會保留到執行時
@Target(ElementType.PARAMETER)        // 表明註釋可以應用在參數上
public @interface Param {
  String value();    // 整個註釋只有一個屬性，名為 value
}
```

元註釋一共有五個，分別是 @Target、@Retention、@Documented、@Inherited、@Repeatable，下面分別介紹。

@Target 註釋用來宣告註釋可以用在什麼地方，它的值需要從列舉類別 ElementType 中選取。ElementType 的列舉值及其含義如下。

- TYPE：類別、介面、註釋、列舉；
- FIELD：欄位；
- METHOD：方法；
- PARAMETER：參數；
- CONSTRUCTOR：建構方法；
- LOCAL_VARIABLE：本機變數；
- ANNOTATION_TYPE：註釋；
- PACKAGE：套件；
- TYPE_PARAMETER：類型參數；
- TYPE_USE：類型使用。

舉例來說，要宣告一個註釋只能宣告在參數上，可以如程式 7-2 所示進行設定。

程式 **7-2**

```
@Target(ElementType.PARAMETER)
```

元註釋也有 Target 值，而且該值都是 ElementType.ANNOTATION_TYPE，表明它們只能宣告在註釋上。

當然，以上列舉值也可以選擇多個，例如程式 7-3 宣告註釋可以用在欄位和方法上。

程式 7-3

```
@Target(value={ElementType.FIELD, ElementType.METHOD})
```

@Retention 註釋用來宣告註釋的生命週期，即表明註釋會被保留到哪一階段。它的值需要從列舉類別 RetentionPolicy 中選取。RetentionPolicy 的列舉值如下。

- SOURCE：保留到原始程式碼階段。這一種註釋一般留給編譯器使用，在編譯時會被擦拭。
- CLASS：保留到類別檔案階段。這是預設的生命週期，註釋會保留到類別檔案階段，但是 JVM 執行時期不包含這些資訊。
- RUNTIME：保留到 JVM 執行時。如果想在程式執行時期獲得註釋，則需要保留在這一階段。

@Documented 不需要設定實際的值。如果一個註釋被 @Documented 標記，則該註釋會在 javadoc 中產生。

@Inherited 不需要設定實際的值。如果一個註釋被 @Inherited 標記，表明允許子類別繼承父類別的該註釋（可以從父類別繼承該註釋，但是不能從介面繼承該註釋）。

@Repeatable 是 JDK 8 中新加入的。如果一個註釋被 @Repeatable 標記，則該註釋可以在同一個地方被重複使用多次。用 @Repeatable 來修飾註釋時需要指明一個接受重複註釋的容器。

2. 自訂註釋

自訂一個註釋非常簡單，需要使用元註釋進行一些宣告，然後就可以定義註釋中的屬性。程式 7-4 列出了一個自訂註釋的範例。

程式 7-4

```
@Target(value=ElementType.METHOD)        // 表明該註釋可以標記到方法上
@Retention(RetentionPolicy.RUNTIME)      // 表明該註釋會保留到執行時
@Documented // 表明該註釋會在 javadoc 中產生
public @interface Yeecode {              // 自訂註釋的名稱為 Yeecode
    String name();                       // 一個屬性
    String value() default "123";        // 一個指定了預設值的屬性
    int age() default 12;
    SizeUnits height() default SizeUnits.CM;
    Class<?> clazz();
    int[] index() default {0,1};
}
```

在定義註釋的屬性時,是使用方法的形式來定義的,即屬性名稱就是方法名稱。每個屬性都可以定義預設值。如果不為屬性指定預設值,則在使用時必須設定值。

屬性的類型很靈活,可以是字串、基本類型、列舉類型、註釋、Class 類型,以及以上類型的一維陣列。

如果一個註釋只有一個名為 value 的屬性,則在使用過程中為該屬性設定值時可以省略屬性名稱。

7.2 Param 註釋分析

透過對註釋背景知識的說明,我們對於註釋類別中的含義已經有了清晰的了解。接下來以 MyBatis 中最常用的 Param 註釋為例,介紹它如何發揮作用。

Param 註釋帶註釋的原始程式如程式 7-5 所示。

程式 7-5

```
@Documented     // 表明該註釋會保留在 API 文件中
@Retention(RetentionPolicy.RUNTIME) // 表明該註釋會保留到執行時
```

```
@Target(ElementType.PARAMETER)    // 表明該註釋可以應用在參數上
public @interface Param {
  String value();    // 整個註釋只有一個屬性，名為 value
}
```

使用時，只需在相關參數上使用該註釋對參數進行命名，即可在對映檔案中參考該參數。如程式 7-6 所示，我們使用該註釋將 userId 屬性命名為 id。

程式 **7-6**

```
User queryById(@Param("id") Integer userId);
```

這樣，我們便可以在 Mapper 中參考 id 所指代的變數，如程式 7-7 所示。

程式 **7-7**

```
<select id="queryById" resultType="User">
    SELECT *
    FROM user
    WHERE 'id' = #{id}
</select>
```

接下來我們注重分析該註釋是如何生效的。

借助於開發工具，我們在 ParamNameResolver 的建構方法中找到了 MyBatis 對 Param 的參考。相關原始程式如程式 7-8 所示。

程式 **7-8**

```
/**
 * 參數名稱解析器的建構方法
 * @param config 設定資訊
 * @param method 要被分析的方法
 */
public ParamNameResolver(Configuration config, Method method) {
  // 取得參數類型列表
  final Class<?>[] paramTypes = method.getParameterTypes();
  // 準備存取所有參數的註釋，是二維陣列
  final Annotation[][] paramAnnotations = method.getParameterAnnotations();
```

```java
final SortedMap<Integer, String> map = new TreeMap<>();
int paramCount = paramAnnotations.length;
// 循環處理各個參數
for (int paramIndex = 0; paramIndex < paramCount; paramIndex++) {
  if (isSpecialParameter(paramTypes[paramIndex])) {
    // 跳過特別的參數
    continue;
  }
  // 參數名稱
  String name = null;
  for (Annotation annotation : paramAnnotations[paramIndex]) {
    // 找出參數的註釋
    if (annotation instanceof Param) {
      // 如果註釋是 Param
      hasParamAnnotation = true;
      // 那就以 Param 中的值作為參數名稱
      name = ((Param) annotation).value();
      break;
    }
  }

  if (name == null) {
    // 不然保留參數的原有名稱
    if (config.isUseActualParamName()) {
      name = getActualParamName(method, paramIndex);
    }
    if (name == null) {
      // 參數名稱取得不到，則按照參數 index 命名
      name = String.valueOf(map.size());
    }
  }
  map.put(paramIndex, name);
}
names = Collections.unmodifiableSortedMap(map);
}
```

在程式 7-8 中，首先使用敘述 "final Annotation[][] paramAnnotations = method. getParameterAnnotations()" 獲得了目標方法的所有參數的註釋。假設我們定義如程式 7-9 所示的方法，則會在 paramAnnotations 中獲得如圖 7-1 所示的結果。

程式 7-9

```
User queryById(@Param("id") Integer userId, String userName, @NonNull
  @Param("sName") String schoolName);
```

paramAnnotations 陣列

Param	
NonNull	Param

圖 7-1 paramAnnotations 變數值示意圖

然後在分析每個參數時，循環檢查它的每個註釋並使用 "annotation instanceof Param" 判斷目前註釋是否為 "Param" 註釋。如果目前註釋為 "Param" 註釋，則會使用 "((Param) annotation).value()" 操作取得該註釋的 value 值作為參數的名稱。

這樣，我們對 Integer userId 參數使用了 @Param("id") 後，"id" 便成了實際參數的名稱，因此能夠使用 "id" 索引到對應的實際參數。

type 套件

type 套件中的類別有 55 個之多。在遇到這種繁雜的情況時，一定要注意歸類
歸納。

歸類歸納是原始程式閱讀中非常好的辦法。通常越是大量的類別，越是大量
的方法，越有規律進行分類。這些原本繁雜的類別和方法經過分類後，可能
會變得很有條理。

經過整理後，我們把 type 套件內的類別分為以下六組。

- 類型處理器：1 個介面、1 個基礎實現類別、1 個輔助類別、43 個實現類
  別。
  - TypeHandler：類型處理器介面；
  - BaseTypeHandler：類型處理器的基礎實現；
  - TypeReference：類型參考器；
  - *TypeHandler：43 個類型處理器。
- 類型登錄檔：3 個。
  - SimpleTypeRegistry：基本類型登錄檔，內部使用 Set 維護了所有 Java 基
    底資料型態的集合；
  - TypeAliasRegistry：類型態名登錄檔，內部使用 HashMap 維護了所有類
    型的別名和類型的對映關係；

- TypeHandlerRegistry：類型處理器登錄檔，內部維護了所有類型與對應類型處理器的對映關係。

- 註釋類別：3 個。
  - Alias：使用該註釋可以給類別設定別名，設定後，別名和類型的對映關係便存入 TypeAliasRegistry 中；
  - MappedJdbcTypes：有時我們想使用自己的處理器來處理某些 JDBC 類型，只需建立 BaseTypeHandler 的子類別，然後在上面加上該註釋，宣告它要處理的 JDBC 類型即可；
  - MappedTypes：有時我們想使用自己的處理器來處理某些 Java 類型，只需建立 BaseTypeHandler 的子類別，然後在上面加上該註釋，宣告它要處理的 Java 類型即可。

- 例外類別：1 個。
  - TypeException：表示與類型處理相關的例外。

- 工具類別：1 個。
  - ByteArrayUtils：提供陣列轉化的工具方法。

- 列舉類別：1 個。
  - JdbcType：在 Enum 中定義了所有的 JDBC 類型，類型來自 java.sql.Types。

以上類別中，註釋類別、例外類別、工具類別、列舉類別都非常簡單，不再單獨介紹。下面將重點介紹類型處理器和類型登錄檔。

8.1 範本模式

說起範本大家應該都很熟悉。一般情況下，範本中規定了大致的架構，只留下一些細節供使用者來修改和增強。使用同一範本做出的不同產品都具有一致的架構。

設計模式中的範本模式與上述範本的概念相同。在範本模式中，需要使用一個抽象類別定義一套操作的整體步驟（即範本），而抽象類別的子類別則完成每個步驟的實作方式。這樣，抽象類別的不同子類別遵循了同樣的一套範本。

舉例來說，我們定義一套打掃清潔的範本，如程式 8-1 所示。它為所有的打掃清潔工作定義了四個大的步驟：準備（prepare）、實施（implement）、善後（windup）和匯報（report）。

程式 **8-1**

```java
public abstract class Cleaning {

    public void clean(){
        prepare();
        implement();
        windup();
        report();
    }

    abstract void prepare();

    abstract void implement();

    abstract void windup();

    void report() {
        System.out.println(" 告訴別人已經打掃完成。");
    }
}
```

這樣，就可以以該範本為基礎完成一些實際的打掃清潔工作。舉例來說，程式 8-2 和程式 8-3 分別列出了擦玻璃和擦黑板的實現。

程式 **8-2**

```java
public class WipeGlass extends Cleaning{
    @Override
    void prepare() {
```

```
        System.out.println(" 找到抹布。");
        System.out.println(" 浸濕和清洗抹布。");
    }

    @Override
    void implement() {
        System.out.println(" 擦玻璃。");
    }

    @Override
    void windup() {
        System.out.println(" 清理窗台。");
    }
}
```

程式 8-3

```
public class WipeBlackboard extends Cleaning {
    @Override
    void prepare() {
        System.out.println(" 找到黑板擦。");
    }

    @Override
    void implement() {
        System.out.println(" 用力擦黑板。");
    }

    @Override
    void windup() {
        System.out.println(" 清理粉筆屑。");
    }
}
```

該範例的完整程式請參見 MyBatisDemo 專案中的範例 7。

可以看到,雖然實際的行為不同,但是 WipeGlass 和 WipeBlackboard 兩者遵循的範本是一樣的,都是由 Cleaning 類別指定的。這就是範本模式的作用,

即確定了一套操作的架構，而子類別只需在此架構的基礎上定義實際的實現即可。

8.2 類型處理器

8.2.1 類型處理器的基礎類別與實現類別

作為一個 ORM 架構，處理 Java 物件和資料庫關係之間的對映是 MyBatis 工作中的重要部分。然而在 Java 中存在 Integer、String、Data 等各種類型的資料，在資料庫中也存在 varchar、longvarchar、tinyint 等各種類型的資料。不同類型的欄位所需的讀、寫方法各不相同，因此需要對不同類型的欄位採取對應的處理方式。

舉例來說，User 中有如程式 8-4 所示的幾個屬性。

程式 8-4

```
private Integer id;
private String name;
private Integer sex;
private String schoolName;
```

在對 User 物件的屬性進行讀取和設定值時，需要用 Integer 的相關處理方式來操作 id、sex 屬性，而要用 String 的相關處理方式來操作 name、schoolName 屬性。

在 type 套件中，將每種類型對應的處理方式封裝在了對應的類型處理器 TypeHandler 中。舉例來說，IntegerTypeHandler 負責完成對 Integer 類型的處理。

type 套件共有 43 個類型處理器，這些類型處理器的名稱也均以 "TypeHandler" 結尾。而 TypeHandler 和 BaseTypeHandler 則分別是類型處理器介面和類型處理器基礎類別。

圖 8-1 展示了 type 套件中類型處理器相關的類別圖。

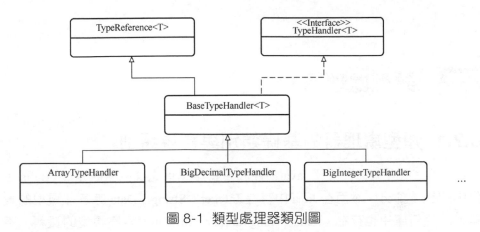

圖 8-1 類型處理器類別圖

TypeHandler<T> 是一個介面,其中定義了進行資料處理操作的幾個抽象方法。而 BaseTypeHandler<T> 繼承了 TypeHandler<T> 介面,並實現了 TypeHandler<T> 中的介面。

在類型處理器相關類別的設計中採用了範本模式,BaseTypeHandler<T> 作為所有類型處理器的基礎類別,定義了範本的架構。而在各個實際的實現類別中,則實現了實際的細節。

以程式 8-5 展示的 BaseTypeHandler 中 getResult(ResultSet, String) 方法為例,該方法完成了例外處理等統一的工作,而與實際類型相關的 getNullableResult(ResultSet, String) 操作則透過抽象方法交給實際的類型處理器實現。這就是典型的範本模式。

程式 8-5

```
/**
 * 從結果集中讀出一個結果
 * @param rs 結果集
 * @param columnName 要讀取結果的列名稱
 * @return 結果值
 * @throws SQLException
 */
```

```
public T getResult(ResultSet rs, String columnName) throws SQLException {
  try {
    return getNullableResult(rs, columnName);
  } catch (Exception e) {
    throw new ResultMapException("Error attempting to get column '" +
     columnName + "' from result set.  Cause: " + e, e);
  }
}
```

BaseTypeHandler<T> 交給實際的類型處理器實現的抽象方法一共只有四個。
在每個類型處理器都需要實現這四個方法。

■ void setNonNullParameter(PreparedStatement, int, T, JdbcType)： 向
PreparedStatement 物件中的指定變數位置寫入一個不為 null 的值；

■ T getNullableResult(ResultSet, String)：從 ResultSet 中按照欄位名稱讀出一
個可能為 null 的資料；

■ T getNullableResult(ResultSet, int)：從 ResultSet 中按照欄位編號讀出一個
可能為 null 的資料；

■ T getNullableResult(CallableStatement, int)：從 CallableStatement 中按照欄
位編號讀出一個可能為 null 的資料。

因為上面的抽象方法跟實際的類型相關，因此存在泛型參數 T。在每種類型處
理器中，都列出了泛型參數的值。以 IntegerTypeHandler 為例，它設定泛型參
數值為 Integer。IntegerTypeHandler 類別的原始程式如程式 8-6 所示。

程式 8-6

```
public class IntegerTypeHandler extends BaseTypeHandler<Integer> {

  /**
   * 從結果集中讀出一個可能為 null 的結果
   * @param rs 結果集
   * @param columnName 要讀取結果的列名稱
   * @return 結果值
   * @throws SQLException
   */
```

```
@Override
public Integer getNullableResult(ResultSet rs, String columnName)
    throws SQLException {
  int result = rs.getInt(columnName);
  return result == 0 && rs.wasNull() ? null : result;
}

// 省略其他方法
}
```

程式 8-6 中，IntegerTypeHandler 處理的類型是 Integer，這表明其 getNullable
Result 方法列出的就是一個 Integer 結果。

8.2.2 TypeReference 類別

43 個類型處理器可以處理不同 Java 類型的資料，而這些類型處理器都是
TypeHandler 介面的子類別，因此可以都作為 TypeHandler 來使用。

那會不會遇到一個問題，當 MyBatis 取到某一個 TypeHandler 時，卻不知道它
到底是用來處理哪一種 Java 類型的處理器？

為了解決這一問題，MyBatis 定義了一個 TypeReference 類別。它能夠判斷
出一個 TypeHandler 用來處理的目標類型。而它判斷的方法也很簡單：取
出 TypeHandler 實現類別中的泛型參數 T 的類型，這個值的類型也便是
該 TypeHandler 能處理的目標類型。該功能由 getSuperclassTypeParameter
方法實現，該方法能將找出的目標類型存入類別中的 rawType 屬性。
getSuperclassTypeParameter 方法帶註釋的原始程式如程式 8-7 所示。

程式 8-7

```
/**
 * 解析出目前 TypeHandler 實現類別能夠處理的目標類型
 * @param clazz TypeHandler 實現類別
 * @return 該 TypeHandler 實現類別能夠處理的目標類型
 */
Type getSuperclassTypeParameter(Class<?> clazz) {
```

```
// 取得 clazz 類別的帶有泛型的直接父類別
Type genericSuperclass = clazz.getGenericSuperclass();
if (genericSuperclass instanceof Class) {
  // 進入這裡說明 genericSuperclass 是 class 的實例
  if (TypeReference.class != genericSuperclass) { // genericSuperclass 不是
    TypeReference 類別本身
    // 說明沒有解析到足夠上層,將 clazz 類別的父類別作為輸入參數遞迴呼叫
    return getSuperclassTypeParameter(clazz.getSuperclass());
  }
  // 說明 clazz 實現了 TypeReference 類別,但是卻沒有使用泛型
  throw new TypeException("'" + getClass() + "' extends TypeReference but
    misses the type parameter. "
    + "Remove the extension or add a type parameter to it.");
}

// 執行到這裡說明 genericSuperclass 是泛型類別。取得泛型的第一個參數,即 T
Type rawType = ((ParameterizedType) genericSuperclass).
  getActualTypeArguments()[0];
if (rawType instanceof ParameterizedType) { // 如果是參數化類型
  // 取得參數化類型的實際類型
  rawType = ((ParameterizedType) rawType).getRawType();
}
return rawType;
}
```

TypeReference 類別是 BaseTypeHandler 的父類別,因此所有的類型處理器都繼承了 TypeReference 的功能。這表示對任何一個類型處理器呼叫 getSuperclassTypeParameter 方法,都可以獲得該處理器用來處理的目標類型。

8.3　類型登錄檔

定義了大量的類型處理器之後,MyBatis 還需要在遇到某種類型的資料時,快速找到與資料的類型對應的類型處理器。這個過程就需要各種類型登錄檔的幫助。

type 套件中的類型登錄檔有三個：SimpleTypeRegistry、TypeAliasRegistry 和 TypeHandlerRegistry。

SimpleTypeRegistry 是一個非常簡單的登錄檔，其內部使用一個 SIMPLE_TYPE_SET 變數維護所有 Java 基本類型。SIMPLE_TYPE_SET 中的設定值是在 static 程式區塊中進行的，如程式 8-8 所示。這說明在 SimpleTypeRegistry 初始化結束後，就已經將所有的 Java 基本類型維護到了 SIMPLE_TYPE_SET 中。

程式 8-8

```
static {
  SIMPLE_TYPE_SET.add(String.class);
  SIMPLE_TYPE_SET.add(Byte.class);
  SIMPLE_TYPE_SET.add(Short.class);
  SIMPLE_TYPE_SET.add(Character.class);
  // 省略部分程式
}
```

TypeAliasRegistry 是一個類型態名登錄檔，其內部使用 typeAliases 變數維護類型的別名與類型的對應關係。有了這個登錄檔，我們就可以在很多場合使用類型的別名來指代實際的類型。

TypeHandlerRegistry 是這三個登錄檔中最為核心的，資料類型和相關處理器的對應關係就是由它維護的。

在介紹它之前，我們先介紹 Java 資料類型和 JDBC 資料類型。

假設某個物件中存在一個 "String name" 屬性，則 name 屬性在 Java 中的資料類型是 String。然而它在資料庫中可能是 char、varchar，也可能是 tinytext、text 等多種類型。因此，Java 資料類型和 JDBC 資料類型並不是一對一的關係，而是一對多的關係。了解到這一點之後，我們在程式 8-9 中直接列出 TypeHandlerRegistry 類別的附帶註釋的屬性。

程式 8-9

```
// JDBC 類型與對應類型處理器的對映
private final Map<JdbcType, TypeHandler<?>>  jdbcTypeHandlerMap = new
```

```
    EnumMap<>(JdbcType.class);
// Java 類型與 Map<JdbcType, TypeHandler<?>> 的對映
private final Map<Type, Map<JdbcType, TypeHandler<?>>> typeHandlerMap = new
    Concurrent HashMap< >();
// 未知類型的處理器
private final TypeHandler<Object> unknownTypeHandler = new
    UnknownTypeHandler(this);
// 鍵為 typeHandler.getClass() ，值為 typeHandler。裡面儲存了所有的類型處理器
    private final Map<Class<?>, TypeHandler<?>> allTypeHandlersMap = new HashMap
    < >();
// 空的 Map<JdbcType, TypeHandler<?>>，表示該 Java 類型沒有對應的 Map<JdbcType,
    TypeHandler<?>>
private static final Map<JdbcType, TypeHandler<?>> NULL_TYPE_HANDLER_MAP =
    Collections. emptyMap();
// 預設的列舉類型處理器
private Class<? extends TypeHandler> defaultEnumTypeHandler =
    EnumTypeHandler.class;
```

了解了 TypeHandlerRegistry 的屬性後，也可以猜測出如何才能拿到一個類型的類型處理器，實際就是一個兩次對映的過程。

- 根 據 傳 入 的 Java 類 型 ， 呼 叫 getJdbcHandlerMap 子 方 法 找 尋 對 應 的 jdbcTypeHandlerMap 後傳回。

- 基於 jdbcTypeHandlerMap，根據 JDBC 類型找到對應的 TypeHandler。

舉例來説，在指定 Java 類型是 String，而 JDBC 類型是 varchar 後，就能唯一確定一個類型處理器。getTypeHandler 方法完成的就是這一過程，該方法帶註釋的原始程式如程式 8-10 所示。

程式 8-10

```
/**
 * 找出一個類型處理器
 * @param type Java 類型
 * @param jdbcType JDBC 類型
 * @param <T> 類型處理器的目標類型
 * @return 類型處理器
```

```
    */
    @SuppressWarnings("unchecked")
    private <T> TypeHandler<T> getTypeHandler(Type type, JdbcType jdbcType) {
      if (ParamMap.class.equals(type)) { // 是 ParamMap，因此不是單一的 Java 類型
        return null;
      }

      // 先根據 Java 類型找到對應的 jdbcHandlerMap
      Map<JdbcType, TypeHandler<?>> jdbcHandlerMap = getJdbcHandlerMap(type);
      TypeHandler<?> handler = null;
      if (jdbcHandlerMap != null) { // 存在 jdbcHandlerMap
        // 根據 JDBC 類型找尋對應的處理器
        handler = jdbcHandlerMap.get(jdbcType);
        if (handler == null) {
          // 使用 null 作為鍵進行一次找尋，透過本類別原始程式可知目前 jdbcHandlerMap
          //     可能是 EnumMap，也可能是 HashMap
          // EnumMap 不允許鍵為 null，因此總是傳回 null。HashMap 允許鍵為 null。這並
          //     不是一次無用功
          handler = jdbcHandlerMap.get(null);
        }
        if (handler == null) {
          // 如果 jdbcHandlerMap 只有一個類型處理器，就取出它
          handler = pickSoleHandler(jdbcHandlerMap);
        }
      }
      // 傳回找到的類型處理器
      return (TypeHandler<T>) handler;
    }
```

SimpleTypeRegistry、TypeAliasRegistry、TypeHandlerRegistry 這三個類型登錄檔的存在，使 MyBatis 不僅可以根據類型找尋其類型處理器，而且還可以根據類型態名找尋對應的類型處理器。

io 套件

io 套件即輸入 / 輸出套件，負責完成 MyBatis 中與輸入 / 輸出相關的操作。

說到輸入 / 輸出，首先想到的就是對磁碟檔案的讀寫。在 MyBatis 的工作中，與磁碟檔案的互動主要是對 xml 設定檔的讀取操作。因此，io 套件中提供對磁碟檔案讀取操作的支援。

除了讀取磁碟檔案的功能外，io 套件還提供對記憶體中類別檔案（class 檔案）的操作。

9.1 背景知識

9.1.1 單例模式

單例模式（Singleton Pattern）是一種非常簡單的設計模式。使用了單例模式的類別提供一個方法獲得該類別的物件，並且總保障這個物件是唯一的。

舉例來說，程式 9-1 就實現了一個單例模式的類別。在該類別中，建構方法被 private 宣告，因此無法透過外部獲得 Singleton 物件。取得 Singleton 物件的唯一方式就是呼叫 getInstance 方法，而每次存取 getInstance 方法獲得的物件都

來自 INSTANCE 屬性。INSTANCE 屬性是一個靜態屬性，全域唯一。透過以上的機制確保了全域只有一個 Singleton 物件。

程式 **9-1**

```java
public class Singleton {
    // 儲存唯一的物件
    private static final Singleton INSTANCE = new Singleton();

    // 防止外部建立該類別的物件
    private Singleton() {};

    // 取得該類別物件的唯一方式
    public static Singleton getInstance() {
        return INSTANCE;
    }
}
```

從多執行緒安全、惰性載入等角度考慮，單例模式還有很多種寫法。我們這裡不再展開，有興趣的讀者可以自己學習。

9.1.2 代理模式

代理模式（Proxy Pattern）是指建立某一個物件的代理物件，並且由代理物件控制對原物件的參考。

舉例來説，我們不能直接存取物件 A，則可以建立物件 A 的代理物件 A Proxy。這樣，就可以透過存取 A Proxy 來間接地使用物件 A 的功能。A Proxy 就像 A 的對外聯絡人一般。圖 9-1 列出了代理模式類別圖。

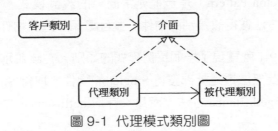

圖 9-1 代理模式類別圖

代理模式能夠實現很多功能：

■ 隔離功能：透過建立一個目標物件的代理物件，可以防止外部對目標物件的直接存取，這樣就使得目標物件與外部隔離。我們可以在代理物件中增加身份驗證、許可權驗證等功能，進一步實現對目標物件的安全防護。

■ 擴充功能：對一個目標物件建立代理物件後，可以在代理物件中增加更多的擴充功能。舉例來說，可以在代理物件中增加記錄檔記錄功能，這樣對目標物件的存取都會被代理物件計入記錄檔。

■ 直接取代：對一個目標物件建立代理物件後，可以直接使用代理物件完全取代目標物件，由代理物件來實現全部的功能。舉例來說，MyBatis 中資料庫操作只是一個抽象方法，但實際執行中會建立代理物件來完成資料庫的讀寫操作。

9.1.3 靜態代理

靜態代理就是代理模式最簡單的實現。所謂「靜態」，是指被代理物件和代理物件在程式中是確定的，不會在程式執行過程中發生變化。

舉例來說，我們為使用者類別設定一個如程式 9-2 所示的介面類別 UserInterface，然後在其中增加一個打招呼的抽象方法 sayHello。

程式 9-2

```
public interface UserInterface {
    String sayHello(String name);
}
```

實現 UserInterface 介面的被代理類別程式如程式 9-3 所示。

程式 9-3

```
public class User implements UserInterface {
    @Override
    public String sayHello(String name) {
        System.out.println("hello " + name);
```

```
        return "OK";
    }
}
```

下面為被代理類別增加一個代理類別。代理類別中呼叫了被代理類別的
sayHello 方法，並在此方法的基礎上增加了新的功能：在打招呼前後增加開場
敘述和結束敘述。程式 9-4 展示了該代理類別。

程式 9-4

```
public class UserProxy implements UserInterface {
    private UserInterface target;

    public UserProxy(UserInterface target) {
        this.target = target;
    }

    @Override
    public String sayHello(String name) {
        System.out.println("pre words");
        target.sayHello(name);
        System.out.println("post words");
        return name;
    }
}
```

下面透過程式 9-5 呼叫代理物件中的方法。

程式 9-5

```
public static void main(String[] args) throws Exception {
    // 產生被代理物件
    User user = new User();

    // 產生代理，順便告訴代理它要代理誰
    UserProxy userProxy = new UserProxy(user);

    // 觸發代理方法
```

```
    userProxy.sayHello(" 易哥 ");
}
```

該範例的完整程式請參見 MyBatisDemo 專案中的範例 8。

程式執行結果如圖 9-2 所示。可以看到，透過代理物件執行了被代理物件的方法，並且被代理物件的方法前後新增一些功能。在整個過程中不需要被代理物件本身做出任何的更改。

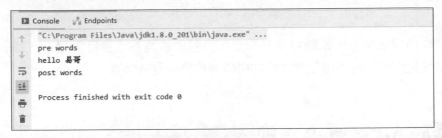

圖 9-2　程式執行結果

範例專案類別圖如圖 9-3 所示。

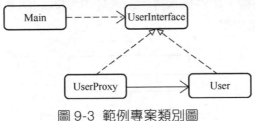

圖 9-3　範例專案類別圖

但是靜態代理也有一些限制，最明顯的就是代理物件和被代理物件是在程式中寫死的，顯然不夠靈活。動態代理則沒有此弊端，我們會在 10.1.3 節介紹。

9.1.4　VFS

磁碟檔案系統分為很多種，如 FAT、VFAT、NFS、NTFS 等。不同檔案系統的讀寫操作各不相同。VFS（Virtual File System）作為一個虛擬的檔案系統將各個磁碟檔案系統的差異隱藏了起來，提供了統一的操作介面。這使得上層的

軟體能夠用單一的方式來跟底層不同的檔案系統溝通,如圖 9-4 所示。

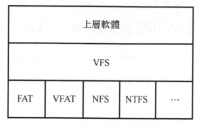

圖 9-4 VFS 的作用

在操作磁碟檔案時,軟體程式不需要和實體的檔案系統進行處理,只需要和 VFS 溝通即可。這使得軟體系統的磁碟操作變得更為簡單。

9.2 VFS 實現類別

MyBatis 的 io 套件中 VFS 的作用是從應用伺服器中找尋和讀取資源檔,這些資源檔可能是設定檔、類別檔案等。io 套件中 VFS 相關類別主要有三個,圖 9-5 展示了它們的類別圖。

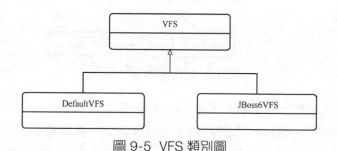

圖 9-5 VFS 類別圖

DefaultVFS 類別和 JBoss6VFS 類別是 VFS 類別的兩個實現類別。在確定了實際的實現類別之後,外部只需透過 VFS 中的方法即可完成外部檔案的讀取。

VFS 類別中的主要屬性如程式 9-6 所示,兩個屬性中儲存了內建和使用者自訂的 VFS 實現類別。

程式 **9-6**

```
// 儲存內建的 VFS 實現類別
public static final Class<?>[] IMPLEMENTATIONS = { JBoss6VFS.class,
  DefaultVFS.class };

// 儲存使用者自訂的 VFS 實現類別
public static final List<Class<? extends VFS>> USER_IMPLEMENTATIONS = new
  ArrayList<>();
```

VFS 類別中含有一個內部類別 **VFSHolder**，該類別使用了單例模式。其中的
createVFS 方法能夠對外列出唯一的 VFS 實現類別。**VFSHolder** 類別帶註釋的
原始程式如程式 9-7 所示。

程式 **9-7**

```
private static class VFSHolder {
  // 最後指定的實現類別
  static final VFS INSTANCE = createVFS();

  /**
   * 列出一個 VFS 實現類別。單例模式
   * @return VFS 實現類別
   */
  static VFS createVFS() {
    // 所有 VFS 實現類別的列表
    List<Class<? extends VFS>> impls = new ArrayList<>();
    // 列表中先加入使用者自訂的實現類別。因此，使用者自訂的實現類別優先順序高
    impls.addAll(USER_IMPLEMENTATIONS);
    impls.addAll(Arrays.asList((Class<? extends VFS>[]) IMPLEMENTATIONS));

    VFS vfs = null;
    // 依次產生實例，找出第一個可用的
    for (int i = 0; vfs == null || !vfs.isValid(); i++) {
      Class<? extends VFS> impl = impls.get(i);
      try {
        // 產生一個實現類別的物件
```

```
        vfs = impl.newInstance();
        // 判斷物件是否產生成功並可用
        if (vfs == null || !vfs.isValid()) {
          if (log.isDebugEnabled()) {
            log.debug("VFS implementation " + impl.getName() +
                " is not valid in this environment.");
          }
        }
      } catch (InstantiationException | IllegalAccessException e) {
        log.error("Failed to instantiate " + impl, e);
        return null;
      }
    }

    if (log.isDebugEnabled()) {
      log.debug("Using VFS adapter " + vfs.getClass().getName());
    }

    return vfs;
  }
}
```

在 VFSHolder 類別的 createVFS 方法中，先組建一個 VFS 實現類別的列表，
然後依次對列表中的實現類別進行驗證。第一個通過驗證的實現類別即被選
取。在組建列表時，使用者自訂的實現類別放在了列表的前部，這確保了使
用者自訂的實現類別具有更高的優先順序。

內部類別 VFSHolder 中最後確定的 VFS 實現類別會被放入 INSTANCE 變數
中。這樣，當外部呼叫 VFS 類別的 getInstance 方法時就可以拿到該 VFS 實現
類別的物件，如程式 9-8 所示。

程式 9-8

```
public static VFS getInstance() {
  return VFSHolder.INSTANCE;
}
```

MyBatis 中為 VFS 提供了兩個內部實現類別，分別是 DefaultVFS 類別和 JBoss6VFS 類別，下面分別介紹。

9.2.1 DefaultVFS 類別

DefaultVFS 作為預設的 VFS 實現類別，其 isValid 函數恒傳回 true。因此，只要載入 DefaultVFS 類別，它一定能透過 VFS 類別中 VFSHolder 單例中的驗證，並且在進行實現類別的驗證時 DefaultVFS 排在整個驗證列表的最後。因此，DefaultVFS 成了所有 VFS 實現類別的保底方案，即最後一個驗證，但只要驗證一定能通過。

除了 isValid 方法外，DefaultVFS 中還有以下幾個方法。

- list(URL, String): 列出指定 url 下符合條件的資源名稱；
- listResources(JarInputStream, String)：列出指定 jar 套件中符合條件的資源名稱；
- findJarForResource(URL)：找出指定路徑上的 jar 套件，傳回 jar 套件的準確路徑；
- getPackagePath(String)：將 jar 套件名稱轉為路徑；
- isJar：判斷指定路徑上是否是 jar 套件。

以上方法均採用直接讀取檔案的方式來實現，結構並不複雜，我們不再多作說明。

9.2.2 JBoss6VFS 類別

JBoss 是一個以 J2EE 為基礎的開放原始程式碼的應用伺服器，JBoss6 是 JBoss 中的版本。JBoss6VFS 即為參考 JBoss6 設計的一套 VFS 實現類別。

在 JBoss6VFS 中主要存在兩個內部類別。

- VirtualFile：仿照 JBoss 中的 VirtualFile 類別設計的功能子集；
- VFS：仿照 JBoss 中的 VFS 類別設計的功能子集。

閱讀 VirtualFile 和 VFS 中的方法便可以發現，這些方法中都沒有實現實際的操作，而是呼叫 JBoss 中的相關方法。

以程式 9-9 展示的 VirtualFile 中的 getPathNameRelativeTo 方法為例，方法中直接使用 invoke 敘述，將操作轉給了 org.jboss.vfs.VirtualFile 類別中的 getPathNameRelativeTo 方法。因此，這裡使用了代理模式，此處的 VirtualFile 內部類別是 JBoss 中 VirtualFile 的靜態代理類別。

程式 9-9

```
/**
 * 取得相關的路徑名稱
 * @param parent 父級路徑名稱
 * @return 相關路徑名稱
 */
String getPathNameRelativeTo(VirtualFile parent) {
  try {
    return invoke(getPathNameRelativeTo, virtualFile, parent.virtualFile);
  } catch (IOException e) {
    log.error("This should not be possible. VirtualFile.getPathNameRelativeTo()
     threw IOException.");
    return null;
  }
}
```

同理，VFS 內部類別是 JBoss 中 VFS 的靜態代理類別。

在 JBoss6VFS 類別中，兩個內部類別 VirtualFile 和 VFS 都是代理類別，只負責完成將相關操作轉給被代理類別的工作。那麼，要想使 JBoss6VFS 類別正常執行，必須確保被代理類別存在。

確定被代理類別是否存在的過程在 JBoss6VFS 類別的 initialize 方法中完成。該方法由靜態程式區塊觸發，因此會在類別的載入階段執行，如程式 9-10 所示。

程式 9-10

```
/**
 * JBoss6VFS 中的靜態程式區塊
```

```
 */
static {
  initialize();
}


/**
 * 初始化 JBoss6VFS 類別。主要是根據被代理類別是否存在來判斷本身是否可用
 */
protected static synchronized void initialize() {
  if (valid == null) {
    // 首先假設是可用的
    valid = Boolean.TRUE;

    // 驗證所需要的類別是否存在。如果不存在，則 valid 設定為 false
    VFS.VFS = checkNotNull(getClass("org.jboss.vfs.VFS"));
    VirtualFile.VirtualFile = checkNotNull(getClass("org.jboss.vfs.
        VirtualFile"));

    // 驗證所需要的方法是否存在。如果不存在，則 valid 設定為 false
    VFS.getChild = checkNotNull(getMethod(VFS.VFS, "getChild", URL.class));
    VirtualFile.getChildrenRecursively = checkNotNull(getMethod(VirtualFile.
        VirtualFile, "getChildrenRecursively"));
    VirtualFile.getPathNameRelativeTo = checkNotNull(getMethod(VirtualFile.
        VirtualFile, "getPathNameRelativeTo", VirtualFile.VirtualFile));

    // 判斷以上所需方法的傳回值是否和預期一致。如果不一致，則 valid 設定為 false
    checkReturnType(VFS.getChild, VirtualFile.VirtualFile);
    checkReturnType(VirtualFile.getChildrenRecursively, List.class);
    checkReturnType(VirtualFile.getPathNameRelativeTo, String.class);
  }
}
```

在初始化方法中，會嘗試從 JBoss 的套件中載入和驗證所需要的類別和方法。最後，還透過傳回值對載入的方法進行了進一步的驗證。而在以上的各個過程中，只要發現載入的類別、方法不存在或傳回值發生了變化，則認為 JBoss 中的類別不可用。在這種情況下，checkNotNull 方法和 checkReturnType

方法中會呼叫 setInvalid 方法將 JBoss6VFS 的 valid 欄位設定為 false，表示 JBoss6VFS 類別不可用。

9.3 類別檔案的載入

除了從磁碟中讀取普通檔案外，從磁碟中取得類別檔案（Class 檔案）並載入成一個類別也是一種常用的功能。

要把類別檔案載入成類別，需要類別載入器的支援。ClassLoaderWrapper 類別中封裝了五種類載入器，而 Resources 類別又對 ClassLoaderWrapper 類別進行了一些封裝。下面我們特別注意 ClassLoaderWrapper 類別。

ClassLoaderWrapper 的五種類載入器由 getClassLoaders 方法列出，如程式 9-11 所示。

程式 9-11

```
/**
 * 取得所有的類別載入器
 * @param classLoader 傳入的一種類載入器
 * @return 所有類別載入器的列表
 */
ClassLoader[] getClassLoaders(ClassLoader classLoader) {
  return new ClassLoader[]{
      classLoader,
      defaultClassLoader,
      Thread.currentThread().getContextClassLoader(),
      getClass().getClassLoader(),
      systemClassLoader};
}
```

這五種類載入器依次是：

- 作為參數傳入的類別載入器，可能為 null；
- 系統預設的類別載入器，如未設定則為 null；

- 目前執行緒的執行緒上下文中的類別載入器；
- 目前物件的類別載入器；
- 系統類別載入器，在 ClassLoaderWrapper 的建構方法中設定。

以上五種類載入器的優先順序由高到低。在讀取類別檔案時，依次到上述五種類載入器中進行尋找，只要某一次尋找成功即傳回結果。

classForName 方法是一個根據類別名稱找出指定類別的方法，下面以該方法為例，檢視五種類載入器是如何輪番上陣發揮作用的。整個過程如程式 9-12 所示。

程式 9-12

```
/**
 * 輪番使用各種載入器嘗試載入一個類別
 * @param name 類別名稱
 * @param classLoader 類別載入列表
 * @return 載入出的類別
 * @throws ClassNotFoundException
 */
Class<?> classForName(String name, ClassLoader[] classLoader) throws
ClassNotFoundException {
  // 對五種類載入器依次進行嘗試
  for (ClassLoader cl : classLoader) {
    if (null != cl) {
      try {
        // 使用目前類別載入器嘗試是否能夠成功
        Class<?> c = Class.forName(name, true, cl);
        if (null != c) {
          // 只要找到目標類別，則傳回結果
          return c;
        }
      } catch (ClassNotFoundException e) {
        // 故意忽略該例外，因為這只是在某一個類別載入器中沒找到目標類別。
        //    下面會在所有類別載入器均尋找失敗後重新拋出該例外
      }
```

```
    }
  }
  // 所有類別載入器均尋找失敗，拋出例外
  throw new ClassNotFoundException("Cannot find class: " + name);
}
```

9.4 ResolverUtil 類別

ResolverUtil 是一個工具類別，主要功能是完成類別的篩選。這些篩選條件可以是：

- 類別是否是某個介面或類別的子類別；
- 類別是否具有某個註釋。

為了能夠基於這些條件進行篩選，ResolverUtil 中設定有一個內部介面 Test。Test 是一個篩選器，內部類別中有一個抽象方法 matches 來判斷指定類別是否滿足篩選條件。圖 9-6 列出了 Test 介面及其實現類別的類別圖。

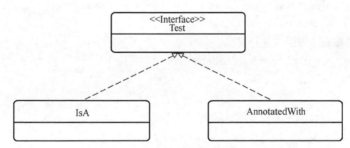

圖 9-6 Test 介面及其實現類別的類別圖

如上所示，Test 內部類別有兩個實現類別，都重新定義了 matches 方法。

- IsA 類別中的 matches 方法可以判斷目標類別是否實現了某個介面或繼承了某個類別；
- AnnotatedWith 類別中的 matches 方法可以判斷目標類別是否具有某個註釋。

最後透過驗證的類別會放到 ResolverUtil 類別的 matches 屬性中。

這樣一來，在讀取某個路徑上的類別檔案時，還可以借助 ResolverUtil 對類別檔案進行一些篩選。ResolverUtil 中的 find 方法即支援篩選出指定路徑下的符合指定條件的類別檔案，程式 9-13 是該方法帶註釋的原始程式。

程式 9-13

```
/**
 * 篩選出指定路徑下符合一定條件的類別
 * @param test 測試條件
 * @param packageName 路徑
 * @return ResolverUtil 本身
 */
public ResolverUtil<T> find(Test test, String packageName) {
  // 取得起始套件路徑
  String path = getPackagePath(packageName);
  try {
    // 找出套件中的各個檔案
    List<String> children = VFS.getInstance().list(path);
    for (String child : children) {
      // 對類別檔案進行測試
      if (child.endsWith(".class")) { // 必須是類別檔案
        // 測試是否滿足測試條件。如果滿足，則將該類別檔案記錄下來
        addIfMatching(test, child);
      }
    }
  } catch (IOException ioe) {
    log.error("Could not read package: " + packageName, ioe);
  }
  return this;
}
```

上述方法中傳入的 Test 參數可以是 IsA 物件，也可以是 AnnotatedWith 物件，這樣就可以將 packageName 路徑下所有符合條件的類別檔案找出來。真正觸發測試的是 addIfMatching 子方法，該方法帶註釋的原始程式如程式 9-14 所示。

程式 9-14

```java
/**
 * 判斷一個類別檔案是否滿足條件。如果滿足，則記錄下來
 * @param test 測試條件
 * @param fqn 類別檔案全名
 */
@SuppressWarnings("unchecked")
protected void addIfMatching(Test test, String fqn) {
  try {
    // 轉化為外部名稱
    String externalName = fqn.substring(0, fqn.indexOf('.')).replace('/', '.');
    // 類別載入器
    ClassLoader loader = getClassLoader();
    if (log.isDebugEnabled()) {
      log.debug("Checking to see if class " + externalName + " matches
        criteria [" + test + "]");
    }
    // 載入類別檔案
    Class<?> type = loader.loadClass(externalName);
    if (test.matches(type)) { // 執行測試
      // 測試成功則記錄到 matches 屬性中
      matches.add((Class<T>) type);
    }
  } catch (Throwable t) {
    log.warn("Could not examine class '" + fqn + "'" + " due to a " +
        t.getClass().getName() + " with message: " + t.getMessage());
  }
}
```

logging 套件

logging 套件負責完成 MyBatis 操作中的記錄檔記錄工作。

對於大多數系統而言,記錄檔記錄是必不可少的,它能夠幫助我們追蹤系統的狀態或定位問題所在。MyBatis 作為一個 ORM 架構,執行過程中可能會在設定解析、參數處理、資料查詢、結果轉化等各個環節中遇到錯誤,這時,MyBatis 輸出的記錄檔便成了定位錯誤的最好資料。

10.1 背景知識

10.1.1 轉接器模式

轉接器模式(Adapter Pattern)是一種結構型模式,以該模式設計為基礎的類別能夠在兩個或多個不相容的類別之間造成溝通橋樑的作用。

轉換插頭就是一個轉接器的典型實例。不同的轉換插頭能夠轉換不同國家的插座標準,進一步使得一個電器能在各個國家使用。

轉接器的思想在程式設計中非常常見,如程式 10-1 中就表現了這種思想。

程式 10-1

```
// 方法一
public <K, V> Map<K, V> selectMap(String statement, String mapKey) {
  return this.selectMap(statement, null, mapKey, RowBounds.DEFAULT);
}

// 方法二
public <K, V> Map<K, V> selectMap(String statement, Object parameter,
  String mapKey) {
  return this.selectMap(statement, parameter, mapKey, RowBounds.DEFAULT);
}

// 方法三
public <K, V> Map<K, V> selectMap(String statement, Object parameter, String
mapKey, Row Bounds rowBounds) {
  final List<? extends V> list = selectList(statement, parameter, rowBounds);
  final DefaultMapResultHandler<K, V> mapResultHandler = new
    DefaultMapResultHandler<>(mapKey,
        configuration.getObjectFactory(), configuration.
        getObjectWrapperFactory(), configuration. getReflectorFactory());
  final DefaultResultContext<V> context = new DefaultResultContext<>();
  for (V o : list) {
    context.nextResultObject(o);
    mapResultHandler.handleResult(context);
  }
  return mapResultHandler.getMappedResults();
}
```

上述程式中，方法三是核心方法，它需要四個輸入參數。而在有些場景下，呼叫方只能提供三個或兩個參數。為了使只有三個或兩個參數的呼叫方能夠正常地呼叫核心方法，方法一和方法二充當了方法轉接器的作用。這兩個轉接器透過為未知參數設定預設值的方式，架設起了呼叫方和核心方法之間的橋樑。

不過，通常我們說起轉接器模式是指類別轉接器或物件轉接器。圖 10-1 列出了類別轉接器類別圖。

```
┌─────────────┐           ┌─────────────────┐
│   Client    │──────────▷│  <<Interface>>  │
│             │           │     Target      │
├─────────────┤           ├─────────────────┤
│             │           │ + sayHi()       │
└─────────────┘           └─────────────────┘
                                    △
                                    ┊
                          ┌─────────────────┐      ┌─────────────────┐
                          │    Adapter      │─────▷│    Adaptee      │
                          ├─────────────────┤      ├─────────────────┤
                          │ + sayHi()       │      │ + sayHello()    │
                          └─────────────────┘      └─────────────────┘
```

圖 10-1 類別轉接器類別圖

在圖 10-1 中，Target 介面是 Client 想呼叫的標準介面，而 Adaptee 是提供服務但不符合標準介面的目標類別。Adapter 便是為了 Client 能順利呼叫 Adaptee 而建立的轉接器類別。如程式 10-2 所示，Adapter 既實現了 Target 介面又繼承了 Adaptee 類別，進一步使 Client 能夠與 Adaptee 轉換。

程式 10-2

```java
public class Adapter extends Adaptee implements Target {
    @Override
    public void sayHi() {
        super.sayHello();
    }
}
```

而物件轉接器 Adaptee 不再繼承目標類別，而是直接持有一個目標類別的物件。圖 10-2 列出了物件轉接器類別圖。

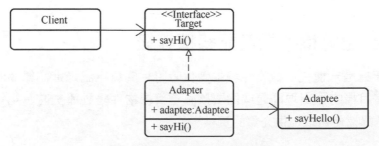

圖 10-2 物件轉接器類別圖

程式 10-3 列出了使用物件轉接器的範例。

程式 10-3

```java
public class Adapter implements Target {
    // 目標類別的物件
    private Adaptee adaptee;

    // 初始化轉接器時可以指定目標類別物件
    public Adapter(Adaptee adaptee) {
        this.adaptee = adaptee;
    }

    @Override
    public void sayHi() {
        adaptee.sayHello();
    }
}
```

這樣，Adapter 可以直接將 Client 要求的操作委派給目標類別物件處理，也實現了 Client 和 Adaptee 之間的轉換。而且這種轉接器更為靈活一些，因為要轉換的目標物件是作為初始化參數傳給 Adapter 的。

轉接器模式能夠使得原本不相容的類別可以一起工作。大部分的情況下，如果目標類別是可以修改的，則不需要使用轉接器模式，直接修改目標類別即可。但如果目標類別是不可以修改的（例如目標類別由外部提供，或目標類別被許多其他類別依賴必須保持不變），那麼轉接器模式則會非常有用。

10.1.2 記錄檔架構與記錄檔等級

記錄檔架構是一種在目標物件發生變化時將相關資訊記錄進記錄檔的架構。這樣，當目標物件出現問題或需要核心查目標物件變動歷史時，記錄檔架構記錄的記錄檔便可以提供充實的資料。

起初，Java 的記錄檔列印依靠軟體開發者自行編輯輸出敘述將記錄檔輸出到檔案流中。舉例來說，透過 "System.out.println" 方法列印普通資訊，或透過 "System.err.println" 方法列印錯誤訊息。

開發者自行編輯輸出敘述進行記錄檔列印的方式非常煩瑣，而且還會導致記錄檔格式混亂，不利於記錄檔分析軟體的進一步處理。為了解決這些問題，產生了大量的記錄檔架構。

經過多年的發展，Java 領域的記錄檔架構已經非常豐富，有 log4j、Logging、commons-logging、slf4j、logback 等，它們為 Java 的記錄檔列印工作提供了相當大的便利。

為了方便記錄檔管理，記錄檔架構大都對記錄檔等級進行了劃分。常見的記錄檔等級劃分方式如下。

- Fatal：致命等級的記錄檔，指發生了嚴重的會導致應用程式退出的事件；
- Error：錯誤等級的記錄檔，指發生了錯誤，但是不影響系統執行；
- Warn：警告等級的記錄檔，指發生了例外，可能是潛在的錯誤；
- Info：資訊等級的記錄檔，指一些在粗粒度等級上需要強調的應用程式執行資訊；
- Debug：偵錯等級的記錄檔，指一些細粒度的對於程式偵錯有幫助的資訊；
- Trace：追蹤等級的記錄檔，指一些包含程式執行詳細過程的資訊。

有了以上的記錄檔劃分後，在列印記錄檔時我們就可以定義記錄檔的等級。也可以根據記錄檔等級進行輸出，防止大量的記錄檔資訊混雜在一起。目前，在很多整合式開發環境中可以調節記錄檔的顯示等級，使只有一定等級以上的記錄檔才會顯示出來，這樣能夠根據不同的使用情形進行記錄檔的篩選。圖 10-3 所示為劃分了等級的記錄檔在整合式開發環境 IntelliJ IDEA Community Edition 中的展示效果。

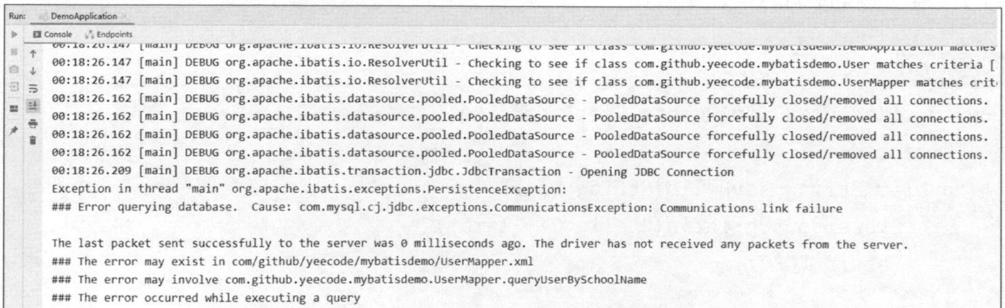

圖 10-3 不同等級記錄檔的展示效果

10.1.3 以反射為基礎的動態代理

在 9.1.3 節介紹了靜態代理，同時我們也提到，靜態代理中代理物件和被代理物件是在程式中寫死的，不夠靈活。實際來說，要想建立某個物件的靜態代理，必須為其建立一個代理類別，而且所有被代理的方法均需在代理類別中直接呼叫。這就使得代理類別高度依賴被代理類別，被代理類別的任何變動都可能引發代理類別的變動。

而動態代理則靈活很多，它能在程式執行時期動態地為某個物件增加代理，並且能為代理物件動態地增加方法。

動態代理的實現方式有很多種，這一節我們介紹較為常用的一種：以反射為基礎的動態代理。

在 Java 中 java.lang.reflect 套件下提供了一個 Proxy 類別和一個 InvocationHandler 介面，使用它們就可以實現動態代理。

接續 9.1.3 節的範例，我們來展示以反射為基礎的動態代理。在該範例中，介面和被代理類別與之前一致，沒有任何變化。

介面如程式 10-4 所示。

程式 **10-4**

```
public interface UserInterface {
    String sayHello(String name);
}
```

被代理類別如程式 10-5 所示。

程式 **10-5**

```
public class User implements UserInterface {
    @Override
    public String sayHello(String name) {
        System.out.println("hello " + name);
        return "OK";
    }
}
```

下面建立一個 ProxyHandler 類別繼承 java.lang.reflect.InvocationHandler 介面，並實現其中的 invoke 方法。invoke 方法中需要傳入被代理物件、被代理方法及呼叫被代理方法所需的參數，如程式 10-6 所示。

程式 **10-6**

```java
public class ProxyHandler<T> implements InvocationHandler {
    private T target;

    public ProxyHandler(T target) {
        this.target = target;
    }

    /**
     * 代理方法
     * @param proxy 代理物件
     * @param method 代理方法
     * @param params 代理方法的參數
     * @return 方法執行結果
     * @throws Throwable
     */
    @Override
    public Object invoke(Object proxy, Method method, Object[] args) throws
Throwable {
        System.out.println("pre words");
        Object ans = method.invoke(target, args);
        System.out.println("post words");
        return ans;
    }
}
```

接下來可以如程式 10-7 所示，使用動態代理。

程式 **10-7**

```java
public static void main(String[] args) throws Exception {
    // 建立被代理物件
    User user = new User();
```

```
// 初始化一個 ProxyHandler 物件
ProxyHandler proxyHandler = new ProxyHandler(user);

// 使用 Proxy 類別的靜態方法產生代理物件 userProxy
UserInterface userProxy =
        (UserInterface) Proxy.newProxyInstance(
                User.class.getClassLoader(),
                new Class[] { UserInterface.class },
                proxyHandler);

// 透過介面呼叫對應的方法，實際由 Proxy 執行
userProxy.sayHello(" 易哥 ");
}
```

該範例的完整程式請參見 MyBatisDemo 專案中的範例 9。

程式執行結果如圖 10-4 所示。

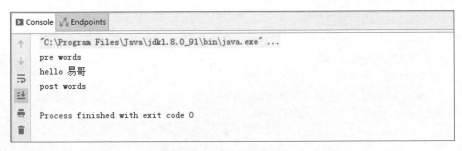

圖 10-4 程式執行結果

範例專案的類別圖如圖 10-5 所示。

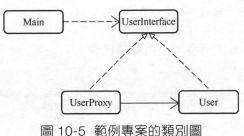

圖 10-5 範例專案的類別圖

動態代理類別可以代理多個其他類別。舉例來說,在 "ProxyHandler proxyHandler = new ProxyHandler(user)" 中給 ProxyHandler 傳入不同的被代理物件,然後就可以使用 Proxy.newProxyInstance 產生不同的代理物件。

本節範例中的動態代理是以反射為基礎實現的。"Proxy.newProxyInstance" 方法透過反射建立一個實現了 "UserInterface" 介面的物件,這個物件就是代理物件 userProxy。因此,對於以反射為基礎的動態代理而言,有一個必需的條件:被代理的物件必須有一個父介面。

10.2　Log 介面

logging 套件中最重要的就是 Log 介面,它有 11 個實現類別,分佈在 logging 套件的不同子套件中。Log 介面及其實現類別的類別圖如圖 10-6 所示。

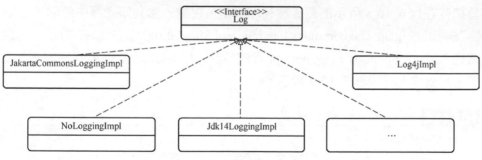

圖 10-6　Log 介面及其實現類別的類別圖

下面先詳細了解 Log 介面中的方法。Log 介面中定義了記錄檔架構要實現的幾個基本方法。

- error:列印 Error 等級記錄檔;
- warn:列印 Warn 等級記錄檔;
- debug:列印 Debug 等級記錄檔;
- trace:列印 Trace 等級記錄檔;

- isDebugEnabled：判斷列印 Debug 等級記錄檔的功能是否開啟；
- isTraceEnabled：判斷列印 Trace 等級記錄檔的功能是否開啟。

上述各個方法主要是實現不同等級記錄檔的列印功能。然而，其中的 isDebugEnabled 方法和 isTraceEnabled 方法略顯突兀，我們將單獨説明。

isDebugEnabled 方法和 isTraceEnabled 方法是從效率角度考慮而設計的。

首先，Debug 和 Trace 是兩個等級比較低的記錄檔，越是等級低的記錄檔越有這樣的特點：

- 很少開啟：因為它們等級很低，大多時候該等級的資訊不需要展示；
- 輸出頻次高：低階記錄檔的觸發門檻很低，這表示一旦它們開啟，通常會以非常高的頻率輸出記錄檔資訊；
- 內容冗長：它們中通常包含非常豐富和細緻的資訊，因此資訊內容通常十分冗長。

假如存在程式 10-8 所示的記錄檔列印操作，在記錄檔列印過程中呼叫了 trace 方法。以 "org.apache.commons.logging.impl.SimpleLog" 下的 trace 方法（可以透過 JakartaCommons LoggingImpl 實現類別中的 trace 方法追蹤到該方法）為例，其實作方式如程式 10-9 所示。

程式 10-8

```
trace("Application is : " + appName + "; " +
      "Class is : " + className + "; " +
      "Function is : " + funcitonName +". " +
      "Params : " + params + "; " +
      "Return is : "  + result  +".");
```

程式 10-9

```
public final void trace(Object message) {
    if (this.isLevelEnabled(1)) {
        this.log(1, message, (Throwable)null);
    }
}
```

低階的記錄檔很少開啟，這表示 this.isLevelEnabled(1) 的傳回值大機率是
false。因此程式 10-8 中所示的字串連接結果是無用的，會被直接捨棄。並且
低階記錄檔輸出頻次高且內容冗長，這表示這種無用的字串連接是頻發的且
資源消耗很大。

要想避免上述無用的字串操作導致的大量系統資源消耗，就需要使用
isDebugEnabled 方法或 isTraceEnabled 方法對低階的記錄檔輸出進行前置判
斷，如程式 10-10 所示。

程式 10-10

```
if (log.isTraceEnabled()){
  trace("Application is : " + appName + "; " +
      "Class is : " + className + "; " +
      "Function is : " + funcitonName +". " +
      "Params : " + params + "; " +
      "Return is : "  + result  +".");
}
```

這樣，借助 isTraceEnabled 方法就避免了資源的浪費。

在閱讀原始程式的過程中，讀懂原始程式只是完成了淺層知識的學習。在讀
懂原始程式的同時思考原始程式為何這麼設計將使我們有更大的收穫，也會
使我們更容易讀懂原始程式。

10.3 Log 介面的實現類別

在 Log 介面的 11 個實現類別中，最簡單的實現類別就是 NoLoggingImpl 類
別，因為它是一種不列印記錄檔的實現類別，內部幾乎沒有任何的操作邏
輯。StdOutImpl 實現類別也非常簡單，對於 Error 等級的記錄檔呼叫 System.
err.println 方法進行列印，而對於其他等級的記錄檔則呼叫 System.out.println
方法進行列印。

其他的 9 個實現類別中，Slf4jLocationAwareLoggerImpl 類別和 Slf4jLogger
Impl 類別是 Slf4jImpl 類別的裝飾器，Log4j2AbstractLoggerImpl 類別和
Log4j2LoggerImpl 類別是 Log4j2Impl 類別的裝飾器。這四個裝飾器類別結構
非常簡單，我們不再多作說明。

接下來重點分析剩下的 5 個實現類別，它們是 JakartaCommonsLogging Impl、
Jdk14LoggingImpl、Log4jImpl、Log4j2Impl 和 Slf4jImpl。我們以 commons 子
套件中的 JakartaCommonsLoggingImpl 為例，檢視其實作方式。程式 10-11 是
JakartaCommonsLoggingImpl 類別的部分原始程式。

程式 10-11

```
public class JakartaCommonsLoggingImpl implements org.apache.ibatis.logging.
Log {

  private final Log log;

  public JakartaCommonsLoggingImpl(String clazz) {
    log = LogFactory.getLog(clazz);
  }

  @Override
  public boolean isDebugEnabled() {
    return log.isDebugEnabled();
  }

  @Override
  public boolean isTraceEnabled() {
    return log.isTraceEnabled();
  }

  // 省略其他程式
}
```

可以看出，JakartaCommonsLoggingImpl 是一個典型的物件轉接器。它的內部
持有一個 "org.apache.commons.logging.Log" 物件，然後所有方法都將操作委
派給了該物件。

10.4 LogFactory

我們已經知道 Log 介面具有許多的實現類別，而 LogFactory 就是製造實現類別的工廠。最後，該工廠會列出一個可用的 Log 實現類別，由它來完成 MyBatis 的記錄檔列印工作。

Log 介面的實現類別都是物件轉接器（裝飾器類別除外），最後的實際工作要委派給被轉換的目標物件來完成。因此是否存在一個可用的目標物件成了轉接器是否可正常執行的關鍵所在。於是 LogFactory 的主要工作就是嘗試產生各個目標物件。如果一個目標物件能夠被產生，那該目標物件對應的轉接器就是可用的。

LogFactory 產生目標物件的工作在靜態程式區塊中被觸發。程式 10-12 展示了 LogFactory 的靜態程式區塊。

程式 10-12

```
static {
  tryImplementation(LogFactory::useSlf4jLogging);
  tryImplementation(LogFactory::useCommonsLogging);
  tryImplementation(LogFactory::useLog4J2Logging);
  tryImplementation(LogFactory::useLog4JLogging);
  tryImplementation(LogFactory::useJdkLogging);
  tryImplementation(LogFactory::useNoLogging);
}
```

首先檢視程式 10-13 所示的 tryImplementation 方法。

程式 10-13

```
/**
 * 嘗試實現一個記錄檔實例
 * @param runnable 用來嘗試實現記錄檔實例的操作
 */
private static void tryImplementation(Runnable runnable) {
  if (logConstructor == null) {
```

```
    try {
      runnable.run();
    } catch (Throwable t) {
    }
  }
}
```

tryImplementation 方法會在 logConstructor 為 null 的情況下呼叫 Runnable 物件的 run 方法。要注意一點，直接呼叫 Runnable 物件的 run 方法並不會觸發多執行緒，因此程式 10-12 中的多個 tryImplementation 方法是依次執行的。這也表示 useNoLogging 方法中參考的 NoLoggingImpl 實現類別是最後的保底實現類別，而且 NoLoggingImpl 不需要被轉換物件的支援，一定能夠成功。因此，最後的保底記錄檔方案就是不輸出記錄檔。

以 程 式 10-12 中 的 "tryImplementation(LogFactory::useCommonsLogging)" 為 例 繼 續 追 蹤 原 始 程 式，該 方 法 透 過 useCommonsLogging 方 法 呼 叫 setImplementation 方法。程式 10-14 列出了 setImplementation 方法的帶註釋原始程式。

程式 10-14

```
/**
 * 設定記錄檔實現
 * @param implClass 記錄檔實現類別
 */
private static void setImplementation(Class<? extends Log> implClass) {
  try {
    // 目前記錄檔實現類別的建構方法
    Constructor<? extends Log> candidate = implClass.getConstructor(String.
    class);
    // 嘗試產生記錄檔實現類別的實例
    Log log = candidate.newInstance(LogFactory.class.getName());
    if (log.isDebugEnabled()) {
      log.debug("Logging initialized using '" + implClass + "' adapter.");
    }
    // 如果執行到這裡，說明沒有例外發生，則產生實體記錄檔實現類別成功
```

```
    logConstructor = candidate;
  } catch (Throwable t) {
    throw new LogException("Error setting Log implementation.  Cause: " + t, t);
  }
}
```

程式 10-14 顯示 setImplementation 方法會嘗試取得參數中類別的建構函數，並用這個建構函數建立一個記錄檔記錄器。如果這次建立是成功的，則表示以後的建立也是成功的，即目前參數中的類別是可用的。因此，把參數中類別的建構方法指定給了 logConstructor 屬性。這樣，當外部呼叫 getLog 方法時，便可以由 logConstructor 建立一個 Log 類別的實例。

在靜態程式區塊中，我們發現 StdOutImpl 類別並沒有參與設定 logConstructor 屬性的過程，這是因為它不在預設記錄檔輸出方式的備選清單中。不過這並不代表著它毫無用處，因為 MyBatis 允許我們自行指定記錄檔實現類別。舉例來説，在設定檔的 settings 節點下設定以下資訊，則可以自訂 StdOutImpl 類別作為記錄檔輸出方式，使 MyBatis 的記錄檔輸出到主控台上。

```
<setting name="logImpl" value="STDOUT_LOGGING"/>
```

自行指定記錄檔實現類別是在 XML 解析階段透過呼叫 LogFactory 中的 useCustomLogging 方法實現的。它相比於靜態程式區塊中的方法執行得更晚，會覆蓋前面的操作，因此具有更高的優先順序。

10.5　JDBC 記錄檔列印

在前面幾節的分析中，我們始終對 jdbc 子套件中的原始程式避而不談。這是因為 jdbc 子套件中的原始程式和之前幾節的實現邏輯完全不同。在這一節中，我們會對這些原始程式進行單獨的分析。

MyBatis 是 ORM 架構，它負責資料庫資訊和 Java 物件的互相對映操作，而不負責實際的資料庫讀寫操作。實際的資料庫讀寫操作是由 JDBC 進行的，這一點在後面的章節也會詳細介紹。

既然 MyBatis 不進行資料庫的查詢，那 MyBatis 的記錄檔中便不會包含 JDBC 的操作記錄檔。然而，很多時候 MyBatis 的對映錯誤是由於 JDBC 的錯誤引發的，例如 JDBC 無法正確執行查詢操作或查詢獲得的結果類型與預期的不一致等。因此，JDBC 的執行記錄檔是分析 MyBatis 架構顯示出錯的重要依據。然而，JDBC 記錄檔有本身的一套輸出系統，JDBC 記錄檔和 MyBatis 記錄檔是分開的，這會給我們的偵錯工作帶來很多的困難。jdbc 子套件就是用來解決這個問題的。

jdbc 子套件基於代理模式，讓 MyBatis 能夠將 JDBC 的操作記錄檔列印出來，相當大地方便了我們的偵錯工作。接下來就介紹 jdbc 子套件是如何實現這個操作的。

圖 10-7 列出 jdbc 子套件的類別圖。BaseJdbcLogger 作為基礎類別提供了一些子類別會用到的基本功能，而其他幾個實現類別則為對應類別提供記錄檔列印能力。舉例來説，ConnectionLogger 為 "java.sql.Connection" 類別提供記錄檔列印能力。

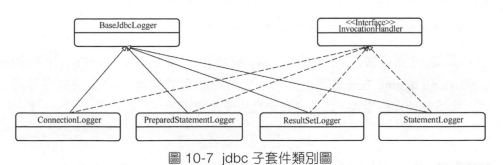

圖 10-7　jdbc 子套件類別圖

BaseJdbcLogger 各個子類別使用動態代理來實現記錄檔的列印。以 ConnectionLogger 為例，介紹 BaseJdbcLogger 實現類別的實現邏輯。

ConnectionLogger 繼承了 InvocationHandler 介面，進一步成為一個代理類別。在 BaseExecutor 的 getConnection 方法中我們可以看到程式 10-15 所示的操作，當 statementLog 的 Debug 功能開啟時，getConnection 方法傳回的不是一個原始的 Connection 物件，而是由 "ConnectionLogger.newInstance" 方法產生的代理物件。

程式 **10-15**

```
/**
 * 取得一個 Connection 物件
 * @param statementLog 記錄檔物件
 * @return Connection 物件
 * @throws SQLException
 */
protected Connection getConnection(Log statementLog) throws SQLException {
  Connection connection = transaction.getConnection();
  if (statementLog.isDebugEnabled()) { // 啟用偵錯記錄檔
    // 產生 Connection 物件的具有記錄檔記錄功能的代理物件 ConnectionLogger 物件
    return ConnectionLogger.newInstance(connection, statementLog, queryStack);
  } else {
    // 傳回原始的 Connection 物件
    return connection;
  }
}
```

這樣，所有 "java.sql.Connection" 物件的方法呼叫都會進入 ConnectionLogger 中的 invoke 方法中。程式 10-16 列出了 ConnectionLogger 中的 invoke 方法。

程式 **10-16**

```
/**
 * 代理方法
 * @param proxy 代理物件
 * @param method 代理方法
 * @param params 代理方法的參數
 * @return 方法執行結果
 * @throws Throwable
 */
@Override
public Object invoke(Object proxy, Method method, Object[] params)
    throws Throwable {
  try {
    // 獲得方法來源，如果方法繼承自 Object 類別，則直接交由目標物件執行
```

```
if (Object.class.equals(method.getDeclaringClass())) {
  return method.invoke(this, params);
}
if ("prepareStatement".equals(method.getName())) {
    // Connection 中的 prepareStatement 方法
  if (isDebugEnabled()) { // 啟用 Debug
    // 輸出方法中的參數資訊
    debug(" Preparing: " + removeBreakingWhitespace((String) params[0]),
      true);
  }
    // 交由目標物件執行
  PreparedStatement stmt = (PreparedStatement) method.invoke(connection,
    params);
    // 傳回一個 PreparedStatement 的代理，該代理中加入了對 PreparedStatement
    的記錄檔列印操作
  stmt = PreparedStatementLogger.newInstance(stmt, statementLog,
    queryStack);
  return stmt;
} else if ("prepareCall".equals(method.getName())) {
    // Connection 中的 prepareCall 方法
  if (isDebugEnabled()) { // 啟用 Debug
    debug(" Preparing: " + removeBreakingWhitespace((String) params[0]),
      true);
  }
    // 交由目標物件執行
  PreparedStatement stmt = (PreparedStatement) method.invoke(connection,
    params);
    // 傳回一個 PreparedStatement 的代理，該代理中加入了對 PreparedStatement
    的記錄檔列印操作
  stmt = PreparedStatementLogger.newInstance(stmt, statementLog, queryStack);
  return stmt;
} else if ("createStatement".equals(method.getName())) {
    // Connection 中的 createStatement 方法
```

```
    // 交由目標物件執行
    Statement stmt = (Statement) method.invoke(connection, params);
    // 傳回一個 Statement 的代理，該代理中加入了對 Statement 的記錄檔列印操作
    stmt = StatementLogger.newInstance(stmt, statementLog, queryStack);
    return stmt;
  } else { // 其他方法
    return method.invoke(connection, params);
  }
} catch (Throwable t) {
  throw ExceptionUtil.unwrapThrowable(t);
}
}
```

上述 invoke 方法主要完成了以下兩個附加的操作。

■ 在 prepareStatement、prepareCall 這兩個方法執行之前增加了記錄檔列印操作。

■ 在需要傳回 PreparedStatement 物件、StatementLogger 物件的方法中，傳回的是這些物件的具有記錄檔列印功能的代理物件。這樣，PreparedStatement 物件、StatementLogger 物件中的方法也可以列印記錄檔。

BaseJdbcLogger 的其他幾個實現類別的邏輯與 ConnectionLogger 的實現邏輯完全一致，留給大家自行分析。

parsing 套件

11.1　背景知識

11.1.1　XML 檔案

可延伸標記語言（eXtensible Markup Language，XML）是一種標記語言。所謂的標記是指電腦所能了解的資訊符號，透過標記可以實現軟體開發者與電腦之間的資訊溝通。常見的 HTML 便是一種標記語言，不過 HTML 語言中的標籤（如 "<h1> </h1>"、"<img \>" 等）都是固定的，是不可擴充的。XML 則可以由開發人員自由擴充定義。

XML 可擴充的重要表現就是 XML 檔案的結構是可以自由定義的。定義 XML 檔案可以使用 DTD（Document Type Definition，文件類型定義），也可以使用 XML Schema。不過在介紹 DTD 和 XML Schema 之前，我們先來了解 XML 檔案的結構。

XML 檔案中包含許多的節點。節點分為以下幾種：元素節點、屬性節點、文字節點、文件節點等。在實際指代中，可以省略「節點」二字，也可以將以上各種統稱為「節點」。

以程式 11-1 列出的 XML 檔案為例。文件第一行為 XML 宣告，它宣告了 XML 的版本是 1.0，使用的編碼是 UTF-8。XML 中從一個標籤開始（含）到

一個標籤結束（含）的部分叫作元素節點，舉例來説，從第一個 "<user>" 到第一個 "</user>" 之間的部分就是一個 user 元素節點。元素節點可以有屬性節點，如 "type="student""。元素節點可以包含其他元素節點，舉例來説，user 元素包含了 id、name、school 這三個元素節點。元素節點中也可以有文字節點，舉例來説，第一個 name 元素節點中就包含了文字節點，值為「易哥」。

程式 11-1

```xml
<?xml version="1.0" encoding="UTF-8"?>
<members>
  <user type="student">
    <id>1</id>
    <name> 易哥 </name>
    <school>Sunny School</school>
  </user>
  <user type="student">
    <id>2</id>
    <name> 莉莉 </name>
    <school>Garden School</school>
    </user>
</members>
```

程式 11-1 中，members 元素位於頂層，因此是根項目。每一個 XML 檔案都必須有一個根項目。

XML 檔案實際上表述了一棵樹。圖 11-1 就展示了程式 11-1 的結構樹。

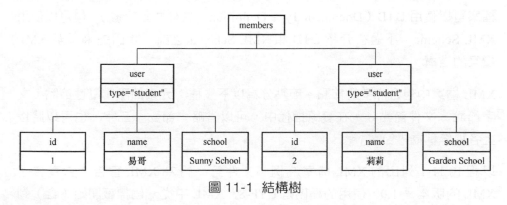

圖 11-1 結構樹

在一個 XML 檔案中，可以存在什麼元素及每個元素是怎樣的，這些是由
XML 檔案的定義檔案來進行描述的，如 DTD（這種檔案的副檔名為 dtd）或
XML Schema（這種檔案的副檔名為 xsd）。

以 XML Schema 文件為例，我們可以使用程式 11-2 來定義程式 11-1 中展示的
XML 片段。

程式 **11-2**

```
<xs:schema attributeFormDefault="unqualified" elementFormDefault="qualified"
xmlns:xs="http://www.w3. org/2001/XMLSchema">
  <xs:element name="members">
    <xs:complexType>
      <xs:sequence>
        <xs:element maxOccurs="unbounded" name="user">
          <xs:complexType>
            <xs:sequence>
              <xs:element name="id" type="xs:unsignedByte" />
              <xs:element name="name" type="xs:string" />
              <xs:element name="school" type="xs:string" />
            </xs:sequence>
            <xs:attribute name="type" type="xs:string" />
          </xs:complexType>
        </xs:element>
      </xs:sequence>
    </xs:complexType>
  </xs:element>
</xs:schema>
```

而使用 DTD，則可以使用程式 11-3 來定義程式 11-1 中展示的 XML 片段。

程式 **11-3**

```
<!DOCTYPE members [
    <!ELEMENT members (user*)>
    <!ELEMENT user (id,name,school)>
    <!ATTLIST user type CDATA #IMPLIED>
    <!ELEMENT id (#PCDATA)>
```

```
<!ELEMENT name (#PCDATA)>
<!ELEMENT school (#PCDATA)>
]>
```

程式 11-3 所示的 DOCTYPE 宣告中，members 是根節點名稱，"[ ]" 中為節點的限制條件。而且，DTD 也支援使用外部 DTD 文件來定義 XML 檔案，舉例來說，在 MyBatis 的設定文件開頭可以看到如程式 11-4 所示的片段就參考了外部的 DTD 文件。

程式 11-4

```
<!DOCTYPE configuration
    PUBLIC "-//mybatis.org//DTD Config 3.0//EN"
    "http://mybatis.org/dtd/mybatis-3-config.dtd">
```

在程式 11-4 所示的 DOCTYPE 宣告中，各個專案的含義如下。

- configuration：表示目前 XML 檔案的根節點為 configuration。
- PUBLIC：表示目前 XML 檔案採用的是公共的 DTD。
- -//mybatis.org//DTD Config 3.0//EN：表示 DTD 文件的資訊。
  - -：表示是非 ISO 組織；
  - mybatis.org：表示組織名稱 mybatis.org；
  - DTD Config 3.0：表示文字描述，包含版本編號；
  - EN：表示 DTD 文件是英文。
- http://mybatis.org/dtd/mybatis-3-config.dtd：表示文件的下載網址。

11.1.2 XPath

在上一節我們已經說明了 XML 表述一種樹狀結構，並透過圖 11-1 列出了程式 11-1 中 XML 片段的結構樹。而 XPath（XML Path Language，XML 路徑語言）身為小型的查詢語言能夠根據 XML 結構樹在樹中尋找節點。

XPath 定義了一組語法，能夠從結構樹中篩選出滿足要求的節點。如果讀者對 CSS 選擇器或 jQuery 選擇器比較熟悉的話，那掌握 XPath 的語法將會非常簡單，因為這些選擇器的語法邏輯是相通的。

我們可以透過表 11-1 中所示的實例來簡單了解 XPath 的語法。

表 11-1 XPath 語法範例

路徑運算式	含義
.	目前元素
..	目前元素的父元素
user	user 元素
/user	user 根項目
user/id	user 元素的名為 id 的直接子元素
user//id	user 元素的名為 id 的直接或間接子元素
user/id[1]	user 元素的名為 id 的直接子元素中的第一個
user/*[1]	user 元素的第一個子元素
user/id[last()-1]	user 元素的名為 id 的直接子元素中的倒數第二個
//user[@type = 'student']	所有 type 屬性值為 "student" 的 user 元素
//user[id > 3]	所有 id 子元素值大於 3 的 user 元素

javax.xml.xpath 套件提供了強大的 XPath 解析功能，可以基於它實現 XML 的解析。舉例來說，可以透過程式 11-5 解析程式 11-1 列出的 XML 片段，獲得圖 11-2 所示的程式執行結果。

程式 **11-5**

```
String resource = "info.xml";
DocumentBuilderFactory dbf = DocumentBuilderFactory.newInstance();
DocumentBuilder db = dbf.newDocumentBuilder();
Document doc = db.parse(Thread.currentThread().getContextClassLoader().
  getResourceAsStream(resource));

XPathFactory factory = XPathFactory.newInstance();
XPath xpath = factory.newXPath();

XPathExpression compile = xpath.compile("/members/user[id=1]");
System.out.println(compile.evaluate(doc));
```

圖 11-2　程式執行結果

該範例的完整程式請參見 MyBatisDemo 專案中的範例 10。

在程式 11-5 中，透過 "/members/user[id=1]" 定位出了一個 user 元素，該元素滿足以下條件。

- 該元素是根項目 members 的直接子元素；
- 該元素含有 id 子元素，且 id 子元素值為 1。

11.2　XML 解析

MyBatis 的設定檔與對映檔案均是 XML 檔案，因此解析並讀取 XML 檔案中的內容是 MyBatis 展開後續工作的基礎。

MyBatis 中的 parsing 套件就是用來進行 XML 檔案解析的套件。在解析 XML 檔案的過程中，XPathParser 類別與 XNode 類別是兩個最為關鍵的類別，圖 11-3 列出了這兩個類別主要關係的類別圖。

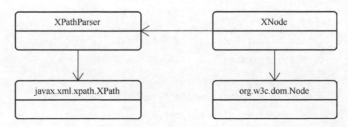

圖 11-3　XPathParser 類別與 XNode 類別主要關係的類別圖

透過圖 11-3 可以看出，XPathParser 類別中封裝了 "javax.xml.xpath.XPath" 類別的物件。而透過 11.1.2 節的介紹我們也知道 XPath 物件是 XML 解析的利器，因此 XPathParser 類別便具有了 XML 解析的能力。

程式 11-6 列出了 XPathParser 類別的帶註釋的屬性。

程式 **11-6**

```
// 代表要解析的整個 XML 檔案
private final Document document;
// 是否開啟驗證
private boolean validation;
// 透過 EntityResolver 可以宣告尋找 DTD 檔案的方法，例如透過本機尋找，而非只能透
   過網路下載 DTD 檔案
private EntityResolver entityResolver;
// MyBatis 設定檔中的 properties 節點的資訊
private Properties variables;
// javax.xml.xpath.XPath 工具
private XPath xpath;
```

有必要說明一下，上述 "private Properties variables" 屬性儲存的內容就是 MyBatis 設定檔中 properties 節點的資訊。properties 節點會在解析設定檔的最開始就被解析，然後相關資訊會被放入 "private Properties variables" 屬性並在解析後續節點時發揮作用，在 11.3 節我們會詳細介紹這一點。

XPathParser 存在多個多載的建構方法，它們均根據傳入的參數完成屬性的初始化並建置出 XML 檔案對應的 Document 物件。除去建構方法外，便是大量提供 XML 檔案中節點解析功能的 "eval*" 方法，這些方法最後都呼叫了如程式 11-7 所示的 evaluate 方法。

程式 **11-7**

```
/**
 * 進行 XML 節點解析
 * @param expression 解析的敘述
 * @param root 解析根
 * @param returnType 傳回數值型態
 * @return 解析結果
```

```
 */
private Object evaluate(String expression, Object root, QName returnType) {
  try {
    // 對指定節點 root 執行解析語法 expression，獲得 returnType 類型的解析結果
    return xpath.evaluate(expression, root, returnType);
  } catch (Exception e) {
    throw new BuilderException("Error evaluating XPath.  Cause: " + e, e);
  }
}
```

在 evaluate 方法中，使用 "javax.xml.xpath.XPath" 物件進行了節點解析。因
此，整個 XPathParser 類別本質就是對 "javax.xml.xpath.XPath" 的封裝和呼
叫，可以把 XPathParser 類別看作 javax.xml.xpath.XPath 類別的包裝類別。

同樣，可以將 parsing 套件中的 XNode 類別看作 org.w3c.dom.Node 類別的包
裝類別。org.w3c.dom.Node 類別是用來表示 DOM 中節點的類別，而 XNode
類別只是在 org.w3c.dom.Node 類別的基礎上分析和補充了幾個屬性。程式
11-8 列出了 XNode 物件的屬性。

程式 **11-8**

```
// org.w3c.dom.Node 表示是 XML 中的節點
private final Node node;
// 節點名，可以從 org.w3c.dom.Node 中取得
private final String name;
// 節點體，可以從 org.w3c.dom.Node 中取得
private final String body;
// 節點的屬性，可以從 org.w3c.dom.Node 中取得
private final Properties attributes;
//  MyBatis 設定檔中的 properties 資訊
private final Properties variables;
// XML 解析器 XPathParser
private final XPathParser xpathParser;
```

XNode 物件的上述屬性中，name、body、attributes 這三個屬性是從 "org.w3c.
dom.Node" 物件中分析出來的，而 variables、xpathParser 這兩個屬性則是額外
補充進來的。

我們知道 XPathParser 類別具有解析 XML 節點的能力，也就是說，XNode 類別中封裝了本身的解析器。在一個類別中封裝自己的解析器，這是一種非常常見的做法，如此一來這個類別不需要外界的幫助便可以解析本身，即獲得了自解析能力。

大家可能有過這樣的經歷：由於新安裝的電腦上沒有解壓軟體，於是從網路或朋友那裡獲得了一份解壓軟體。可是，拿到手的解壓軟體安裝套件卻是一個壓縮檔。尚未安裝解壓軟體的你必然沒法開啟壓縮檔獲得安裝套件。而自解壓檔案（SelF-eXtracting，SFX）能夠幫助你擺脫這個困境。自解析類別也有類似的優點，它減少了對外部類別的依賴，具有更高的內聚性，也更為好用。

正是得益於 XNode 類別的自解析特性，它本身提供了一些 "eval*" 方法，進一步能夠解析本身節點內的資訊。

11.3　文件解析中的變數取代

我們在 11.2 節曾提及，MyBatis 設定檔中 properties 節點會在解析設定檔的最開始就被解析，並在解析後續節點時發揮作用。可是如何才能讓這些資訊在 XML 檔案的解析中發揮作用呢？

回到 XPathParser 類別，其 "evalString(Object, String)" 方法如程式 11-9 所示。

程式 **11-9**

```
/**
 * 解析 XML 檔案中的字串
 * @param root 解析根
 * @param expression 解析的敘述
 * @return 解析出的字串
 */
public String evalString(Object root, String expression) {
  // 解析出字串結果
```

```
String result = (String) evaluate(expression, root, XPathConstants.STRING);
// 對字串中的屬性進行處理
result = PropertyParser.parse(result, variables);
return result;
}
```

我們發現在解析字串時，透過 "PropertyParser.parse" 方法對解析出來的結果進行了進一步處理。而這一步處理中，properties 節點的資訊便發揮了作用。

PropertyParser 類別是屬性解析器，與之關係密切的幾個類別的類別圖如圖 11-4 所示。

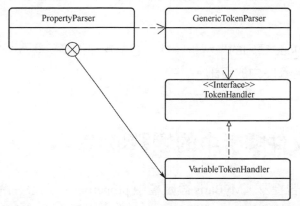

圖 11-4 PropertyParser 及其相關類別的類別圖

下面以 GenericTokenParser 類別為入口閱讀圖 11-4 所示的幾個類別。

GenericTokenParser 類別是通用的預留位置解析器，共有三個屬性，相關註釋如程式 11-10 所示。

程式 11-10

```
// 預留位置的起始標示
private final String openToken;
// 預留位置的結束標示
private final String closeToken;
// 預留位置處理器
private final TokenHandler handler;
```

GenericTokenParser 類別中有唯一的 parse 方法，該方法主要完成預留位置的定位工作，然後把預留位置的取代工作交給與其連結的 TokenHandler 處理。我們透過一個實例對 parse 方法的功能介紹。

假設 "openToken=#{""closeToken=}"，向 GenericTokenParser 中的 parse 方法傳入的參數為 "jdbc:mysql://127.0.0.1:3306/${dbname}?serverTimezone=UTC"，則 parse 方法會將被 "#{" 和 "}" 包圍的 dbname 字串解析出來，作為輸入參數傳入 handler 中的 handleToken 方法，然後用 handleToken 方法的傳回值取代 "${dbname}" 字串。

GenericTokenParser 提供的預留位置定位功能應用非常廣泛，而不僅侷限在 XML 解析中，畢竟它的名稱是「通用的」預留位置解析器。SQL 敘述的解析也離不開它的幫助。SQL 敘述中使用 "#{ }" 或 "${ }" 來設定的預留位置也是依靠 GenericTokenParser 來完成解析的，流程與本節介紹的一樣。

TokenHandler 是一個介面，如程式 11-11 所示，它只定義了一個抽象方法 handleToken。handleToken 方法要求輸入一個字串，然後傳回一個字串。舉例來説，可以輸入一個變數的名稱，然後傳回該變數的值。

程式 11-11

```
public interface TokenHandler {
  String handleToken(String content);
}
```

PropertyParser 類別的內部類別 VariableTokenHandler 便繼承了該介面。程式 11-12 展示了 VariableTokenHandler 類別的屬性。

程式 11-12

```
// 輸入的屬性變數，是 HashTable 的子類別
private final Properties variables;
// 是否啟用預設值
private final boolean enableDefaultValue;
// 如果啟用預設值，則表示鍵和預設值之間的分隔符號
private final String defaultValueSeparator;
```

了解了 VariableTokenHandler 類別的屬性後，再閱讀其 handleToken 方法，如
程式 11-13 所示。向 handleToken 方法中傳入輸入參數後，該方法會以輸入參
數為鍵嘗試從 variables 屬性中尋找對應的值傳回。在這個由鍵尋值的過程中
還可以支援預設值。

程式 11-13

```
/**
 * 根據一個字串，列出另一個字串。多用在字串取代等處
 * 實作方式中，會以 content 作為鍵，從 variables 中找出並傳回對應的值
 * 由鍵尋值的過程中支援設定預設值
 * 如果啟用預設值，則 content 形如 "key:defaultValue"
 * 如果沒有啟用預設值，則 content 形如 "key"
 * @param content 輸入的字串
 * @return 輸出的字串
 */
@Override
public String handleToken(String content) {
  if (variables != null) { // variables 不為 null
    String key = content;
    if (enableDefaultValue) { // 如果啟用預設值，則設定預設值
      // 找出鍵與預設值分隔符號的位置
      final int separatorIndex = content.indexOf(defaultValueSeparator);
      String defaultValue = null;
      if (separatorIndex >= 0) {
        // 分隔符號以前是鍵
        key = content.substring(0, separatorIndex);
        // 分隔符號以後是預設值
        defaultValue = content.substring(separatorIndex +
            defaultValueSeparator.length());
      }
      if (defaultValue != null) {
        return variables.getProperty(key, defaultValue);
      }
    }
    if (variables.containsKey(key)) {
      // 嘗試尋找非預設的值
```

```
        return variables.getProperty(key);
    }
}
// 如果 variables 為 null，不發生任何取代，直接原樣傳回
return "${" + content + "}";
}
```

最後再看 PropertyParser 中的靜態方法 parse，如程式 11-14 所示。它做了以下幾個工作將 GenericTokenParser 提供的預留位置定位功能和 TokenHandler 提供的字串取代功能串接在了一起。

- 建立一個 VariableTokenHandler 物件（TokenHandler 介面子類別的物件）。該物件能夠從一個 Properties 物件（這裡傳入的是 properties 節點資訊）中根據鍵索引一個值。

- 建立了一個屬性解析器。只要設定了該屬性解析器要符合的模式，它就能將指定模式的屬性值定位出來，然後將其取代為 TokenHandler 介面中 handleToken 方法的傳回值。

程式 11-14

```
/**
 * 進行字串中屬性變數的取代
 * @param string 輸入的字串，可能包含屬性變數
 * @param variables 屬性對映資訊
 * @return 經過屬性變數取代的字串
 */
public static String parse(String string, Properties variables) {
    // 建立負責字串取代的類別
    VariableTokenHandler handler = new VariableTokenHandler(variables);
    // 建立通用的預留位置解析器
    GenericTokenParser parser = new GenericTokenParser("${", "}", handler);
    // 開展解析，即取代預留位置中的值
    return parser.parse(string);
}
```

這樣一來，只要在 XML 檔案中使用 "${" 和 "}" 包圍一個變數名稱，則該變數名稱就會被取代成 properties 節點中對應的值。

第三篇

設定解析套件原始程式閱讀

設定解析套件用來實現 MyBatis 設定檔、對映檔案的解析等工作,並最後為 MyBatis 準備好進行資料庫操作的執行環境。

在本篇中,我們將對 MyBatis 中設定解析套件的原始程式進行閱讀,瞭解 MyBatis 是如何完成設定的解析工作的。在此過程中,也會歸納相關的原始程式閱讀技巧。

設定解析概述

許多應用需要在進行一定的設定之後才能使用，MyBatis 也不例外。在 1.5.2
節我們已經介紹過，MyBatis 的設定依靠兩個檔案來完成：

- 一是設定檔，裡面包含 MyBatis 的基本設定資訊。該檔案只有一個。
- 二是對映檔案，裡面設定了 Java 物件和資料庫屬性之間的對映關係、資料
  庫動作陳述式等。該檔案可以有多個。

在進行真正的資料庫操作之前，MyBatis 首先要完成以上兩種檔案的解析，並
根據解析出的資訊設定好 MyBatis 的執行環境以備使用。在這個過程中，需要
MyBatis 的多個套件配合完成。

設定解析的過程就是將設定資訊分析、轉化，最後在 Java 物件中儲存的過
程，圖 12-1 展示了這一過程。

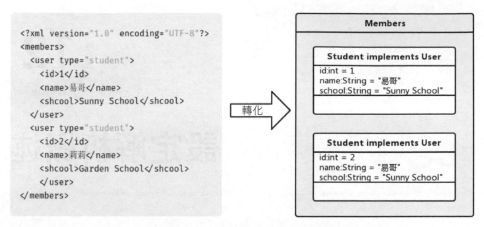

```
<?xml version="1.0" encoding="UTF-8"?>
<members>
  <user type="student">
    <id>1</id>
    <name>易哥</name>
    <shcool>Sunny School</shcool>
  </user>
  <user type="student">
    <id>2</id>
    <name>莉莉</name>
    <shcool>Garden School</shcool>
    </user>
</members>
```

轉化

Members

Student implements User
id:int = 1
name:String = "易哥"
school:String = "Sunny School"

Student implements User
id:int = 2
name:String = "易哥"
school:String = "Sunny School"

圖 12-1 設定解析過程示意圖

依照此想法，從類別的角度分析，可以將與設定解析相關的類別（含介面）分為以下兩種。

- 解析器類別（含介面）：提供設定的解析功能，負責完成設定資訊的分析、轉化。MyBatis 中這樣的類別有 XMLConfigBuilder 類別、XMLMapperBuilder 類別、CacheRefResolver 類別和 XMLStatementBuilder 類別等。
- 解析實體類別（含介面）：提供設定的儲存功能。該類別在結構上與設定資訊有對應關係。設定資訊最後會儲存到解析實體類別的屬性中。MyBatis 中這樣的類別有 Configuration 類別、ReflectorFactory 類別、Environment 類別、DataSource 類別、ParameterMap 類別、ParameterMapping 類別、Discriminator 類別和 SqlNode 類別等。

這種劃分不是絕對的，例如有一些類別既是解析實體類別，又是解析器類別。它們既能在屬性中儲存資訊，又能解析本身或下層設定。

從設定檔的角度看，我們可以將設定檔中各個節點對應的解析器類別和解析實體類別找出來。以 MyBatis 設定檔為例，可以將其中各個節點對應的解析器類別和解析實體類別標記出來，如程式 12-1 所示。

程式 12-1

```xml
<?xml version="1.0" encoding="UTF-8" ?>
<!DOCTYPE configuration
        PUBLIC "-//mybatis.org//DTD Config 3.0//EN"
        "http://mybatis.org/dtd/mybatis-3-config.dtd">
<configuration>  -- 對應 Configuration 類別，由 XMLConfigBuilder 解析
    <properties>
        <property name="jdbc.username" value="{username}"/>
    </properties>
    <settings>
        <setting name="cacheEnabled" value="true"/>
    </settings>
     <typeAliases>  -- 對應 TypeAliasRegistry 類別
        <typeAlias type="com.github.yeecode.mybatisdemo.model.UserBean"
           alias = "user"/>
        <package name="com.github.yeecode.mybatisdemo"/>
           -- 由 TypeAliasRegistry 類別解析
    </typeAliases>
    <typeHandlers> -- 對應 TypeHandlerRegistry 類別
        <typeHandler handler="com.github.yeecode.mybatisdemo.TestTypeHandler"/>
    </typeHandlers>
    <objectFactory type="com.example.TestObjectFactory">
        -- 對應 ObjectFactory 類別
        <property name=""  value=""/>
    </objectFactory>
    <objectWrapperFactory type="com.example.TestObjectWrapperFactory"/>
        -- 對應 Object WrapperFactory 類別
    <reflectorFactory type="com.example.TestReflectFactory" />
        -- 對應 ReflectorFactory 類別
    <plugins>
        <plugin interceptor="com.github.pagehelper.PageHelper">
        -- 對應 Interceptor 類別
           <property name="dialect" value="mysql"/>
        </plugin>
    </plugins>
```

```
    <environments default="development">
        <environment id="development">  -- 對應 Environment 類別
            <transactionManager type="JDBC"/>
            <dataSource type="POOLED">  -- 對應 DataSource 類別
                <property name="url" value="db_path"/>
                <property name="username" value="${jdbc.username}"/>
                <property name="password" value="${jdbc.password}"/>
            </dataSource>
        </environment>
    </environments>
    <databaseIdProvider type="com.github.yeecode.mybatisdemo.
        TestDatabaseIdProvider"/> -- 對應 DatabaseIdProvider 類別
    <mappers>
        <mapper resource="com/github/yeecode/mybatisDemo/UserDao.xml"/>
            -- 由 XMLMapperBuilder 解析
        <package name="com.github.yeecode.mybatisdemo"/>
    </mappers>
</configuration>
```

同樣，也可以將對映檔案節點對應的解析器類別和解析實體類別標記出來，
如程式 12-2 所示。

程式 12-2

```
<?xml version="1.0" encoding="UTF-8" ?>
<!DOCTYPE mapper
        PUBLIC "-//mybatis.org//DTD Mapper 3.0//EN"
        "http://mybatis.org/dtd/mybatis-3-mapper.dtd">
<mapper namespace="com.github.yeecode.mybatisdemo.dao.UserDao">
    -- 由 XMLMapperBuilder 類別解析
    <cache-ref namespace="com.github.yeecode.mybatisdemo"/>
    -- 由 CacheRefResolver 類別解析
    <cache eviction="FIFO" flushInterval="60000"/> -- 對應 Cache 類別
    <parameterMap id="userParam01" type="User">  -- 對應 ParameterMap 類別
        <parameter property="name" javaType="String"/>
        -- 對應 ParameterMapping 類別
        <parameter property="schoolName" javaType="String"/>
```

```
    -- 對應 ParameterMapping 類別
</parameterMap>
<resultMap id="userMapFull" type="com.github.yeecode.mybatisdemo.User">
    -- 對應 ResultMap 類別
    <result property="id"column="id"typeHandler="com.example.TestTypeHandler"/>
    -- 對應 ResultMapping 類別
    <result property="schoolName" column="id"/> -- 對應 ResultMapping 類別
</resultMap>
<resultMap id="userMap" type="com.github.yeecode.mybatisdemo.User"
    autoMapping= "false"> -- 對應 ResultMap 類別
    <result property="id" column="id"/>  -- 對應 ResultMapping 類別
    <result property="name" column="name"/>  -- 對應 ResultMapping 類別
    <discriminator javaType="int" column="sex">  -- 對應 Discriminator 類別
        <case value="0" resultMap="boyUserMap" />
        <case value="1" resultMap="girlUserMap" />
    </discriminator>
</resultMap>
<select id="selectById" resultMap="userMap">
    -- 對應 MappedStatement 物件，由 XMLStatement Builder 解析
    SELECT * FROM 'user'  -- 對應 SqlSource 類別，由 SqlSourceBuilder 解析
    <include refid="byId"/>  -- 由 XMLIncludeTransformer 解析
</select>
<select id="selectUsers" resultMap="userMapFull">
    -- 對應 MappedStatement 類別，由 XMLStatement Builder 解析
    SELECT *  -- 對應 SqlSource 類別，由 SqlSourceBuilder 解析
    FROM 'user'
    WHERE id IN
    <foreach item="id" collection="array" open="(" separator="," close=")">
        -- 對應 SqlNode 類別，由本身解析
        #{id}
    </foreach>
</select>
</mapper>
```

以上沒有註明解析器類別的節點，由其父節點的解析器類別進行解析。

該範例的完整程式參見 MyBatisDemo 專案中的範例 11。

大家在閱讀其他開放原始碼專案的設定解析類別原始程式時，可以參照以下方法。

- 從類別的角度分析，將原始程式中的解析器類別和解析實體類別劃分出來；
- 從設定檔的角度分析，將各個設定資訊對應的解析器類別和解析實體類別找出來。

這會讓閱讀設定解析類別原始程式的過程更為清晰。

了解了設定解析類別的原始程式閱讀技巧後，我們將對各個設定解析套件的原始程式展開閱讀與分析工作。

Chapter

binding 套件

binding 套件是主要用來處理 Java 方法與 SQL 敘述之間綁定關係的套件。

舉例來說，在第 3 章中，我們在 Java 程式中使用程式 13-1 所示敘述呼叫了
queryUserBySchoolName 這一抽象方法，然後對映檔案中程式 13-2 所示的
SQL 敘述被觸發。

程式 **13-1**

```
// 找到介面對應的實現
UserMapper userMapper = session.getMapper(UserMapper.class);
// 元件查詢參數
User userParam = new User();
userParam.setSchoolName("Sunny School");
// 呼叫介面展開資料庫操作
List<User> userList = userMapper.queryUserBySchoolName(userParam);
```

程式 **13-2**

```
<select id="queryUserBySchoolName" resultType="com.github.yeecode.mybatisdemo.
model.User">
    SELECT * FROM 'user' WHERE schoolName = #{schoolName}
</select>
```

正是因為 binding 套件維護了對映介面中方法和資料庫操作節點之間的連結關
係，MyBatis 才能在呼叫某個對映介面中的方法時找到對應的資料庫操作節點。

只透過 Java 方法找到對應的 SQL 敘述還是不夠的。程式 13-1 中呼叫的只是一個抽象方法，並沒有實現。因此，MyBatis 還將資料庫操作連線抽象方法中。

binding 套件具有以下兩個功能。

- 維護對映介面中抽象方法與資料庫操作節點之間的連結關係；
- 為對映介面中的抽象方法連線對應的資料庫操作。

接下來閱讀原始程式分析 binding 套件如何實現這兩個功能。

13.1 資料庫操作的連線

為對映介面中的抽象方法連線對應的資料庫操作是相對底層的操作，先來分析這一過程如何實現。

説起為抽象方法連線實現方法，最先想到的就是動態代理。在 10.1.3 節我們介紹了以反射為基礎的動態代理的原理。binding 套件也是基於這種機制實現功能的。

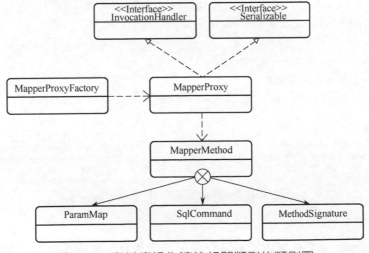

圖 13-1 資料庫操作連線相關類別的類別圖

圖 13-1 列出了為對映介面中的抽象方法連線對應的資料庫操作相關類別的類別圖。

下面對涉及的類別一一進行解析。

13.1.1 資料庫操作的方法化

要想將一個資料庫操作連線一個抽象方法中，首先要做的就是將資料庫操作節點轉化為一個方法。MapperMethod 物件就表示資料庫操作轉化後的方法。每個 MapperMethod 物件都對應了一個資料庫操作節點，呼叫 MapperMethod 實例中的 execute 方法就可以觸發節點中的 SQL 敘述。

MapperMethod 類別有兩個屬性，這兩個屬性分別對應了其兩個重要的內部類別：MethodSignature 類別和 SqlCommand 類別。

MethodSignature 內部類別指代一個實際方法的簽名。程式 13-3 列出了增加註釋的 MethodSignature 類別的屬性，透過這些屬性可以看出 MethodSignature 內部類別的屬性詳細描述了一個方法的細節。

程式 13-3

```
// 該方法傳回類型是否為集合類型
private final boolean returnsMany;
// 該方法傳回類型是否為 map
private final boolean returnsMap;
// 該方法傳回類型是否為空
private final boolean returnsVoid;
// 該方法傳回類型是否為 cursor 類型
private final boolean returnsCursor;
// 該方法傳回類型是否為 optional 類型
private final boolean returnsOptional;
// 該方法傳回類型
private final Class<?> returnType;
// 如果該方法傳回類型為 map，則這裡記錄所有 map 的 key
private final String mapKey;
// resultHandler 參數的位置
```

```
private final Integer resultHandlerIndex;
// rowBounds 參數的位置
private final Integer rowBoundsIndex;
// 參數名稱解析器
private final ParamNameResolver paramNameResolver;
```

SqlCommand 內部類別指代一筆 SQL 敘述。程式 13-4 展示了 SqlCommand 內部類別的屬性。

程式 13-4

```
// SQL 敘述的名稱
private final String name;
// SQL 敘述的種類，分為以下六種：增、刪、改、查、清快取和未知
private final SqlCommandType type;
```

SqlCommand 的建構方法主要就是根據傳入的參數完成對 name 和 type 欄位的設定值，而 resolveMappedStatement 子方法是一切的關鍵。因為 resolveMappedStatement 子方法查詢出一個 MappedStatement 物件，在 15.1 節我們將了解 MappedStatement 完整對應了一筆資料庫動作陳述式。程式 13-5 展示了 resolveMappedStatement 方法。

程式 13-5

```
/**
 * 找出指定介面指定方法對應的 MappedStatement 物件
 * @param mapperInterface 對映介面
 * @param methodName 對映介面中實際操作方法名稱
 * @param declaringClass 操作方法所在的類別。一般是對映介面本身，也可能是對映
 *   介面的子類別
 * @param configuration 設定資訊
 * @return MappedStatement 物件
 */
private MappedStatement resolveMappedStatement(Class<?> mapperInterface,
  String methodName,
    Class<?> declaringClass, Configuration configuration) {
  // 資料庫動作陳述式的編號是：介面名稱 . 方法名稱
```

```
String statementId = mapperInterface.getName() + "." + methodName;
// configuration 儲存了解析後的所有動作陳述式，去尋找該敘述
if (configuration.hasStatement(statementId)) {
  // 從 configuration 中找到對應的敘述，傳回
  return configuration.getMappedStatement(statementId);
} else if (mapperInterface.equals(declaringClass)) {
  // 說明遞迴呼叫已經到終點，但是仍然沒有找到符合的結果
  return null;
}
// 從方法的定義類別開始，沿著父類別向上尋找。找到介面類別時停止
for (Class<?> superInterface : mapperInterface.getInterfaces()) {
  if (declaringClass.isAssignableFrom(superInterface)) {
    MappedStatement ms = resolveMappedStatement(superInterface, methodName,
        declaringClass, configuration);
    if (ms != null) {
      return ms;
    }
  }
}
return null;
}
```

因此説 MapperMethod 類別將一個資料庫動作陳述式和一個 Java 方法綁定在了一起：它的 MethodSignature 屬性儲存了這個方法的詳細資訊；它的 SqlCommand 屬性持有這個方法對應的 SQL 敘述。圖 13-2 展示了 MapperMethod 類別的功能。

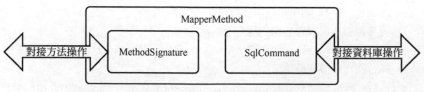

圖 13-2 MapperMethod 類別功能示意圖

因而只要呼叫 MapperMethod 物件的 execute 方法，就可以觸發實際的資料庫操作，於是資料庫操作就被轉化為了方法。程式 13-6 列出了 MapperMethod

類別的 execute 方法的原始程式。可以看出 execute 方法根據本身 SQL 敘述類型的不同觸發不同的資料庫操作。

程式 13-6

```
/**
 * 執行對映介面中的方法
 * @param sqlSession sqlSession 介面的實例，透過它可以進行資料庫的操作
 * @param args 執行介面方法時傳入的參數
 * @return 資料庫操作結果
 */
public Object execute(SqlSession sqlSession, Object[] args) {
  Object result;
  switch (command.getType()) { // 根據 SQL 敘述類型，執行不同操作
    case INSERT: { // 如果是插入敘述
      // 將參數順序與實際參數對應好
      Object param = method.convertArgsToSqlCommandParam(args);
      // 執行操作並傳回結果
      result = rowCountResult(sqlSession.insert(command.getName(), param));
      break;
    }
    case UPDATE: { // 如果是更新敘述
      // 將參數順序與實際參數對應好
      Object param = method.convertArgsToSqlCommandParam(args);
      // 執行操作並傳回結果
      result = rowCountResult(sqlSession.update(command.getName(), param));
      break;
    }
    case DELETE: { // 如果是刪除敘述
      // 將參數順序與實際參數對應好
      Object param = method.convertArgsToSqlCommandParam(args);
      // 執行操作並傳回結果
      result = rowCountResult(sqlSession.delete(command.getName(), param));
      break;
    }
    case SELECT: // 如果是查詢敘述
      if (method.returnsVoid() && method.hasResultHandler()) {
```

```
            // 方法傳回值為 void，且有結果處理器
            // 使用結果處理器執行查詢
            executeWithResultHandler(sqlSession, args);
            result = null;
        } else if (method.returnsMany()) { // 多筆結果查詢
            result = executeForMany(sqlSession, args);
        } else if (method.returnsMap()) { // Map 結果查詢
            result = executeForMap(sqlSession, args);
        } else if (method.returnsCursor()) { // 游標類型結果查詢
            result = executeForCursor(sqlSession, args);
        } else { // 單筆結果查詢
            Object param = method.convertArgsToSqlCommandParam(args);
            result = sqlSession.selectOne(command.getName(), param);
            if (method.returnsOptional()
                && (result == null || !method.getReturnType().equals(result.
                    getClass()))) {
              result = Optional.ofNullable(result);
            }
        }
        break;
      case FLUSH: // 如果是清空快取敘述
        result = sqlSession.flushStatements();
        break;
      default: // 未知敘述類型，拋出例外
        throw new BindingException("Unknown execution method for: " + command.
          getName());
    }
    if (result == null && method.getReturnType().isPrimitive() && !method.
        returnsVoid()) {
      // 查詢結果為 null，但傳回類型為基本類型。因此傳回變數無法接收查詢結果，
        拋出例外
      throw new BindingException("Mapper method '" + command.getName()
        + " attempted to return null from a method with a primitive return
        type (" + method.getReturnType() + ").");
    }
    return result;
}
```

在 MapperMethod 類別的幫助下，只要我們能將 Java 對映介面的呼叫轉為對 MapperMethod 物件 execute 方法的呼叫，就能在呼叫某個 Java 對映介面時完成指定的資料庫操作。

MapperMethod 類別中還有一個內部類別 ParamMap，其原始程式如程式 13-7 所示。ParamMap 內部類別用來儲存參數，是 HashMap 的子類別，但是比 HashMap 更為嚴格：如果試圖取得其不存在的鍵值，它會直接拋出例外。這是因為當我們在資料庫操作中參考了一個不存在的輸入參數時，這樣的錯誤是無法消解的。

程式 **13-7**

```
public static class ParamMap<V> extends HashMap<String, V> {

  private static final long serialVersionUID = -2212268410512043556L;

  @Override
  public V get(Object key) {
    if (!super.containsKey(key)) {
      throw new BindingException("Parameter '" + key + "' not found.Available
        parameters are " + keySet());
    }
    return super.get(key);
  }
}
```

13.1.2 資料庫操作方法的連線

在上一節我們已經把一個資料庫操作轉化為了一個方法（這裡指 MapperMethod 物件的 execute 方法），可這個方法怎麼才能被呼叫呢？

當呼叫對映介面中的方法，如 "List<User> queryUserBySchoolName(User user)" 時，Java 會去該介面的實現類別中尋找並執行該方法。而我們的對映介面是沒有實現類別的，那麼呼叫對映介面中的方法應該會顯示出錯才對，又怎麼會轉而呼叫 MapperMethod 類別中的 execute 方法呢？

上述工作需要 MapperProxy 類別的幫助，它以動態代理將針對對映介面為基礎的方法呼叫轉接成了對 MapperMethod 物件 execute 方法的呼叫，進而實現了資料庫操作。

MapperProxy 繼承了 InvocationHandler 介面，是一個動態代理類別。這表示當使用它的實例替代被代理物件後，對被代理物件的方法呼叫會被轉接到 MapperProxy 中 invoke 方法上。程式 13-8 展示了 MapperProxy 中 invoke 方法的原始程式。

程式 13-8

```
/**
 * 代理方法
 * @param proxy 代理物件
 * @param method 代理方法
 * @param args 代理方法的參數
 * @return 方法執行結果
 * @throws Throwable
 */
public Object invoke(Object proxy, Method method, Object[] args) throws
Throwable {
  try {
    if (Object.class.equals(method.getDeclaringClass())) {
      // 繼承自 Object 的方法
      // 直接執行原有方法
      return method.invoke(this, args);
    } else if (method.isDefault()) { // 預設方法
      // 執行預設方法
      return invokeDefaultMethod(proxy, method, args);
    }
  } catch (Throwable t) {
    throw ExceptionUtil.unwrapThrowable(t);
  }
  // 找對對應的 MapperMethod 物件
  final MapperMethod mapperMethod = cachedMapperMethod(method);
  // 呼叫 MapperMethod 中的 execute 方法
```

```
return mapperMethod.execute(sqlSession, args);
}
```

而 MapperProxyFactory 則是 MapperProxy 的生產工廠，newInstance 核心方法會產生一個 MapperProxy 物件。

至此，我們知道，只要用對應的 MapperProxy 物件作為對映介面的實現，便可以完整地實現為對映介面連線資料庫操作的功能。

13.2 抽象方法與資料庫操作節點的連結

在 13.1 節中我們已經透過閱讀原始程式了解了如何將資料庫操作轉化為一個方法，並將這個方法連線一個對映介面的抽象方法中。

但是，一方面，對映介面檔案（UserMapper.class 等存有介面的檔案）那麼多，其中的抽象方法又很多；另一方面，對映檔案（UserMapper.xml 等存有 SQL 動作陳述式的檔案）那麼多，對映檔案中的資料庫操作節點又很多，那麼這一切的對應關係怎麼維護呢？也就是説，一個對映介面中的抽象方法如何確定本身要連線的 MapperMethod 物件是哪一個？

MyBatis 分兩步解決了這一問題。

第一步，MyBatis 將對映介面與 MapperProxyFactory 連結起來。這種連結關係是在 MapperRegistry 類別的 knownMappers 屬性中維護的，如程式 13-9 所示。

程式 13-9

```
private final Map<Class<?>, MapperProxyFactory<?>> knownMappers = new
  HashMap<>();
```

knownMappers 是一個 HashMap，其鍵為對映介面，值為對應的 MapperProxyFactory 物件。

MapperProxyFactory 的建構方法如程式 13-10 所示，只有一個參數便是對映介面。而 MapperProxyFactory 的其他屬性也不允許修改，因此它生產出的

MapperProxy 物件是唯一的。所以，只要 MapperProxyFactory 物件確定了，MapperProxy 物件也便確定了。於是，MapperRegistry 中的 knownMappers 屬性間接地將對映介面和 MapperProxy 物件連結起來。

程式 13-10

```
/**
 * MapperProxyFactory 建構方法
 * @param mapperInterface 對映介面
 */
public MapperProxyFactory(Class<T> mapperInterface) {
  this.mapperInterface = mapperInterface;
}
```

正因為 MapperRegistry 中儲存了對映介面和 MapperProxy 的對應關係，它的 getMapper 方法便可以直接為對映介面找出對應的代理物件。該方法的原始程式如程式 13-11 所示。

程式 13-11

```
/**
 * 找到指定對映介面的對映檔案，並根據對映檔案資訊為該對映介面產生一個代理實現
 * @param type 對映介面
 * @param sqlSession sqlSession
 * @param <T> 對映介面類型
 * @return 代理實現物件
 */
@SuppressWarnings("unchecked")
public <T> T getMapper(Class<T> type, SqlSession sqlSession) {
  // 找出指定對映介面的代理工廠
  final MapperProxyFactory<T> mapperProxyFactory = (MapperProxyFactory<T>)
    knownMappers. get(type);
  if (mapperProxyFactory == null) {
    throw new BindingException("Type " + type + " is not known to the
    MapperRegistry.");
  }
  try {
```

```
    // 透過 mapperProxyFactory 列出對應代理器的實例
    return mapperProxyFactory.newInstance(sqlSession);
  } catch (Exception e) {
    throw new BindingException("Error getting mapper instance. Cause: " + e, e);
  }
}
```

MapperProxy 對應的是對映檔案。透過 MapperRegistry，對映介面和對映檔案的對應關係便建立起來。

第二步，此時的範圍已經縮小到一個對映介面或説是 MapperProxy 物件內。由 MapperProxy 中的 methodCache 屬性維護介面方法和 MapperMethod 物件的對應關係。methodCache 屬性及註釋如程式 13-12 所示。

程式 13-12

```
// 該 Map 的鍵為方法，值為 MapperMethod 物件。透過該屬性，完成 MapperProxy 內
   （即對映介面內）方法和 MapperMethod 的綁定
private final Map<Method, MapperMethod> methodCache;
```

這樣一來，任意一個對映介面中的抽象方法都和一個 MapperProxy 物件連結的 MapperMethod 物件相對應，這種對應關係如圖 13-3 所示。

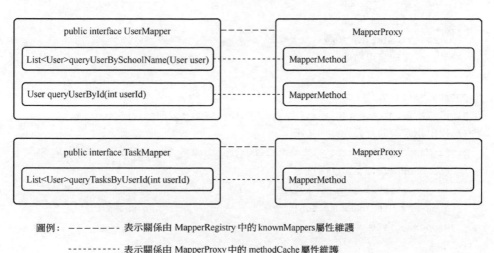

圖 13-3 抽象方法與資料庫操作節點的對應關係

透過圖 13-3 也可以看出，MapperProxy 類別就是對映介面的代理類別。代理關係建立完成後，只要呼叫對映介面中的方法，都會被對應的 MapperProxy 截獲，而 MapperProxy 會建立或選取合適的 MapperMethod 物件，並觸發其 execute 方法。於是，針對對映介面中抽象方法的呼叫就轉變為了實際的資料庫操作。

13.3　資料庫操作連線歸納

在 2.3 節我們提到將對映介面呼叫轉化為對應的 SQL 敘述的執行是 MyBatis 完成的核心功能之一。為了讓大家對這個功能的實現有一個綜合性的了解，我們將對這一功能進行一次歸納。

13.3.1　初始化階段

MyBatis 在初始化階段會進行各個對映檔案的解析，然後將各個資料庫操作節點的資訊記錄到 Configuration 物件的 mappedStatements 屬性中。

程式 13-13 展示了 Configuration 物件的 mappedStatements 屬性，其結構是一個 StrictMap（一個不允許覆蓋鍵值的 HashMap），該 StrictMap 的鍵為 SQL 敘述的「namespace 值 . 敘述 id 值」（如果敘述 id 值沒有問題的話，還會單獨再以敘述 id 值為鍵放入一份資料），值為資料庫操作節點的詳細資訊。

程式 **13-13**

```
protected final Map<String, MappedStatement> mappedStatements = new
  StrictMap<MappedStatement> ("Mapped Statements collection");
```

以程式 13-14 所示的對映檔案為例，mappedStatements 儲存的資料如圖 13-4 所示。

程式 13-14

```xml
<mapper namespace="com.github.yeecode.mybatisdemo.dao.UserMapper">
  <select id="queryUserBySchoolName" resultType="com.github.yeecode.
      mybatisdemo.model.User">
    SELECT * FROM 'user' WHERE schoolName = #{schoolName}
  </select>
</mapper>
```

圖 13-4 mappedStatements 儲存的資料

MyBatis 還會在初始化階段掃描所有的對映介面，並根據對映介面建立與之連結的 MapperProxyFactory，兩者的連結關係由 MapperRegistry 維護。當呼叫 MapperRegistry 的 getMapper 方法（SqlSession 的 getMapper 方法最後也會呼叫到這裡）時，MapperProxyFactory 會生產出一個 MapperProxy 物件作為對映介面的代理。

13.3.2 資料讀寫階段

當對映介面中有方法被呼叫時，會被代理物件 MapperProxy 綁架，轉而觸發了 MapperProxy 物件中的 invoke 方法。MapperProxy 物件中的 invoke 方法會

建立或取出該對映介面方法對應的 MapperMethod 物件，這部分操作已經在程式 13-8 中介紹過了。

在建立 MapperMethod 物件的過程中，MapperMethod 中 SqlCommand 子類別的建構方法會去 Configuration 物件的 mappedStatements 屬性中根據目前對映介面名稱、方法名稱索引前期已經存好的 SQL 敘述資訊。這部分操作已經在程式 13-5 中介紹過了。

然後，MapperMethod 物件的 execute 方法被觸發，在 execute 方法內會根據不同的 SQL 敘述類型進行不同的資料庫操作。這部分操作已經在程式 13-6 中介紹過了。

這樣，一個針對對映介面中的方法呼叫，終於被轉化為了對應的資料庫操作。

13.4　**MyBatis 與 Spring、Spring Boot 的整合**

通常 MyBatis 會和 Spring、Spring Boot 等架構配合使用，此時，MyBatis 的使用更為簡單。圖 13-5 列出了單獨使用 MyBatis 和以 Spring 使用 MyBatis 為基礎的程式比較。

```
單獨使用MyBatis                                         Spring中使用MyBatis
1  String resource = "mybatis-config.xml";              1  @Autowired
2  InputStream inputStream = null;                      2  private UserMapper userMapper;
3  try {
4      inputStream = Resources.getResourceAsStream(resource);
5  } catch (IOException e) {
6      e.printStackTrace();
7  }
8  SqlSessionFactory sqlSessionFactory =
9          new SqlSessionFactoryBuilder().build(inputStream);
10                                                       3
11 try (SqlSession session = sqlSessionFactory.openSession()) {  4  @RequestMapping("/")
12     UserMapper userMapper = session.getMapper(UserMapper.class);  5  public void index() {
13     User userParam = new User();                      6      User userParam = new User();
14     userParam.setSchoolName("Sunny School");          7      userParam.setSchoolName("Sunny School");
15     List<User> userList = userMapper.queryUserBySchoolName(userParam);  8      List<User> userList = userMapper.queryUserBySchoolName(userParam);
16     for (User user : userList) {                      9      for (User user : userList) {
17         System.out.println("name : " + user.getName());  10         System.out.println("name : " + user.getName());
18     }                                                 11     }
19 }                                                     12 }
```

圖 13-5　單獨使用 MyBatis 和以 Spring 使用 MyBatis 為基礎的程式比較

在 Spring 或 Spring Boot 中，MyBatis 不需要呼叫 getMapper 方法取得對映介面的實作方式類別，甚至連設定檔都可以省略。可這是怎麼做到的呢？

這些問題的答案不屬於 MyBatis 原始程式的範圍，但是簡要了解它們能幫助我們更進一步地了解 MyBatis 的工作原理。

MyBatis 與 Spring 的整合功能由 mybatis-spring 專案提供，該專案是由 MyBatis 團隊開發的用於將 MyBatis 連線 Spring 的工具。基於它，能夠簡化 MyBatis 在 Spring 中的應用。

以 Spring 為例，我們可以在 Spring 的設定檔 applicationContext.xml 中設定如程式 13-15 所示的片段，它指明了 MyBatis 對映介面檔案所在的套件。

程式 13-15

```
<bean class="org.mybatis.spring.mapper.MapperScannerConfigurer">
    <property name="basePackage" value="com.github.yeecode.mybatisdemo.dao" />
</bean>
```

也有一些設定方式不基於 MapperScannerConfigurer 類別，我們不再多作說明。

透過程式 13-15 所示的設定後，Spring 在啟動階段會使用 MapperScanner Configurer 類別對指定套件進行掃描。對於掃描到的對映介面，mybatis-spring 會將其當作 MapperFactoryBean 物件註冊到 Spring 的 Bean 列表中。而 MapperFactoryBean 可以列出對映介面的代理類別。

這樣，我們可以在程式中直接使用 @Autowired 註釋來植入對映介面。然後在呼叫該介面時，MapperFactoryBean 列出的代理類別會將操作轉接給 MyBatis。

Spring Boot 專案誕生的目的是簡化 Spring 專案中的設定工作。在 Spring Boot 中使用 MyBatis 更為簡單，2.2 節列出的就是 MyBatis 和 Spring Boot 整合的範例。兩者整合主要也是靠 mybatis-spring 專案的支援。但在此基礎上，增加了負責完成自動設定工作的 mybatis-spring-boot-autoconfigure 專案，並將相關專案一同合併封裝到了 mybatis-spring- boot-starter 專案中。於是只需參考 mybatis-spring-boot-starter 專案，即可將 MyBatis 整合到 Spring Boot 中。

讀者可以在了解了 Spring 架構的機制後詳細閱讀 mybatis-spring 的原始程式。

Chapter

14

builder 套件

builder 套件是一個按照類型劃分出來的套件，套件中存在許多的建造者類別。在這一章的原始程式閱讀中，我們將對這些建造者類別及其相關的輔助類別進行了解。

雖然 builder 套件是一個按照類型方式劃分的套件，但是在該套件中也完成了以下兩個比較完整的功能。

- 一是解析 XML 設定檔和對映檔案，這部分功能在 xml 子套件中；
- 二是解析註釋形式的 Mapper 宣告，這部分功能在 annotation 子套件中。

透過該章我們也會了解以上兩個功能的實現原理。

14.1 建造者模式

在軟體開發過程中，經常需要新增物件並給物件的屬性設定值。當物件的屬性比較多時，建立物件的過程會變得比較煩瑣。

舉例來說，某個平台需要在開學季給 Sunny School 和 Garden School 兩所學校的新同學註冊帳號。Sunny School 是一所小學，新同學年齡大多為 7 歲；

Garden School 是一所中學，新同學年齡大多為 13 歲。在註冊帳號的過程中，如果同學沒有電子郵件的話還要為其註冊電子郵件。

先建造空白物件，然後再不斷呼叫 set 方法為物件屬性設定值是一種常見的建造物件的方式，如程式 14-1 所示。這種方式需要了解物件的所有屬性細節，是與物件的屬性耦合的，而且這個過程中可能會導致屬性的遺忘。

程式 14-1

```
User user01 = new User();
user01.setName("Candy");
user01.setEmail("candy@sunnyschool.com");
user01.setAge(7);
user01.setSex(1);
user01.setSchoolName("Sunny School");
```

使用具有多個輸入參數的建構方法直接建造物件也是一種常見的建造物件的方式，如程式 14-2 所示。這種情況下，為了能適應多種輸入參數組合，通常需要多載大量的建構方法。

程式 14-2

```
User user02 = new User("Candy", "candy@sunnyschool.com", 7, 1, "Sunny School");
```

建造者模式給我們提供了另一種建造物件的想法。使用建造者模式，物件的建造細節均交給建造者來完成，呼叫者只需掌控整體流程即可，而不需要了解被建造物件的細節。

舉例來說，撰寫一個 UserBuilder 介面作為建造 User 物件的介面，如程式 14-3 所示。

程式 14-3

```
public interface UserBuilder {

    public UserBuilder setEmail(String email);

    public UserBuilder setAge(Integer age);
```

```
    public UserBuilder setSex(Integer sex);

    public User build();
}
```

然後繼承 UserBuilder 介面撰寫一個 SunnySchoolUserBuilder 類別，它用來建造 Sunny School 的使用者，如程式 14-4 所示。

程式 **14-4**

```
public class SunnySchoolUserBuilder implements UserBuilder {
    private String name;
    private String email;
    private Integer age;
    private Integer sex;
    private String schoolName;

    public SunnySchoolUserBuilder(String name) {
        this.name = name;
    }

    public SunnySchoolUserBuilder setEmail(String email) {
        this.email = email;
        return this;
    }

    public SunnySchoolUserBuilder setAge(Integer age) {
        this.age = age;
        return this;
    }

    public SunnySchoolUserBuilder setSex(Integer sex) {
        this.sex = sex;
        return this;
    }
```

```java
    public User build() {
        if (this.name != null && this.email == null) {
            this.email = this.name.toLowerCase().replace(" ", "").concat
            ("@sunnyschool.com");
        }
        if (this.age == null) {
            this.age = 7;
        }
        if (this.sex == null) {
            this.sex = 0;
        }
        this.schoolName = "Sunny School";
        return new User(name, email, age, sex, schoolName);
    }
}
```

這樣一來，我們可以透過程式 14-5 所示的方式來靈活地建造物件。

程式 **14-5**

```java
// 用匿名建造者建造一個物件
User user03 = new SunnySchoolUserBuilder("Candy").setSex(1).build();

// 分步設定建造者屬性，建造一個物件
UserBuilder userBuilder04 = new SunnySchoolUserBuilder("Eric");
userBuilder04.setEmail("supereric@abc.com").build();
User user04 = userBuilder04.build();
```

該範例的完整程式請參見 MyBatisDemo 專案中的範例 12。

基於建造者建立物件時，有以下幾個優點。

■ 使用建造者時十分靈活，可以一次也可以分多次設定被建造物件的屬性；
■ 呼叫者只需呼叫建造者的主要流程而不需要關係建造物件的細節；
■ 可以很方便地修改建造者的行為，進一步建造出不同的物件。

圖 14-1 列出了建造者模式的類別圖。

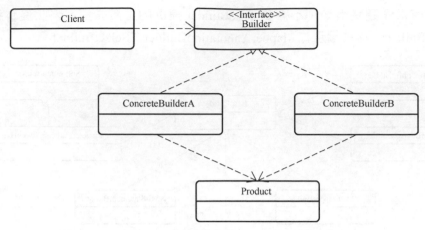

圖 14-1 建造者模式的類別圖

在學習了建造者模式後，可以為屬性較多的類別建立建造者類別。建造者類別一般包含兩種方法：

■ 一種是屬性設定方法。這種方法一般有多個，可以接受不同類型的參數來設定建造者的屬性。

■ 一種是目標物件產生方法。該類別方法一般只有一個，即根據目前建造者中的屬性建立出一個目標物件。

在需要建立複雜的物件時，建造者模式的優勢將表現得更為明顯。因此，建造者模式在一些大型的系統中非常常見。

14.2 建造者基礎類別與工具類別

builder 套件中的 BaseBuilder 類別是所有建造者的基礎類別，圖 14-2 所示是它與子類別的類別圖。

BaseBuilder 類別雖然被宣告成一個抽象類別，但是本身不含有任何的抽象方法，因此它的子類別無須實現它的任何方法。BaseBuilder 類別更像一個工具類別，為繼承它的建造者類別提供了許多實用的工具方法。當然，也

確實有很多建造者類別不需要 BaseBuilder 提供的工具方法，因此沒有繼承
BaseBuilder，這些類別有 MapperAnnotationBuilder、SelectBuilder 等。

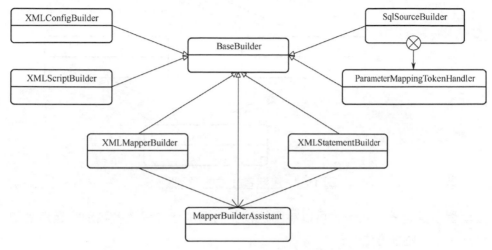

圖 14-2　BaseBuilder 類別及其子類別的類別圖

BaseBuilder 類別提供的工具方法大致分為以下幾種。

- *ValueOf：類型轉化函數，負責將輸入參數轉為指定的類型，並支援預設
  值設定；
- resolve*：字串轉列舉類型函數，根據字串找出指定的列舉類型並傳回；
- createInstance：根據類型態名建立類型實例；
- resolveTypeHandler：根據類型處理器別名傳回類型處理器實例。

在 BaseBuilder 類別的子類別中，MapperBuilderAssistant 類別最為特殊，因為
它本身不是建造者類別而是一個建造者輔助類別。它繼承 BaseBuilder 類別的
原因僅是因為要使用 BaseBuilder 類別中的方法。

MyBatis 對映檔案中的設定項目非常多，包含命名空間、快取共用、結果對映
等。最後這些設定將解析產生不同的類別，而 MapperBuilderAssistant 類別是
這些解析類別的輔助類別。

MapperBuilderAssistant 類別提供了許多輔助方法，如 Mapper 命名空間的設定、快取的建立、鑑別器的建立等。舉例來説，程式 14-6 展示了其中的快取建立方法。

程式 14-6

```
/**
 * 建立一個新的快取
 * @param typeClass 快取的實現類別
 * @param evictionClass 快取的清理類別，即使用哪種包裝類別來清理快取
 * @param flushInterval 快取清理時間間隔
 * @param size 快取大小
 * @param readWrite 快取是否支援讀寫
 * @param blocking 快取是否支援阻塞
 * @param props 快取設定屬性
 * @return 快取
 */
public Cache useNewCache(Class<? extends Cache> typeClass,
    Class<? extends Cache> evictionClass,
    Long flushInterval,
    Integer size,
    boolean readWrite,
    boolean blocking,
    Properties props) {
  Cache cache = new CacheBuilder(currentNamespace)
      .implementation(valueOrDefault(typeClass, PerpetualCache.class))
      .addDecorator(valueOrDefault(evictionClass, LruCache.class))
      .clearInterval(flushInterval)
      .size(size)
      .readWrite(readWrite)
      .blocking(blocking)
      .properties(props)
      .build();
  configuration.addCache(cache);
  currentCache = cache;
  return cache;
}
```

MapperBuilderAssistant 類別中還有許多其他實用的方法，我們會在用到它們時再詳細介紹。

透過 BaseBuilder 類別和 MapperBuilderAssistant 類別我們知道，建造者類別不一定繼承了 BaseBuilder，而繼承了 BaseBuilder 的類別也不一定是建造者類別。

14.3 SqlSourceBuilder 類別與 StaticSqlSource 類別

SqlSourceBuilder 是一個建造者類別，但它的名字有些問題，它不能用來建立所有的 SqlSource 物件（SqlSource 是一個介面，有四種實現），而是只能透過 parse 方法生產出 StaticSqlSource 這一種物件。

確切地説，SqlSourceBuilder 類別能夠將 DynamicSqlSource 和 RawSqlSource 中的 "#{ }" 符號取代掉，進一步將它們轉化為 StaticSqlSource，這一轉化過程發生在程式 14-7 所示的 parse 方法中。因此，把 SqlSourceBuilder 類別稱作一個解析器或轉化器更合適。而事實上，許多參考 SqlSourceBuilder 物件的地方都將物件的變數名稱定為 "sqlSourceParser"（在 DynamicSqlSource 和 RawSqlSource 類別中都能找到這個變數）。

程式 14-7

```
/**
 * 將 DynamicSqlSource 和 RawSqlSource 中的 "#{}" 符號取代掉，進一步將它們轉化為
   StaticSqlSource
 * @param originalSql sqlNode.apply() 連接之後的 SQL 敘述。已經不包含 <if>
   <where> 等節點，也不包含 ${} 符號
 * @param parameterType 實際參數類型
 * @param additionalParameters 附加參數
 * @return 解析結束的 StaticSqlSource
 */
public SqlSource parse(String originalSql, Class<?> parameterType, Map
  <String, Object> additional Parameters) {
  // 用來完成 #{} 處理的處理器
```

```
ParameterMappingTokenHandler handler = new ParameterMappingTokenHandler
  (configuration, parameterType, additionalParameters);
// 通用的預留位置解析器，用來進行預留位置取代
GenericTokenParser parser = new GenericTokenParser("#{", "}", handler);
// 將 #{} 取代為 ? 的 SQL 敘述
String sql = parser.parse(originalSql);
// 產生新的 StaticSqlSource 物件
return new StaticSqlSource(configuration, sql,
    handler.getParameterMappings());
}
```

StaticSqlSource 是 SqlSource 的四個子類別之一，它內部包含的 SQL 敘述中已經不存在 "${}" 和 "#{}" 這兩種符號，而只有 "?"，其屬性的註釋如程式 14-8 所示。在 15.1.2 節我們還會詳細介紹它的來龍去脈。

程式 14-8

```
// 經過解析後，不存在 ${} 和 #{} 這兩種符號，只剩下 ? 符號的 SQL 敘述
private final String sql;
// SQL 敘述對應的參數列表
private final List<ParameterMapping> parameterMappings;
// 設定資訊
private final Configuration configuration;
```

StaticSqlSource 有一個非常重要的功能，那就是列出一個 BoundSql 物件。StaticSqlSource 內 getBoundSql 方法負責完成這項功能，如程式 14-9 所示。

程式 14-9

```
/**
 * 組建一個 BoundSql 物件
 * @param parameterObject 參數物件
 * @return 元件的 BoundSql 物件
 */
@Override
public BoundSql getBoundSql(Object parameterObject) {
  return new BoundSql(configuration, sql, parameterMappings, parameterObject);
}
```

14.4 CacheRefResolver 類別和 ResultMapResolver 類別

CacheRefResolver 類別和 ResultMapResolver 類別有幾分相似之處，不僅類別名稱上相似，在結構和功能上也相似。它們都是某些類別的解析器類別，屬性中包含被解析類別的相關屬性，同時還包含一個解析器。這樣，類別中的解析器就可以完成對被解析類別屬性的解析工作。

這些整合後的具有解析功能的類別在 MyBatis 中具有標準的命名：假如被解析物件名稱為 A，則整合後的自解析類別叫作 AResolver。這樣，在之後的分析中遇到這樣命名的類別，就可以直接分析它的組成和作用。這種命名方式和功能是相對通用的，但不是絕對的。舉例來説，annotation 子套件中的 MethodResolver 就符合這種模式，包含被解析物件的屬性和解析器；而 ParamNameResolver 就不符合這種模式，因為它的解析功能是本身透過方法實現的，不需要依賴其他的解析器。

14.4.1 CacheRefResolver 類別

MyBatis 支援多個 namespace 之間共用快取。如程式 14-10 所示，在 "com.github.yeecode.mybatisdemo.dao.UserDao" 的命名空間內我們透過 <cache-ref> 標籤宣告了另外一個命名空間 "com.github.yeecode.mybatisdemo.dao.TaskDao"，那麼前者會使用後者的快取。更詳細的介紹可以參考 19.8 節。

程式 14-10

```
<mapper namespace="com.github.yeecode.mybatisdemo.dao.UserDao">
    <cache-ref namespace="com.github.yeecode.mybatisdemo.dao.TaskDao"/>
    <!-- 省略其他標籤 -->
</mapper>
```

CacheRefResolver 類別用來處理多個命名空間共用快取的問題。它本身有兩個屬性，如程式 14-11 所示。這兩個屬性中，assistant 是解析器，cacheRefNamespace 是被解析物件。

程式 14-11

```
// Mapper 建造者輔助類別
private final MapperBuilderAssistant assistant;
// 被應用的 namespace，即使用 cacheRef 的 Namespace 快取空間
private final String cacheRefNamespace;
```

借助於 MapperBuilderAssistant 的 useCacheRef 方法，CacheRefResolver 類別可以解析快取共用的問題。MapperBuilderAssistant 的 useCacheRef 方法如程式 14-12 所示。

程式 14-12

```
/**
 * 使用其他 namespace 的快取
 * @param namespace 其他的 namespace
 * @return    其他 namespace 的快取
 */
public Cache useCacheRef(String namespace) {
  if (namespace == null) {
    throw new BuilderException("cache-ref element requires a namespace
        attribute.");
  }
  try {
    unresolvedCacheRef = true;
    // 取得其他 namespace 的快取
    Cache cache = configuration.getCache(namespace);
    if (cache == null) {
      throw new IncompleteElementException("No cache for namespace '" +
        namespace + "' could be found.");
    }
    // 修改目前快取為其他 namespace 的快取，進一步實現快取共用
    currentCache = cache;
    unresolvedCacheRef = false;
    return cache;
  } catch (IllegalArgumentException e) {
    throw new IncompleteElementException("No cache for namespace '" +
```

```
        namespace + "' could be found.", e);
    }
}
```

14.4.2 ResultMapResolver 類別

MyBatis 的 resultMap 標籤支援繼承。如程式 14-13 所示，"girlUserMap" 透過設定 "extends="userMap"" 繼承了 "userMap" 中設定的屬性對映。

程式 14-13

```
<resultMap id="userMap" type="User" autoMapping="false">
    <id property="id" column="id" javaType="Integer" jdbcType="INTEGER"
        typeHandler="org.apache.ibatis.type.IntegerTypeHandler"/>
    <result property="name" column="name"/>
    <discriminator javaType="int" column="sex">
        <case value="0" resultMap="boyUserMap"/>
        <case value="1" resultMap="girlUserMap"/>
    </discriminator>
</resultMap>

<resultMap id="girlUserMap" type="Girl" extends="userMap">
    <result property="email" column="email"/>
</resultMap>
```

該範例的完整程式請參見 MyBatisDemo 專案中的範例 13。

resultMap 繼承關係的解析由 ResultMapResolver 類別來完成。程式 14-14 列出了 ResultMapResolver 類別的屬性，其中 assistant 屬性是解析器，其他屬性則是被解析的屬性。

程式 14-14

```
// Mapper 建造者輔助類別
private final MapperBuilderAssistant assistant;
// ResultMap 的 id
private final String id;
```

```
// ResultMap 的 type 屬性,即目標物件類型
private final Class<?> type;
// ResultMap 的 extends 屬性,即繼承屬性
private final String extend;
// ResultMap 中的 Discriminator 節點,即鑑別器
private final Discriminator discriminator;
// ResultMap 中的屬性對映清單
private final List<ResultMapping> resultMappings;
// ResultMap 的 autoMapping 屬性,即是否開啟自動對映
private final Boolean autoMapping;
```

借 助 於 MapperBuilderAssistant 的 addResultMap 方 法,ResultMapResolver
完成了 ResultMap 的繼承關係解析,最後列出一個解析完繼承關係之後的
ResultMap 物件。MapperBuilderAssistant 的 addResultMap 方法如程式 14-15
所示。

程式 14-15

```
/**
 * 建立結果對映物件
 * 輸入參數參照 ResultMap 屬性
 * @return ResultMap 物件
 */
public ResultMap addResultMap(
    String id,
    Class<?> type,
    String extend,
    Discriminator discriminator,
    List<ResultMapping> resultMappings,
    Boolean autoMapping) {
  id = applyCurrentNamespace(id, false);
  extend = applyCurrentNamespace(extend, true);

  // 解析 ResultMap 的繼承關係
  if (extend != null) { // 如果存在 ResultMap 的繼承
    if (!configuration.hasResultMap(extend)) {
```

```
      throw new IncompleteElementException("Could not find a parent resultmap
         with id '" + extend + "'");
   }
   // 取得父級的 ResultMap
   ResultMap resultMap = configuration.getResultMap(extend);
   // 取得父級的屬性對映
   List<ResultMapping> extendedResultMappings = new ArrayList<>(resultMap.
      getResult Mappings());
   // 刪除目前 ResultMap 中已有的父級屬性對映，為目前屬性對映覆蓋父級屬性創造
      條件
   extendedResultMappings.removeAll(resultMappings);
   // 如果目前 ResultMap 設定有建構元，則移除父級建構元
   boolean declaresConstructor = false;
   for (ResultMapping resultMapping : resultMappings) {
      if (resultMapping.getFlags().contains(ResultFlag.CONSTRUCTOR)) {
         declaresConstructor = true;
         break;
      }
   }
   if (declaresConstructor) {
      extendedResultMappings.removeIf(resultMapping -> resultMapping.
         getFlags().contains (ResultFlag.CONSTRUCTOR));
   }
   // 最後從父級繼承而來的所有屬性對映
   resultMappings.addAll(extendedResultMappings);
}
// 建立目前的 ResultMap
ResultMap resultMap = new ResultMap.Builder(configuration, id, type,
   resultMappings, auto Mapping)
   .discriminator(discriminator)
   .build();
// 將當期的 ResultMap 加入 Configuration
configuration.addResultMap(resultMap);
return resultMap;
}
```

14.5 ParameterExpression 類別

ParameterExpression 是一個屬性解析器，用來將描述屬性的字串解析為鍵值對的形式。

ParameterExpression 的建構方法是屬性解析的總入口，也是整個類別中唯一的 public 方法，如程式 14-16 所示。ParameterExpression 類別繼承了 HashMap，內部能以鍵值對的形式儲存最後的解析結果。

程式 14-16

```java
public class ParameterExpression extends HashMap<String, String> {

  public ParameterExpression(String expression) {
    parse(expression);
  }


  // 省略其他程式
}
```

對於這種以字串處理為主的類別，最合適的原始程式閱讀方法是中斷點偵錯法。我們向其建構方法中輸入屬性字串 "count,mode=OUT,jdbcType=NUMERIC"，解析結束後，獲得如圖 14-3 所示的鍵值對結果。

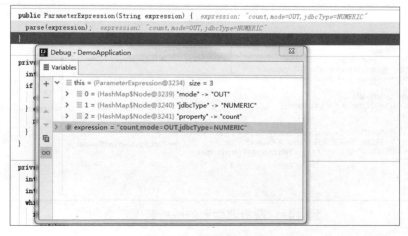

圖 14-3 鍵值對結果

透過圖 14-3 還能看出，對於沒有宣告屬性名稱的屬性值，Parameter Expression 會為其指定預設的屬性名稱 "expression"。

整個 ParameterExpression 類別中的方法主要完成字串處理相關的工作，比較簡單，我們就不再展開分析。

14.6　XML 檔案解析

MyBatis 的設定檔和對映檔案都是 XML 檔案，最後這些 XML 檔案需要被解析成為對應的類別。builder 套件的 xml 子套件用來完成 XML 檔案的解析工作。

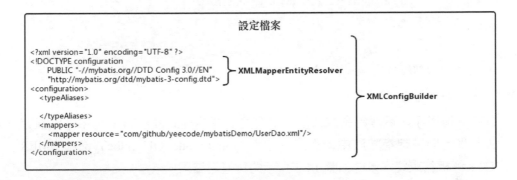

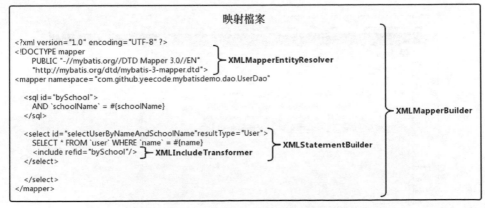

圖 14-4　解析器類別的解析範圍示意圖

MyBatis 的設定檔和對映檔案中包含的節點很多。這些節點的解析是由 xml 子套件中的五個解析器類別逐層配合完成的，圖 14-4 列出了每個解析器類別的解析範圍。

接下來我們對整個解析過程的相關原始程式進行詳細閱讀。

14.6.1 XML 檔案的宣告解析

在 11.1.1 節我們介紹過 XML 檔案可以參考外部的 DTD 檔案來對 XML 檔案進行驗證。舉例來說，程式 14-17 所示的 DOCTYPE 宣告中，表明目前 XML 檔案參考的 DTD 檔案的網址是 "http://mybatis.org/dtd/mybatis-3-config.dtd"。

程式 **14-17**

```
<!DOCTYPE configuration
        PUBLIC "-//mybatis.org//DTD Config 3.0//EN"
        "http://mybatis.org/dtd/mybatis-3-config.dtd">
```

然而，MyBatis 可能會執行在無網路的環境中，無法透過網際網路下載 DTD 檔案。這時該怎麼辦？ XMLMapperEntityResolver 就是用來解決這個問題的。

在 "org.xml.sax.EntityResolver" 介面中存在一個 resolveEntity 方法，可以透過實現該方法自訂列出 DTD 文件流的方式，而非只能從網際網路下載 DTD 文件。

XMLMapperEntityResolver 繼承了 "org.xml.sax.EntityResolver" 介面，並實現了 resolveEntity 方法，如程式 14-18 所示。

程式 **14-18**

```
/**
 * 在一個 XML 檔案的表頭是這樣的：
 * <!DOCTYPE configuration
 *         PUBLIC "-//mybatis.org//DTD Config 3.0//EN"
 *         "http://mybatis.org/dtd/mybatis-3-config.dtd">
 *  那麼上述實例中，
 * @param publicId 為 -//mybatis.org//DTD Config 3.0//EN
 * @param systemId 為 http://mybatis.org/dtd/mybatis-3-config.dtd
```

```
 * @return 對應 DTD 文件的輸入串流
 * @throws SAXException
 */
@Override
public InputSource resolveEntity(String publicId, String systemId) throws
SAXException {
  try {
    if (systemId != null) {
      // 將 systemId 轉為全小寫
      String lowerCaseSystemId = systemId.toLowerCase(Locale.ENGLISH);
      if (lowerCaseSystemId.contains(MYBATIS_CONFIG_SYSTEM) ||
        lowerCaseSystemId. contains(IBATIS_CONFIG_SYSTEM)) {
        // 說明這個是設定文件
        // 直接把本機設定文件的 DTD 檔案傳回
        return getInputSource(MYBATIS_CONFIG_DTD, publicId, systemId);
      } else if (lowerCaseSystemId.contains(MYBATIS_MAPPER_SYSTEM) ||
        lowerCaseSystemId. contains(IBATIS_MAPPER_SYSTEM)) {
        // 說明這個是對映文件
        // 直接把本機對映文件的 DTD 檔案傳回
        return getInputSource(MYBATIS_MAPPER_DTD, publicId, systemId);
      }
    }
    return null;
  } catch (Exception e) {
    throw new SAXException(e.toString());
  }
}
```

XMLMapperEntityResolver 的 resolveEntity 方法透過字串比對找出了本機的 DTD 文件並傳回，因此 MyBatis 可以在無網路的環境下正常地驗證 XML 檔案。

14.6.2 設定檔解析

設定檔的解析工作是由 XMLConfigBuilder 類別負責的，同時該類別會用解析的結果建造出一個 Configuration 物件。

XMLConfigBuilder 類別的入口方法是 parse 方法，它呼叫 parseConfiguration 方法後正式展開設定檔的逐層解析工作。程式 14-19 列出了這兩個方法的原始程式。

程式 14-19

```
/**
 * 解析設定檔的入口方法
 * @return Configuration 物件
 */
public Configuration parse() {
  // 不允許重複解析
  if (parsed) {
    throw new BuilderException("Each XMLConfigBuilder can only be used once.");
  }
  parsed = true;
  // 從根節點開展解析
  parseConfiguration(parser.evalNode("/configuration"));
  return configuration;
}


/**
 * 從根節點 configuration 開始解析下層節點
 * @param root 根節點 configuration 節點
 */
private void parseConfiguration(XNode root) {
  try {
    // 解析資訊放入 Configuration
    // 首先解析 properties，以保障在解析其他節點時便可以生效
    propertiesElement(root.evalNode("properties"));
    Properties settings = settingsAsProperties(root.evalNode("settings"));
    loadCustomVfs(settings);
    loadCustomLogImpl(settings);
    typeAliasesElement(root.evalNode("typeAliases"));
    pluginElement(root.evalNode("plugins"));
    objectFactoryElement(root.evalNode("objectFactory"));
    objectWrapperFactoryElement(root.evalNode("objectWrapperFactory"));
```

```
    reflectorFactoryElement(root.evalNode("reflectorFactory"));
    settingsElement(settings);
    environmentsElement(root.evalNode("environments"));
    databaseIdProviderElement(root.evalNode("databaseIdProvider"));
    typeHandlerElement(root.evalNode("typeHandlers"));
    mapperElement(root.evalNode("mappers"));
  } catch (Exception e) {
    throw new BuilderException("Error parsing SQL Mapper Configuration.
     Cause: " + e, e);
  }
}
```

parseConfiguration 方法會呼叫不同的子方法解析下級節點，這些方法大同小異。我們以解析 "/configuration/mappers" 節點的 mapperElement 方法為例介紹。程式 14-20 是該方法帶註釋的原始程式。

程式 14-20

```
/**
 * 解析 mappers 節點，例如：
 * <mappers>
 *     <mapper resource="com/github/yeecode/mybatisDemo/UserDao.xml"/>
 *     <package name="com.github.yeecode.mybatisDemo" />
 * </mappers>
 * @param parent mappers 節點
 * @throws Exception
 */
private void mapperElement(XNode parent) throws Exception {

  if (parent != null) {
    for (XNode child : parent.getChildren()) {
      // 處理 mappers 的子節點，即 mapper 節點或 package 節點
      if ("package".equals(child.getName())) { // package 節點
        // 取出套件的路徑
        String mapperPackage = child.getStringAttribute("name");
        // 全部加入 Mappers 中
        configuration.addMappers(mapperPackage);
```

```
    } else {
      // resource、url、class 這三個屬性只有一個生效
      String resource = child.getStringAttribute("resource");
      String url = child.getStringAttribute("url");
      String mapperClass = child.getStringAttribute("class");
      if (resource != null && url == null && mapperClass == null) {
        ErrorContext.instance().resource(resource);
        // 取得檔案的輸入串流
        InputStream inputStream = Resources.getResourceAsStream(resource);
        // 使用 XMLMapperBuilder 解析對映檔案
        XMLMapperBuilder mapperParser = new XMLMapperBuilder(inputStream,
          configuration, resource, configuration.getSqlFragments());
        mapperParser.parse();
      } else if (resource == null && url != null && mapperClass == null) {
        ErrorContext.instance().resource(url);
        // 從網路獲得輸入串流
        InputStream inputStream = Resources.getUrlAsStream(url);
        // 使用 XMLMapperBuilder 解析對映檔案
        XMLMapperBuilder mapperParser = new XMLMapperBuilder(inputStream,
          configuration, url, configuration.getSqlFragments());
        mapperParser.parse();
      } else if (resource == null && url == null && mapperClass != null) {
        // 設定的不是對映檔案，而是對映介面
        Class<?> mapperInterface = Resources.classForName(mapperClass);
        configuration.addMapper(mapperInterface);
      } else {
        throw new BuilderException("A mapper element may only specify a
          url, resource or class, but not more than one.");
      }
    }
  }
 }
}
```

從程式 14-20 中可以看出，當解析到對映檔案時，會呼叫 XMLMapperBuilder 類
別繼續展開解析。

XMLConfigBuilder 在 MyBatis 的設定解析中有著啟動的作用，正是從它的 parse 方法開始，引發了設定檔和對映檔案的解析。

14.6.3 資料庫動作陳述式解析

對映檔案的解析由 XMLMapperBuilder 類別負責，該類別的結構與 XMLConfigBuilder 類別十分類似。parse 方法為解析的入口方法，然後呼叫 configurationElement 方法逐層完成解析。程式 14-21 列出了這兩個方法的原始程式。

程式 14-21

```
/**
 * 解析對映檔案
 */
public void parse() {
  // 該節點是否被解析過
  if (!configuration.isResourceLoaded(resource)) {
    // 處理 mapper 節點
    configurationElement(parser.evalNode("/mapper"));
    // 加入已解析的列表，防止重複解析
    configuration.addLoadedResource(resource);
    // 將 mapper 註冊給 Configuration
    bindMapperForNamespace();
  }

  // 下面分別用來處理失敗的 <resultMap>、<cache-ref>、SQL 敘述
  parsePendingResultMaps();
  parsePendingCacheRefs();
  parsePendingStatements();
}

/**
 * 解析對映檔案的下層節點
 * @param context 對映檔案的根節點
 */
```

```
private void configurationElement(XNode context) {
  try {
    // 讀取目前對映檔案的命名空間
    String namespace = context.getStringAttribute("namespace");
    if (namespace == null || namespace.equals("")) {
      throw new BuilderException("Mapper's namespace cannot be empty");
    }
    builderAssistant.setCurrentNamespace(namespace);
    // 對映檔案中其他設定節點的解析
    cacheRefElement(context.evalNode("cache-ref"));
    cacheElement(context.evalNode("cache"));
    parameterMapElement(context.evalNodes("/mapper/parameterMap"));
    resultMapElements(context.evalNodes("/mapper/resultMap"));
    sqlElement(context.evalNodes("/mapper/sql"));
    // 處理各個資料庫動作陳述式
    buildStatementFromContext(context.evalNodes("select|insert|update|delete"));
  } catch (Exception e) {
    throw new BuilderException("Error parsing Mapper XML. The XML location is
     '" + resource + "'. Cause: " + e, e);
  }
}
```

與 XMLConfigBuilder 類別中的 parse 方法不同，XMLMapperBuilder 的 parse 方法結尾處有三個 parsePending* 方法。它們用來處瞭解析過程中的暫時性錯誤。

由 configurationElement(parser.evalNode("/mapper")) 敘述觸發後，系統會依次解析對映檔案的各個節點。解析時是從上到下讀取檔案解析的，可能會解析到一個節點，但它參考的節點還沒有被定義。例如程式 14-22 所示的片段，在解析 "id="girlUserMap"" 的 resultMap 時，它透過 "extends="userMap"" 參考的 "id="userMap"" 的 resultMap 還未被讀取。此時就會出現暫時性的錯誤。

程式 **14-22**

```
<resultMap id="girlUserMap" type="Girl" extends="userMap">
    <result property="email" column="email"/>
```

```
</resultMap>

<resultMap id="userMap" type="User" autoMapping="false">
    <id property="id" column="id" javaType="Integer" jdbcType="INTEGER"
        typeHandler="org.apache.ibatis.type.IntegerTypeHandler"/>
    <result property="name" column="name"/>
    <discriminator javaType="int" column="sex">
        <case value="0" resultMap="boyUserMap"/>
        <case value="1" resultMap="girlUserMap"/>
    </discriminator>
</resultMap>
```

出現暫時性錯誤後，"id="girlUserMap""的 resultMap 就會被寫入 incomplete
ResultMaps 列表中。

Configuration 中有程式 14-23 所示的幾個屬性，都是用來儲存暫時性錯誤的節
點的。

程式 14-23

```
protected final Collection<XMLStatementBuilder> incompleteStatements = new
  LinkedList<>();
protected final Collection<CacheRefResolver> incompleteCacheRefs = new
  LinkedList<>();
protected final Collection<ResultMapResolver> incompleteResultMaps = new
  LinkedList<>();
protected final Collection<MethodResolver> incompleteMethods = new
  LinkedList<>();
```

上述的這種依賴無法確認的情況是暫時的，只要在第一次解析完成後，再處
理一遍這些錯誤節點即可。這是解決無序依賴的一種常見辦法，即先嘗試第
一輪解析，並在解析時將所有節點讀取。之後進行第二輪解析，處理第一輪
解析時依賴尋找失敗的節點。由於已經在第一遍解析時讀取了所有節點，因
此第二遍解析的依賴總是可以找到的。

還有另外一種方法，更為直接和簡單，即在第一輪解析時只讀取所有節點，但不處理相依關係，然後在第二輪解析時只處理相依關係。Spring 初始化時對 Bean 之間的依賴處理採用的就是這種方式。

14.6.4 Statement 解析

在對映檔案的解析中，一個重要的工作就是解析資料庫操作節點，即 select、insert、update、delete 這四種節點。資料庫操作節點的解析由 XMLStatementBuilder 完成。

XMLStatementBuilder 類別中的 parseStatementNode 方法完成主要的解析過程，該方法原始程式如程式 14-24 所示。

程式 14-24

```
/**
 * 解析 select、insert、update、delete 這四種節點
 */
public void parseStatementNode() {
  // 讀取目前節點的 id 與 databaseId
  String id = context.getStringAttribute("id");
  String databaseId = context.getStringAttribute("databaseId");
  // 驗證 id 與 databaseId 是否比對。MyBatis 允許多資料庫設定，因此有些敘述只對
     特定資料庫生效
  if (!databaseIdMatchesCurrent(id, databaseId, this.requiredDatabaseId)) {
    return;
  }

  // 讀取節點名稱
  String nodeName = context.getNode().getNodeName();
  // 讀取和判斷敘述類型
  SqlCommandType sqlCommandType = SqlCommandType.valueOf(nodeName.toUpperCase
  (Locale.ENGLISH));
  boolean isSelect = sqlCommandType == SqlCommandType.SELECT;
  boolean flushCache = context.getBooleanAttribute("flushCache", !isSelect);
```

```
boolean useCache = context.getBooleanAttribute("useCache", isSelect);
boolean resultOrdered = context.getBooleanAttribute("resultOrdered", false);

// 處理敘述中的 Include 節點
XMLIncludeTransformer includeParser = new XMLIncludeTransformer
(configuration, builderAssistant);
includeParser.applyIncludes(context.getNode());
// 參數類型
String parameterType = context.getStringAttribute("parameterType");
Class<?> parameterTypeClass = resolveClass(parameterType);
// 敘述類型
String lang = context.getStringAttribute("lang");
LanguageDriver langDriver = getLanguageDriver(lang);

// 處理 SelectKey 節點，在這裡會將 KeyGenerator 加入 Configuration.
   keyGenerators 中
processSelectKeyNodes(id, parameterTypeClass, langDriver);

// 此時，<selectKey> 和 <include> 節點均已被解析完畢並刪除，開始進行 SQL 解析
KeyGenerator keyGenerator;
String keyStatementId = id + SelectKeyGenerator.SELECT_KEY_SUFFIX;
keyStatementId = builderAssistant.applyCurrentNamespace(keyStatementId, true);
// 判斷是否已經有解析好的 KeyGenerator
if (configuration.hasKeyGenerator(keyStatementId)) {
  keyGenerator = configuration.getKeyGenerator(keyStatementId);
} else {
  // 全域或本敘述只要啟用自動 key 產生，則使用 key 產生
  keyGenerator = context.getBooleanAttribute("useGeneratedKeys",
      configuration.isUseGeneratedKeys() && SqlCommandType.INSERT.
      equals(sqlCommand Type))
      ? Jdbc3KeyGenerator.INSTANCE : NoKeyGenerator.INSTANCE;
}

// 讀取各個設定屬性
SqlSource sqlSource = langDriver.createSqlSource(configuration, context,
parameterTypeClass);
```

```
   StatementType statementType = StatementType.valueOf(context.
getStringAttribute("statementType", StatementType.PREPARED.toString()));
  Integer fetchSize = context.getIntAttribute("fetchSize");
  Integer timeout = context.getIntAttribute("timeout");
  String parameterMap = context.getStringAttribute("parameterMap");
  String resultType = context.getStringAttribute("resultType");
  Class<?> resultTypeClass = resolveClass(resultType);
  String resultMap = context.getStringAttribute("resultMap");
  String resultSetType = context.getStringAttribute("resultSetType");
  ResultSetType resultSetTypeEnum = resolveResultSetType(resultSetType);
  if (resultSetTypeEnum == null) {
    resultSetTypeEnum = configuration.getDefaultResultSetType();
  }
  String keyProperty = context.getStringAttribute("keyProperty");
  String keyColumn = context.getStringAttribute("keyColumn");
  String resultSets = context.getStringAttribute("resultSets");
  // 在 MapperBuilderAssistant 的幫助下建立 MappedStatement 物件,並寫入
     Configuration 中
  builderAssistant.addMappedStatement(id, sqlSource, statementType,
     sqlCommandType, fetchSize, timeout, parameterMap, parameterTypeClass,
     resultMap, resultTypeClass, resultSetTypeEnum, flushCache, useCache,
     resultOrdered, keyGenerator, keyProperty, keyColumn, databaseId,
     langDriver, resultSets);
}
```

在程式 14-24 中,我們看到 parseStatementNode 方法參考了 XMLInclude Transformer 物件處理資料庫操作節點中的 include 節點。

14.6.5 參考解析

MyBatis 支援在資料庫動作陳述式的撰寫中參考敘述片段。

舉例來說,程式 14-25 所示的資料庫動作陳述式和程式 14-26 所示的敘述是相等的。這讓程式片段的重複使用成為可能,加強了 MyBatis 中資料庫動作陳述式的撰寫效率。

程式 14-25

```
<sql id="bySchool">
    AND 'schoolName' = #{schoolName}
</sql>


<select id="selectUserByNameAndSchoolName" parameterMap="userParam01"
    resultType="User">
    SELECT * FROM 'user' WHERE 'name' = #{name} <include refid="bySchool"/>
</select>
```

程式 14-26

```
<select id="selectUserByNameAndSchoolName" parameterMap="userParam01"
  resultType="User">
    SELECT * FROM 'user' WHERE 'name' = #{name}  AND 'schoolName' =
      #{schoolName}
</select>
```

該範例的完整程式請參見 MyBatisDemo 專案中的範例 13。

程式 14-25 中 include 節點的解析是由 XMLIncludeTransformer 負責的，它能將 SQL 敘述中的 include 節點取代為被參考的 SQL 片段。

XMLIncludeTransformer 類別中的 applyIncludes(Node) 方法是解析 include 節點的入口方法，而 applyIncludes(Node, Properties, boolean) 方法則是核心方法。這兩個方法的原始程式如程式 14-27 所示。

程式 14-27

```
/**
 * 解析資料庫操作節點中的 include 節點
 * @param source 資料庫操作節點，即 select、insert、update、delete 這四種節點
 */
public void applyIncludes(Node source) {
  Properties variablesContext = new Properties();
  // 讀取全域屬性資訊
  Properties configurationVariables = configuration.getVariables();
```

```
  Optional.ofNullable(configurationVariables).ifPresent(variablesContext::
    putAll);
  applyIncludes(source, variablesContext, false);
}


/**
 * 解析資料庫操作節點中的 include 節點
 * @param source 資料庫操作節點或其子節點
 * @param variablesContext 全域屬性資訊
 * @param included 是否巢狀結構
 */
private void applyIncludes(Node source, final Properties variablesContext,
boolean included){
  if (source.getNodeName().equals("include")) { // 目前節點是 include 節點
    // 找出被應用的節點
    Node toInclude = findSqlFragment(getStringAttribute(source, "refid"),
        variablesContext);
    Properties toIncludeContext = getVariablesContext(source, variablesContext);
    // 遞迴處理被參考節點中的 include 節點
    applyIncludes(toInclude, toIncludeContext, true);
    if (toInclude.getOwnerDocument() != source.getOwnerDocument()) {
      toInclude = source.getOwnerDocument().importNode(toInclude, true);
    }
    // 完成 include 節點的取代
    source.getParentNode().replaceChild(toInclude, source);
    while (toInclude.hasChildNodes()) {
      toInclude.getParentNode().insertBefore(toInclude.getFirstChild(),
        toInclude);
    }
    toInclude.getParentNode().removeChild(toInclude);
  } else if (source.getNodeType() == Node.ELEMENT_NODE) { // 元素節點
    if (included && !variablesContext.isEmpty()) {
      // 用屬性值替代變數
      NamedNodeMap attributes = source.getAttributes();
      for (int i = 0; i < attributes.getLength(); i++) {
```

```
        Node attr = attributes.item(i);
        attr.setNodeValue(PropertyParser.parse(attr.getNodeValue(),
        variablesContext));
      }
    }
    // 循環到下層節點遞迴處理下層的 include 節點
    NodeList children = source.getChildNodes();
    for (int i = 0; i < children.getLength(); i++) {
      applyIncludes(children.item(i), variablesContext, included);
    }
  } else if (included && source.getNodeType() == Node.TEXT_NODE
      && !variablesContext.isEmpty()) { // 文字節點
    // 用屬性值替代變數
    source.setNodeValue(PropertyParser.parse(source.getNodeValue(),
    variablesContext));
  }
}
```

閱讀程式 14-27 中的 applyIncludes 方法後，可以整理出 include 節點的解析過程，如圖 14-5 所示。

第一步：找到目標節點	第二步：用目標節點替換 include 節點

`<sql id="bySchool">`
`  AND ` + "`schoolName`" + ` = #{schoolName}`
`</sql>`
 	
`<select id="selectUserByNameAndSchoolName"resultType="User">`
`SELECT * FROM ` + "`user`" + ` WHERE ` + "`name`" + ` = #{name}`
`  <include refid="bySchool"/>`
`</select>`
	`<select id="selectUserByNameAndSchoolName"resultType="User">`
	`SELECT * FROM ` + "`user`" + ` WHERE ` + "`name`" + ` = #{name}`
	`  <sql id="bySchool">`
	`    AND ` + "`schoolName`" + ` = #{schoolName}`
	`  </sql>`
	`</select>`

第三步：將目標節點的內容複製到節點前	第四步：刪除目標節點

`<select id="selectUserByNameAndSchoolName"resultType="User">`
`SELECT * FROM ` + "`user`" + ` WHERE ` + "`name`" + ` = #{name}`
`AND ` + "`schoolName`" + ` = #{schoolName}`
`  <sql id="bySchool">`
`    AND ` + "`schoolName`" + ` = #{schoolName}`
`  </sql>`
`</select>`
	`<select id="selectUserByNameAndSchoolName"resultType="User">`
	`SELECT * FROM ` + "`user`" + ` WHERE ` + "`name`" + ` = #{name}`
	`AND ` + "`schoolName`" + ` = #{schoolName}`
	`</select>`

圖 14-5 include 節點的解析過程示意圖

14.7 註釋對映的解析

通常我們使用 XML 形式的對映檔案來完成 MyBatis 的對映設定。同時，MyBatis 也支援使用註釋來設定對映，builder 套件中的 annotation 子套件就可以用來完成這種形式的對映解析工作。

使用註釋來設定對映的方式可能使用得比較少，我們在本節將先介紹這種設定方式，然後閱讀 annotation 子套件的原始程式來了解 MyBatis 如何對註釋對映進行解析。

14.7.1 註釋對映的使用

可以透過為對映介面中的抽象方法增加註釋的方式來宣告抽象方法連結的資料庫動作陳述式。程式 14-28 列出了這種方式的範例。

程式 **14-28**

```
@Select("select * from 'user' where id = #{id}")
User queryUserById(Integer id);


@Select("<script>" +
    "       SELECT *\n" +
    "       FROM 'user'\n" +
    "       WHERE id IN\n" +
    "       <foreach item=\"id\" collection=\"array\" open=\"(\"
            separator=\",\" close=\")\">\n" +
    "           #{id}\n" +
    "       </foreach>\n" +
    "   </script>")
List<User> queryUsersByIds(int[] ids);
```

同理，除了 @Select 註釋外，@Insert、@Update、@Delete 註釋也可以實現類似的功能。

MyBatis 還支援一種更為靈活的註釋方式，如程式 14-29 所示。

程式 14-29

```
@SelectProvider(type = UserProvider.class, method = "getQuerySql")
List<User> queryUserBySchoolName(String schoolName);
```

在這種方式中，可以為抽象方法增加 @SelectProvider 註釋，該註釋中的 type 欄位指向一個類別，method 指向了該類別中的方法。最後，type 類別中的 method 方法傳回的字串將作為 queryUserBySchoolName 方法所綁定的 SQL 敘述，如程式 14-30 所示。

程式 14-30

```
public class UserProvider {
    public String queryUsersBySchoolName() {
        return new SQL()
            .SELECT("*")
            .FROM("user")
            .WHERE("schoolName = #{schoolName}")
            .toString();
    }
}
```

同樣，除了 @SelectProvider 註釋外，還有 @InsertProvider、@UpdateProvider、@DeleteProvider 這三種註釋。

該範例的完整程式請參見 MyBatisDemo 專案中的範例 14。

為了便於後續的表述，我們將 @Select、@Insert、@Update、@Delete 這四種註釋方式稱為直接註釋對映，將 @SelectProvider、@InsertProvider、@UpdateProvider、@DeleteProvider 這四種註釋方式稱為間接註釋對映。

顯然，採用間接註釋時可以在產生 SQL 敘述的方法中增加複雜的邏輯，因此更為靈活一些。

14.7.2 註釋對映解析的觸發

註釋對映解析是從 MapperAnnotationBuilder 類別中的 parse 方法開始的。在該方法被觸發之前，MapperAnnotationBuilder 類別已經在靜態程式區塊中完成了一些初始化工作：將直接註釋對映的四種註釋放入了 SQL_ANNOTATION_TYPES 常數中；將間接註釋對映的四種註釋放入了 SQL_PROVIDER_ANNOTATION_TYPES 常數中。這個過程如程式 14-31 所示。

程式 **14-31**

```
static {
  SQL_ANNOTATION_TYPES.add(Select.class);
  SQL_ANNOTATION_TYPES.add(Insert.class);
  SQL_ANNOTATION_TYPES.add(Update.class);
  SQL_ANNOTATION_TYPES.add(Delete.class);

  SQL_PROVIDER_ANNOTATION_TYPES.add(SelectProvider.class);
  SQL_PROVIDER_ANNOTATION_TYPES.add(InsertProvider.class);
  SQL_PROVIDER_ANNOTATION_TYPES.add(UpdateProvider.class);
  SQL_PROVIDER_ANNOTATION_TYPES.add(DeleteProvider.class);
}
```

當設定檔中存在如程式 14-32 所示的設定時，就會觸發 MapperAnnotation Builder 類別中的 parse 方法，開始對映介面檔案的解析工作。

程式 **14-32**

```
<mappers>
    <mapper class="com.github.yeecode.mybatisdemo.dao.UserDao"/>
</mappers>
```

parse 方法比較簡短，其原始程式如程式 14-33 所示。

程式 **14-33**

```
/**
 * 解析包含註釋的介面文件
```

```
   */
public void parse() {
  String resource = type.toString();
  // 防止重複分析
  if (!configuration.isResourceLoaded(resource)) {
    // 尋找類別名稱對應的 resource 路徑下是否有 xml 設定，如果有則解析掉。這樣
       就支援註釋和 xml 混合使用
    loadXmlResource();
    // 記錄資源路徑
    configuration.addLoadedResource(resource);
    // 設定命名空間
    assistant.setCurrentNamespace(type.getName());
    // 處理快取
    parseCache();
    parseCacheRef();
    Method[] methods = type.getMethods();
    for (Method method : methods) {
      try {
        // 排除橋接方法
        if (!method.isBridge()) {
          // 解析該方法
          parseStatement(method);
        }
      } catch (IncompleteElementException e) {
        // 解析例外的方法暫存起來
        configuration.addIncompleteMethod(new MethodResolver(this, method));
      }
    }
  }
  // 處瞭解析例外的方法
  parsePendingMethods();
}
```

在閱讀程式 14-33 中 parse 方法的原始程式時，有兩點需要注意。

第一點是 "!method.isBridge()" 敘述，該操作是為了排除橋接方法。橋接方法是為了比對泛型的類型擦拭而由編譯器自動引用的，並非使用者撰寫的方法，因此要排除掉。

關於泛型的橋接方法，受篇幅所限不再多作說明，留給有興趣的讀者自行學習。

第二點是 parsePendingMethods 方法，這和 14.6.3 節中程式 14-21 的功能相似。在解析介面方法時，可能會遇到一些尚未讀取的其他資訊，如尚未解析的 ResultMap 資訊、尚未解析的命名空間等，這時就會將該方法放入 Configuration 類別中的 incompleteMethods 屬性中，在最後再次處理。在再次處理時，用到了 MethodResolver 物件，該物件透過呼叫程式 14-34 所示的 parseStatement 方法對解析失敗的介面方法進行再一次的解析。

上述 parse 方法中，呼叫了 parseStatement 逐步完成對方法上註釋的 SQL 敘述的解析，並儲存到 configuration 物件中。這部分操作如程式 14-34 所示。

程式 **14-34**

```java
/**
 * 解析該方法。主要是解析該方法上的註釋資訊
 * @param method 要解析的方法
 */
void parseStatement(Method method) {
  // 透過子方法取得參數類型
  Class<?> parameterTypeClass = getParameterType(method);
  // 取得方法的指令碼語言驅動
  LanguageDriver languageDriver = getLanguageDriver(method);
  // 透過註釋取得 SqlSource
  SqlSource sqlSource = getSqlSourceFromAnnotations(method, parameterTypeClass,
      languageDriver);
  if (sqlSource != null) {
    // 取得方法上可能存在的設定資訊，設定資訊由 @Options 註釋指定
    Options options = method.getAnnotation(Options.class);
    final String mappedStatementId = type.getName() + "." + method.getName();
```

```
// 用預設值初始化各項設定,省略實際程式
// 處理主鍵自動產生的問題,省略實際程式
// 如果存在 @Options 註釋,則根據其中的設定資訊重新設定,省略實際程式
// 傳回結果 ResultMap 處理,省略實際程式

// 將取得的對映資訊存入 configuration
assistant.addMappedStatement(
    // 省略其中參數
    );
  }
}
```

parseStatement 方法中處理了參數、設定資訊等額外的資訊,其中最關鍵的是呼叫 getSqlSourceFromAnnotations 方法獲得了 SqlSource 物件。在這個方法中,分析了註釋中的內容。該方法的原始程式如程式 14-35 所示。

程式 14-35

```
/**
 * 透過註釋取得 SqlSource 物件
 * @param method 含有註釋的方法
 * @param parameterType 參數類型
 * @param languageDriver 語言驅動
 * @return SqlSource 物件
 */
private SqlSource getSqlSourceFromAnnotations(Method method, Class<?>
parameterType, LanguageDriver languageDriver) {
  try {
    // 檢查尋找是否有 Select、Insert、Update、Delete 四個註釋之一
    Class<? extends Annotation> sqlAnnotationType = getSqlAnnotationType
    (method);
    // 檢查尋找是否有 SelectProvider、InsertProvider、UpdateProvider、
    DeleteProvider 四個註釋之一
    Class<? extends Annotation> sqlProviderAnnotationType =
    getSqlProviderAnnotationType (method);
    if (sqlAnnotationType != null) {
      if (sqlProviderAnnotationType != null) {
```

```
        // 兩種註釋不可同時使用
        throw new BindingException("You cannot supply both a static SQL and
SqlProvider to method named " + method.getName());
    }
    // 含有 Select、Insert、Update、Delete 四個註釋之一
    Annotation sqlAnnotation = method.getAnnotation(sqlAnnotationType);
    // 取出 value 值
    final String[] strings = (String[]) sqlAnnotation.getClass().
    getMethod("value").invoke(sqlAnnotation);
    // 基於字串建置 SqlSource
    return buildSqlSourceFromStrings(strings, parameterType, languageDriver);
  } else if (sqlProviderAnnotationType != null) {
    // 含有 SelectProvider、InsertProvider、UpdateProvider、DeleteProvider
        四個註釋之一
    Annotation sqlProviderAnnotation = method.getAnnotation
    (sqlProviderAnnotationType);
    // 根據對應的方法取得 SqlSource
    return new ProviderSqlSource(assistant.getConfiguration(),
    sqlProviderAnnotation, type, method);
  }
  return null;
} catch (Exception e) {
  throw new BuilderException("Could not find value method on SQL
  annotation. Cause: " + e, e);
}
}
```

透過程式 14-35 可以看出，直接註釋對映的 SqlSource 物件由 buildSql
SourceFromStrings 方法負責產生；間接註釋對映的 SqlSource 物件由
ProviderSqlSource 類別負責產生。

14.7.3 直接註釋對映的解析

直接註釋對映由 MapperAnnotationBuilder 物件的 buildSqlSourceFromStrings 方
法完成。程式 14-36 展示了 buildSqlSourceFromStrings 方法的原始程式。

程式 14-36

```
/**
 * 基於字串建立 SqlSource 物件
 * @param strings 字串，即直接對映註釋中的字串
 * @param parameterTypeClass 參數類型
 * @param languageDriver 語言驅動
 * @return 建立出來的 SqlSource 物件
 */
private SqlSource buildSqlSourceFromStrings(String[] strings, Class<?>
parameterTypeClass, LanguageDriver languageDriver) {
  final StringBuilder sql = new StringBuilder();
  for (String fragment : strings) {
    sql.append(fragment);
    sql.append(" ");
  }
  return languageDriver.createSqlSource(configuration, sql.toString().trim(),
  parameterTypeClass);
}
```

buildSqlSourceFromStrings 方法的處理非常簡單，直接將描述 SQL 敘述的字串連接起來交給 LanguageDriver 進行處理。

關於 LanguageDriver 的介紹我們會在 16.2 節展開，這裡不再深入。

14.7.4 間接註釋對映的解析

間接註釋對映的解析由 ProviderSqlSource 完成，在介紹它之前，先介紹兩個輔助類別：ProviderContext 類別和 ProviderMethodResolver 類別。

1. ProviderContext 類別

ProviderContext 類別非常簡單，它內部整合了三個屬性。該類別的功能就是將內部的三個屬性整合為一個整體，以便於傳遞和使用。這三個屬性如程式 14-37 所示。

程式 **14-37**

```
// 提供對映資訊的類別
private final Class<?> mapperType;
// 提供對映資訊的方法，該方法屬於 mapperType 類別
private final Method mapperMethod;
// 資料庫編號
private final String databaseId;
```

2. ProviderMethodResolver 類別

ProviderMethodResolver 是一個附帶有預設方法 resolveMethod 的介面，其原始程式如程式 14-38 所示。該方法的作用是從 @*Provider 註釋的 type 屬性所指向的類別中找出 method 屬性中所指定的方法。

程式 **14-38**

```
/**
 * 從 @*Provider 註釋的 type 屬性所指向的類別中找出 method 屬性中所指定的方法
 * @param context 包含 @*Provider 註釋中的 type 值和 method 值
 * @return 找出的指定方法
 */
default Method resolveMethod(ProviderContext context) {
  // 找出名稱相同方法
  List<Method> sameNameMethods = Arrays.stream(getClass().getMethods())
      .filter(m -> m.getName().equals(context.getMapperMethod().getName()))
      .collect(Collectors.toList());

  // 如果沒有找到指定的方法，則 @*Provider 註釋中的 type 屬性所指向的類別中不含
     有 method 屬性中所指定的方法
  if (sameNameMethods.isEmpty()) {
    throw new BuilderException("Cannot resolve the provider method because '"
        + context.getMapperMethod().getName() + "' not found in SqlProvider
        '" + getClass().get Name() + "'.");
  }
  // 根據傳回類型再次判斷，傳回類型必須是 CharSequence 類別或其子類別
  List<Method> targetMethods = sameNameMethods.stream()
      .filter(m -> CharSequence.class.isAssignableFrom(m.getReturnType()))
```

```
        .collect(Collectors.toList());
  if (targetMethods.size() == 1) {
    // 方法唯一，傳回該方法
    return targetMethods.get(0);
  }

  if (targetMethods.isEmpty()) {
    throw new BuilderException("Cannot resolve the provider method because '"
        + context.getMapperMethod().getName() + "' does not return the
        CharSequence or its subclass in SqlProvider '"
        + getClass().getName() + "'.");
  } else {
    throw new BuilderException("Cannot resolve the provider method because '"
        + context.getMapperMethod().getName() + "' is found multiple in
        SqlProvider '" + getClass().getName() + "'.");
  }
}
```

resolveMethod 尋找指定方法的過程主要分為兩步：第一步先找出符合方法名稱的所有方法；第二步根據方法的傳回值進行進一步驗證。

在閱讀和分析介面的原始程式時，一定要注意介面預設方法中 this 的指代。在 resolveMethod 方法中，this 是指呼叫該方法的實體物件，而非 ProviderMethodResolver 介面。在程式 14-38 所示的程式中，存在下面一句：

```
List<Method> sameNameMethods = Arrays.stream(getClass().getMethods())
        .filter(m -> m.getName().equals(context.getMapperMethod().getName()))
        .collect(Collectors.toList());
```

這句話中所涉及的 "getClass().getMethods()" 敘述可以寫為 "this.getClass().getMethods()"。而呼叫 resolveMethod 方法的敘述為 ProviderSqlSource 類別的建構方法，如下所示。

```
this.providerMethod = ((ProviderMethodResolver) this.providerType.
        getDeclaredConstructor().newInstance())
        .resolveMethod(new ProviderContext(mapperType, mapperMethod,
        configuration.get DatabaseId())));
```

因 此，resolveMethod 方 法 中 的 this 指 的 是 "this.providerType.getDeclared Constructor().newInstance()"，即 指 代 providerType 物 件。而 進 一 步 分 析 providerType 的設定陳述式可以得出結論，providerType 是指 @*Provider 註釋 的 type 屬性所指的類別的實例。

3. ProviderSqlSource 類別

介紹完 ProviderContext 類別和 ProviderMethodResolver 類別之後，我們來閱讀 ProviderSqlSource 類別的原始程式。程式 14-39 列出了 ProviderSqlSource 各個 屬性的註釋。

程式 14-39

```
// Configuration 物件
private final Configuration configuration;
// *Provider 註釋上 type 屬性所指的類別
private final Class<?> providerType;
// 語言驅動
private final LanguageDriver languageDriver;
// 含有註釋的介面方法
private final Method mapperMethod;
// *Provider 註釋上 method 屬性所指的方法
private Method providerMethod;
// 指定 SQL 敘述的方法對應的參數
private String[] providerMethodArgumentNames;
// 指定 SQL 敘述的方法對應的參數類型
private Class<?>[] providerMethodParameterTypes;
// ProviderContext 物件
private ProviderContext providerContext;
// ProviderContext 編號
private Integer providerContextIndex;
```

ProviderSqlSource 類別作為 SqlSource 介面的子類別，實現了 getBoundSql 方法（SqlSource 介面中的抽象方法）。其實現過程包含在 getBoundSql 和 createSqlSource 兩個方法中，如程式 14-40 所示。

程式 14-40

```java
/**
 * 取得一個 BoundSql 物件
 * @param parameterObject 參數物件
 * @return BoundSql 物件
 */
public BoundSql getBoundSql(Object parameterObject) {
    // 取得 SqlSource 物件
    SqlSource sqlSource = createSqlSource(parameterObject);
    // 從 SqlSource 中取得 BoundSql 物件
    return sqlSource.getBoundSql(parameterObject);
}

/**
 * 取得一個 BoundSql 物件
 * @param parameterObject 參數物件
 * @return SqlSource 物件
 */
private SqlSource createSqlSource(Object parameterObject) {
    try {
        // SQL 字串資訊
        String sql;
        if (parameterObject instanceof Map) { // 參數是 Map
            int bindParameterCount = providerMethodParameterTypes.length -
            (providerContext == null ? 0 : 1);
            if (bindParameterCount == 1 &&
                (providerMethodParameterTypes[Integer.valueOf(0).equals
                (providerContextIndex) ? 1 :0]. isAssignableFrom
                (parameterObject.getClass()))) {
                // 呼叫 *Provider 註釋的 type 類別中的 method 方法，進一步獲得 SQL 字串
                sql = invokeProviderMethod(extractProviderMethodArguments
                        (parameterObject));
            } else {
                @SuppressWarnings("unchecked")
                Map<String, Object> params = (Map<String, Object>) parameterObject;
```

```
      // 呼叫 *Provider 註釋的 type 類別中的 method 方法，進一步獲得 SQL 字串
      sql = invokeProviderMethod(extractProviderMethodArguments(params,
          providerMethod ArgumentNames));
    }
  } else if (providerMethodParameterTypes.length == 0) {
    // *Provider 註釋的 type 類別中的 method 方法無須輸入參數
    sql = invokeProviderMethod();
  } else if (providerMethodParameterTypes.length == 1) {
    if (providerContext == null) {
      // *Provider 註釋的 type 類別中的 method 方法有一個輸入參數
      sql = invokeProviderMethod(parameterObject);
    } else {
      // *Provider 註釋的 type 類別中的 method 方法輸入參數為 providerContext
          物件
      sql = invokeProviderMethod(providerContext);
    }
  } else if (providerMethodParameterTypes.length == 2) {
    sql = invokeProviderMethod(extractProviderMethodArguments
        (parameterObject));
  } else {
    throw new BuilderException("Cannot invoke SqlProvider method '" +
      providerMethod + "' with specify parameter '" + (parameterObject ==
      null ? null : parameterObject.getCl ass())
      + "' because SqlProvider method arguments for '" + mapperMethod + "'
      is an invalid combination.");
  }
  Class<?> parameterType = parameterObject == null ? Object.class :
  parameterObject.getClass();
  // 呼叫 languageDriver 產生 SqlSource 物件
  return languageDriver.createSqlSource(configuration, sql, parameterType);
} catch (BuilderException e) {
  throw e;
} catch (Exception e) {
  throw new BuilderException("Error invoking SqlProvider method '" +
providerMethod + "' with specify parameter '" + (parameterObject == null ?
```

```
null : parameterObject.getClass()) + "'. Cause: " + extractRootCause(e), e);
  }
}
```

整個實現過程可以概括為以下三步。

（1）呼叫 *Provider 註釋的 type 類別中的 method 方法，進一步獲得 SQL 字串。

（2）向 languageDriver 的 createSqlSource 方法傳入 SQL 字串等參數，新產生一個 SqlSource 物件。

（3）呼叫新產生的 SqlSource 物件的 getBoundSql 方法，獲得 BoundSql 物件。

這裡只需要先了解第（1）步的實現原理即可，實際第（2）、（3）步的原始程式會在第 16 章介紹。

Chapter

mapping 套件

mapping 套件是一個非常重要的套件，它定義了 MyBatis 中許多的解析實體類別。這些實體類別有一些與 SQL 敘述相關，有一些與 SQL 的輸入 / 輸出參數涉及，有一些與設定資訊涉及。

mapping 套件主要完成以下功能。

- SQL 敘述處理功能；
- 輸出結果處理功能；
- 輸入參數處理功能；
- 多資料庫種類處理功能；
- 其他功能。

在本章中，我們按照以上功能模組劃分對套件中的原始程式進行閱讀。

15.1　SQL 敘述處理功能

在 mapping 套件中，與 SQL 敘述處理功能相關的類別主要有三個，它們是 MappedStatement 類別、SqlSource 類別和 BoundSql 類別。其中 Mapped Statement 類別表示的是資料庫操作節點（select、insert、update、delete 四種節點）內的所有內容；SqlSource 類別是資料庫操作標籤中包含的 SQL 敘述；BoundSql 類別則是 SqlSource 類別進一步處理的產物。

SQL 敘述相關解析實體類別示意圖如圖 15-1 所示，展示了 MappedStatement 類別、SqlSource 類別、BoundSql 類別這三個解析實體類別與資料庫操作節點之間的關係。

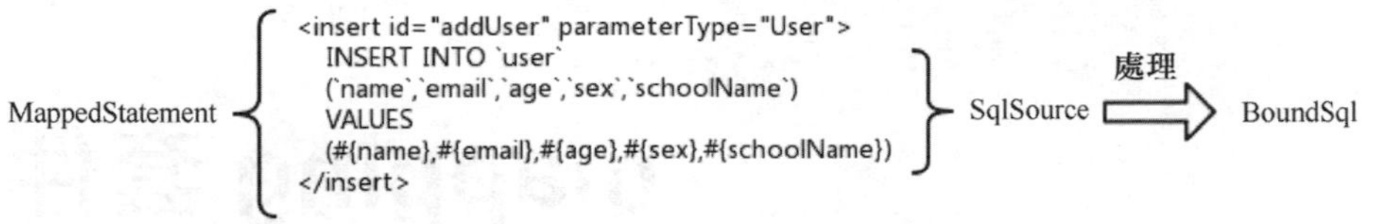

圖 15-1　SQL 敘述相關解析實體類別示意圖

15.1.1 MappedStatement 類別

MappedStatement 是一個典型的解析實體類別，它就是對映檔案中程式 15-1 所示資料庫操作節點對應的實體。

程式 15-1

```
<insert id="addUser" parameterType="User">
    INSERT INTO 'user'
    ('name','email','age','sex','schoolName')
    VALUES
    (#{name},#{email},#{age},#{sex},#{schoolName})
</insert>
```

MappedStatement 類別的屬性和資料庫操作標籤的屬性十分相近，我們不再多作說明。

15.1.2 SqlSource 類別

SqlSource 是一個解析實體介面，它對應了 MappedStatement 中的 SQL 敘述。舉例來說，程式 15-2 所示的 SQL 敘述就可以表述為一個 SqlSource。

程式 15-2

```
INSERT INTO 'user'
('name','email','age','sex','schoolName')
```

```
VALUES
(#{name},#{email},#{age},#{sex},#{schoolName})
```

SqlSource 本身是一個介面，介面中只定義了一個用以傳回一個 BoundSql 物件的方法。SqlSource 介面的原始程式如程式 15-3 所示。

程式 15-3

```
public interface SqlSource {

  /**
   * 取得一個 BoundSql 物件
   * @param parameterObject 參數物件
   * @return BoundSql 物件
   */
  BoundSql getBoundSql(Object parameterObject);

}
```

SqlSource 介面有四種實現類別，圖 15-2 列出了它們的類別圖。

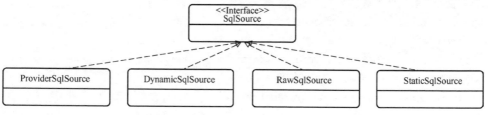

圖 15-2　SqlSource 介面與子類別的類別圖

SqlSource 介面的四種實現類別的區別如下。

■ DynamicSqlSource：動態 SQL 敘述。所謂動態 SQL 是指含有動態 SQL 節點（如 "if" 節點）或含有 "${ }" 預留位置的敘述。

■ RawSqlSource：原生 SQL 敘述。指非動態敘述，敘述中可能含 "#{ }" 預留位置，但不含有動態 SQL 節點，也不含有 "${ }" 預留位置。

■ StaticSqlSource：靜態敘述。敘述中可能含有 "?"，可以直接提交給資料庫執行。

- ProviderSqlSource：上面的幾種都是透過 XML 檔案取得的 SQL 敘述，而 ProviderSqlSource 是透過註釋對映的形式取得的 SQL 敘述。這已經在 14.7 節介紹過，不再展開。

而 DynamicSqlSource 和 RawSqlSource 都會被處理成 StaticSqlSource，然後再透過 StaticSqlSource 的 getBoundSql 方法獲得 SqlSource 物件。DynamicSqlSource 和 RawSqlSource 都在 scripting 套件中，因此我們將在第 16 章詳細介紹 SqlSource 介面的四個實現類別之間的轉化過程。

15.1.3 BoundSql

BoundSql 是參數綁定完成後的 SQL 敘述，它的屬性如程式 15-4 所示。

程式 15-4

```
// 可能含有 "?" 預留位置的 SQL 敘述
private final String sql;
// 參數對映列表
private final List<ParameterMapping> parameterMappings;
// 實際參數物件本身
private final Object parameterObject;
// 實際參數
private final Map<String, Object> additionalParameters;
// additionalParameters 的包裝物件
private final MetaObject metaParameters;
```

BoundSql 是 SQL 敘述中一個重要的中間產物，它既儲存了轉化結束的 SQL 資訊，又包含了實際參數資訊和一些附加的環境資訊。接下來，它會在 SQL 的執行中繼續發揮作用。

15.2   輸出結果處理功能

在對映檔案的資料庫操作節點中，可以直接使用 resultType 設定將輸出結果對映為 Java 物件。不過，還有一種更為靈活和強大的方式，那就是使用 resultMap 來定義輸出結果的對映方式。

resultMap 的功能十分強大，它支援輸出結果的組裝、判斷、惰性載入等。舉例來說，程式 15-5 中的 resultMap 就可以根據結果物件中 sex 屬性的不同輸出不同的子類別。

程式 15-5

```
<resultMap id="userMap" type="User" autoMapping="false">
    <id property="id" column="id" javaType="Integer" jdbcType="INTEGER"
        typeHandler="org.apache.ibatis.type.IntegerTypeHandler"/>
    <result property="name" column="name"/>
    <discriminator javaType="int" column="sex">
        <case value="0" resultMap="boyUserMap"/>
        <case value="1" resultMap="girlUserMap"/>
    </discriminator>
</resultMap>

<resultMap id="girlUserMap" type="Girl" extends="userMap">
    <result property="email" column="email"/>
</resultMap>

<resultMap id="boyUserMap" type="Boy" extends="userMap">
    <result property="age" column="age"/>
</resultMap>
```

該範例的完整程式請參見 MyBatisDemo 專案中的範例 13。

在輸出結果的處理中主要涉及 ResultMap 類別、ResultMapping 類別、Discriminator 類別，它們也都是解析實體類別。圖 15-3 列出了 resultMap 標籤與相關解析實體類別的對應關係。

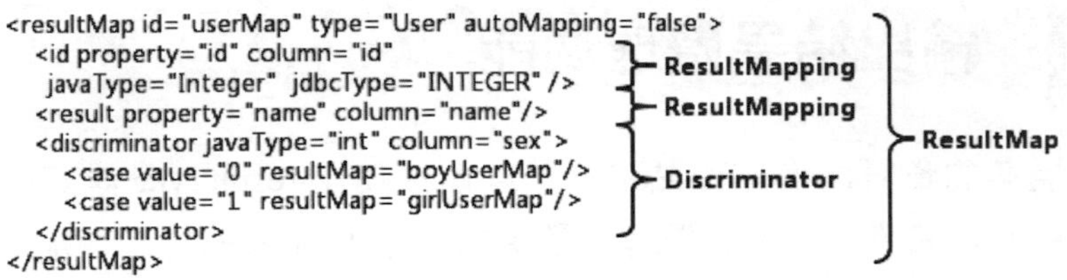

```
<resultMap id="userMap" type="User" autoMapping="false">
    <id property="id" column="id"
     javaType="Integer" jdbcType="INTEGER" />          ── ResultMapping
    <result property="name" column="name"/>            ── ResultMapping
    <discriminator javaType="int" column="sex">                              ResultMap
        <case value="0" resultMap="boyUserMap"/>
        <case value="1" resultMap="girlUserMap"/>       ── Discriminator
    </discriminator>
</resultMap>
```

圖 15-3 resultMap 標籤與相關解析實體類別的對應關係

接下來，我們對這三種物件分別介紹。

15.2.1 ResultMap 類別

ResultMap 類別就是 resultMap 節點對應的解析實體類別，其屬性和 resultMap
節點的資訊高度一致。ResultMap 類別的基本屬性如程式 15-6 所示。

程式 15-6

```
// 全域設定資訊
private Configuration configuration;
// resultMap 的編號
private String id;
// 最後輸出結果對應的 Java 類別
private Class<?> type;
// XML 中的 <result> 的列表，即 ResultMapping 列表
private List<ResultMapping> resultMappings;
// XML 中的 <id> 和 <idArg> 的列表
private List<ResultMapping> idResultMappings;
// XML 中的 <constructor> 中各個屬性的清單
private List<ResultMapping> constructorResultMappings;
// XML 中非 <constructor> 相關的屬性清單
private List<ResultMapping> propertyResultMappings;
// 所有參與對映的資料庫中欄位的集合
private Set<String> mappedColumns;
// 所有參與對映的 Java 物件屬性集合
private Set<String> mappedProperties;
// 鑑別器
private Discriminator discriminator;
```

```
// 是否存在巢狀結構對映
private boolean hasNestedResultMaps;
// 是否存在巢狀結構查詢
private boolean hasNestedQueries;
// 是否啟動自動對映
private Boolean autoMapping;
```

對照 XML 設定後，所有的屬性都比較好了解。稍顯繁複的就是有四個
*ResultMappings 列表。我們以程式 15-7 所示的對映檔案片段為例，對這四個
*ResultMappings 列表進行單獨分析。

程式 15-7

```xml
<resultMap id="userMap" type="User" autoMapping="false">
    <id property="id" column="id" javaType="Integer" jdbcType="INTEGER"
        typeHandler="org.apache.ibatis.type.IntegerTypeHandler"/>
    <result property="name" column="name"/>
    <discriminator javaType="int" column="sex">
        <case value="0" resultMap="boyUserMap"/>
        <case value="1" resultMap="girlUserMap"/>
    </discriminator>
</resultMap>

<resultMap id="userMapByConstructor" type="User">
    <constructor>
        <idArg column="id" javaType="Integer"/>
        <arg column="name" javaType="String"/>
        <arg column="sex" javaType="Integer"/>
        <arg column="schoolName" javaType="String"/>
    </constructor>
</resultMap>
```

該範例的完整程式請參見 MyBatisDemo 專案中的範例 13。

在 "id="userMap"" 的 resultMap 中 MyBatis 會呼叫類別的無參建構方法建立
一個物件，然後再給各個屬性設定值。而 "id="userMapByConstructor"" 的
resultMap 中 MyBatis 會呼叫對應的建構方法建立物件。於是，物件的屬性被
分為了兩種：建構方法中的屬性和非建構方法中的屬性。

constructor 標籤下可以設定一個 idArg 標籤。普通的 resultMap 標籤下也可以設定一個 id 標籤。與其他標籤對應的屬性不同，這兩個標籤對應的屬性可以作為區別物件是否為同一個物件的識別屬性。於是，物件的屬性被分為了兩種：id 屬性和非 id 屬性。

根據以上兩種分類方式就產生了下面的四種屬性。

- resultMappings：所有的屬性；
- idResultMappings：所有的 id 屬性；
- constructorResultMappings：所有建構方法中的屬性；
- propertyResultMappings：所有非建構方法中的屬性。

15.2.2 ResultMapping 類別

15.2.1 節中涉及的 idArg、arg、id、result 等標籤都對應一個 ResultMapping 物件。

ResultMapping 類別的屬性比較簡單，我們不再一一註釋。

下面討論 ResultMapping 類別使用建造者模式的方式：內部類別建造者。該方式在其他類別中也常有應用，但在這裡最為明顯。

ResultMapping 中存在大量的屬性，因此建立 ResultMapping 物件非常複雜。為了改善這個過程，ResultMapping 使用了建造者模式。並且，它的建造者直接放在了類別的內部，作為內部靜態類別出現。內部靜態類別中方法的呼叫不需要建立類別的物件，而它們卻可以產生類別的物件。因此，透過程式 15-8 所示的方法可以方便地建立一個 ResultMapping 物件，並設定各種屬性。

程式 15-8

```
new ResultMapping.Builder(configuration, property, column, javaTypeClass)
    .jdbcType(jdbcType)
    .nestedQueryId(applyCurrentNamespace(nestedSelect, true))
    .build()
```

以內部類別為基礎的建造者模式提升了類別的內聚性，值得我們在軟體設計時參考。

15.2.3 Discriminator

Discriminator 是 resultMap 內部的鑑別器，就像程式中的選擇敘述一樣，它使得資料查詢結果能夠根據某些條件的不同而進行不同的對映。

舉例來說，程式 15-9 所示的設定使得 "id="userMap"" 的 resultMap 能夠根據 sex 欄位的值進行不同的對映：如果 sex 值為 0，則最後輸出結果為 Girl 物件，並且根據查詢結果設定 email 屬性；如果 sex 值為 1，則最後輸出結果為 Boy 物件，並且根據查詢結果設定 age 屬性。

程式 15-9

```
<resultMap id="userMap" type="User" autoMapping="false">
    <id property="id" column="id" javaType="Integer"  jdbcType="INTEGER"
     typeHandler= "org.apache.ibatis.type.IntegerTypeHandler"/>
    <result property="name" column="name"/>
    <discriminator javaType="int" column="sex">
        <case value="0" resultMap="boyUserMap"/>
        <case value="1" resultMap="girlUserMap"/>
    </discriminator>
</resultMap>

<resultMap id="girlUserMap" type="Girl" extends="userMap">
    <result property="email" column="email"/>
</resultMap>

<resultMap id="boyUserMap" type="Boy" extends="userMap">
    <result property="age" column="age"/>
</resultMap>
```

該範例的完整程式請參見 MyBatisDemo 專案中的範例 13。

上述鑑別功能非常強大，但 Discriminator 類別的屬性卻非常簡單，如程式 15-10 所示。

程式 **15-10**

```
// 儲存條件判斷行的資訊，如 <discriminator javaType="int" column="sex"> 中的資訊
private ResultMapping resultMapping;

// 儲存選擇項的資訊，鍵為 value 值，值為 resultMap 值，如 <case value="0"
   resultMap="boyUserMap"/> 中的資訊
private Map<String, String> discriminatorMap;
```

相比於 Discriminator 類別的屬性，我們更關心它的生效邏輯。在 Default
ResultSetHandler 類別的 resolveDiscriminatedResultMap 方法中可以看到這部
分邏輯，如程式 15-11 所示。

程式 **15-11**

```
/**
 * 應用鑑別器
 * @param rs 資料庫查詢出的結果集
 * @param resultMap 目前的 ResultMap 物件
 * @param columnPrefix 屬性的父級字首
 * @return 已經不包含鑑別器的新的 ResultMap 物件
 * @throws SQLException
 */
public ResultMap resolveDiscriminatedResultMap(ResultSet rs, ResultMap
resultMap, String columnPrefix) throws SQLException {
  // 已經處理過的鑑別器
  Set<String> pastDiscriminators = new HashSet<>();
  Discriminator discriminator = resultMap.getDiscriminator();
  while (discriminator != null) {
    // 求解條件判斷的結果，這個結果值就是鑑別器鑑別的依據
    final Object value = getDiscriminatorValue(rs, discriminator, columnPrefix);
    // 根據真實值判斷屬於哪個分支
    final String discriminatedMapId = discriminator.getMapIdFor(String.
      valueOf(value));
    // 從接下來的 case 裡面找到這個分支
    if (configuration.hasResultMap(discriminatedMapId)) {
      // 找出指定的 resultMap
      resultMap = configuration.getResultMap(discriminatedMapId);
```

```
      // 繼續分析下一層
      Discriminator lastDiscriminator = discriminator;
      // 檢視本 resultMap 內是否還有鑑別器
      discriminator = resultMap.getDiscriminator();
      // 辨別器出現了環
      if (discriminator == lastDiscriminator || !pastDiscriminators.
        add(discriminatedMapId)) {
        break;
      }
    } else {
      break;
    }
  }
  return resultMap;
}
```

進一步，我們檢視判斷條件的求解過程，該過程在 DefaultResultSetHandler 類別的 getDiscriminatorValue 方法中，如程式 15-12 所示。其操作就是從結果集中取出指定列的值。

程式 15-12

```
/**
 * 求解鑑別器條件判斷的結果
 * @param rs 資料庫查詢出的結果集
 * @param discriminator 鑑別器
 * @param columnPrefix
 * @return 計算出鑑別器的 value 對應的真實結果
 * @throws SQLException
 */
private Object getDiscriminatorValue(ResultSet rs, Discriminator
  discriminator, String columnPrefix) throws SQLException {
  final ResultMapping resultMapping = discriminator.getResultMapping();
  // 要鑑別的欄位的 typeHandler
  final TypeHandler<?> typeHandler = resultMapping.getTypeHandler();
  // prependPrefix(resultMapping.getColumn(), columnPrefix) 獲得列名稱，然後
    取出列的值
```

```
  return typeHandler.getResult(rs, prependPrefix(resultMapping.getColumn(),
    columnPrefix));
}
```

15.3　輸入參數處理功能

MyBatis 不僅可以將資料庫結果對映為物件，還能夠將物件對映成 SQL 敘述需要的輸入參數。這種對映關係由程式 15-13 所示的 parameterMap 標籤來表示。這樣，只要輸入 User 物件，parameterMap 就可以將其拆解為 name、schoolName 參數。

程式 15-13

```
<parameterMap id="userParam01" type="User">
    <parameter property="name" javaType="String"/>
    <parameter property="schoolName" javaType="String"/>
</parameterMap>
```

在輸入參數的處理過程中，主要涉及 ParameterMap、ParameterMapping 這兩個類別，它們也都是解析實體類別。圖 15-4 列出了 parameterMap 標籤與相關解析實體類別的對應關係。

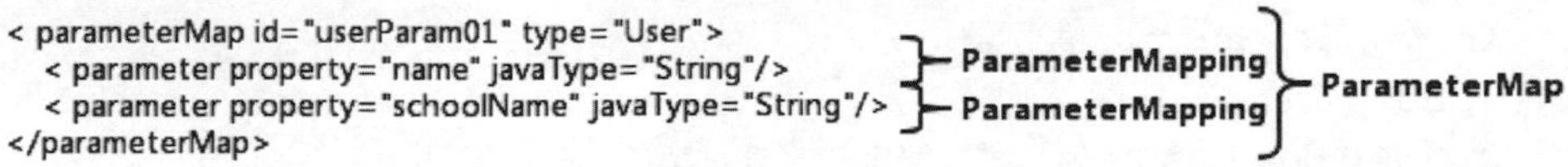

圖 15-4　parameterMap 標籤與相關解析實體類別的對應關係

作為解析實體類別，ParameterMap 類別和 ParameterMapping 類別與標籤中的屬性相對應，整體架構比較簡單。並且這兩個類別和 ResultMap 類別、ResultMapping 類別十分類似，這裡不再單獨介紹。

注意：parameterMap 標籤是老式風格的參數對映，未來可能會廢棄。更好的辦法是使用內聯參數。

15.4 多資料庫種類處理功能

作為一個出色的 ORM 架構，MyBatis 支援多種資料庫，如 SQL Server、
DB2、Oracle、MySQL、PostgreSQL 等。然而，不同類型的資料庫之間支
援的 SQL 標準略有不同。舉例來說，同樣是限制查詢結果的筆數，在 SQL
Server 中要使用 TOP 關鍵字，而在 MySQL 中要使用 LIMIT 關鍵字。

為了能夠相容不同資料庫的 SQL 標準，MyBatis 支援多種資料庫。在使用多
種資料庫前，需要先在設定檔中列舉要使用的資料庫類型，如程式 15-14 所
示。

程式 15-14

```
<databaseIdProvider type="DB_VENDOR">
    <property name="MySQL" value="mysql" />
    <property name="SQL Server" value="sqlserver" />
</databaseIdProvider>
```

然後如程式 15-15 所示，在 SQL 敘述上標識其對應的資料庫類型。

程式 15-15

```
<select id="selectByAge" resultMap="userMap" databaseId="mysql">
    SELECT * FROM 'user' WHERE 'age' = #{age} TOP 5
</select>

<select id="selectByAge" resultMap="userMap" databaseId="sqlserver">
    SELECT * FROM 'user' WHERE 'age' = #{age} LIMIT 5
</select>
```

該範例的完整程式請參見 MyBatisDemo 專案中的範例 13。

這樣，MyBatis 會在連接不同的資料庫時使用不同的查詢敘述。在本例中，
MyBatis 會在連接 MySQL 資料庫時使用包含 "TOP 5" 的查詢敘述，在連接
SQL Server 資料庫時使用包含 "LIMIT 5" 的敘述。

多資料支援的實現由 DatabaseIdProvider 介面負責。它有一個 Vendor DatabaseIdProvider 子類別，還有一個即將廢棄的 DefaultDatabaseIdProvider 子類別。接下來我們透過 VendorDatabaseIdProvider 類別分析多資料庫支援的實現原理。

VendorDatabaseIdProvider 有兩個重要的方法均繼承自 DatabaseIdProvider 介面，它們是 setProperties 方法和 getDatabaseId 方法。

setProperties 方法用來將 MyBatis 設定檔中設定在 databaseIdProvider 節點中的資訊寫入 VendorDatabaseIdProvider 物件中。這些資訊實際是資料庫的別名資訊。舉例來說，程式 15-14 中所示的設定，我們為 MySQL 資料庫設定了別名 mysql，為 SQL Server 資料庫設定了別名 sqlserver。

getDatabaseId 方法用來列出目前傳入的 DataSource 物件對應的 databaseId。主要的邏輯存在於 getDatabaseName 方法中，如程式 15-16 所示。

程式 15-16

```java
/**
 * 取得目前的資料來源類型的別名
 * @param dataSource 資料來源
 * @return 資料來源類型態名
 * @throws SQLException
 */
private String getDatabaseName(DataSource dataSource) throws SQLException {
    // 取得目前連接的資料庫名稱
    String productName = getDatabaseProductName(dataSource);
    // 如果設定有 properties 值，則將取得的資料庫名稱作為模糊的 key，對映為對應的
    value
    if (this.properties != null) {
        for (Map.Entry<Object, Object> property : properties.entrySet()) {
            if (productName.contains((String) property.getKey())) {
                return (String) property.getValue();
            }
        }
    }
```

```
   // 沒有找到對應對映
   return null;
 }
 return productName;
}
```

getDatabaseName 方法做了兩個工作，首先是取得目前資料來源的類型，然後是將資料來源類型對映為我們在 databaseIdProvider 節點中設定的別名。這樣，在需要執行 SQL 敘述時，就可以根據資料庫操作節點中的 databaseId 設定對 SQL 敘述進行篩選。

15.5　其他功能

mapping 套件中還有兩個重要的類別：Environment 類別和 CacheBuilder 類別。

Environment 類別也是一個解析實體類別，它對應了設定檔中的 environments 節點，該類別的屬性如程式 15-17 所示。

程式 15-17
```
// 編號
private final String id;
// 交易工廠
private final TransactionFactory transactionFactory;
// 資料來源資訊
private final DataSource dataSource;
```

CacheBuilder 類別是快取建造者，它負責完成快取物件的建立。實際的建立過程將在 19.6 節介紹。

此外，mapping 套件中還會有一些列舉類別，其作用如下。

- FetchType：延遲載入設定；
- ParameterMode：參數類型，指輸入參數、輸出參數等；

- ResultFlag：傳回結果中屬性的特殊標示，表示是否為 id 屬性、是否為建構元屬性；
- ResultSetType：結果集支援的存取方式；
- SqlCommandType：SQL 指令類型，指增、刪、改、查等；
- StatementType：SQL 敘述種類，指是否為預先編譯的敘述、是否為預存程序等。

scripting 套件

MyBatis 支援非常靈活的 SQL 敘述組建方式。如程式 16-1 所示，我們可以在組建 SQL 敘述時使用 foreach、where、if 等標籤完成複雜的敘述組裝工作。

程式 16-1

```
<select id="selectUsers" resultMap="userMapFull">
    SELECT *
    FROM 'user'
    WHERE 'id' IN
    <foreach item="id" collection="array" open="(" separator="," close=")">
        #{id}
    </foreach>
</select>

<select id="selectUsersByNameOrSchoolName" parameterMap="userParam01"
resultType="User">
    SELECT * FROM 'user'
    <where>
        <if test="name != null">
            'name' = #{name}
        </if>
        <if test="schoolName != null">
            AND 'schoolName' = #{schoolName}
        </if>
```

```
        </where>
    </select>
```

該範例的完整程式請參見 MyBatisDemo 專案中的範例 13。

程式 16-1 所示的敘述最後還是會被解析成為最基本的 SQL 敘述才能被資料庫
接收，這個解析過程主要由 scripting 套件完成。

在這一節，我們將閱讀 scripting 套件的原始程式，了解 MyBatis 如何解析包
含許多標籤的 SQL 敘述。

scripting 套件中包含一個 DefaultParameterHandler 類別，該類別是 Parameter
Handler 的子類別。我們會把它放在 22.5 節介紹。

16.1　OGNL

OGNL（Object Graph Navigation Language，物件圖導航語言）是一種功能強
大的運算式語言（Expression Language，EL）。透過它，能夠完成從集合中選
取物件、讀寫物件的屬性、呼叫物件和類別的方法、運算式求值與判斷等操
作。

OGNL 應用十分廣泛，舉例來說，同樣是取得 Map 中某個物件的屬性，用
Java 語言表示出來如下。

```
userMap.get("user2").getName();
```

而使用 OGNL 運算式則為：

```
#user2.name
```

除了簡單、清晰以外，OGNL 具有更高的環境適應性。我們可以將 OGNL 運
算式應用在設定檔、XML 檔案等處，而只在解析這些檔案時使用 OGNL 即
可。舉例來說，程式 16-2 所示的一段 XML 設定中，test 條件的判斷就使用了
OGNL 運算式。

程式 **16-2**

```
<select id="selectUsersByNameOrSchoolName" parameterMap="userParam01"
resultType="User">
    select * from 'user'
    <where>
        <if test="name != null">
            name = #{name}
        </if>
        <if test="schoolName != null">
            AND schoolName = #{schoolName}
        </if>
    </where>
</select>
```

OGNL 有 Java 工具套件，只要引用它即可以在 Java 中使用 OGNL 的功能。這樣我們就可以使用 Java 來解析引用了 OGNL 的各種文件。在介紹 OGNL 用法之前，先介紹 OGNL 解析時要接觸的三個重要概念。

- 運算式（expression）：是一個帶有語法含義的字串，是整個 OGNL 的核心內容。透過運算式來確定需要進行的 OGNL 操作。
- 根物件（root）：可以視為 OGNL 的被操作物件。運算式中表示的操作就是針對這個物件展開的。
- 上下文（context）：整個 OGNL 處理時的上下文環境，該環境是一個 Map 物件。在進行 OGNL 處理之前，我們可以傳入一個初始化過的上下文環境。

舉例來說，在程式 16-3 中，Java 便使用 OGNL 完成了對根物件資訊及上下文資訊的讀寫操作。並且，整個操作過程中也支援邏輯運算式的判斷等。

程式 **16-3**

```
User user01 = new User(1, "易哥", 18);
User user02 = new User(2, "莉莉", 15);
Map<String, User> userMap = new HashMap<>();
userMap.put("user1", user01);
userMap.put("user2", user02);
```

```
// 使用運算式讀寫根物件中資訊的範例
// 該範例中要用到的 OGNL 函數：
// getValue(String expression, Object root)：對 root 內容執行 expression 中的
    操作，並傳回結果

// 讀取根物件的屬性值
Integer age = (Integer) Ognl.getValue("age", userMap.get("user1"));
System.out.println("讀取根物件屬性，獲得 age：" + age);
// 設定根物件的屬性值
Ognl.getValue("age = 19", userMap.get("user1"));
age = (Integer) Ognl.getValue("age", userMap.get("user1"));
System.out.println("設定根物件屬性後，獲得 age：" + age);

// 使用運算式讀寫環境中資訊的範例
// 該範例中要用到的 OGNL 函數：
// getValue(String expression, Map context, Object root)：在 context 環境中對
    root 內容執行 expression 中的操作，並傳回結果

// 讀取環境中的資訊
String userName2 = (String) Ognl.getValue("#user2.name", userMap, new Object());
System.out.println("讀取環境中的資訊，獲得 user2 的 name：" + userName2);
// 讀取環境中的資訊，並進行判斷
Boolean result = (Boolean) Ognl.getValue("#user2.name != '莉莉'", userMap,
  new Object());
System.out.println("讀取環境中的資訊，並進行判斷，獲得：" + result);
// 設定環境中的資訊
Ognl.getValue("#user2.name = '小華'", userMap, new Object());
String newUserName = (String) Ognl.getValue("#user2.name", userMap, new
    Object());
System.out.println("設定環境中的資訊後，獲得 user2 的 name：" + newUserName);
```

程式執行結果如圖 16-1 所示。

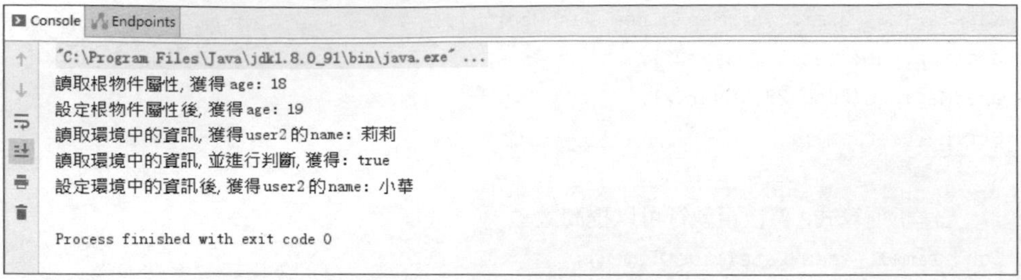
Console
Endpoints
"C:\Program Files\Java\jdk1.8.0_91\bin\java.exe" ...
讀取根物件屬性, 獲得 age: 18
設定根物件屬性後, 獲得 age: 19
讀取環境中的資訊, 獲得 user2 的 name: 莉莉
讀取環境中的資訊, 並進行判斷, 獲得: true
設定環境中的資訊後, 獲得 user2 的 name: 小華
Process finished with exit code 0

圖 16-1 程式執行結果

OGNL 不僅可以讀寫資訊，還能呼叫物件、類別中的方法。在程式 16-4 中便完成了這些操作，並獲得圖 16-2 所示的程式執行結果。

程式 16-4

```
// 呼叫物件方法
Integer hashCode = (Integer) Ognl.getValue("hashCode()", "yeecode");
System.out.println(" 對字串物件呼叫 hashCode 方法獲得：" + hashCode);
// 呼叫類別方法
Double result = (Double)Ognl.getValue("@java.lang.Math@random()", null);
System.out.println(" 呼叫 Math 類別中的靜態方法 random，獲得：" + result);
```

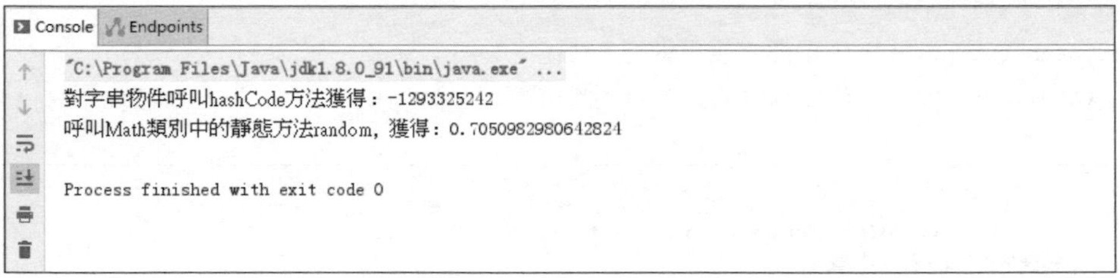
Console
Endpoints
"C:\Program Files\Java\jdk1.8.0_91\bin\java.exe" ...
對字串物件呼叫hashCode方法獲得：-1293325242
呼叫Math類別中的靜態方法random, 獲得：0.7050982980642824
Process finished with exit code 0

圖 16-2 程式執行結果

OGNL 支援運算式的預先編譯，對運算式進行預先編譯後，避免了每次執行運算式前的編譯工作，能夠明顯地加強 OGNL 的執行效率。透過程式 16-5 我們進行了相關的試驗，並獲得了如圖 16-3 所示的程式執行結果。

程式 16-5

```
User user01 = new User(1, " 易哥 ", 18);
User user02 = new User(2, " 莉莉 ", 15);
```

```
Map<String, User> userMap = new HashMap<>();
userMap.put("user1", user01);
userMap.put("user2", user02);
String userName;

// 先解析運算式,然後再執行可以提高效率
long time1 = new Date().getTime();
// 解析運算式
Object expressionTree = Ognl.parseExpression("#user2.name");
// 重複執行多次
for (int i = 0; i < 10000; i++) {
userName = (String) Ognl.getValue(expressionTree, userMap, new Object());
}
long time2 = new Date().getTime();

// 直接重複執行多次
for (int i = 0; i < 10000; i++) {
userName = (String) Ognl.getValue("#user2.name", userMap, new Object());
}
long time3 = new Date().getTime();

System.out.println(" 編譯之後再執行,共花費 " + (time2 - time1) + "ms");
System.out.println(" 不編譯直接執行,共花費 " + (time3 - time2) + "ms");
```

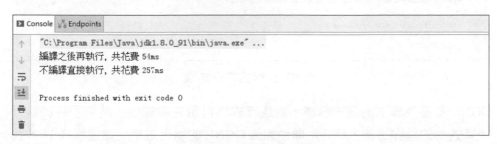

圖 16-3 程式執行結果

該範例的完整程式請參見 MyBatisDemo 專案中的範例 15。

可見,如果要多次執行一個運算式,則先將其編譯後再執行的執行效率更高。

透過這一節，我們了解了 OGNL 的威力。我們在 JSP、XML 中經常見到 OGNL 運算式，而這些運算式的解析就是透過本節中介紹的方式進行的。可見，OGNL 是一種廣泛、便捷、強大的語言。

16.2　語言驅動介面及語言驅動登錄檔

LanguageDriver 為語言驅動類別的介面，程式 16-6 列出了 LanguageDriver 介面的原始程式。透過其原始程式可以看出，它一共定義了三個方法。其中包含兩個 createSqlSource 方法，我們在 15.1.2 節介紹的 SqlSource 物件都是由這兩個方法建立的。

程式 16-6

```
public interface LanguageDriver {

  /**
   * 建立參數處理器。參數處理器能將實際參數傳遞給 JDBC statement
   * @param mappedStatement 完整的資料庫操作節點
   * @param parameterObject 參數物件
   * @param boundSql 資料庫動作陳述式轉化的 BoundSql 物件
   * @return 參數處理器
   */
  ParameterHandler createParameterHandler(MappedStatement mappedStatement,
    Object parameter Object, BoundSql boundSql);

  /**
   * 建立 SqlSource 物件 (以對映檔案為基礎的方式)。該方法在 MyBatis 啟動階段讀取
        對映介面或對映檔案時被呼叫
   * @param configuration 設定資訊
   * @param script 對映檔案中的資料庫操作節點
   * @param parameterType 參數類型
   * @return SqlSource 物件
   */
```

```
SqlSource createSqlSource(Configuration configuration, XNode script,
    Class<?> parameterType);

/**
 * 建立 SqlSource 物件（以註釋為基礎的方式）。該方法在 MyBatis 啟動階段讀取對
   映介面或對映檔案時被呼叫
 * @param configuration 設定資訊
 * @param script 註釋中的 SQL 字串
 * @param parameterType 參數類型
 * @return SqlSource 物件，實際來說是 DynamicSqlSource 和 RawSqlSource 中的一種
 */
SqlSource createSqlSource(Configuration configuration, String script,
    Class<?> parameterType);
}
```

LanguageDriver 介面預設有兩個實現，分別是
XMLLanguageDriver 和 Raw LanguageDriver，而
其中的 RawLanguageDriver 又是 XMLLanguage
Driver 的子類別。LanguageDriver 及其子類別的
類別圖如圖 16-4 所示。

RawLanguageDriver 類別的原始程式如程式 16-7
所示，可以看出，RawLanguageDriver 類別的
所有操作都是呼叫父類別 XMLLanguageDriver
完成的。並且在 XMLLanguageDriver 類別完成
操作後透過 checkIsNot Dynamic 方法驗證獲得
的 SqlSource 必須為 RawSqlSource。因此說，
RawLanguageDriver 類別實際上是透過 checkIs
NotDynamic 方法對 XML LanguageDriver 類別的

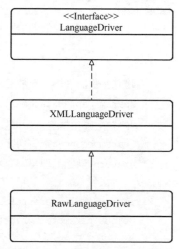

圖 16-4 LanguageDriver 及
其子類別的類別圖

功能進行了修改，使得本身僅支援 RawSqlSource 類型的 SqlSource。

程式 16-7

```
public class RawLanguageDriver extends XMLLanguageDriver {
```

```java
@Override
public SqlSource createSqlSource(Configuration configuration, XNode script,
    Class<?> parameterType) {
  // 呼叫父類別方法完成操作
  SqlSource source = super.createSqlSource(configuration, script,
    parameterType);
  // 驗證獲得的 SqlSource 是 RawSqlSource
  checkIsNotDynamic(source);
  return source;
}


@Override
public SqlSource createSqlSource(Configuration configuration, String script,
Class<?> parameterType) {
  // 呼叫父類別方法完成操作
  SqlSource source = super.createSqlSource(configuration, script,
   parameterType);
  // 驗證獲得的 SqlSource 是 RawSqlSource
  checkIsNotDynamic(source);
  return source;
}


/**
  * 驗證輸入的 SqlSource 是 RawSqlSource，否則便拋出例外
  * @param source 輸入的 SqlSource 物件
  */
private void checkIsNotDynamic(SqlSource source) {
  if (!RawSqlSource.class.equals(source.getClass())) {
    throw new BuilderException("Dynamic content is not allowed when using
      RAW language");
  }
 }
}
```

在物件導向的設計中子類別通常會在繼承父類別方法的基礎上擴充更多的方法，因此子類別功能是父類別功能的超集合。而 RawLanguageDriver 類別卻對

其父類別 XMLLanguageDriver 的功能進行了修改，使得本身的功能是父類別功能的子集，這是一種先繁再簡的設計方式。當我們在開發中遇到類似的需求時，可以參考這種設計方式。

MyBatis 還允許使用者自己列出 LanguageDriver 的實現類別，透過設定檔中的 defaultScriptingLanguage 屬性將其指定為預設的指令稿驅動。該功能的支援由 XMLConfigBuilder 類別中如程式 16-8 所示的原始程式實現。在這裡 MyBatis 會嘗試根據使用者在 defaultScriptingLanguage 中的設定來設定預設的語言驅動。

程式 16-8

```
configuration.setDefaultScriptingLanguage(resolveClass(props.getProperty
  ("defaultScriptingLanguage")));
```

程式 16-8 呼叫的 setDefaultScriptingLanguage 方法的原始程式如程式 16-9 所示，可以看出，系統的預設語言驅動類別是 XMLLanguageDriver 類別，而使用者自訂的語言驅動可以覆蓋它。

程式 16-9

```
public void setDefaultScriptingLanguage(Class<? extends LanguageDriver>
driver) {
  if (driver == null) {
    driver = XMLLanguageDriver.class;
  }
  getLanguageRegistry().setDefaultDriverClass(driver);
}
```

scripting 套件中還會有一個 LanguageDriverRegistry 類別，它作為語言驅動的登錄檔管理所有的語言驅動。其屬性如程式 16-10 所示。

程式 16-10

```
// 所有的語言驅動類別
private final Map<Class<? extends LanguageDriver>, LanguageDriver>
  LANGUAGE_DRIVER_ MAP = new HashMap<>();
```

```
// 預設的語言驅動類別
private Class<? extends LanguageDriver> defaultDriverClass;
```

LanguageDriverRegistry 類別內主要包含在其中註冊驅動、從中選取驅動的方法，實現都比較簡單，我們不再多作說明。

16.3 SQL 節點樹的組建

對映檔案中的資料庫動作陳述式如程式 16-11 所示，它實際上是由許多 SQL 節點組成的一棵樹。

程式 **16-11**

```
<select id="selectUsersByNameOrSchoolName" parameterMap="userParam01"
resultType="User">
    select * from 'user'
    <where>
        <if test="name != null">
            name = #{name}
        </if>
        <if test="schoolName != null">
            AND schoolName = #{schoolName}
        </if>
    </where>
</select>
```

要想解析這棵樹，首先要做的是將 XML 中的資訊讀取進來，然後在記憶體中將 XML 樹組建為 SQL 節點樹。SQL 節點樹的組建由 XMLScript Builder 類別負責，該類別的屬性如程式 16-12 所示。

程式 **16-12**

```
// 目前要處理的 XML 節點
private final XNode context;
// 目前節點是否為動態節點
```

```
private boolean isDynamic;
// 輸入參數的類型
private final Class<?> parameterType;
// 節點類型和對應的處理器組成的 Map
private final Map<String, NodeHandler> nodeHandlerMap = new HashMap<>();
```

在 XMLScriptBuilder 類別中，定義有一個介面 NodeHandler。NodeHandler 介面如程式 16-13 所示，它有一個 handleNode 方法負責將節點拼裝到節點樹中。

程式 16-13

```
private interface NodeHandler {
  /**
   * 該方法將目前節點拼裝到節點樹中
   * @param nodeToHandle 要被連接的節點
   * @param targetContents 節點樹
   */
  void handleNode(XNode nodeToHandle, List<SqlNode> targetContents);
}
```

每一種 SQL 節點都有一個 NodeHandler 實現類別，NodeHandler 介面與其實現類別的類別圖如圖 16-5 所示。SQL 節點和 NodeHandler 實現類別的對應關係由 nodeHandlerMap 負責儲存。

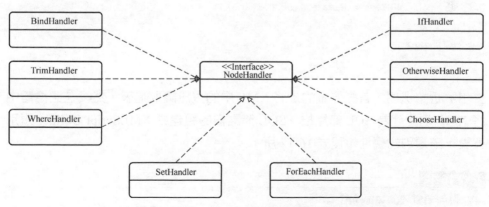

圖 16-5 NodeHandler 介面與其實現類別的類別圖

以 IfHandler 為例,我們檢視如何基於 XML 資訊組建 SQL 節點樹。IfHandler
原始程式如程式 16-14 所示。

程式 16-14

```
private class IfHandler implements NodeHandler {
  public IfHandler() {
  }

  /**
   * 該方法將目前節點拼裝到節點樹中
   * @param nodeToHandle 要被連接的節點
   * @param targetContents 節點樹
   */
  @Override
  public void handleNode(XNode nodeToHandle, List<SqlNode> targetContents) {
    // 解析該節點的下級節點
    MixedSqlNode mixedSqlNode = parseDynamicTags(nodeToHandle);
    // 取得該節點的 test 屬性
    String test = nodeToHandle.getStringAttribute("test");
    // 建立一個 IfSqlNode
    IfSqlNode ifSqlNode = new IfSqlNode(mixedSqlNode, test);
    // 將建立的 IfSqlNode 放到 SQL 節點樹中
    targetContents.add(ifSqlNode);
  }
}
```

可以看到,在 IfHandler 的 handleNode 方法中先對目前 if 節點的下級節點進
行了連接,因此組建 SQL 節點樹的過程是一個深度優先檢查的過程。在下
級節點處理完畢後,分析了 XML 中的資訊組建成 IfSqlNode 物件,然後將
IfSqlNode 物件加入 SQL 節點樹中。

在了解了 NodeHandler 介面及其實現類別之後,我們看一下如何從根節點開
始組建一棵 SQL 節點樹。入口方法是 parseScriptNode 方法,而主要操作在
parseDynamicTags 方法中展開,這兩個方法的原始程式如程式 16-15 所示。

程式 16-15

```java
/**
 * 解析節點產生 SqlSource 物件
 * @return SqlSource 物件
 */
public SqlSource parseScriptNode() {
    // 解析 XML 節點，獲得節點樹 MixedSqlNode
    MixedSqlNode rootSqlNode = parseDynamicTags(context);
    SqlSource sqlSource;
    // 根據節點樹是否為動態，建立對應的 SqlSource 物件
    if (isDynamic) {
        sqlSource = new DynamicSqlSource(configuration, rootSqlNode);
    } else {
        sqlSource = new RawSqlSource(configuration, rootSqlNode, parameterType);
    }
    return sqlSource;
}


/**
 * 將 XNode 物件解析為節點樹
 * @param node XNode 物件，即資料庫操作節點
 * @return 解析後獲得的節點樹
 */
protected MixedSqlNode parseDynamicTags(XNode node) {
    // XNode 拆分出的 SqlNode 列表
    List<SqlNode> contents = new ArrayList<>();
    // 輸入 XNode 的子 XNode
    NodeList children = node.getNode().getChildNodes();
    for (int i = 0; i < children.getLength(); i++) {
        // 循環檢查每一個子 XNode
        XNode child = node.newXNode(children.item(i));
        if (child.getNode().getNodeType() == Node.CDATA_SECTION_NODE || child.
            getNode(). getNodeType() == Node.TEXT_NODE) { // CDATASection 類型或
            Text 類型的 XNode 節點
```

```
    // 取得 XNode 內的資訊
    String data = child.getStringBody("");
    TextSqlNode textSqlNode = new TextSqlNode(data);
    // 只要有一個 TextSqlNode 物件是動態的，則整個 MixedSqlNode 就是動態的
    if (textSqlNode.isDynamic()) {
      contents.add(textSqlNode);
      isDynamic = true;
    } else {
      contents.add(new StaticTextSqlNode(data));
    }
  } else if (child.getNode().getNodeType() == Node.ELEMENT_NODE) {
    // 子 XNode 仍然是 Node 類型
    String nodeName = child.getNode().getNodeName();
    // 找到對應的處理器
    NodeHandler handler = nodeHandlerMap.get(nodeName);
    if (handler == null) {
      throw new BuilderException("Unknown element <" + nodeName + "> in SQL
          statement.");
    }
    // 用處理器處理節點
    handler.handleNode(child, contents);
    isDynamic = true;
  }
}
// 傳回一個混合節點，其實就是一個 SQL 節點樹
return new MixedSqlNode(contents);
}
```

透過原始程式可以得知，parseDynamicTags 會逐級分析 XML 檔案中的節點並使用對應的 NodeHandler 實現來處理該節點，最後將所有的節點整合到一個 MixedSqlNode 物件中。MixedSqlNode 物件就是 SQL 節點樹。

在整合節點樹的過程中，只要存在一個動態節點，則 SQL 節點樹就是動態的。動態的 SQL 節點樹將用來建立 DynamicSqlSource 物件，否則就建立 RawSqlSource 物件。

16.4　SQL 節點樹的解析

對組建好的 SQL 節點樹進行解析是 MyBatis 中非常重要的工作。這部分工作主要在 scripting 套件的 xmltags 子套件中展開，下面我們對解析過程中涉及的原始程式進行閱讀和分析。

16.4.1　OGNL 輔助類別

SQL 節點樹中存在許多 OGNL 運算式，例如下面的程式片段中就展示了一段 OGNL 運算式。

```
<if test="name != null">
```

這些 OGNL 運算式的解析就是以 OGNL 套件為基礎來完成的。我們在 MyBatis 的 pom 檔案中可以看到對 OGNL 套件的參考，如程式 16-16 所示。

程式 16-16

```
<dependency>
  <groupId>ognl</groupId>
  <artifactId>ognl</artifactId>
  <version>3.2.10</version>
  <scope>compile</scope>
  <optional>true</optional>
</dependency>
```

為了更進一步地完成 OGNL 的解析工作，xmltags 子套件中還設定了三個相關的類別，它們分別是 OgnlClassResolver 類別、OgnlMemberAccess 類別、OgnlCache 類別。

1. OgnlClassResolver 類別

DefaultClassResolver 類別是 OGNL 中定義的類別，OGNL 可以透過該類別進行類別的讀取，即將類別名稱轉化為一個類別。

而 OgnlClassResolver 則繼承了 DefaultClassResolver 類別，並覆蓋了其中的
toClassForName，如程式 16-17 所示。

程式 16-17

```
public class OgnlClassResolver extends DefaultClassResolver {

  @Override
  protected Class toClassForName(String className) throws
ClassNotFoundException {
    return Resources.classForName(className);
  }


}
```

這樣，OGNL 在工作時可以使用 MyBatis 中的 Resources 類別來完成類別的讀
取。

2. OgnlMemberAccess 類別

MemberAccess 介面是 OGNL 提供的鉤子介面。OGNL 借助這個介面為存取物
件的屬性做好準備。

OgnlMemberAccess 類別就實現了 MemberAccess 介面，並以反射為基礎提供
了修改物件屬性可存取性的功能。OgnlMemberAccess 原始程式如程式 16-18
所示。這樣，OGNL 便可以以這些功能為基礎為存取物件的屬性做好準備。

程式 16-18

```
class OgnlMemberAccess implements MemberAccess {

  // 目前環境下，透過反射是否能夠修改物件屬性的可存取性
  private final boolean canControlMemberAccessible;

  OgnlMemberAccess() {
    this.canControlMemberAccessible = Reflector.canControlMemberAccessible();
  }
```

```
    /**
     * 設定屬性的可存取性
     * @param context 環境上下文
     * @param target 目標物件
     * @param member 目標物件的目標成員
     * @param propertyName 屬性名稱
     * @return 屬性的可存取性
     */
    @Override
    public Object setup(Map context, Object target, Member member, String
propertyName) {
      Object result = null;
      if (isAccessible(context, target, member, propertyName)) {
        // 如果允許修改屬性的可存取性
        AccessibleObject accessible = (AccessibleObject) member;
        if (!accessible.isAccessible()) { // 如果屬性原本不可存取
          result = Boolean.FALSE;
          // 將屬性修改為可存取
          accessible.setAccessible(true);
        }
      }
      return result;
    }

    /**
     * 將屬性的可存取性恢復到指定狀態
     * @param context 環境上下文
     * @param target 目標物件
     * @param member 目標物件的目標成員
     * @param propertyName 屬性名稱
     * @param state 指定的狀態
     */
    @Override
    public void restore(Map context, Object target, Member member, String
      propertyName,
      Object state) {
```

```
  if (state != null) {
    ((AccessibleObject) member).setAccessible((Boolean) state);
  }
}


/**
 * 判斷物件屬性是否可存取
 * @param context 環境上下文
 * @param target 目標物件
 * @param member 目標物件的目標成員
 * @param propertyName 屬性名稱
 * @return 判斷結果
 */
@Override
public boolean isAccessible(Map context, Object target, Member member,
String propertyName) {
  return canControlMemberAccessible;
}


}
```

3. OgnlCache 類別

為了提升 OGNL 的執行效率，MyBatis 還為 OGNL 提供了一個快取，即 OgnlCache 類別。OgnlCache 類別的原始程式如程式 16-19 所示。

程式 16-19

```
public final class OgnlCache {
  // MyBatis 提供的 OgnlMemberAccess 物件
  private static final OgnlMemberAccess MEMBER_ACCESS = new OgnlMemberAccess();
  // MyBatis 提供的 OgnlClassResolver 物件
  private static final OgnlClassResolver CLASS_RESOLVER = new OgnlClassResolver();
  // 快取解析後的 OGNL 運算式，用以提高效率
  private static final Map<String, Object> expressionCache = new
  ConcurrentHashMap< >();
```

```java
    private OgnlCache() {
    }


    /**
     * 讀取運算式的結果
     * @param expression 運算式
     * @param root 根環境
     * @return 運算式結果
     */
    public static Object getValue(String expression, Object root) {
      try {
        // 建立預設的上下文環境
        Map context = Ognl.createDefaultContext(root, MEMBER_ACCESS,
            CLASS_RESOLVER, null);
        // 依次傳入運算式樹、上下文、根，進一步獲得運算式的結果
        return Ognl.getValue(parseExpression(expression), context, root);
      } catch (OgnlException e) {
        throw new BuilderException("Error evaluating expression '" + expression
          + "'. Cause: " + e, e);
      }
    }


    /**
     * 解析運算式，獲得解析後的運算式樹
     * @param expression 運算式
     * @return 運算式樹
     * @throws OgnlException
     */
    private static Object parseExpression(String expression) throws
OgnlException {
      // 先從快取中取得
      Object node = expressionCache.get(expression);
      if (node == null) {
        // 快取沒有則直接解析，並放入快取
        node = Ognl.parseExpression(expression);
        expressionCache.put(expression, node);
```

```
    }
    return node;
  }


}
```

我們知道，如果一個運算式需要執行多次，則先對運算式進行預先解析可以加強整體的執行效率（參照 16.1 節的程式 16-5 與圖 16-3）。

在 OgnlCache 類別中，即使用 parseExpression 方法對運算式進行了預先解析，並且將運算式解析的結果放入 expressionCache 屬性中快取了起來。這樣，在每次進行運算式解析時，會先從 expressionCache 屬性中查詢已經解析好的結果。這樣一來避免了重複解析，加強了 OGNL 操作的效率。

16.4.2 運算式求值器

MyBatis 並沒有將 OGNL 工具直接曝露給各個 SQL 節點使用，而是對 OGNL 工具進行了進一步的便利性封裝，獲得了 ExpressionEvaluator 類別，即運算式求值器。

ExpressionEvaluator 類別提供了兩個方法，一個是 evaluateBoolean 方法，如程式 16-20 所示。該方法能夠對結果為 true、false 形式的運算式進行求值。舉例來說，"<if test="name != null">" 節點中的 true、false 判斷便可以直接呼叫該方法完成。

程式 16-20

```
/**
 * 對結果為 true、false 形式的運算式進行求值
 * @param expression 運算式
 * @param parameterObject 參數物件
 * @return 求值結果
 */
public boolean evaluateBoolean(String expression, Object parameterObject) {
  // 取得運算式的值
```

```
Object value = OgnlCache.getValue(expression, parameterObject);
if (value instanceof Boolean) { // 如果確實是 Boolean 形式的結果
  return (Boolean) value;
}
if (value instanceof Number) { // 如果是數值形式的結果
  return new BigDecimal(String.valueOf(value)).compareTo(BigDecimal.ZERO)
    != 0;
}
return value != null;
}
```

另外一個是 evaluateIterable 方法，如程式 16-21 所示。該方法能對結果為反覆運算形式的運算式進行求值。這樣，"<foreach item="id" collection= "array" open="(" separator="," close=")"> #{id} </foreach>" 節點中的反覆運算判斷便可以直接呼叫該方法完成。

程式 16-21

```
/**
 * 對結果為反覆運算形式的運算式進行求值
 * @param expression 運算式
 * @param parameterObject 參數物件
 * @return 求值結果
 */
public Iterable<?> evaluateIterable(String expression, Object parameterObject) {
  // 取得運算式的結果
  Object value = OgnlCache.getValue(expression, parameterObject);
  if (value == null) {
    throw new BuilderException("The expression '" + expression + "' evaluated
    to a null value.");
  }
  if (value instanceof Iterable) { // 如果結果是 Iterable
    return (Iterable<?>) value;
  }
  if (value.getClass().isArray()) { // 如果結果是 Array
    // 獲得的 Array 可能是原始的，因此呼叫 Arrays.asList() 可能會拋出
      ClassCastException。因此要手動轉為 ArrayList
```

```
    int size = Array.getLength(value);
    List<Object> answer = new ArrayList<>();
    for (int i = 0; i < size; i++) {
      Object o = Array.get(value, i);
      answer.add(o);
    }
    return answer;
  }
  if (value instanceof Map) { // 如果結果是 Map
    return ((Map) value).entrySet();
  }
  throw new BuilderException("Error evaluating expression '" + expression +
    "'.  Return value (" + value + ") was not iterable.");
}
```

以 OGNL 封裝為基礎的運算式求值器是 SQL 節點樹解析的利器，它能夠根據
上下文環境對運算式的值做出正確的判斷，這是將複雜的資料庫動作陳述式
解析為純粹 SQL 敘述的十分重要的一步。

16.4.3 動態上下文

一方面，在進行 SQL 節點樹的解析時，需要不斷儲存已經解析完成的 SQL 片
段；另一方面，在進行 SQL 節點樹的解析時也需要一些參數和環境資訊作為
解析的依據。以上這兩個功能是由動態上下文 DynamicContext 提供的。

DynamicContext 類別的屬性如程式 16-22 所示。其中的 StringJoiner 用來儲存
解析結束的 SQL 片段，bindings 則儲存了 SQL 節點樹解析時的上下文環境。

程式 16-22

```
// 上下文環境
private final ContextMap bindings;
// 用於拼裝 SQL 敘述片段
private final StringJoiner sqlBuilder = new StringJoiner(" ");
// 解析時的唯一編號，防止解析混亂
private int uniqueNumber = 0;
```

DynamicContext 類別的建構方法中清晰地展示了上下文環境是如何被初始化出來的,如程式 16-23 所示。

程式 16-23

```
/**
 * DynamicContext 的建構方法
 * @param configuration 設定資訊
 * @param parameterObject 使用者傳入的查詢參數物件
 */
public DynamicContext(Configuration configuration, Object parameterObject) {
  if (parameterObject != null && !(parameterObject instanceof Map)) {
    // 獲得參數物件的元物件
    MetaObject metaObject = configuration.newMetaObject(parameterObject);
    // 判斷參數物件本身是否有對應的類型處理器
    boolean existsTypeHandler = configuration.getTypeHandlerRegistry().
    hasTypeHandler (parameterObject. getClass());
    // 放入上下文資訊
    bindings = new ContextMap(metaObject, existsTypeHandler);
  } else {
    // 上下文資訊為空
    bindings = new ContextMap(null, false);
  }
  // 把參數物件放入上下文資訊
  bindings.put(PARAMETER_OBJECT_KEY, parameterObject);
  // 把資料庫 id 放入上下文資訊
  bindings.put(DATABASE_ID_KEY, configuration.getDatabaseId());
}
```

透過程式 16-23 可以看出,上下文環境 bindings 屬性中儲存了以下資訊。

- 資料庫 id。因此在撰寫 SQL 敘述時,我們可以直接使用 DATABASE_ID_ KEY 變數參考資料庫 id 的值。
- 參數物件。在撰寫 SQL 敘述時,我們可以直接使用 PARAMETER_ OBJECT_KEY 變數來參考整個參數物件。
- 參數物件的中繼資料。以參數物件為基礎的中繼資料可以方便地傳址參數物件的屬性值,因此在撰寫 SQL 敘述時可以直接傳址參數物件的屬性。

DynamicContext 中還有一個 ContextMap，它是 HashMap 的子類別。在進行資料查詢時，DynamicContext 會先從 HashMap 中查詢，如果查詢失敗則會從參數物件的屬性中查詢。正是基於這一點，我們可以在撰寫 SQL 敘述時直接傳址參數物件的屬性。DynamicContext 類別的資料查詢操作的原始程式如程式 16-24 所示。

程式 16-24

```java
/**
 * 根據鍵索引值，會嘗試從 HashMap 中尋找，失敗後會再嘗試從 parameterMetaObject
   中尋找
 * @param key 鍵
 * @return 值
 */
@Override
public Object get(Object key) {
  String strKey = (String) key;
  // 如果 Map 中包含對應的鍵，直接傳回
  if (super.containsKey(strKey)) {
    return super.get(strKey);
  }

  // 如果 HashMap 中不含有對應的鍵，則嘗試從參數物件的原物件中取得
  if (parameterMetaObject == null) {
    return null;
  }

  if (fallbackParameterObject && !parameterMetaObject.hasGetter(strKey)) {
    return parameterMetaObject.getOriginalObject();
  } else {
    return parameterMetaObject.getValue(strKey);
  }
}
```

閱讀了動態上下文環境的原始程式，我們就知道為什麼在撰寫對映檔案時既能夠直接參考實際參數，又能直接參考實際參數的屬性。

16.4.4 SQL 節點及其解析

MyBatis 有一個重要的優點是支援動態節點。可資料庫本身並不認識這些節點，因此 MyBatis 會先對這些節點進行處理後再交給資料庫執行。這些節點在 MyBatis 中被定義為 SqlNode。

SqlNode 是一個介面，介面中只定義了一個 apply 方法。該方法負責完成節點本身的解析，並將解析結果合併到輸入參數提供的上下文環境中。SqlNode 介面原始程式如程式 16-25 所示。

程式 **16-25**

```java
public interface SqlNode {

    /**
     * 完成該節點本身的解析
     * @param context 上下文環境，節點本身的解析結果將合併到該上下文環境中
     * @return 解析是否成功
     */
    boolean apply(DynamicContext context);

}
```

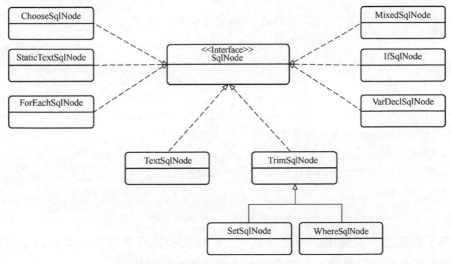

圖 16-6 SqlNode 及其子類別的類別圖

MyBatis 的 SQL 敘述中支援許多種類的節點，如 if、where、foreach 等，它們都是 SqlNode 的子類別。SqlNode 及其子類別的類別圖如圖 16-6 所示。

接下來我們將以常見並且典型的 IfSqlNode、ForEachSqlNode、TextSqlNode 為例，對 SqlNode 介面的實現類別介紹。

1. IfSqlNode

IfSqlNode 對應著資料庫操作節點中的 if 節點。透過 if 節點可以讓 MyBatis 根據參數等資訊決定是否寫入一段 SQL 片段。舉例來說，程式 16-26 便展示了包含 if 節點的資料庫操作節點。

程式 16-26

```
<select id="selectUsersByNameOrSchoolName" parameterMap="userParam01"
resultType="User">
    SELECT * FROM 'user'
    <where>
        <if test="name != null">
            'name' = #{name}
        </if>
        <if test="schoolName != null">
            AND 'schoolName' = #{schoolName}
        </if>
    </where>
</select>
```

IfSqlNode 類別的屬性如程式 16-27 所示。

程式 16-27

```
// 運算式求值器
private final ExpressionEvaluator evaluator;
// if 判斷時的測試條件
private final String test;
// 如果 if 成立，要被連接的 SQL 片段資訊
private final SqlNode contents;
```

IfSqlNode 的 apply 方法非常簡單：直接呼叫運算式求值器計算 if 節點中運算式的值，如果運算式的值為真，則將 if 節點中的內容增加到環境上下文的尾端。原始程式如程式 16-28 所示。

程式 16-28

```
/**
 * 完成該節點本身的解析
 * @param context 上下文環境，節點本身的解析結果將合併到該上下文環境中
 * @return 解析是否成功
 */
@Override
public boolean apply(DynamicContext context) {
    // 判斷 if 條件是否成立
    if (evaluator.evaluateBoolean(test, context.getBindings())) {
        // 將 contents 連接到 context
        contents.apply(context);
        return true;
    }
    return false;
}
```

2. ForEachSqlNode

ForEachSqlNode 節點對應了資料庫操作節點中的 foreach 節點。該節點能夠對集合中的各個元素進行檢查，並將各個元素組裝成一個新的 SQL 片段。程式 16-29 展示了包含 foreach 節點的資料庫操作節點。

程式 16-29

```
<select id="selectUsers" resultMap="userMapFull">
    SELECT *
    FROM 'user'
    WHERE 'id' IN
    <foreach item="id" collection="array" open="(" separator="," close=")">
        #{id}
    </foreach>
</select>
```

ForEachSqlNode 類別的屬性如程式 16-30 所示，基本和 foreach 標籤中的內容相對應。

程式 **16-30**

```
// 運算式求值器
private final ExpressionEvaluator evaluator;
// collection 屬性的值
private final String collectionExpression;
// 節點內的內容
private final SqlNode contents;
// open 屬性的值，即元素左側插入的字串
private final String open;
// close 屬性的值，即元素右側插入的字串
private final String close;
// separator 屬性的值，即元素分隔符號
private final String separator;
// item 屬性的值，即元素
private final String item;
// index 屬性的值，即元素的編號
private final String index;
// 設定資訊
private final Configuration configuration;
```

ForEachSqlNode 類別的 apply 方法如程式 16-31 所示。主要流程是解析被反覆運算元素獲得反覆運算物件，然後將反覆運算物件的資訊增加到上下文中，之後再根據上下文資訊連接字串。最後，在字串連接完成後，會對此次操作產生的臨時變數進行清理，以避免對上下文環境造成的影響。

程式 **16-31**

```
/**
 * 完成該節點本身的解析
 * @param context 上下文環境，節點本身的解析結果將合併到該上下文環境中
 * @return 解析是否成功
 */
@Override
```

```
public boolean apply(DynamicContext context) {
  // 取得環境上下文資訊
  Map<String, Object> bindings = context.getBindings();
  // 交給運算式求值器解析運算式，進一步獲得反覆運算器
  final Iterable<?> iterable = evaluator.evaluateIterable(collectionExpression,
    bindings);
  if (!iterable.iterator().hasNext()) { // 沒有可以反覆運算的元素
    // 不需要連接資訊，直接傳回
    return true;
  }
  boolean first = true;
  // 增加 open 字串
  applyOpen(context);
  int i = 0;
  for (Object o : iterable) {
    DynamicContext oldContext = context;
    if (first || separator == null) { // 第一個元素
      // 增加元素
      context = new PrefixedContext(context, "");
    } else {
      // 增加間隔符號
      context = new PrefixedContext(context, separator);
    }
    int uniqueNumber = context.getUniqueNumber();
    // Issue #709
    if (o instanceof Map.Entry) { // 被反覆運算物件是 Map.Entry
      // 將被反覆運算物件放入上下文環境中
      Map.Entry<Object, Object> mapEntry = (Map.Entry<Object, Object>) o;
      applyIndex(context, mapEntry.getKey(), uniqueNumber);
      applyItem(context, mapEntry.getValue(), uniqueNumber);
    } else {
      // 將被反覆運算物件放入上下文環境中
      applyIndex(context, i, uniqueNumber);
      applyItem(context, o, uniqueNumber);
    }
    // 根據上下文環境等資訊建置內容
```

```
    contents.apply(new FilteredDynamicContext(configuration, context, index,
        item, uniqueNumber));
    if (first) {
      first = !((PrefixedContext) context).isPrefixApplied();
    }
    context = oldContext;
    i++;
  }
  // 增加 close 字串
  applyClose(context);
  // 清理此次操作對環境的影響
  context.getBindings().remove(item);
  context.getBindings().remove(index);
  return true;
}
```

3. TextSqlNode

TextSqlNode 類別對應了字串節點，字串節點的應用非常廣泛，在 if 節點、foreach 節點中也包含了字串節點。舉例來說，程式 16-32 中的 SQL 片段就包含了字串節點。

程式 16-32

```
<select id="selectUser">
  SELECT * FROM 'user' WHERE 'id' = ${id}
</select>
```

似乎 TextSqlNode 物件本身就很純粹不需要解析，其實並不是。TextSqlNode 物件的解析是必要的，因為它能夠取代掉其中的 "${ }" 預留位置。

在介紹 TextSqlNode 物件的解析之前，我們先介紹它的兩個內部類別：BindingTokenParser 類別和 DynamicCheckerTokenParser 類別。

BindingTokenParser 類別和 DynamicCheckerTokenParser 類別都是 TokenHandler 介面的子類別，關於 TokenHandler 介面我們在 11.3 節已經介紹過。TextSqlNode 相關類別的類別圖如圖 16-7 所示。

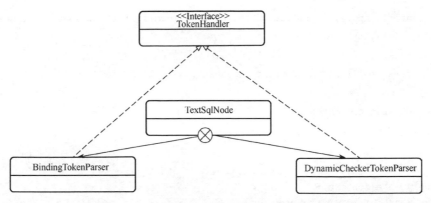

圖 16-7 TextSqlNode 相關類別的類別圖

TokenHandler 介面會和通用預留位置解析器 GenericTokenParser 配合使用，當 GenericTokenParser 解析到符合的預留位置時，會將預留位置中的內容交給 TokenHandler 物件的 handleToken 方法處理。在 TextSqlNode 物件中，預留位置就是 "${ }" 符號。那麼遇到 "${ }" 符號時，BindingTokenParser 物件和 DynamicCheckerTokenParser 物件分別會怎麼處理呢？

- BindingTokenParser：該物件的 handleToken 方法會取出預留位置中的變數，然後使用該變數作為鍵去上下文環境中尋找對應的值。之後，會用找到的值取代預留位置。因此，該物件可以完成預留位置的取代工作。

- DynamicCheckerTokenParser：該物件的 handleToken 方法會置位元成員屬性 isDynamic。因此該物件可以記錄本身是否遇到過預留位置。

了解了 BindingTokenParser 類別和 DynamicCheckerTokenParser 類別的作用後，我們繼續進行 TextSqlNode 類別的分析。

TextSqlNode 類別的 apply 方法如程式 16-33 所示。

程式 **16-33**

```
/**
 * 完成該節點本身的解析
 * @param context 上下文環境，節點本身的解析結果將合併到該上下文環境中
 * @return 解析是否成功
 */
```

```
@Override
public boolean apply(DynamicContext context) {
  // 建立通用的預留位置解析器
  GenericTokenParser parser = createParser(new BindingTokenParser(context,
      injectionFilter));
  // 取代掉其中的 ${} 預留位置
  context.appendSql(parser.parse(text));
  return true;
}


/**
 * 建立一個通用的預留位置解析器，用來解析 ${} 預留位置
 * @param handler 用來處理 ${} 預留位置的專用處理器
 * @return 預留位置解析器
 */
private GenericTokenParser createParser(TokenHandler handler) {
  return new GenericTokenParser("${", "}", handler);
}
```

在對 "${ }" 預留位置進行取代時，用到了 BindingTokenParser 內部類別，它能夠從上下文中取出 "${ }" 預留位置中的變數名稱對應的變數值。

而 TextSqlNode 類別中還有一個 isDynamic 方法，該方法用來判斷目前的 TextSqlNode 是不是動態的。對於 TextSqlNode 物件而言，如果內部含有 "${ }" 預留位置，那它就是動態的，否則就不是動態的。isDynamic 方法原始程式如程式 16-34 所示。

程式 16-34

```
/**
 * 判斷目前節點是不是動態的
 * @return 節點是否為動態
 */
public boolean isDynamic() {
  // 預留位置處理器，該處理器並不會處理預留位置，而是判斷是不是含有預留位置
  DynamicCheckerTokenParser checker = new DynamicCheckerTokenParser();
```

```
GenericTokenParser parser = createParser(checker);
// 使用預留位置處理器。如果節點內容中含有預留位置，則
   DynamicCheckerTokenParser 物件的 isDynamic 屬性將被置為 true
parser.parse(text);
return checker.isDynamic();
}
```

因此 BindingTokenParser 內部類別具有取代字串的能力，會在 TextSqlNode 類別的解析方法 apply 中發揮作用；DynamicCheckerTokenParser 內部類別具有記錄能力，會在 TextSqlNode 類別的判斷是否為動態方法 isDynamic 中發揮作用。

16.5 再論 SqlSource

語言驅動類別完成的主要工作就是產生 SqlSource，在語言驅動介面 LanguageDriver 的三個方法中，有兩個方法是用來產生 SqlSource 的。而 SqlSource 子類別的轉化工作也主要在 scripting 套件中完成，因此我們在這裡再一次討論 SqlSource 介面及其子類別。

在此之前，先複習一下 15.1.2 節已經提及的 SqlSource 介面的四種實現類別及它們的區別。

- DynamicSqlSource：動態 SQL 敘述。所謂動態 SQL 敘述是指含有動態 SQL 節點（如 if 節點）或含有 "${ }" 預留位置的敘述。
- RawSqlSource：原生 SQL 敘述。指非動態敘述，敘述中可能含有 "#{ }" 預留位置，但不含有動態 SQL 節點，也不含有 "${ }" 預留位置。
- StaticSqlSource：靜態敘述。敘述中可能含有 "?"，可以直接提交給資料庫執行。
- ProviderSqlSource：上面的幾種都是透過 XML 檔案取得的 SQL 敘述，而 ProviderSqlSource 是透過註釋對映的形式取得的 SQL 敘述。

16.5.1 SqlSource 的產生

1. 解析對映檔案產生 SqlSource

LanguageDriver 中程式 16-35 所示的介面用來解析對映檔案中的節點資訊,從中獲得 SqlSource 物件。

程式 16-35

```
/**
* 建立 SqlSource 物件 (以對映檔案為基礎的方式)。該方法在 MyBatis 啟動階段讀取對
  映介面或對映檔案時被呼叫
* @param configuration 設定資訊
* @param script 對映檔案中的節點
* @param parameterType 參數類型
* @return SqlSource 物件
*/
SqlSource createSqlSource(Configuration configuration, XNode script, Class<?>
parameterType);
```

程式 16-35 所示介面的實現在 XMLLanguageDriver 類別中,其實際原始程式如程式 16-36 所示。可以看出,SqlSource 物件主要由 XMLScriptBuilder 的 parseScriptNode 方法產生,而該方法產生的 SqlSource 物件是 DynamicSqlSource 物件或 RawSqlSource 物件,parseScriptNode 方法的原始程式如程式 16-37 所示。

程式 16-36

```
/**
 * 建立 SqlSource 物件 (以對映檔案為基礎的方式)。該方法在 MyBatis 啟動階段讀取
   對映介面或對映檔案時被呼叫
 * @param configuration 設定資訊
 * @param script 對映檔案中的資料庫操作節點
 * @param parameterType 參數類型
 * @return SqlSource 物件
 */
@Override
```

```
public SqlSource createSqlSource(Configuration configuration, XNode script,
Class<?> parameterType) {
  XMLScriptBuilder builder = new XMLScriptBuilder(configuration, script,
    parameterType);
  return builder.parseScriptNode();
}
```

程式 16-37

```
/**
 * 解析節點產生 SqlSource 物件
 * @return SqlSource 物件
 */
public SqlSource parseScriptNode() {
MixedSqlNode rootSqlNode = parseDynamicTags(context);
SqlSource sqlSource;
if (isDynamic) {
  sqlSource = new DynamicSqlSource(configuration, rootSqlNode);
} else {
  sqlSource = new RawSqlSource(configuration, rootSqlNode, parameterType);
}
return sqlSource;
}
```

因此，解析對映檔案產生的 SqlSource 物件是 DynamicSqlSource 物件和 RawSqlSource 物件中的一種。

2. 解析註釋資訊產生 SqlSource

在 14.7.4 節中介紹的 ProviderSqlSource 類別是 SqlSource 介面的子類別。並且，ProviderSqlSource 類別透過呼叫 LanguageDriver 介面中的 createSql Source(Configuration, String, Class<?>) 方法列出了另一個 SqlSource 子類別，該過程可參考程式 14-40。

LanguageDriver 介面中的 createSqlSource(Configuration, String, Class<?>) 方法如程式 16-38 所示，它能根據註釋中的資訊產生 SqlSource。

程式 16-38

```
/**
 * 建立 SqlSource 物件 (以註釋為基礎的方式)。該方法在 MyBatis 啟動階段讀取對映
   介面或對映檔案時被呼叫
 * @param configuration 設定資訊
 * @param script 註釋中的 SQL 字串
 * @param parameterType 參數類型
 * @return SqlSource 物件，實際來說是 DynamicSqlSource 和 RawSqlSource 中的一種
 */
SqlSource createSqlSource(Configuration configuration, String script, Class<?>
parameterType);
```

程式 16-38 所示介面的實現在 **XMLLanguageDriver** 類別中，其實際原始程式
如程式 16-39 所示。

程式 16-39

```
public SqlSource createSqlSource(Configuration configuration, String script,
Class<?> parameterType) {
if (script.startsWith("<script>")) {
  // 如果註釋中的內容以 <script> 開頭
  XPathParser parser = new XPathParser(script, false, configuration.
    getVariables(), new XMLMapper EntityResolver());
  return createSqlSource(configuration, parser.evalNode("/script"),
    parameterType);
} else {
  // 如果註釋中的內容不以 <script> 開頭
  script = PropertyParser.parse(script, configuration.getVariables());
  TextSqlNode textSqlNode = new TextSqlNode(script);
  if (textSqlNode.isDynamic()) {
    return new DynamicSqlSource(configuration, textSqlNode);
  } else {
    return new RawSqlSource(configuration, script, parameterType);
  }
}
}
```

透過程式 16-39 可以看出，根據註釋中的字串是否以 "<script>" 開頭將註釋中的 SQL 資訊分成了兩種，進一步分別處理程式 16-40 所示的兩種情況。

- 對於以 "<script>" 開頭的 SQL 敘述，將使用和對映檔案相同的解析方式，進一步產生 DynamicSqlSource 物件或 RawSqlSource 物件；
- 對於不以 "<script>" 開頭的 SQL 敘述，則直接產生 DynamicSqlSource 物件或 RawSqlSource 物件。

程式 16-40

```
@Select("select * from 'user' where id = #{id}")
User queryUserById(Integer id);


@Select("<script>" +
    "       SELECT *\n" +
    "       FROM 'user'\n" +
    "       WHERE id IN\n" +
    "       <foreach item=\"id\" collection=\"array\" open=\"(\"
            separator=\",\" close=\")\">\n" +
    "           #{id}\n" +
    "       </foreach>\n" +
    "   </script>")
List<User> queryUsersByIds(int[] ids);
```

下面整理一下整個過程。

首先，解析註釋資訊產生的 SqlSource 物件是 ProviderSqlSource 物件；然後，ProviderSqlSource 物件透過 LanguageDriver 介面中的 createSqlSource (Configuration, String, Class<?>) 方法轉化為了 DynamicSqlSource 物件或 RawSqlSource 物件。該過程如圖 16-8 所示。

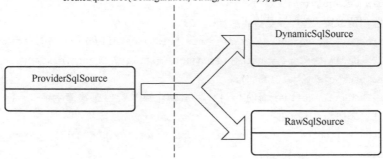

圖 16-8　ProviderSqlSource 物件的轉化

16.5.2 DynamicSqlSource 的轉化

DynamicSqlSource 類別在 scripting 套件的 xmltags 子套件中，它表示含有動態 SQL 節點（如 if 節點）或含有 "${ }" 預留位置的敘述，即動態 SQL 敘述。

在 15.1.2 節 中 介 紹 過，DynamicSqlSource 和 RawSqlSource 都 會 轉 化 為 StaticSqlSource，然後才能列出一個 BoundSql 物件。那這個轉化過程是怎樣的？

DynamicSqlSource 類別的 getBoundSql 方法如程式 16-41 所示。

程式 **16-41**

```
/**
 * 取得一個 BoundSql 物件
 * @param parameterObject 參數物件
 * @return BoundSql 物件
 */
@Override
public BoundSql getBoundSql(Object parameterObject) {
    // 建立 DynamicSqlSource 的輔助類別，用來記錄 DynamicSqlSource 解析出來的 SQL
        片段資訊和參數資訊
```

```
DynamicContext context = new DynamicContext(configuration, parameterObject);
// 這裡會從根節點開始，對節點逐層呼叫 apply 方法。經過這一步後，動態節點和
   "${}" 都被取代
rootSqlNode.apply(context);
// 處理預留位置、整理參數資訊
SqlSourceBuilder sqlSourceParser = new SqlSourceBuilder(configuration);
Class<?> parameterType = parameterObject == null ? Object.class :
   parameterObject.getClass();
// 使用 SqlSourceBuilder 處理 "#{}"，將其轉化為 " ？ "，最後產生了
   StaticSqlSource 物件
SqlSource sqlSource = sqlSourceParser.parse(context.getSql(), parameterType,
   context.getBindings());
BoundSql boundSql = sqlSource.getBoundSql(parameterObject);
// 把 context.getBindings() 的參數資訊放到 boundSql 的 metaParameters 中進行儲存
context.getBindings().forEach(boundSql::setAdditionalParameter);
return boundSql;
}
```

在程式 16-41 中，有兩步十分重要的操作。

第一步如下所示。

```
rootSqlNode.apply(context);
```

在這裡會從根節點開始對各個節點逐層呼叫 apply 方法。經過這一步後，所有
的動態節點和 "${ }" 都會被取代。這樣 DynamicSqlSource 便不再是動態的，
而是靜態的。

第二步是下面的步驟。

```
SqlSource sqlSource = sqlSourceParser.parse(context.getSql(), parameterType,
   context.getBindings());
```

在這裡會完成 "#{ }" 符號的取代，並且傳回一個 StaticSqlSource 物件，實際
過程如程式 16-42 所示。於是 DynamicSqlSource 物件轉化成了 StaticSqlSource
物件。

程式 **16-42**

```
/**
 * 將 DynamicSqlSource 和 RawSqlSource 中的 "#{}" 符號取代掉，進一步將它們轉化為
   StaticSqlSource
 * @param originalSql sqlNode.apply() 連接之後的 SQL 敘述，已經不包含 <if>
   <where> 等節點，也不含有 ${} 符號
 * @param parameterType 實際參數類型
 * @param additionalParameters 附加參數
 * @return 解析結束的 StaticSqlSource
 */
public SqlSource parse(String originalSql, Class<?> parameterType, Map<String,
  Object> additionalParameters) {
  // 用來完成 #{} 處理的處理器
  ParameterMappingTokenHandler handler = new ParameterMappingTokenHandler
  (configuration, parameterType, additionalParameters);
  // 通用的預留位置解析器，用來進行預留位置取代
  GenericTokenParser parser = new GenericTokenParser("#{", "}", handler);
  // 將 #{} 取代為 ? 的 SQL 敘述
  String sql = parser.parse(originalSql);
  // 產生新的 StaticSqlSource 物件
  return new StaticSqlSource(configuration, sql, handler.getParameterMappings());
}
```

所以，DynamicSqlSource 物件經過動態節點處理、"#{ }" 預留位置處理後，轉
化成了 StaticSqlSource 物件。

16.5.3 RawSqlSource 的轉化

相比於 DynamicSqlSource 類別，RawSqlSource 類別要更為簡單，因為它不包
含動態節點和 "${ }" 預留位置，只包含 "#{ }" 預留位置。

RawSqlSource 類別在建構方法中就完成了到 StaticSqlSource 的轉化。程式
16-43 展示了 RawSqlSource 類別中的部分方法。

程式 **16-43**

```
public class RawSqlSource implements SqlSource {

  // StaticSqlSource 物件
  private final SqlSource sqlSource;

  public RawSqlSource(Configuration configuration, String sql, Class<?>
  parameterType) {
    SqlSourceBuilder sqlSourceParser = new SqlSourceBuilder(configuration);
    Class<?> clazz = parameterType == null ? Object.class : parameterType;
    // 處理 RawSqlSource 中的 "#{}" 預留位置，獲得 StaticSqlSource
    sqlSource = sqlSourceParser.parse(sql, clazz, new HashMap<>());
  }

  @Override
  public BoundSql getBoundSql(Object parameterObject) {
    // BoundSql 物件由 sqlSource 屬性持有的 StaticSqlSource 物件傳回
    return sqlSource.getBoundSql(parameterObject);
  }

}
```

可見 RawSqlSource 在建構方法中完成了 "#{ }" 預留位置的處理，獲得
StaticSqlSource 物件並放入本身的 sqlSource 屬性中。而之後的 getBoundSql
操作中，BoundSql 物件就直接由 sqlSource 屬性中持有的 StaticSqlSource 物件
傳回。

16.5.4 SqlSource 介面的實現類別歸納

SqlSource 介面有四個實現類別，其中三個實現類別的物件都透過層層轉化變
成了 StaticSqlSource 物件。然後，SqlSource 介面中定義的 getBoundSql 抽象
方法實際都是由 StaticSqlSource 物件完成的。整個轉化過程如圖 16-9 所示。

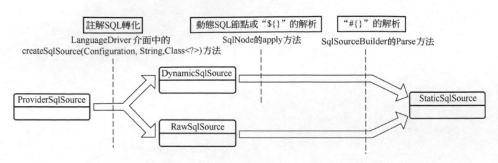

圖 16-9　SqlSource 類別轉化圖

SqlSource 介面的實現類別之間的轉化過程其實就是資料庫動作陳述式的解析過程。在這個轉化過程中，註釋中的 SQL 敘述被分類處理，動態敘述被展開，"\${ }" 預留位置被設定值，"#{ }" 預留位置被取代，最後獲得了可以交給資料庫驅動執行的僅包含參數預留位置 "?" 的 SQL 敘述。

透過將類別的轉化過程整理出來並歸納成一張圖，能讓我們對整個資料庫動作陳述式的轉化過程有一個清晰且直觀的認知。在進行原始程式閱讀的過程中，將類別的轉化、狀態的轉化、資訊的傳遞等過程歸納成一張圖片，是避免在雜亂的邏輯中迷失的一種良好方法。

datasource 套件

MyBatis 作為 ORM 架構，向上連接著 Java 業務應用，向下則連接著資料庫。datasource 套件則是 MyBatis 與資料庫互動時涉及的最為主要的套件。

透過 datasource 套件，MyBatis 將完成資料來源的取得、資料連接的建立等工作，為資料庫動作陳述式的執行打好基礎。在這一節，我們將了解 MyBatis 如何實際完成這一過程。

17.1 背景知識

datasource 套件作為與資料庫互動的套件，必然要涉及許多資料庫相關的類別。這些類別是 MyBatis 連接實際資料庫資料的重要橋樑。了解好它們對於讀懂 MyBatis 的原始程式大有裨益。

下面將對這些類別進行統一介紹。

17.1.1 java.sql 套件和 javax.sql 套件

Java 提供的與資料庫操作相關的套件主要有兩個，它們是 java.sql 套件和 javax.sql 套件。

java.sql 和 javax.sql 共同為 Java 提供了強大的 JDBC 能力。我們接下來會介紹幾個 MyBatis 中常接觸到的類別，它們都由 java.sql 或 javax.sql 提供。

1. java.sql 套件

java.sql 通常被稱為 JDBC 核心 API 套件，它為 Java 提供了存取資料來源中資料的基礎功能。基於該套件能實現將 SQL 敘述傳遞給資料庫、從資料庫中以表格的形式讀寫資料等功能。

java.sql 提供了一個 Driver 介面作為資料庫驅動的介面。Driver 介面相關類別的類別圖如圖 17-1 所示，不同種類的資料庫廠商只需根據本身資料庫特點開發對應的 Driver 實現類別，並透過 DriverManager 進行註冊即可。這樣，基於 JDBC 便可以連接不同公司不同種類的資料庫。

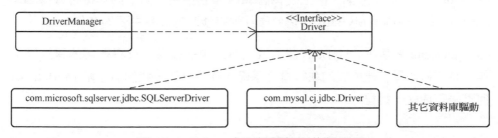

圖 17-1 Driver 介面相關類別的類別圖

除此之外，java.sql 還為資料庫連接、SQL 敘述、結果集等提供了許多的類別，如表示資料庫連接的 Connection 類別、表示資料庫動作陳述式的 Statement 類別、表示資料庫操作結果的 ResultSet 類別等。

基於 java.sql 套件，Java 程式能夠完成各種資料庫操作。通常完成一次資料庫操作的流程如下所示。

（1）建立 DriverManager 物件。
（2）從 DriverManager 物件中取得 Connection 物件。
（3）從 Connection 物件中取得 Statement 物件。
（4）將 SQL 敘述交給 Statement 物件執行，並取得傳回的結果，結果通常放在 ResultSet 中。

2. javax.sql 套件

javax.sql 通常被稱為 JDBC 擴充 API 套件，它擴充了 JDBC 核心 API 套件的功能，提供了對伺服器端的支援，是 Java 企業版的重要部分。

舉例來說，javax.sql 提供了 DataSource 介面，透過它可以取得針對資料來源的 Connection 物件，與 java.sql 中直接使用 DriverManager 建立連接的方式相比更為靈活（實際上，DataSource 介面的實現中也是透過 DriverManager 物件取得 Connection 物件的）。除此之外，javax.sql 還提供了連接池、敘述池、分散式交易等方面的諸多特性。

使用 javax.sql 套件擴充了 java.sql 套件之後，建議使用 DataSource 來取得 Connection 物件，而非直接使用 DriverManager 物件。於是，一筆 SQL 敘述的執行過程如下。

（1）建立 DataSource 物件。

（2）從 DataSource 物件中取得 Connection 物件。

（3）從 Connection 物件中取得 Statement 物件。

（4）將 SQL 敘述交給 Statement 物件執行，並取得傳回的結果，結果通常放在 ResultSet 中。

17.1.2　DriverManager

DriverManager 介面位於 java.sql，它是 JDBC 驅動程式管理員，可以管理一組 JDBC 驅動程式。

DriverManager 的重要功能是能夠列出一個針對資料庫的連線物件 Connection，該功能是由 DriverManager 中的 getConnection 方法提供的。

當呼叫 getConnection 方法時，DriverManager 會嘗試在已經載入的驅動程式中找出合適的，並用找出的驅動程式建立一個針對指定資料庫的連接，最後將建立的連接傳回。

DriverManager 中主要有下面幾個方法。這些方法都是靜態方法，不需要建立 DriverManager 物件便可以直接呼叫。

- void registerDriver：向 DriverManager 中註冊指定的驅動程式。
- void deregisterDriver：從 DriverManager 中刪除指定的驅動程式。
- Driver getDriver：尋找能比對指定 URL 路徑的驅動程式。
- Enumeration getDrivers：取得目前呼叫者可以存取的所有已載入的 JDBC 驅動程式。
- Connection getConnection：建立到指定資料庫的連接。

17.1.3 DataSource

DataSource 是 javax.sql 的介面。顧名思義，它代表了一個實際的資料來源，其功能是作為工廠提供資料庫連接。

DataSource 介面中只有以下兩個介面方法，都用來取得一個 Connection 物件。

- getConnection()：從目前的資料來源中建立一個連接。
- getConnection(String, String)：從目前的資料來源中建立一個連接，輸入的參數為資料來源的使用者名稱和密碼。

javax.sql 中的 DataSource 僅是一個介面，不同的資料庫可以為其提供多種實現。常見的實現有以下幾種。

- 基本實現：產生基本的到資料庫的連線物件 Connection。
- 連接池實現：產生的 Connection 物件能夠自動加到連接池中。
- 分散式交易實現：產生的 Connection 物件能夠參與分散式交易。

正因為 DataSource 介面可以有多種實現，與直接使用 DriverManager 獲得連線物件 Connection 的方式相比更為靈活。在日常的開發過程中，建議使用 DataSource 來取得資料庫連接。

而實際上，在 DataSource 的實作方式中，最後也是基於 DriverManager 獲得 Connection，因此 DataSource 只是 DriverManager 的進一步封裝。

17.1.4 Connection

Connection 介面位於 java.sql 中，它代表對某個資料庫的連接。基於這個連接，可以完成 SQL 敘述的執行和結果的取得等工作。

Connection 中常用的方法如下。

- Statement createStatement：建立一個 Statement 物件，透過它能將 SQL 敘述發送到資料庫。
- CallableStatement prepareCall：建立一個 CallableStatement 物件，透過它能呼叫預存程序。
- PreparedStatement prepareStatement：建立一個 PreparedStatement 物件，透過它能將參數化的 SQL 敘述發送到資料庫。
- String nativeSQL：將輸入的 SQL 敘述轉換成本地可用的 SQL 敘述。
- void commit：提交目前交易。
- void rollback：回覆目前交易。
- void close：關閉目前的 Connection 物件。
- boolean isClosed：查詢目前 Connection 物件是否關閉。
- boolean isValid：查詢目前 Connection 是否有效。
- void setAutoCommit：根據輸入參數設定當前 Connection 物件的自動提交模式。
- int getTransactionIsolation：取得目前 Connection 物件的交易隔離等級。
- void setTransactionIsolation：設定當前 Connection 物件的交易隔離等級。
- DatabaseMetaData getMetaData：取得目前 Connection 物件所連接的資料庫的所有中繼資料資訊。

上述方法主要用來完成取得 Statement 物件、設定 Connection 屬性等功能。

同時，Connection 中存在交易管理的方法，如 commit、rollback 等。透過呼叫這些交易管理方法可以控制資料庫完成對應的交易操作。

17.1.5 Statement

Statement 介面位於 java.sql 中,該介面中定義的一些抽象方法能用來執行靜態 SQL 敘述並傳回結果。通常 Statement 物件會傳回一個結果集物件 ResultSet。

Statement 介面中的主要方法有:

- void addBatch:將指定的 SQL 指令批次增加到 Statement 物件的 SQL 指令列表中。
- void clearBatch:清空 Statement 物件的 SQL 指令列表。
- int[] executeBatch:讓資料庫批次執行多個指令。如果執行成功,則傳回一個陣列。陣列中的每個元素都代表了某個指令影響資料庫記錄的數目。
- boolean execute:執行一筆 SQL 敘述。
- ResultSet executeQuery:執行一筆 SQL 敘述,並傳回結果集 ResultSet 物件。
- int executeUpdate:執行指定 SQL 敘述,該敘述可能為 INSERT、UPDATE、DELETE 或 DDL 敘述等。
- ResultSet getResultSet:取得目前結果集 ResultSet 物件。
- ResultSet getGeneratedKeys:取得目前操作自動增加產生的主鍵。
- boolean isClosed:取得是否已關閉了此 Statement 物件。
- void close:關閉 Statement 物件,釋放相關的資源。
- Connection getConnection:取得產生此 Statement 物件的 Connection 物件。

上述方法主要用來完成執行 SQL 敘述、取得 SQL 敘述執行結果等功能。

17.2 資料來源工廠介面

datasource 套件採用了典型的工廠方法模式。DataSourceFactory 作為所有工廠的介面,javax.sql 套件中的 DataSource 作為所有工廠產品的介面。DataSourceFactory 介面相關類別的類別圖如圖 17-2 所示。

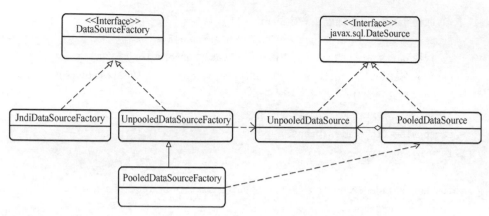

圖 17-2 DataSourceFactory 介面相關類別的類別圖

既然是工廠方法模式，那在使用時就需要選擇實際的實現工廠。在 XMLConfigBuilder 類別中的 dataSourceElement 方法中，可以看到與選擇實現工廠相關的原始程式，如程式 17-1 所示。

程式 17-1

```java
/**
 * 解析設定資訊，取得資料來源工廠
 * 被解析的設定資訊範例如下：
 * <dataSource type="POOLED">
 *   <property name="driver" value="{dataSource.driver}"/>
 *   <property name="url" value="{dataSource.url}"/>
 *   <property name="username" value="${dataSource.username}"/>
 *   <property name="password" value="${dataSource.password}"/>
 * </dataSource>
 *
 * @param context 被解析的節點
 * @return 資料來源工廠
 * @throws Exception
 */
private DataSourceFactory dataSourceElement(XNode context) throws Exception {
  if (context != null) {
    // 透過這裡的類型判斷資料來源類型，如 POOLED、UNPOOLED、JNDI
    String type = context.getStringAttribute("type");
```

```
    // 取得 dataSource 節點下設定的 property
    Properties props = context.getChildrenAsProperties();
    // 根據 dataSource 的 type 值取得對應的 DataSourceFactory 物件
    DataSourceFactory factory = (DataSourceFactory) resolveClass(type).
        newInstance();
    // 設定 DataSourceFactory 物件的屬性
    factory.setProperties(props);
    return factory;
  }
  throw new BuilderException("Environment declaration requires a
    DataSourceFactory.");
}
```

透過程式 17-1 可以看出，MyBatis 是基於 XML 檔案中設定的 dataSource 的 type 屬性進行實現工廠的選擇，我們可以選擇 DataSource 介面的任意一種實現類別作為資料來源工廠。

DataSourceFactory 作為工廠介面，定義了資料來源工廠必須實現的方法。DataSourceFactory 介面的原始程式如程式 17-2 所示。

程式 **17-2**

```
public interface DataSourceFactory {

  /**
   * 設定工廠屬性
   * @param props 屬性
   */
  void setProperties(Properties props);

  /**
   * 從工廠中取得產品
   * @return DataSource 物件
   */
  DataSource getDataSource();
}
```

17.3 JNDI 資料來源工廠

datasource 套件中的 jndi 子套件提供了一個 JNDI 資料來源工廠 JndiDataSourceFactory。在閱讀 JndiDataSourceFactory 的原始程式之前，我們先了解什麼是 JNDI，以及什麼是 JNDI 資料來源。

JNDI（Java Naming and Directory Interface）是 Java 命名和目錄介面，它能夠為 Java 應用程式提供命名和目錄存取的介面，我們可以將其了解為一個命名標準。在使用該標準為資源命名並將資源放入環境（Context）中後，可以透過名稱從環境中尋找（lookup）對應的資源。

資料來源作為一個資源，就可以使用 JNDI 命名後放入環境中，這就是 JNDI 資料來源。之後只要透過名稱資訊，就可以將該資料來源尋找出來。舉例來說，Tomcat 等應用伺服器在啟動時可以將相關的資料來源都命名好後放入環境中，而 MyBatis 可以透過該資料來源的名稱資訊將其從環境中尋找出來。這樣的好處是應用程式開發人員只需給 MyBatis 設定要尋找的資料來源的 JNDI 名稱即可，而不需要關心該資料來源的實際資訊（位址、使用者名稱、密碼等）與產生細節。

JndiDataSourceFactory 的作用就是從環境中找出指定的 JNDI 資料來源。

在 MyBatis 的設定檔中使用字串 "JNDI" 來代表 JNDI 資料來源，舉例來說，我們可以使用程式 17-3 所示的方式來設定 JNDI 資料來源。

程式 **17-3**

```
<dataSource type="JNDI" >
    <!-- 起始環境資訊 -->
    <property name="initial_context" value="java:/comp/env"/>
    <!-- 資料來源 JNDI 名稱 -->
    <property name="data_source" value="java:comp/env/jndi/mybatis" />
    <!-- 以 "env." 開頭的其他環境設定資訊 -->
    <property name="env.encoding" value="UTF8" />
</dataSource>
```

程式 17-3 中的主要設定資訊解釋如下。

- initial_context：列出的是起始環境資訊，MyBatis 會到這裡尋找指定的資料來源。該值也可以不設定，則 MyBatis 會在整個環境中尋找資料來源。
- data_source：列出的是資料來源的名稱。

JndiDataSourceFactory 中 的 getDataSource 方法只負責將成員變數中的 DataSource 物件傳回，而從環境中找出指定的 DataSource 的操作是在 setProperties 方法中進行的。這兩個方法的原始程式如程式 17-4 所示。

程式 **17-4**

```
/**
 * 設定資料來源屬性，其中包含了資料來源的尋找工作
 * @param properties 屬性資訊
 */
@Override
public void setProperties(Properties properties) {
  try {
    // 初始上下文環境
    InitialContext initCtx;
    // 取得設定資訊，根據設定資訊初始化環境
    Properties env = getEnvProperties(properties);
    if (env == null) {
      initCtx = new InitialContext();
    } else {
      initCtx = new InitialContext(env);
    }

    // 從設定資訊中取得資料來源資訊
    if (properties.containsKey(INITIAL_CONTEXT)
        && properties.containsKey(DATA_SOURCE)) {
      // 定位到 initial_context 列出的起始環境
      Context ctx = (Context) initCtx.lookup(properties.getProperty(INITIAL_
CONTEXT));
      // 從起始環境中尋找指定資料來源
      dataSource = (DataSource) ctx.lookup(properties.getProperty(DATA_
```

```
SOURCE));
    } else if (properties.containsKey(DATA_SOURCE)) {
    // 從整個環境中尋找指定資料來源
    dataSource = (DataSource) initCtx.lookup(properties.getProperty(DATA_
SOURCE));
    }
  } catch (NamingException e) {
    throw new DataSourceException("There was an error configuring
        JndiDataSourceTransactionPool. Cause: " + e, e);
  }
}


/**
 * 取得資料來源
 * @return 資料來源
 */
@Override
public DataSource getDataSource() {
  return dataSource;
}
```

所以說，從本質上講，JndiDataSourceFactory 不是在生產資料來源，而只是負責尋找資料來源。

17.4　非池化資料來源及工廠

datasource 套件中的 unpooled 子套件提供了非池化的資料來源工廠及非池化的資料來源。

17.4.1　非池化資料來源工廠

UnpooledDataSourceFactory 是非池化的資料來源工廠。與只負責從環境中尋找指定資料來源的 JndiDataSourceFactory 不同，unpooled 子套件下的

UnpooledDataSourceFactory 需要真正建立一個資料來源。不過這個建立過程非常簡單，UnpooledDataSourceFactory 直接在本身的建構方法中建立了資料來源物件，並儲存在了本身的成員變數中。UnpooledDataSourceFactory 的建構方法如程式 17-5 所示。

程式 17-5

```
/**
 * UnpooledDataSourceFactory 的建構方法，包含建立資料來源的操作
 */
public UnpooledDataSourceFactory() {
  this.dataSource = new UnpooledDataSource();
}
```

UnpooledDataSourceFactory 的 setProperties 方法負責為工廠中的資料來源設定屬性，如程式 17-6 所示。給資料來源設定的屬性分為兩種：以 "driver." 開頭的屬性是設定給資料來源內包含的 DriverManager 物件的；其他的屬性是設定給資料來源本身的。

程式 17-6

```
/**
 * 為資料來源設定設定資訊
 * @param properties 設定資訊
 */
@Override
public void setProperties(Properties properties) {
  // 驅動的屬性
  Properties driverProperties = new Properties();
  // 產生一個包含 DataSource 物件的元物件
  MetaObject metaDataSource = SystemMetaObject.forObject(dataSource);
  // 設定屬性
  for (Object key : properties.keySet()) {
    String propertyName = (String) key;
    if (propertyName.startsWith(DRIVER_PROPERTY_PREFIX)) {
      // 取出以 "driver." 開頭的設定資訊
      // 記錄以 "driver." 開頭的設定資訊
```

```
      String value = properties.getProperty(propertyName);
      driverProperties.setProperty(propertyName.substring(DRIVER_PROPERTY_
         PREFIX_ LENGTH), value);
   } else if (metaDataSource.hasSetter(propertyName)) {
      // 透過反射為 DataSource 設定其他屬性
      String value = (String) properties.get(propertyName);
      Object convertedValue = convertValue(metaDataSource, propertyName, value);
      metaDataSource.setValue(propertyName, convertedValue);
   } else {
      throw new DataSourceException("Unknown DataSource property: " +
         propertyName);
   }
}
if (driverProperties.size() > 0) {
   // 將以 "driver." 開頭的設定資訊放入 DataSource 的 driverProperties 屬性中
   metaDataSource.setValue("driverProperties", driverProperties);
}
}
```

UnpooledDataSourceFactory 類別中的 getDataSource 方法只負責將已經產生並設定完屬性的 DataSource 物件傳回。

17.4.2 非池化資料來源

非池化資料來源是最簡單的資料來源,它只需要在每次請求連接時開啟連接,在每次連接結束時關閉連接即可。

在 MyBatis 的設定檔中使用字串 "UNPOOLED" 來代表非池化資料來源,程式 17-7 列出了一個設定的範例。

程式 **17-7**

```
<dataSource type="UNPOOLED">
    <!-- 資料庫驅動 -->
    <property name="driver" value="com.mysql.cj.jdbc.Driver"/>
    <!-- 資料來源地址 -->
```

```
        <property name="url" value="jdbc:mysql://127.0.0.1:3306/yeecode_demo"/>
        <!-- 資料來源使用者名稱 -->
        <property name="username" value="yeecode"/>
        <!-- 資料來源密碼 -->
        <property name="password" value="yeecode_passward"/>
        <!-- 是否自動提交 -->
        <property name="autoCommit" value="true" />
        <!-- 預設的交易隔離等級 -->
        <property name="defaultTransactionIsolationLevel" value="1"/>
        <!-- 預設最長等待時間 -->
        <property name="defaultNetworkTimeout" value="2000"/>
        <!-- 省略了一些其他屬性 -->
</dataSource>
```

UnpooledDataSource 類別中的屬性和上面的設定資訊一一對應，如程式 17-8 所示。

程式 17-8

```java
// 驅動載入器
private ClassLoader driverClassLoader;
// 驅動設定資訊
private Properties driverProperties;
// 已經註冊的所有驅動
private static Map<String, Driver> registeredDrivers = new ConcurrentHashMap<>();
// 資料庫驅動
private String driver;
// 資料來源地址
private String url;
// 資料來源使用者名稱
private String username;
// 資料來源密碼
private String password;
// 是否自動提交
private Boolean autoCommit;
// 預設交易隔離等級
private Integer defaultTransactionIsolationLevel;
```

```
// 最長等待時間。發出請求後,最長等待該時間後如果資料庫還沒有回應,則認為失敗
private Integer defaultNetworkTimeout;
```

UnpooledDataSource 最重要的功能是列出資料庫連線物件 Connection。該功能由 doGetConnection 方法提供,核心實現如程式 17-9 所示。

程式 17-9

```
/**
 * 建立資料庫連接
 * @param properties 裡面包含建立連接的 "user""password" 及驅動設定資訊
 * @return 資料庫連線物件
 * @throws SQLException
 */
private Connection doGetConnection(Properties properties) throws SQLException {
    // 初始化驅動
    initializeDriver();
    // 透過 DriverManager 取得連接
    Connection connection = DriverManager.getConnection(url, properties);
    // 設定連接,要設定的屬性有 defaultNetworkTimeout、autoCommit、
    defaultTransaction IsolationLevel
    configureConnection(connection);
    return connection;
}
```

透過程式 17-9 可以看出,UnpooledDataSource 中傳回 Connection 物件實際上是由 DriverManager 提供的。程式 17-9 中還呼叫了 initializeDriver 方法進行驅動的初始化。

驅動初始化的主要工作是將指定的驅動找到然後註冊給 DriverManager,該過程如程式 17-10 所示。

程式 17-10

```
/**
 * 初始化資料庫驅動
 * @throws SQLException
 */
```

```
private synchronized void initializeDriver() throws SQLException {
  if (!registeredDrivers.containsKey(driver)) {
  // 如果所需的驅動尚未被註冊到 registeredDrivers
    Class<?> driverType;
    try {
      if (driverClassLoader != null) { // 如果存在驅動類別載入器
        // 優先使用驅動類別載入器載入驅動類別
        driverType = Class.forName(driver, true, driverClassLoader);
      } else {
        // 使用 Resources 中的所有載入器載入驅動類別
        driverType = Resources.classForName(driver);
      }
      // 產生實體驅動
      Driver driverInstance = (Driver)driverType.newInstance();
      // 向 DriverManager 註冊該驅動的代理
      DriverManager.registerDriver(new DriverProxy(driverInstance));
      // 註冊到 registeredDrivers，表明該驅動已經載入
      registeredDrivers.put(driver, driverInstance);
    } catch (Exception e) {
      throw new SQLException("Error setting driver on UnpooledDataSource.
        Cause: " + e);
    }
  }
}
```

可見在資料來源 DataSource 中，真正管理資料庫驅動的也是 DriverManager。
這也印證了 DataSource 只是 DriverManager 的進一步封裝這一結論。

17.5　池化資料來源

在一個應用程式中，通常會進行大量的資料庫操作。而如果每一次資料庫操
作時都建立和釋放資料庫連接 Connection 物件，則會降低整個程式的執行效
率。因此，引用資料庫連接池非常必要。

在連接池中總保留一定數量的資料庫連接以備使用，可以在需要時取出，用完後放回，減少了連接的建立和銷毀工作，提升了整體的效率。

在從非池化的資料來源 UnpooledDataSource 中取得 Connection 物件時，實際上是由 UnpooledDataSource 物件內部的 DriverManager 物件列出的。顯然，這些連接 Connection 物件不屬於任何一個連接池。

datasource 套件的 pooled 子套件提供了資料來源連接池相關的類別。其中 PooledDataSourceFactory 類別繼承了 UnpooledDataSourceFactory 類別，並僅重新定義了建構方法而已，我們不再多作說明。

17.5.1 池化資料來源類別的屬性

在 MyBatis 的設定檔中使用字串 "POOLED" 來代表池化資料來源，在池化資料來源的設定中，除了非池化資料來源中的相關屬性外，還增加了一些與連接池相關的屬性，如程式 17-11 所示。

程式 17-11

```
<dataSource type="POOLED">
    <property name="driver" value="com.mysql.jdbc.Driver"/>
    <property name="url" value="jdbc:mysql://127.0.0.1:3306/yeecode_demo"/>
    <property name="username" value="yeecode"/>
    <property name="password" value="yeecode_password"/>
    <property name="defaultTransactionIsolationLevel" value="1"/>
    <!-- 最大活動連接數 -->
    <property name="poolMaximumActiveConnections" value="15" />
    <!-- 最大空閒連接數 -->
    <property name="poolMaximumIdleConnections" value="5" />
    <!-- 省略了一些其他屬性 -->
</dataSource>
```

PooledDataSource 類別的屬性如程式 17-12 所示，其中包含了一些與連接池相關的屬性。

程式 17-12

```
// 連接池
private final PoolState state = new PoolState(this);
// 持有一個 UnpooledDataSource 物件
private final UnpooledDataSource dataSource;
// 和連接池設定涉及的設定項目
protected int poolMaximumActiveConnections = 10;
protected int poolMaximumIdleConnections = 5;
protected int poolMaximumCheckoutTime = 20000;
protected int poolTimeToWait = 20000;
protected int poolMaximumLocalBadConnectionTolerance = 3;
protected String poolPingQuery = "NO PING QUERY SET";
protected boolean poolPingEnabled;
protected int poolPingConnectionsNotUsedFor;
// 儲存池子中連接的編碼
private int expectedConnectionTypeCode;
```

PooledDataSource 類別的屬性中，最重要的是以下三個屬性：state、dataSource、expectedConnectionTypeCode。下面對這三個屬性一一介紹。

1. state

屬性 state 是一個 PoolState 物件，其宣告敘述如下所示。

```
private final PoolState state = new PoolState(this);
```

PoolState 中儲存了所有的資料庫連接及狀態資訊。

在設定池化的資料來源時，掌握好連接池的大小十分必要。如果連接池設定得過大，則會存在大量的空閒連接，進一步導致記憶體等資源的浪費；如果連接池設定得過小，則需要頻繁地建立和銷毀連接，進一步降低程式執行的效率。

資料庫連接池大小的設定需要根據業務場景判斷，在這個判斷過程中需要有連接池的執行資料進行支援。因此，對連接池的執行資料進行統計非常必要。

PooledDataSource 沒有直接使用列表而是使用 PoolState 物件來儲存所有的資料庫連接，就是為了統計連接池執行資料的需要。

PoolState 類別的屬性如程式 17-13 所示，在 PoolState 類別的屬性中，除了使用 idleConnections 和 activeConnections 兩個列表儲存了所有的空餘連接和活躍連接外，還有大量的屬性用來儲存連接池執行過程中的統計資訊。

程式 17-13

```
// 池化資料來源
protected PooledDataSource dataSource;
// 空閒的連接
protected final List<PooledConnection> idleConnections = new ArrayList< >();
// 活動的連接
protected final List<PooledConnection> activeConnections = new ArrayList< >();
// 連接被取出的次數
protected long requestCount = 0;
// 取出請求花費時間的累計值。從準備取出請求到取出結束的時間為取出請求花費的時間
protected long accumulatedRequestTime = 0;
// 累計被檢出的時間
protected long accumulatedCheckoutTime = 0;
// 宣告的過期連接數
protected long claimedOverdueConnectionCount = 0;
// 過期的連接數的總檢出時長
protected long accumulatedCheckoutTimeOfOverdueConnections = 0;
// 總等待時間
protected long accumulatedWaitTime = 0;
// 等待的輪次
protected long hadToWaitCount = 0;
// 壞連接的數目
protected long badConnectionCount = 0;
```

2. dataSource

當池化的資料來源在連接池中的連接不夠時，也需要建立新的連接。而屬性 dataSource 是一個 UnpooledDataSource 物件，在需要建立新的連接時，由該屬性列出。

關於 UnpooledDataSource 物件如何列出資料來源連接，我們已經在 17.4.2 節介紹過。

3. expectedConnectionTypeCode

一個資料來源連接池必須確保池中的每個連接都是相等的，這樣才能保障我們每次從連接池中取出連接不會存在差異。expectedConnectionTypeCode 儲存的是該資料來源連接類型編碼，它透過程式 17-14 所示的函數計算出來。

程式 17-14

```
/**
 * 計算該連接池中連接的類型編碼
 * @param url 連接位址
 * @param username 使用者名稱
 * @param password 密碼
 * @return 類型編碼
 */
private int assembleConnectionTypeCode(String url, String username, String
password) {
  return ("" + url + username + password).hashCode();
}
```

該值在 PooledDataSource 物件建立時產生，然後會指定給每一個從該 PooledDataSource 物件的連接池中取出的 PooledConnection。當 PooledDataSource 使用結束被歸還給連接池時會驗證該值，進一步保障還回來的 PooledDataSource 物件確實屬於該連接池。

可以把 PooledConnection 了解為一個要出借東西的主人。在出借之前，他會在東西上簽上自己的名字；在東西歸還時，他會檢查東西上是不是自己的簽名。這樣就避免了別人的東西錯還到自己這裡。

17.5.2 池化連接的列出與收回

對於池化資料來源 PooledDataSource 而言，最重要的工作就是列出與收回池化連接。我們將分別閱讀這兩個過程的原始程式，以便於對池化資料來源的核心工作流程有一個清晰的了解。

1. 列出池化連接

列出池化連接的方法是 popConnection。該方法的原始程式如程式 17-15 所示。

程式 17-15

```
/**
 * 從池化資料來源中列出一個連接
 * @param username 使用者名稱
 * @param password 密碼
 * @return 池化的資料庫連接
 * @throws SQLException
 */
private PooledConnection popConnection(String username, String password)
throws SQLException {
  boolean countedWait = false;
  PooledConnection conn = null;
  // 用於統計取出連接花費時間的起點
  long t = System.currentTimeMillis();
  int localBadConnectionCount = 0;

  while (conn == null) {
    // 給 state 加同步鎖
    synchronized (state) {
      if (!state.idleConnections.isEmpty()) { // 池中存在空閒連接
        // 左移操作，取出第一個連接
        conn = state.idleConnections.remove(0);
        if (log.isDebugEnabled()) {
          log.debug("Checked out connection " + conn.getRealHashCode() + "
            from pool.");
        }
      } else { // 池中沒有空餘連接
        if (state.activeConnections.size() < poolMaximumActiveConnections) {
          // 池中還有空餘位置
          // 可以建立新連接，也是透過 DriverManager.getConnection 拿到連接的
          conn = new PooledConnection(dataSource.getConnection(), this);
          if (log.isDebugEnabled()) {
```

```
      log.debug("Created connection " + conn.getRealHashCode() + ".");
  }
} else { // 連接池已滿，不能建立新連接
  // 找到借出去最久的連接
  PooledConnection oldestActiveConnection = state.activeConnections.
  get(0);
  // 檢視借出去最久的連接已經被借了多久
  long longestCheckoutTime = oldestActiveConnection.getCheckoutTime();
  if (longestCheckoutTime > poolMaximumCheckoutTime) {
      // 借出時間超過設定的借出時長
      // 宣告該連接超期不還
      state.claimedOverdueConnectionCount++;
      state.accumulatedCheckoutTimeOfOverdueConnections +=
        longestCheckoutTime;
      state.accumulatedCheckoutTime += longestCheckoutTime;
      // 因超期不還而從池中除名
      state.activeConnections.remove(oldestActiveConnection);
      if (!oldestActiveConnection.getRealConnection().getAutoCommit()) {
          // 如果超期不還的連接沒有設定自動提交交易
          // 嘗試替它提交回覆交易
          try {
            oldestActiveConnection.getRealConnection().rollback();
          } catch (SQLException e) {
            // 即使替它回覆交易的操作失敗，也不拋出例外，僅做一下記錄
            log.debug("Bad connection. Could not roll back");
          }
      }
      // 新增一個連接替代超期不還連接的位置
      conn = new PooledConnection(oldestActiveConnection.
        getRealConnection(), this);
      conn.setCreatedTimestamp(oldestActiveConnection.
        getCreatedTimestamp());
      conn.setLastUsedTimestamp(oldestActiveConnection.
        getLastUsedTimestamp());
      oldestActiveConnection.invalidate();
      if (log.isDebugEnabled()) {
```

```
        log.debug("Claimed overdue connection " + conn.getRealHashCode()
          + ".");
      }
    } else { // 借出去最久的連接，並未超期
      // 繼續等待，等待有連接歸還到連接池
      try {
        if (!countedWait) {
          // 記錄發生等待的次數。某次請求等待多輪也只能算作發生了一次等待
          state.hadToWaitCount++;
          countedWait = true;
        }
        if (log.isDebugEnabled()) {
          log.debug("Waiting as long as " + poolTimeToWait + "
            milliseconds for connection.");
        }
        long wt = System.currentTimeMillis();
        // 沉睡一段時間再試，防止一直佔有運算資源
        state.wait(poolTimeToWait);
        state.accumulatedWaitTime += System.currentTimeMillis() - wt;
      } catch (InterruptedException e) {
        break;
      }
    }
  }
}
if (conn != null) { // 取到了連接
  // 判斷連接是否可用
  if (conn.isValid()) { // 如果連接可用
    if (!conn.getRealConnection().getAutoCommit()) {
      // 該連接沒有設定自動提交
      // 回覆未提交的操作
      conn.getRealConnection().rollback();
    }
    // 每個借出去的連接都打上資料來源的連接類型編碼，以便在歸還時確保正確
    conn.setConnectionTypeCode(assembleConnectionTypeCode(dataSource.
      getUrl(), user name, password));
```

```
        // 資料記錄操作
        conn.setCheckoutTimestamp(System.currentTimeMillis());
        conn.setLastUsedTimestamp(System.currentTimeMillis());
        state.activeConnections.add(conn);
        state.requestCount++;
        state.accumulatedRequestTime += System.currentTimeMillis() - t;
      } else { // 連接不可用
        if (log.isDebugEnabled()) {
          log.debug("A bad connection (" + conn.getRealHashCode() + ") was
              returned from the pool, getting another connection.");
        }
        state.badConnectionCount++;
        localBadConnectionCount++;
        // 直接刪除連接
        conn = null;
        // 如果沒有一個連接能用，說明連不上資料庫
        if (localBadConnectionCount > (poolMaximumIdleConnections +
            poolMaximumLocal BadConnectionTolerance)) {
          if (log.isDebugEnabled()) {
            log.debug("PooledDataSource: Could not get a good connection to
                the database.");
          }
          throw new SQLException("PooledDataSource: Could not get a good
              connection to the database.");
        }
      }
    }
  }
  // 如果到這裡還沒拿到連接，則會循環此過程，繼續嘗試取出連接
}

if (conn == null) {
  if (log.isDebugEnabled()) {
    log.debug("PooledDataSource: Unknown severe error condition. The
      connection pool returned a null connection.");
  }
```

```
    throw new SQLException("PooledDataSource: Unknown severe error condition.
        The connection pool returned a null connection.");
  }


  return conn;
}
```

因為上面的程式比較冗長，我們可以使用虛擬程式碼歸納該流程。

在原始程式閱讀過程中，有很多方法可以幫助我們整理原始程式的執行流程，如流程圖、虛擬程式碼、時序圖等。它們能夠讓我們擺脫繁雜的細節去抓住整個程式執行的主線。而這些方法中，虛擬程式碼具有撰寫簡單、與原始程式契合度高等特點，能夠讓我們更加專注於原始程式本身而不會囿於排版、繪製等無關的過程。因此，推薦大家使用虛擬程式碼進行原始程式的流程整理。

popConnection 方法的虛擬程式碼如程式 17-16 所示。

程式 17-16

```
popConnection() {
  while( 沒有取到連接 ) {
    增加同步鎖，防止多執行緒衝突；
    if( 連接池還有空餘連接 ) {
      取出連接；
    } else {
      if ( 連接池還有空餘位置 ) {
        建立新的連接；
      } else {
        if ( 借出最久的連接已經超期不還 ) {
          從連接池刪除超期不還的連接；
          新增一個連接；
        } else {
          繼續等待；
        }
      }
    }
```

```
  if(已經拿到連接) {
    if（連接可用）{
       根據自動提交設定處理該連接上次使用時尚未提交的操作;
    } else {
      刪除連接;
      if（所有連接都不可用）{
         資料庫無法連接，拋出例外;
      }
    }
  }
  釋放同步鎖;
}

if（取不到連接）{
  拋出例外;
}

傳回連接;
}
```

2. 收回池化連接

收回池化連接的方法是 pushConnection 方法。該方法的原始程式如程式 17-17
所示。

程式 17-17

```
/**
 * 收回一個連接
 * @param conn 連接
 * @throws SQLException
 */
protected void pushConnection(PooledConnection conn) throws SQLException {
  synchronized (state) {
    // 將該連接從活躍連接中刪除
    state.activeConnections.remove(conn);
```

```
if (conn.isValid()) { // 目前連接是可用的
  // 判斷連接池未滿 + 該連接確實屬於該連接池
  if (state.idleConnections.size() < poolMaximumIdleConnections && conn.
    getConnection TypeCode() == expectedConnectionTypeCode) {
    state.accumulatedCheckoutTime += conn.getCheckoutTime();
    if (!conn.getRealConnection().getAutoCommit()) {
        // 如果連接沒有設定自動提交
        // 將未完成的操作回覆
        conn.getRealConnection().rollback();
    }
    // 重新整理連接
    PooledConnection newConn = new PooledConnection(conn.
      getRealConnection(), this);
    // 將連接放入空閒連接池
    state.idleConnections.add(newConn);
    newConn.setCreatedTimestamp(conn.getCreatedTimestamp());
    newConn.setLastUsedTimestamp(conn.getLastUsedTimestamp());
    // 設定連接為未驗證，以便取出時重新驗證
    conn.invalidate();
    if (log.isDebugEnabled()) {
      log.debug("Returned connection " + newConn.getRealHashCode() + "
          to pool.");
    }
    state.notifyAll();
  } else { // 連接池已滿或該連接不屬於該連接池
    state.accumulatedCheckoutTime += conn.getCheckoutTime();
    if (!conn.getRealConnection().getAutoCommit()) {
      conn.getRealConnection().rollback();
    }
    // 直接關閉連接，而非將其放入連接池中
    conn.getRealConnection().close();
    if (log.isDebugEnabled()) {
      log.debug("Closed connection " + conn.getRealHashCode() + ".");
    }
    conn.invalidate();
  }
```

```
    } else { // 目前連接不可用
      if (log.isDebugEnabled()) {
        log.debug("A bad connection (" + conn.getRealHashCode() + ")
            attempted to return to the pool, discarding connection.");
      }
      state.badConnectionCount++;
    }
  }
}
```

同樣，我們列出 pushConnection 方法的虛擬程式碼，如程式 17-18 所示。

程式 17-18

```
pushConnection() {
  增加同步鎖，防止多執行緒衝突；
  將該連接從活躍連接列表中刪除；
  if( 歸還的連接可用 ) {
    if( 連接池未滿且該連接確實屬於該連接池 ){
      清理該連接；
      將該連接放入連接池；
    } else {
      關閉連接；
    }
  } else {
    記錄該連接不可用；
  }
  釋放同步鎖；
}
```

3. 池化資料來源中連接的相等性

一個資料來源的連接池必須確定池中的每個連接都是相等的，PooledData
Source 透過儲存在 expectedConnectionTypeCode 中的資料來源連接類型編碼來
保障這一點。PooledDataSource 在每次列出連接時會給連接寫入編碼，在收回
連接時會驗證編碼。這就避免了非本池的連接被放入該連接池。

但是大家可能還有一個疑問：在 PooledDataSource 物件建立並使用一段時間之後，會有一些連接被列出，有一些連接尚在連接池中空閒。如果這時我們將其資料庫的 driver、url、username、password 中的或多個屬性改變後會發生什麼？會不會導致連接池中存在屬性不同的兩批 PooledConnection 物件呢？

對於這個問題，我們從原始程式入手進行分析。

對於 PooledDataSource 而言，它的 Connection 物件是由屬性 dataSource 持有的 UnpooledDataSource 物件列出的。而 driver、url、username、password 這些屬性就存在於這個 UnpooledDataSource 物件中。

要想修改 driver、url、username、password 等屬性，則必須呼叫 PooledDataSource 的 setDriver、setUrl、setUsername、setPassword 等方法。其中 setDriver 方法的原始程式如程式 17-19 所示。

程式 **17-19**

```
/**
 * 設定連接池的驅動
 * @param driver 連接池驅動
 */
public void setDriver(String driver) {
  dataSource.setDriver(driver);
  forceCloseAll();
}
```

我們發現 setDriver、setUrl、setUsername、setPassword 等方法都呼叫了 forceCloseAll 方法。forceCloseAll 方法的原始程式如程式 17-20 所示。

程式 **17-20**

```
/**
 * 將活動和空閒的連接全部關閉
 */
public void forceCloseAll() {
  synchronized (state) { // 增加同步鎖
    // 重新計算和更新連接類型編碼
```

```
    expectedConnectionTypeCode = assembleConnectionTypeCode(dataSource.getUrl(),
        dataSource. getUsername(), dataSource.getPassword());
    // 依次關閉所有的活動連接
    for (int i = state.activeConnections.size(); i > 0; i--) {
      try {
        PooledConnection conn = state.activeConnections.remove(i - 1);
        conn.invalidate();

        Connection realConn = conn.getRealConnection();
        if (!realConn.getAutoCommit()) {
          realConn.rollback();
        }
        realConn.close();
      } catch (Exception e) {
      }
    }
    // 依次關閉所有的空閒連接
    for (int i = state.idleConnections.size(); i > 0; i--) {
      try {
        PooledConnection conn = state.idleConnections.remove(i - 1);
        conn.invalidate();

        Connection realConn = conn.getRealConnection();
        if (!realConn.getAutoCommit()) {
          realConn.rollback();
        }
        realConn.close();
      } catch (Exception e) {
      }
    }
  }
  if (log.isDebugEnabled()) {
    log.debug("PooledDataSource forcefully closed/removed all connections.");
  }
}
```

透過閱讀程式 17-20 可知，在 forceCloseAll 方法中，會將所有的空閒連接和活動連接全部關閉。

因此，如果在 PooledDataSource 物件建立並使用一段時間之後，再將其資料庫的 driver、url、username、password 中的或多個屬性進行改變，會導致所有的活動連接和空閒連接都被關閉。不會出現連接池中存在屬性不同的兩批 PooledConnection 物件的情況。

這種機制便確保了池化資料來源中的連接始終是相等的。

17.5.3 池化連接

當我們要關閉一個非池化的資料庫連接時，該連接會真正地關閉；而當我們要關閉一個池化連接時，它不應該真正地關閉掉，而是應該將自己放回連接池。正因為如此，透過 PooledDataSource 獲得的資料庫連接不能是普通的 Connection 類別的物件。

pooled 子套件中存在一個 PooledConnection 類別，該類別是普通 Connection 類別的代理類別。它的重要工作就是修改 Connection 類別的 close 方法的行為。

PooledConnection 類別繼承了 InvocationHandler 介面成為一個動態代理類別，關於這方面的知識我們已經在 10.1.3 節進行了介紹。這裡我們直接透過程式 17-21 檢視其 invoke 方法。

程式 **17-21**

```
/**
 * 代理方法
 * @param proxy 代理物件
 * @param method 代理方法
 * @param args 代理方法的參數
 * @return 方法執行結果
 * @throws Throwable
 */
```

```
@Override
public Object invoke(Object proxy, Method method, Object[] args) throws
Throwable {
  // 取得方法名稱
  String methodName = method.getName();
  if (CLOSE.hashCode() == methodName.hashCode() && CLOSE.equals(methodName)) {
    // 如果呼叫了關閉方法
    // 那麼把 Connection 傳回給連接池，而非真正地關閉
    dataSource.pushConnection(this);
    return null;
  }
  try {
    // 驗證連接是否可用
    if (!Object.class.equals(method.getDeclaringClass())) {
      checkConnection();
    }
    // 用真正的連接去執行操作
    return method.invoke(realConnection, args);
  } catch (Throwable t) {
    throw ExceptionUtil.unwrapThrowable(t);
  }
}
```

透過閱讀程式 17-21 可知，該代理將 Connection 物件的關閉方法過濾出來，
取代成歸還到連接池的操作，而非真正地關閉連接。

17.6 論資料來源工廠

在閱讀 DataSourceFactory 實現類別的原始程式時，我們可能會隱隱察覺到它
們並不是典型的工廠。

大部分的情況下，典型的工廠工作流程如圖 17-3 所示。

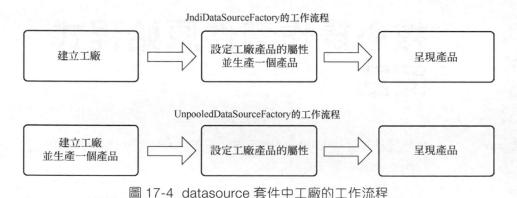

図 17-3 典型的工廠工作流程

工廠的產品是在最後一個階段才生產出來的，不斷呼叫最後一個階段可以產生多個產品。而 JndiDataSourceFactory 的產品是在設定工廠產品屬性階段產生的，UnpooledDataSourceFactory 的產品是在工廠初始化階段產生的。datasource 套件中工廠的工作流程如圖 17-4 所示。

図 17-4 datasource 套件中工廠的工作流程

對於圖 17-4 所示的工廠流程會帶來以下幾個問題。

- 設定工廠產品的屬性會導致已出廠的產品受到影響。舉例來說，透過呼叫 getDataSource 方法拿到 DataSource 物件後，對工廠呼叫 setProperties 方法會影響已經拿到的 DataSource 物件。
- 多次取得工廠產品卻只能拿到同一個產品。舉例來說，多次呼叫 getDataSource 方法拿到的是同一個物件，成了一種單例模式。

我們並不贊同這種非典型的工廠流程，因為這與開發者的慣常思維相悖，降低了程式的可讀性和可維護性。

通常在專案開發中也要注意，遵循開發者慣常的思維非常重要，這會避免很多 bug 的產生。而如果實在要違反慣常思維，則一定要在程式中註釋清楚。

核心操作套件原始程式閱讀

核心操作套件是 MyBatis 進行資料庫查詢和物件關係對映等工作的套件。

該套件中的類能完成參數解析、資料庫查詢、結果對映等主要功能。在主要功能的執行過程中還會涉及快取、懶載入、鑒別器處理、主鍵自動增加、外掛程式支援等許多其他功能。

本篇我們將詳細閱讀核心操作套件中的原始程式，瞭解MyBatis 如何完成以上功能。

18

jdbc 套件

jdbc 套件是 MyBatis 中一個十分獨立的套件，該套件提供了資料庫動作陳述式的執行能力和指令稿執行能力。

jdbc 套件看起來非常簡單，除即將廢棄的 SelectBuilder 和 SqlBuilder 類別外，只剩下六個類別。但是，整個套件的原始程式有很多地方值得揣摩。我們首先列出以下兩點疑問，然後帶著這兩點疑問繼續後面的原始程式分析。

- AbstractSQL 類別中的很多方法名稱是大寫。舉例來說，UPDATE 應該寫作 update 才對，為什麼會出現這樣的情況？
- 整個 jdbc 套件中的所有類別都沒有被外部參考過，那該套件有什麼存在的意義？

18.1　AbstractSQL 類別與 SQL 類別

AbstractSQL 類別是一個抽象類別，它含有一個抽象方法 getSelf。而 SQL 類別作為 AbstractSQL 類別的子類別實現了該抽象方法。AbstractSQL 類別和 SQL 類別的類別圖如圖 18-1 所示。

圖 18-1 AbstractSQL 類別和 SQL 類別的類別圖

AbstractSQL 類別包含兩個靜態內部類別：SafeAppendable 類別和 SQLStatement 類別。本著自下而上的分析原則，我們先分析 AbstractSQL 中的這兩個內部類別。

18.1.1 SafeAppendable 內部類別

SafeAppendable 是一個連接器，它的 append 方法也能實現串的連接功能。其功能實現比較簡單，原始程式如程式 18-1 所示。

程式 18-1

```
private static class SafeAppendable {
  // 主串
  private final Appendable a;
  // 主串是否為空
  private boolean empty = true;

  public SafeAppendable(Appendable a) {
    super();
    this.a = a;
  }

  /**
   * 向主串連接一段字串
   * @param s 被連接的字串
   * @return SafeAppendable 內部類別本身
   */
  public SafeAppendable append(CharSequence s) {
    try {
      // 要連接的串長度不為零，則拼完後主串也不是空了
      if (empty && s.length() > 0) {
```

```
        empty = false;
      }
      // 連接
      a.append(s);
    } catch (IOException e) {
      throw new RuntimeException(e);
    }
    return this;
  }


  /**
   * 判斷目前主串是否為空
   * @return 目前主串是否為空
   */
  public boolean isEmpty() {
    return empty;
  }
}
```

18.1.2 SQLStatement 內部類別

SQLStatement 內部類別可以完整地表述出一筆 SQL 敘述，它的主要屬性如程式 18-2 所示。可以看出，這些屬性完整地表述了一筆 SQL 敘述所需要的各種片段資訊。

程式 18-2

```
// 目前敘述的敘述類型
StatementType statementType;

// 敘述片段資訊
List<String> sets = new ArrayList<>();
List<String> select = new ArrayList<>();
List<String> tables = new ArrayList<>();
List<String> join = new ArrayList<>();
List<String> innerJoin = new ArrayList<>();
List<String> outerJoin = new ArrayList<>();
```

```
List<String> leftOuterJoin = new ArrayList<>();
List<String> rightOuterJoin = new ArrayList<>();
List<String> where = new ArrayList<>();
List<String> having = new ArrayList<>();
List<String> groupBy = new ArrayList<>();
List<String> orderBy = new ArrayList<>();
List<String> lastList = new ArrayList<>();
List<String> columns = new ArrayList<>();
List<List<String>> valuesList = new ArrayList<>();
// 代表是否去重，該欄位僅對於 SELECT 操作有效，它決定是 SELECT 還是 SELECT
   DISTINCT
boolean distinct;
// 結果偏移量
String offset;
// 結果總數約束
String limit;
// 結果約束策略
LimitingRowsStrategy limitingRowsStrategy = LimitingRowsStrategy.NOP;
```

並且 **SQLStatement** 中確實存在一個 sql 方法，能夠根據不同的敘述類型呼叫對應的子方法將敘述片段資訊連接成一個完整的 SQL 敘述。該 sql 方法的原始程式如程式 18-3 所示。

程式 **18-3**

```
/**
 * 根據敘述類型，呼叫不同的敘述連接器連接 SQL 敘述
 * @param a 起始字串
 * @return 連接完成後的結果
 */
public String sql(Appendable a) {
  SafeAppendable builder = new SafeAppendable(a);
  if (statementType == null) {
    return null;
  }
  String answer;
  switch (statementType) {
```

```
    case DELETE:
      answer = deleteSQL(builder);
      break;
    case INSERT:
      answer = insertSQL(builder);
      break;
    case SELECT:
      answer = selectSQL(builder);
      break;
    case UPDATE:
      answer = updateSQL(builder);
      break;
    default:
      answer = null;
  }
  return answer;
}
```

程式 18-4 則展示了 selectSQL 方法，它能完成 SELECT 敘述的連接工作。

程式 18-4

```
/**
 * 將 SQL 敘述片段資訊連接為一個完整的 SELECT 敘述
 * @param builder 敘述連接器
 * @return 連接完成的 SQL 敘述字串
 */
private String selectSQL(SafeAppendable builder) {
  if (distinct) {
    sqlClause(builder, "SELECT DISTINCT", select, "", "", ", ");
  } else {
    sqlClause(builder, "SELECT", select, "", "", ", ");
  }

  sqlClause(builder, "FROM", tables, "", "", ", ");
  joins(builder); // JOIN 操作相對複雜，呼叫單獨的 joins 子方法操作
  sqlClause(builder, "WHERE", where, "(", ")", " AND ");
```

```
sqlClause(builder, "GROUP BY", groupBy, "", "", ", ");
sqlClause(builder, "HAVING", having, "(", ")", " AND ");
sqlClause(builder, "ORDER BY", orderBy, "", "", ", ");
limitingRowsStrategy.appendClause(builder, offset, limit);
return builder.toString();
}
```

18.1.3 AbstractSQL 類別

有了 SQLStatement 和 SafeAppendable 這兩個內部類別之後，外部類別 AbstractSQL 就能不依賴其他類別而實現 SQL 敘述的連接工作了。

舉例來說，在 14.7.1 節，我們介紹 @*Provider 註釋時列出了程式 18-5 所示的實例，其實就是以 AbstractSQL 類別為基礎的子類別 SQL 類別進行的將字串片段連接為 SQL 敘述的工作。

程式 18-5

```
public class UserProvider {
    public String queryUsersBySchoolName() {
        return new SQL()
            .SELECT("*")
            .FROM("user")
            .WHERE("schoolName = #{schoolName}")
            .toString();
    }
}
```

該範例的完整程式請參見 MyBatisDemo 專案中的範例 14。

而且這也解答了我們本章開始時列出的疑問：AbstractSQL 類別中存在大量的全大寫字母命名的方法，如 UPDATE、SET 等，這是為了照顧使用者的使用習慣。因為通常我們在撰寫 SQL 敘述時會將 UPDATE、SET 等關鍵字大寫。

知道了 AbstractSQL 類別的結構後，就可以分析整個 AbstractSQL 類別的使用了。

- 首先，使用者使用類似 "SELECT("*").FROM("user").WHERE("schoolName = #{schoolName}")" 的敘述設定 SQL 敘述片段，這些片段被儲存在 AbstractSQL 中 SQLStatement 內部類別的 ArrayList 中。
- 使用者呼叫 toString() 操作時，觸發了 SQL 片段的連接工作。在 SQLStatement 內部類別中按照一定規則連接成完整的 SQL 敘述。

我們發現連接函數的整個連接操作的範本是固定的，舉例來說，程式 18-6 所示的 insertSQL 方法中是按照 tables、columns、values 的順序連接的。

程式 18-6

```
/**
 * 將 SQL 敘述片段資訊連接為一個完整的 INSERT 敘述
 * @param builder 敘述連接器
 * @return 連接完成的 SQL 敘述字串
 */
private String insertSQL(SafeAppendable builder) {
  sqlClause(builder, "INSERT INTO", tables, "", "", "");
  sqlClause(builder, "", columns, "(", ")", ", ");
  for (int i = 0; i < valuesList.size(); i++) {
    sqlClause(builder, i > 0 ? "," : "VALUES", valuesList.get(i), "(", ")",
", ");
  }
  return builder.toString();
}
```

那這是不是表示使用者在組建 SQL 敘述時的敘述順序是可以打亂的呢？

事實上，確實如此，我們將程式 18-5 中的敘述修改成程式 18-7 所示的樣子，完全不會影響程式的執行。

程式 18-7

```
public class UserProvider {
    public String queryUsersBySchoolName() {
        return new SQL()
            .SELECT("*") // SELECT、FROM、WHERE 等這些敘述的順序可以隨意打亂
```

```
        .WHERE("schoolName = #{schoolName}")
        .FROM("user")
        .toString();
    }
}
```

18.1.4 SQL 類別

SQL 類別是 AbstractSQL 的子類別，僅重新定義了其中的 getSelf 方法。整個
SQL 類別如程式 18-8 所示。

程式 **18-8**

```
public class SQL extends AbstractSQL<SQL> {
  @Override
  public SQL getSelf() {
    return this; // 傳回 SQL 物件本身
  }
}
```

那 AbstractSQL 為什麼要留存一個抽象方法，然後再建立一個 SQL 類別來實
現呢？這一切的意義是什麼呢？

將 AbstractSQL 作為抽象方法獨立出來，使得我們可以繼承 AbstractSQL 實現
其他的子類別，確保了 AbstractSQL 類別更容易被擴充。

舉例來說，我們可以建立一個繼承了 AbstractSQL 類別的 ExplainSQL 類別。
然後在 ExplainSQL 類別中增加一個行為，舉例來說，在所有的操作前都增加
EXPLAIN 字首以實現 SQL 執行效能的分析。

對 MySQL 資料庫而言，在資料查詢敘述之前增加 "EXPLAIN" 關鍵字，SQL
執行效能分析結果示意圖如圖 18-2 所示，會展示出與該查詢敘述執行效率相
關的一些參數。一般來說這是資料庫敘述最佳化時的重要依據。

```
mysql> SELECT * FROM `user`;
+----+--------+---------------------+-----+-----+---------------+
| id | name   | email               | age | sex | schoolName    |
+----+--------+---------------------+-----+-----+---------------+
|  1 | 易哥   | yeecode@sample.com  |  18 |   0 | Sunny School  |
|  2 | 莉莉   | lili@sample.com     |  15 |   1 | Garden School |
|  3 | 傑克   | jack@sample.com     |  25 |   0 | Sunny School  |
|  4 | 張大壯 | zdazhaung@sample.com|  16 |   0 | Garden School |
|  5 | 王小壯 | wxiaozhuang@sample.com| 27 |  0 | Sunny School  |
|  6 | 露西   | lucy@sample.com     |  14 |   1 | Garden School |
|  7 | 李二壯 | lerzhuang@sample.com|   9 |   0 | Sunny School  |
+----+--------+---------------------+-----+-----+---------------+
7 rows in set

mysql> EXPLAIN SELECT * FROM `user`;
+----+-------------+-------+------------+------+---------------+------+---------+------+------+----------+-------+
| id | select_type | table | partitions | type | possible_keys | key  | key_len | ref  | rows | filtered | Extra |
+----+-------------+-------+------------+------+---------------+------+---------+------+------+----------+-------+
|  1 | SIMPLE      | user  | NULL       | ALL  | NULL          | NULL | NULL    | NULL |    7 |      100 | NULL  |
+----+-------------+-------+------------+------+---------------+------+---------+------+------+----------+-------+
1 row in set
```

圖 18-2　SQL 執行效能分析結果示意圖

18.2　**SqlRunner 類別**

SqlRunner 類別是 MyBatis 提供的可以直接執行 SQL 敘述的工具類別。可以透過程式 18-9 所示的敘述直接呼叫 SqlRunner 執行 SQL 敘述。

程式 18-9

```
// 省略取得 connection 的過程

// SqlRunner 類別的使用
String sql = "SELECT * FROM user WHERE age = ?;";
SqlRunner sqlRunner = new SqlRunner(connection);
List<Map<String, Object>> result = sqlRunner.selectAll(sql,15);
System.out.println(result);

// SqlRunner 類別的使用，email 變數值為 null
sql = "UPDATE user SET email = ?  WHERE id = 2;";
Integer out = sqlRunner.update(sql,Null.STRING);
System.out.println(out);
```

該範例的完整程式請參見 MyBatisDemo 專案中的範例 16。

在使用 SqlRunner 時有一點要注意，那就是如果參數為 null，則需要參考列舉類型 Null 中的列舉值。這是因為 Null 中的列舉類型包含了類型資訊和類型處理器資訊，如程式 18-10 所示。

程式 18-10

```java
public enum Null {
  BOOLEAN(new BooleanTypeHandler(), JdbcType.BOOLEAN),
  BYTE(new ByteTypeHandler(), JdbcType.TINYINT),
  // 省略了許多其他類型

  // 參數的類型處理器
  private TypeHandler<?> typeHandler;
  // 參數的 JDBC 類型
  private JdbcType jdbcType;

  private Null(TypeHandler<?> typeHandler, JdbcType jdbcType) {
    this.typeHandler = typeHandler;
    this.jdbcType = jdbcType;
  }

  // 省略屬性的 get、set 方法
}
```

使用 Null 的列舉值進行參數設定，確保了參數值雖然為 null，但參數的類型是明確的。而具有明確的參數類型在 PreparedStatement 的 setNull 函數中是必需的，SqlRunner 類別為參數賦 null 值時最後呼叫了下面的 setNull 函數，有興趣的讀者可以自己追蹤程式分析。

```java
void setNull(int parameterIndex, int sqlType) throws SQLException;
```

SqlRunner 中的相關方法都比較簡單，例如程式 18-11 展示了查詢多筆記錄的 selectAll 方法。

程式 18-11

```java
/**
 * 執行多個資料的查詢操作，即 SELECT 操作
```

```
 * @param sql 要查詢的 SQL 敘述
 * @param args SQL 敘述的參數
 * @return 查詢結果
 * @throws SQLException
 */
public List<Map<String, Object>> selectAll(String sql, Object... args) throws
SQLException {
  PreparedStatement ps = connection.prepareStatement(sql);
  try {
    setParameters(ps, args);
    ResultSet rs = ps.executeQuery();
    return getResults(rs);
  } finally {
    try {
      ps.close();
    } catch (SQLException e) {
    }
  }
}
```

在獲得查詢結果之後，SqlRunner 還使用結果處理函數 getResults 對結果進行進一步的處理。該函數負責將資料庫操作傳回的結果分析出來，用列表的形式來傳回。getResults 的原始程式如程式 18-12 所示。

程式 **18-12**

```
/**
 * 處理資料庫操作的傳回結果
 * @param rs 傳回的結果
 * @return 處理後的結果列表
 * @throws SQLException
 */
private List<Map<String, Object>> getResults(ResultSet rs) throws SQLException {
  try {
    List<Map<String, Object>> list = new ArrayList<>();
    // 傳回結果的欄位名稱清單，按照欄位順序排列
    List<String> columns = new ArrayList<>();
```

```
// 傳回結果的類型處理器清單，按照欄位順序排列
List<TypeHandler<?>> typeHandlers = new ArrayList<>();
// 取得傳回結果的表資訊、欄位資訊等
ResultSetMetaData rsmd = rs.getMetaData();
for (int i = 0, n = rsmd.getColumnCount(); i < n; i++) {
  // 記錄欄位名稱
  columns.add(rsmd.getColumnLabel(i + 1));
  // 記錄欄位的對應類型處理器
  try {
    Class<?> type = Resources.classForName(rsmd.getColumnClassName(i + 1));
    TypeHandler<?> typeHandler = typeHandlerRegistry.getTypeHandler(type);
    if (typeHandler == null) {
      typeHandler = typeHandlerRegistry.getTypeHandler(Object.class);
    }
    typeHandlers.add(typeHandler);
  } catch (Exception e) {
    // 預設的類型處理器是 Object 處理器
    typeHandlers.add(typeHandlerRegistry.getTypeHandler(Object.class));
  }
}
// 循環處理結果
while (rs.next()) {
  Map<String, Object> row = new HashMap<>();
  for (int i = 0, n = columns.size(); i < n; i++) {
    // 欄位名稱
    String name = columns.get(i);
    // 對應處理器
    TypeHandler<?> handler = typeHandlers.get(i);
    // 放入結果中，key 為欄位名稱的大寫，value 為取出的結果值
    row.put(name.toUpperCase(Locale.ENGLISH), handler.getResult(rs, name));
  }
  list.add(row);
}
return list;
} finally {
  if (rs != null) {
```

```
    try {
      rs.close();
    } catch (Exception e) {
    }
  }
}
}
```

可見，SqlRunner 類別能接受 SQL 敘述和參數，然後執行資料庫操作。不過，SqlRunner 並不能完成物件和 SQL 參數的對映、SQL 結果和物件的對映等複雜的操作。

18.3　ScriptRunner 類別

ScriptRunner 是 MyBatis 提供的直接執行 SQL 指令稿的工具類別，這使得開發者可以直接將整個指令檔提交給 MyBatis 執行。舉例來說，程式 18-13 所示的程式便直接將 demoScript.sql 中的 SQL 指令稿全部執行了。

程式 18-13

```
// ScriptRunner 類別的使用
ScriptRunner scriptRunner = new ScriptRunner(connection);
scriptRunner.runScript(Resources.getResourceAsReader("demoScript.sql"));
```

該範例的完整程式請參見 MyBatisDemo 專案中的範例 16。

ScriptRunner 處理的是 SQL 指令稿，不涉及變數設定值問題，相比 SqlRunner 而言更為簡單。ScriptRunner 還提供了全指令稿執行和逐行執行兩種模式，如程式 18-14 所示。

程式 18-14

```
/**
 * 執行指令稿
 * @param reader 指令稿
```

```
    */
public void runScript(Reader reader) {
    // 設定為自動提交
    setAutoCommit();
    try {
        if (sendFullScript) {
            // 全指令稿執行
            executeFullScript(reader);
        } else {
            // 逐行執行
            executeLineByLine(reader);
        }
    } finally {
        rollbackConnection();
    }
}
```

其中全指令稿執行的原始程式如程式 18-15 所示，逐行執行的原始程式留給讀者自行閱讀。

程式 18-15

```
/**
 * 全指令稿執行
 * @param reader 指令稿
 */
private void executeFullScript(Reader reader) {
    // 指令稿全文
    StringBuilder script = new StringBuilder();
    try {
        BufferedReader lineReader = new BufferedReader(reader);
        String line;
        while ((line = lineReader.readLine()) != null) {
            // 逐行讀取指令稿全文
            script.append(line);
            script.append(LINE_SEPARATOR);
        }
```

```
    // 連接為一行指令
    String command = script.toString();
    println(command);
    // 執行指令
    executeStatement(command);
    // 如果沒有啟用自動提交，則進行提交操作（指令稿中可能修改了自動提交設定）
    commitConnection();
  } catch (Exception e) {
    String message = "Error executing: " + script + ".  Cause: " + e;
    printlnError(message);
    throw new RuntimeSqlException(message, e);
  }
}
```

可見，僅依靠 ScriptRunner 這一個類別，我們就能實現 SQL 指令稿的執行操作。

18.4　jdbc 套件的獨立性

現在，我們的心頭還有一個疑問：整個 jdbc 套件中的所有類別都沒有被外部參考過，那該套件有什麼存在的意義？

那是因為 jdbc 套件是 MyBatis 提供的功能獨立的工具套件，留給使用者自行使用而非由 MyBatis 呼叫。舉例來說，在很多場合下，使用者可以選擇如程式 18-16 所示的方式自行連接 SQL 敘述，也可以選擇如程式 18-17 所示的方式借助 jdbc 套件的工具連接 SQL 敘述。

程式 18-16

```
public class UserProvider {
    public String queryUsersBySchoolName() {
        return "SELECT * FROM user WHERE schoolName = #{schoolName};";
    }
}
```

程式 18-17

```
public class UserProvider {
    public String queryUsersBySchoolName() {
        return new SQL()
            .SELECT("*")
            .FROM("user")
            .WHERE("schoolName = #{schoolName}")
            .toString();
    }
}
```

SqlRunner 類別和 ScriptRunner 類別則提供給使用者了執行 SQL 敘述和指令稿的能力。有些情況下，我們要對資料庫進行一些設定操作（如執行一些 DDL 操作），這時並不需要透過 MyBatis 提供 ORM 功能，那麼 SqlRunner 類別和 ScriptRunner 類別將是非常好的選擇。

其實，該套件還有一個特點：對外界依賴極小。jdbc 套件除了 SqlRunner 類別之外，其他類別都沒有依賴 jdbc 套件外的類別。甚至 RuntimeSqlException 成了唯一一個沒有繼承 exception 套件中的 PersistenceException 類別的例外類別。

SqlRunner 類別依賴的 jdbc 套件外的類別的 import 敘述如程式 18-18 所示，這也是整個 jdbc 套件中唯一依賴 MyBatis 其他套件的地方。

程式 18-18

```
import org.apache.ibatis.io.Resources;
import org.apache.ibatis.type.TypeHandler;
import org.apache.ibatis.type.TypeHandlerRegistry;
```

這種設計使得 jdbc 套件的獨立性極高，可以方便地拆解出來使用。

在原始程式閱讀中，大多數類別的功能都可以透過專案內的相依關係推導出來。但是也會遇到一些同 jdbc 套件中的類別相似的一些類別，它們與專案中其他類別的耦合極小。這些類別的功能的確定則需要我們對專案的使用有較為清晰的了解。

cache 套件

MyBatis 每秒可能要處理數萬筆資料庫查詢請求，而這些請求可能是重複的。快取能夠顯著降低資料庫查詢次數，提升整個 MyBatis 的效能。

MyBatis 快取使得每次資料庫查詢請求都會先經過快取系統的過濾，只有在沒有命中快取的情況下才會去查詢物理資料庫。

cache 套件就是 MyBatis 快取能力的提供者。

不過要注意的是，cache 套件只是提供了快取能力，不涉及實際快取功能的使用。因此在本章的最後，我們將從快取功能的角度出發對各個套件中與快取機制相關的原始程式進行閱讀與整理。

19.1　背景知識

19.1.1　Java 物件的參考等級

在 Java 程式的執行過程中，JVM 會自動地幫我們進行垃圾回收操作以避免無用的物件佔用記憶體空間。這個過程主要分為兩步：

（1）找出所有的垃圾物件；
（2）清理找出的垃圾物件。

我們特別注意第一步，即如何找出垃圾物件。這裡的關鍵問題在於如何判斷一個物件是否為垃圾物件。

判斷一個物件是否為垃圾物件的方法主要有參考計數法和可達性分析法，JVM 採用的是可達性分析法。

可達性分析法是指 JVM 會以從垃圾回收的根物件（Garbage Collection Root，簡稱 GC Root）為起點，沿著物件之間的參考關係不斷檢查。最後能夠檢查的物件都是有用的物件，而無法檢查的物件便是垃圾物件。

根物件不止一個，如堆疊中參考的物件、方法區中的靜態成員等都是常見的根物件。

我們舉一個實例。如果圖 19-1 中的物件 c 不再參考物件 d，則透過 GC Root 便無法到達物件 d 和物件 f，那麼物件 d 和 f 便成了垃圾物件。有一點要說明，在圖 19-1 中我們只繪製了一個 GC Root，實際在 JVM 中有多個 GC Root。當一個物件無法通過任何一個 GC Root 檢查時，它才是垃圾物件。

不過圖 19-1 展示的這種參考關係是有限制的。試想存在一個非必需的大物件，我們希望系統在記憶體不緊張時可以保留它，而在記憶體緊張時釋放它以為更重要的物件讓渡記憶體空間。這時應該怎麼做呢？

Java 已經考慮到了這種情況，Java 的參考中並不是只有「參考」、「不參考」這兩種情況，而是有四種情況。

- 強參考（StrongReference）：即我們平時所說的參考。只要一個物件能夠被 GC Root 強參考到，那它就不是垃圾物件。當記憶體不足時，JVM 會拋出 OutOfMemoryError 錯誤而非清除被強參考的物件。
- 軟參考（SoftReference）：如果一個物件只能被 GC Root 軟參考到，則說明它是非必需的。當記憶體空間不足時，JVM 會回收該物件。
- 弱參考（WeakReference）：如果一個物件只能被 GC Root 弱參考到，則說明它是多餘的。JVM 只要發現它，不管記憶體空間是否充足都會回收該物件。與軟參考相比，弱參考的參考強度更低，被弱參考的物件存在時間相對更短。

■ 虛參考（PhantomReference）：如果一個物件只能被 GC Root 虛參考到，則和無法被 GC Root 參考到時一樣。因此，就垃圾回收過程而言，虛參考就像不存在一樣，並不會決定物件的生命週期。虛參考主要用來追蹤物件被垃圾回收器回收的活動。

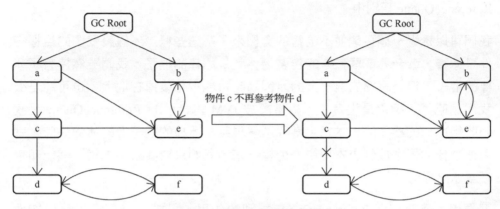

圖 19-1　可達性分析法範例

程式 19-1 列出了強參考、軟參考和弱參考的範例。

程式 19-1

```
// 透過等號直接建立的參考都是強參考
User user = new User();

// 透過 SoftReference 建立的參考是軟參考
SoftReference<User> softRefUser =new SoftReference<>(new User());

// 透過 WeakReference 建立的參考是弱參考
WeakReference<User> weakRefUser = new WeakReference<>(new User());
```

該範例的完整程式請參見 MyBatisDemo 專案中的範例 17。

19.1.2 ReferenceQueue 類別

如果一個物件只有軟參考或弱參考，則它隨時可能會被 JVM 垃圾回收掉。於是它就成了薛丁格的貓，在我們讀取它之前，根本無法知道它是否還會有。

可是，有時我們需要知道被軟參考或弱參考的物件在何時被回收，以便進行一些後續的處理工作。ReferenceQueue 類別便提供了這樣的功能。ReferenceQueue 本身是一個列表，我們可以在建立軟參考或弱參考的包裝物件時傳入該列表。這樣，當 JVM 回收被包裝的物件時，會將其包裝類別加入 ReferenceQueue 類別中。

我們可以透過一個可能並不恰當的實例來了解這些概念。假設我們的目標物件是冰棒，軟參考或弱參考的包裝物件就是冰棒的棍子。我們雖然持有了冰棒的棍子，但是冰棒的棍子上的冰卻隨時可能融化後掉在地上（也可能是被我們偷吃了，總之是沒有了，相當於被 JVM 銷毀了）。ReferenceQueue 是我們收集冰棒的棍子的小木桶，當我們發現某根冰棒的棍子上的冰消失時，就會把冰棒的棍子放到小木桶中。這樣一來，我們只要觀察小木桶，就能知道哪些冰已經消失了。

下面用範例來展示 ReferenceQueue 類別的作用。程式 19-2 列出了目標物件 User 的原始程式，它的 toString 方法會傳回包含本身 id 的字串。

程式 **19-2**

```
public class User {
    private long id;

    public User() {
    }

    public User(long id) {
        this.id = id;
    }

    @Override
    public String toString() {
        return "User:" + id;
    }
}
```

程式 19-3 列出了範例主方法的原始程式。我們對目標物件 User 建立弱參考包裝，在建立包裝的建構方法中傳入 ReferenceQueue。這樣，當 User 物件被清理後，它對應的包裝物件 WeakReference 會被放入 ReferenceQueue 中。

程式 19-3

```
// 建立 ReferenceQueue
// 即我們的小木桶
ReferenceQueue<Object> referenceQueue = new ReferenceQueue<>();

// 用來儲存弱參考的目標物件
// 即我們用來抓帶有冰的冰棒的棍子的手
List<WeakReference> weakRefUserList = new ArrayList<>();
// 建立大量的弱參考物件，交給 weakRefUserList 參考
// 即建立許多帶有冰的冰棒的棍子，並且拿到手裡
for (int i =0 ; i< 1000000; i++) { // 建立這麼多的目的是為了讓記憶體空間不足
    // 建立弱參考物件，並在此過程中傳入 ReferenceQueue
    // 即將冰放到冰棒的棍子上，並且確定用來收集冰棒的棍子的小木桶
    WeakReference<User> weakReference = new WeakReference(new User(Math.
        round(Math. random() * 1000)),referenceQueue);
    // 參考弱參考物件
    // 即抓起這個帶有冰的冰棒的棍子
    weakRefUserList.add(weakReference);
}

WeakReference weakReference;
Integer count = 0;

// 處理被回收的弱參考
// 即透過檢查小木桶，處理沒有了冰的冰棒的棍子
while ((weakReference = (WeakReference) referenceQueue.poll()) != null) {
    // 雖然弱參考存在，但是參考的目標物件已經為空
    // 即雖然冰棒的棍子在木桶中，但是冰棒的棍子上卻沒有了冰
    System.out.println("JVM 清理了 :" + weakReference + ", 從 WeakReference 中
        取出物件值為 :" + weakReference.get());
```

```
    count ++;
}

// 被回收的弱參考總數
// 即小木桶中冰棒的棍子的數目，也是融化的冰的數目
System.out.println("weakReference 中的元素數目為：" + count);

// 在弱參考的目標物件不被清理時，可以參考目標物件
// 即在冰還沒有融化掉到地上時，冰棒的棍子上是有冰的
System.out.println(" 在不被清理的情況下，可以從 WeakReference 中取出物件值為：" +
        new WeakReference(new User(Math.round(Math.random() * 1000)),
referenceQueue). get());
```

該範例的完整程式請參見 MyBatisDemo 專案中的範例 17。

執行後可以獲得如圖 19-2 所示的程式執行結果。可見，被清理的 User 物件
（相當於冰棒）的包裝物件 WeakReference（相當於冰棒的棍子）都被寫入了
ReferenceQueue（相當於小木桶）中，也正因為它們包裝的 User 物件已經被
清理，因此從 ReferenceQueue 取出的結果必定是 null。

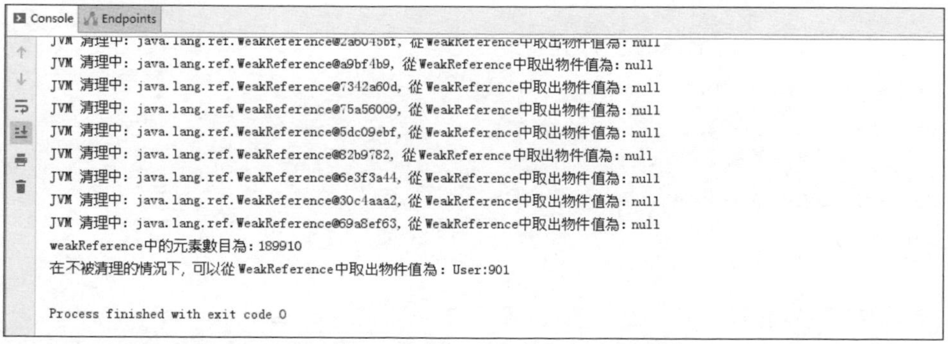

圖 19-2 程式執行結果

ReferenceQueue 也可以用在 SoftReference 中，與在 WeakReference 中的使用
情況類似，不再單獨介紹。

19.2　cache 套件結構與 Cache 介面

cache 套件是典型的裝飾器模式應用案例，在 imple 子套件中儲存了實現類別，在 decorators 子套件中儲存了許多裝飾器類別。而 Cache 介面是實現類別和裝飾器類別的共同介面。

圖 19-3 列出了 Cache 介面及其子類別的類別圖。在 Cache 介面的子類別中，只有一個實現類別，但卻有十個裝飾器類別。透過使用不同的裝飾器裝飾實現類別可以讓實現類別具有不同的功能。

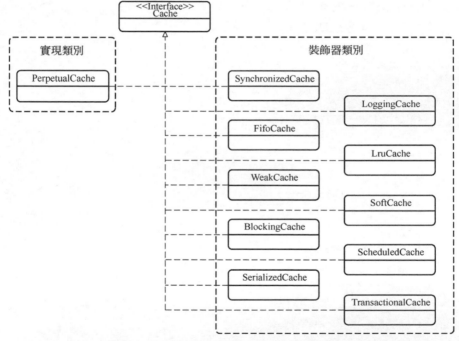

圖 19-3　Cache 介面及其子類別的類別圖

Cache 介面的原始程式如程式 19-4 所示，在介面中定義了實現類別和裝飾器類別中必須實現的方法。

程式 **19-4**

```java
public interface Cache {

    /**
     * 取得快取 id
     * @return 快取 id
     */
    String getId();

    /**
     * 向快取寫入一筆資料
     * @param key 資料的鍵
     * @param value 資料的值
     */
    void putObject(Object key, Object value);

    /**
     * 從快取中讀取一筆資料
     * @param key 資料的鍵
     * @return 資料的值
     */
    Object getObject(Object key);

    /**
     * 從快取中刪除一筆資料
     * @param key 資料的鍵
     * @return 原來的資料值
     */
    Object removeObject(Object key);

    /**
     * 清空快取
     */
    void clear();

    /**
```

```
 * 讀取快取中資料的數目
 * @return 資料的數目
 */
int getSize();


/**
 * 取得讀寫入鎖，該方法已經廢棄
 * @return 讀寫入鎖
 */
default ReadWriteLock getReadWriteLock() {
  return null;
}


}
```

19.3　快取鍵

19.3.1　快取鍵的原理

MyBatis 每秒過濾許多資料庫查詢操作，這對 MyBatis 快取鍵的設計提出了很高的要求。MyBatis 快取鍵要滿足以下幾點。

■ 無碰撞：必須確定兩筆不同的查詢請求產生的鍵不一致，這是最重要也是必須滿足的要求。否則會引發查詢操作命中錯誤的快取，並傳回錯誤的結果。

■ 高效比較：每次快取查詢操作都可能會引發鍵之間的多次比較，因此該操作必須是高效的。

■ 高效產生：每次快取查詢和寫入操作前都需要產生快取的鍵，因此該操作也必須是高效的。

在程式設計中，我們常使用數值、字串等簡單類型作為鍵，然而，這種鍵容易產生碰撞。為了防止碰撞的發生，需要將鍵的產生機制設計得非常複雜，

這又降低了鍵的比較效率和產生效率。因此，準確度和效率之間通常是相互限制的。

為了解決以上問題，MyBatis 設計了一個 CacheKey 類別作為快取鍵。整個 CacheKey 設計得並不複雜，但又非常精巧。CacheKey 的主要屬性如程式 19-5 所示。

程式 **19-5**

```
// 乘數，用來計算 hashcode 時使用
private final int multiplier;
// 雜湊值，整個 CacheKey 的雜湊值。如果兩個 CacheKey 的該值不同，則兩個 CacheKey
//   一定不同
private int hashcode;
// 求和驗證值，整個 CacheKey 的求和驗證值。如果兩個 CacheKey 的該值不同，則兩個
//   CacheKey 一定不同
private long checksum;
// 更新次數，整個 CacheKey 的更新次數
private int count;
// 更新歷史
private List<Object> updateList;
```

我們可以配合程式 19-6 所示的 update 方法了解以上幾個屬性的作用。每一次 update 操作都會引發 count、checksum、hashcode 值的變化，並把更新值放入 updateList。

程式 **19-6**

```
/**
 * 更新 CacheKey
 * @param object 此次更新的參數
 */
public void update(Object object) {
  int baseHashCode = object == null ? 1 : ArrayUtil.hashCode(object);

  count++;
  checksum += baseHashCode;
  baseHashCode *= count;
```

```
hashcode = multiplier * hashcode + baseHashCode;

updateList.add(object);
}
```

在比較 CacheKey 物件是否相等時，會先進行類型判斷，然後進行 hashcode、
checksum、count 的比較，只要有一項不相同則表明兩個物件不同。以上操作
都比較簡單，能在很短的時間內完成。如果上面的各項屬性完全一致，則會
詳細比較兩個 CacheKey 物件的變動歷史 updateList，這一步操作相對複雜，
但是能保障絕對不會出現碰撞問題。程式 19-7 展示了 CacheKey 物件的 equals
方法。

程式 19-7

```
/**
 * 比較目前物件和輸入參數物件 (通常也是 CacheKey 物件) 是否相等
 * @param object 輸入參數物件
 * @return 是否相等
 */
public boolean equals(Object object) {
  // 如果位址一樣，是一個物件，則一定相等
  if (this == object) {
    return true;
  }
  // 如果輸入參數不是 CacheKey 物件，則一定不相等
  if (!(object instanceof CacheKey)) {
    return false;
  }
  final CacheKey cacheKey = (CacheKey) object;
  // 依次通過 hashcode、checksum、count 判斷。必須完全一致才相等
  if (hashcode != cacheKey.hashcode) {
    return false;
  }
  if (checksum != cacheKey.checksum) {
    return false;
  }
```

```
  if (count != cacheKey.count) {
    return false;
  }

  // 詳細比較變更歷史中的每次變更
  for (int i = 0; i < updateList.size(); i++) {
    Object thisObject = updateList.get(i);
    Object thatObject = cacheKey.updateList.get(i);
    if (!ArrayUtil.equals(thisObject, thatObject)) {
      return false;
    }
  }
  return true;
}
```

這樣，透過 count、checksum、hashcode 這三個值實現了快速比較，而透過 updateList 值又確保了不會發生碰撞。這種設計較好地在準確度和效率之間取得了平衡。

MyBatis 還準備了一個 NullCacheKey，該類別用來充當一個空鍵使用。在快取查詢中，如果發現某個 CacheKey 資訊不全，則會傳回 NullCacheKey 物件，類似傳回一個 null 值。但是 NullCacheKey 畢竟是 CacheKey 的子類別，在接下來的處理中不會引發空指標例外。這種設計方式也非常值得我們參考。

19.3.2 快取鍵的產生

在資料庫查詢時會先根據目前的查詢準則產生一個 CacheKey，在 BaseExecutor 中我們可以看到這一過程，如程式 19-8 所示。

程式 19-8

```
/**
 * 執行查詢操作
 * @param ms 對映敘述物件
 * @param parameter 參數物件
 * @param rowBounds 翻頁限制
```

```
 * @param resultHandler 結果處理器
 * @param <E> 輸出結果類型
 * @return 查詢結果
 * @throws SQLException
 */
@Override
public <E> List<E> query(MappedStatement ms, Object parameter, RowBounds
rowBounds, ResultHandler resultHandler) throws SQLException {
  BoundSql boundSql = ms.getBoundSql(parameter);
  // 產生快取的鍵
  CacheKey key = createCacheKey(ms, parameter, rowBounds, boundSql);
  return query(ms, parameter, rowBounds, resultHandler, key, boundSql);
}
```

我們透過程式 19-9 所示的 createCacheKey 方法深入 CacheKey 物件是如何產生的。

程式 19-9

```
/**
 * 產生查詢的快取的鍵
 * @param ms 對映敘述物件
 * @param parameterObject 參數物件
 * @param rowBounds 翻頁限制
 * @param boundSql 解析結束後的 SQL 敘述
 * @return 產生的鍵值
 */
@Override
public CacheKey createCacheKey(MappedStatement ms, Object parameterObject,
RowBounds rowBounds, BoundSql boundSql) {
  if (closed) {
    throw new ExecutorException("Executor was closed.");
  }
  // 建立 CacheKey，並將所有查詢參數依次更新寫入
  CacheKey cacheKey = new CacheKey();
  cacheKey.update(ms.getId());
  cacheKey.update(rowBounds.getOffset());
```

```
cacheKey.update(rowBounds.getLimit());
cacheKey.update(boundSql.getSql());
List<ParameterMapping> parameterMappings = boundSql.getParameterMappings();
TypeHandlerRegistry typeHandlerRegistry = ms.getConfiguration().
  getTypeHandlerRegistry();
// 省略一些操作
if (configuration.getEnvironment() != null) {
  // issue #176
  cacheKey.update(configuration.getEnvironment().getId());
}
return cacheKey;
}
```

可見，產生的 CacheKey 物件中包含了這次查詢的所有資訊，包含查詢敘述的 id、查詢的翻頁限制、資料總量、完整的 SQL 敘述，這些資訊一致就確保了兩次查詢的一致。結合 CacheKey 的 equals 方法，我們知道只要透過 equals 方法判斷兩個 CacheKey 物件相等，則兩次查詢操作的條件必定是完全一致的。

19.4　快取的實現類別

impl 子套件中 Cache 介面的實現類別是 PerpetualCache。PerpetualCache 的實現非常簡單，只有程式 19-10 所示的兩個屬性。

- id：用來唯一標識一個快取。一般使用對映檔案的 namespace 值作為快取的 id，這樣就能保障不同的對映檔案的快取是不同的。
- cache：是一個 HashMap，採用鍵值對的形式來儲存資料。

程式 19-10

```
// 快取的 id
private final String id;
// 用來儲存要快取的資料
private Map<Object, Object> cache = new HashMap<>();
```

所以快取的實現類別就是一個附帶 id 的 HashMap，並沒有什麼特別之處。

19.5　快取裝飾器

快取實現類別 PerpetualCache 的實現非常簡單，但可以透過裝飾器來為其增加更多的功能。

decorators 子套件中存在許多裝飾器，根據裝飾器的功能可以將它們分為以下幾個大類。

- 同步裝飾器：為快取增加同步功能，如 SynchronizedCache 類別。
- 記錄檔裝飾器：為快取增加記錄檔功能，如 LoggingCache 類別。
- 清理裝飾器：為快取中的資料增加清理功能，如 FifoCache 類別、LruCache 類別、WeakCache 類別、SoftCache 類別。
- 阻塞裝飾器：為快取增加阻塞功能，如 BlockingCache 類別。
- 定時清理裝飾器：為快取增加定時更新功能，如 ScheduledCache 類別。
- 序列化裝飾器：為快取增加序列化功能，如 SerializedCache 類別。
- 交易裝飾器：用於支援交易操作的裝飾器，如 TransactionalCache 類別。

在以上各個裝飾器中，交易裝飾器會留在 19.7 節同 TransactionalCacheManager 類別一併介紹，其餘各個裝飾器我們將在本節中依次介紹。

19.5.1　同步裝飾器

在使用 MyBatis 的過程中，可能會出現多個執行緒同時存取一個快取的情況。舉例來說，在程式 19-11 所示的對映檔案中，如果多個執行緒同時呼叫 selectUsers 方法，則這兩個執行緒會同時存取 id 為 "com.github.yeecode.mybatisdemo.dao.UserDao" 的這個快取。

程式 **19-11**

```
<mapper namespace="com.github.yeecode.mybatisdemo.dao.UserDao">
    <cache/>
    <select id="selectUsers" resultType="User">
        SELECT * FROM 'user';
```

```
        </select>
</mapper>
```

而快取實現類別 PerpetualCache 並沒有增加任何保障多執行緒安全的措施,這會引發多執行緒安全問題。

MyBatis 將保障快取多執行緒安全這項工作交替了 SynchronizedCache 裝飾器來完成。SynchronizedCache 裝飾器的實現非常簡單,它直接在被包裝物件的操作方法週邊增加了 synchronized 關鍵字,將被包裝物件的方法轉變為了同步方法。

19.5.2 記錄檔裝飾器

為資料庫操作增加快取的目的是減少資料庫的查詢操作進一步加強執行效率。而快取的設定也非常重要,如果設定過大則浪費記憶體空間,如果設定過小則無法更進一步地發揮作用。因此,需要依據一些執行指標來設定合適的快取大小。

記錄檔裝飾器可以為快取增加記錄檔統計的功能,而需要統計的資料主要是快取命中率。所謂快取命中率是指在多次存取快取的過程中,能夠在快取中查詢到資料的比率。

記錄檔裝飾器的實現非常簡單,即在快取查詢時記錄查詢的總次數與命中次數,程式 19-12 列出了該部分操作的原始程式。

程式 19-12

```
/**
 * 從快取中讀取一筆資訊
 * @param key 資訊的鍵
 * @return 資訊的值
 */
@Override
public Object getObject(Object key) {
  // 請求快取次數 +1
```

```
requests++;
final Object value = delegate.getObject(key);
if (value != null) { // 命中快取
  // 命中快取次數 +1
  hits++;
}
if (log.isDebugEnabled()) {
  log.debug("Cache Hit Ratio [" + getId() + "]: " + getHitRatio());
}
return value;
}
```

19.5.3 清理裝飾器

雖然快取能夠相當大地提升資料查詢的效率，但這是以消耗記憶體空間為代價的。快取空間總是有限的，因此為快取增加合適的清理策略以最大化地利用這些快取空間十分重要。

快取裝飾器中有四種清理裝飾器可以完成快取清理功能，這四種清理裝飾器也對應了 MyBatis 的四種快取清理策略。

1．FifoCache 裝飾器

FifoCache 裝飾器採用先進先出的策略來清理快取，它內部使用了 keyList 屬性儲存了快取資料的寫入順序，並且使用 size 屬性儲存了快取資料的數量限制。當快取中的資料達到限制時，FifoCache 裝飾器會將最先放入快取中的資料刪除。程式 19-13 展示了 FifoCache 類別的屬性。

程式 19-13

```
// 被裝飾物件
private final Cache delegate;
// 按照寫入順序儲存了快取資料的鍵
private final Deque<Object> keyList;
// 快取空間的大小
private int size;
```

當向快取中存入資料時，FifoCache 類別會判斷資料數量是否已經超過限制。
如果超過，則會將最先寫入快取的資料刪除，程式 19-14 展示了相關操作的原
始程式。

程式 19-14

```
/**
 * 向快取寫入一筆資料
 * @param key 資料的鍵
 * @param value 資料的值
 */
@Override
public void putObject(Object key, Object value) {
  cycleKeyList(key);
  delegate.putObject(key, value);
}


/**
 * 記錄目前放入的資料的鍵，同時根據空間設定清除超出的資料
 * @param key 目前放入的資料的鍵
 */
private void cycleKeyList(Object key) {
  keyList.addLast(key);
  if (keyList.size() > size) {
    Object oldestKey = keyList.removeFirst();
    delegate.removeObject(oldestKey);
  }
}
```

2. LruCache 裝飾器

LRU（Least Recently Used）即近期最少使用演算法，該演算法會在快取資料
數量達到設定的上限時將近期未使用的資料刪除。LruCache 裝飾器便可以為
快取增加這些功能。程式 19-15 展示了 LruCache 類別的屬性。

程式 **19-15**

```
// 被裝飾物件
private final Cache delegate;
// 使用 LinkedHashMap 儲存的快取資料的鍵
private Map<Object, Object> keyMap;
// 最近最少使用的資料的鍵
private Object eldestKey;
```

在 LruCache 類別的建構方法中，會呼叫 setSize 方法來設定快取的空間大小。在 setSize 方法中建立了用以儲存快取資料鍵的 LinkedHashMap 物件，並重新定義了 LinkedHashMap 的 removeEldestEntry 方法。程式 19-16 展示了相關操作的原始程式。

removeEldestEntry 是 LinkedHashMap 的方法，該方法會在每次向 LinkedHashMap 中放入資料（put 方法和 putAll 方法）後被自動觸發。其輸入參數為最久未存取的元素。透過程式 19-16 可以看出，LruCache 會在超出快取空間的情況下將最久未存取的鍵放入 eldestKey 屬性中。

程式 **19-16**

```
/**
 * LruCache 建構方法
 * @param delegate 被裝飾物件
 */
public LruCache(Cache delegate) {
  this.delegate = delegate;
  setSize(1024);
}


/**
 * 設定快取空間大小
 * @param size 快取空間大小
 */
public void setSize(final int size) {
  keyMap = new LinkedHashMap<Object, Object>(size, .75F, true) {
    private static final long serialVersionUID = 4267176411845948333L;
```

```
    /**
     * 每次向 LinkedHashMap 放入資料時觸發
     * @param eldest 最久未被存取的資料
     * @return 最久未被存取的元素是否應該刪除
     */
    @Override
    protected boolean removeEldestEntry(Map.Entry<Object, Object> eldest) {
      boolean tooBig = size() > size;
      if (tooBig) {
        eldestKey = eldest.getKey();
      }
      return tooBig;
    }
  };
}
```

為了刪除最久未使用的資料，LruCache 類別還做了以下兩項工作。

- 一是在每次進行快取查詢操作時更新 keyMap 中鍵的排序，將目前被查詢的鍵排到最前面；
- 二是在每次進行快取寫入操作時向 keyMap 寫入新的鍵，並且在目前快取中資料量超過設定的資料量時刪除最久未存取的資料。

以上兩項工作的相關原始程式如程式 19-17 所示。

程式 19-17

```
/**
 * 向快取寫入一筆資料
 * @param key 資料的鍵
 * @param value 資料的值
 */
@Override
public void putObject(Object key, Object value) {
  // 真正的查詢操作
  delegate.putObject(key, value);
```

```
    // 向 keyMap 中也放入該鍵，並根據空間情況決定是否刪除最久未存取的資料
    cycleKeyList(key);
}


/**
 * 從快取中讀取一筆資料
 * @param key 資料的鍵
 * @return 資料的值
 */
@Override
public Object getObject(Object key) {
    // 觸及一下目前被存取的鍵，表明它被存取了
    keyMap.get(key);
    // 真正的查詢操作
    return delegate.getObject(key);
}


/**
 * 向 keyMap 中存入目前的鍵，並刪除最久未被存取的資料
 * @param key 目前的鍵
 */
private void cycleKeyList(Object key) {
    keyMap.put(key, key);
    if (eldestKey != null) {
        delegate.removeObject(eldestKey);
        eldestKey = null;
    }
}
```

透過程式 19-17 可以看出，真正的快取資料都儲存在被裝飾物件中。LruCache 類別中的 keyMap 雖是一個 LinkedHashMap，但是它內部儲存的鍵和值都是快取資料的鍵，而沒有儲存快取資料的值。這是因為引用 LinkedHashMap 的目的僅是用它來儲存快取資料被存取的情況，而非參與實際資料的儲存。

3. WeakCache 裝飾器

WeakCache 裝飾器透過將快取資料包裝成弱參考的資料，進一步使得 JVM 可以清理掉快取資料。程式 19-18 列出了 WeakCache 類別的屬性。

程式 19-18

```
// 強參考的物件列表
private final Deque<Object> hardLinksToAvoidGarbageCollection;
// 弱參考的物件列表
private final ReferenceQueue<Object> queueOfGarbageCollectedEntries;
// 被裝飾物件
private final Cache delegate;
// 強參考物件的數目限制
private int numberOfHardLinks;
```

從程式 19-18 可以看出，WeakCache 類別也準備了一個 hardLinksToAvoidGarbageCollection 屬性來對快取物件進行強參考，只不過該屬性提供的空間是有限的。

經過 WeakCache 類別包裝後，在向快取中存入資料時，存入的是該資料的弱參考包裝類別。程式 19-19 展示了這一過程。

程式 19-19

```
/**
 * 向快取寫入一筆資料
 * @param key 資料的鍵
 * @param value 資料的值
 */
@Override
public void putObject(Object key, Object value) {
  // 清除垃圾回收佇列中的元素
  removeGarbageCollectedItems();
  // 向被裝飾物件中放入的值是弱參考的控制碼
  delegate.putObject(key, new WeakEntry(key, value,
    queueOfGarbageCollectedEntries));
}
```

```
/**
 * 將值已經被 JVM 清理掉的快取資料從快取中刪除
 */
private void removeGarbageCollectedItems() {
  WeakEntry sv;
  while ((sv = (WeakEntry) queueOfGarbageCollectedEntries.poll()) != null) {
    // 輪詢該垃圾回收佇列
    // 將該佇列中涉及的鍵刪除
    delegate.removeObject(sv.key);
  }
}
```

而從快取中取出資料時，取出的也是資料的弱參考包裝類別。資料本身可能已
經被 JVM 清理掉了，因此在取出資料時要對這種情況進行判斷。程式 19-20
展示了這一過程。

程式 19-20

```
/**
 * 從快取中讀取一筆資料
 * @param key 資料的鍵
 * @return 資料的值
 */
@Override
public Object getObject(Object key) {
  Object result = null;
  // 假設被裝飾物件只被該裝飾器完全控制
  WeakReference<Object> weakReference = (WeakReference<Object>) delegate.
    getObject (key);
  if (weakReference != null) { // 取到了弱參考的控制碼
    // 讀取弱參考的物件
    result = weakReference.get();
    if (result == null) { // 弱參考的物件已經被清理
      // 直接刪除該快取
      delegate.removeObject(key);
    } else { // 弱參考的物件還會有
```

```
    // 將快取的資料寫入強參考列表中，防止其被清理
    hardLinksToAvoidGarbageCollection.addFirst(result);
    if (hardLinksToAvoidGarbageCollection.size() > numberOfHardLinks) {
      // 強參考的物件數目超出限制
      // 從強參考的列表中刪除該資料
      hardLinksToAvoidGarbageCollection.removeLast();
    }
  }
}
return result;
}
```

快取中儲存的資料是「資料鍵：資料值」的形式，而經過 WeakCache 包裝後，快取中儲存的資料是「資料鍵：弱參考包裝 < 資料值 >」的形式。那麼當弱參考的資料值被 JVM 回收後，快取中的資料會變成「資料鍵：弱參考包裝 <null>」的形式。

如果快取資料值被 JVM 回收了，則整個快取資料「資料鍵：弱參考包裝 <null>」也便沒有了意義，應該直接清理掉。

可上述過程中有一個問題：如果資料值已經被清理，那我們便無法計算出資料的鍵。不知道資料的鍵又該怎樣去呼叫快取的 Object removeObject (Object key) 方法去刪除快取中的「資料鍵：弱參考包裝 <null>」這筆資料呢？

為此，WeakCache 設計了 WeakEntry 內部類別，如程式 19-21 所示。WeakEntry 類別作為弱參考包裝類別直接增加了 key 屬性並在其中儲存了資料的鍵，而這個屬性是強參考的，不會被 JVM 隨意清理掉。

程式 19-21

```
private static class WeakEntry extends WeakReference<Object> {
  // 該變數不會被 JVM 清理掉，這裡儲存了目標物件的鍵
  private final Object key;

  private WeakEntry(Object key, Object value, ReferenceQueue<Object>
  garbageCollectionQueue) {
```

```
    super(value, garbageCollectionQueue);
    this.key = key;
  }
}
```

在該類別的 removeGarbageCollectedItems 方法中，我們可以看到當 WeakEntry 中的弱參考物件被清理時，屬性 key 被用來刪除「資料鍵：弱參考包裝 <null>」這筆資料。

4. SoftCache 裝飾器

SoftCache 裝飾器和 WeakCache 裝飾器在結構、功能上高度一致，只是從弱參考變成了軟參考，因此我們不再單獨介紹。

19.5.4 阻塞裝飾器

當 MyBatis 接收到一筆資料庫查詢請求，而對應的查詢結果在快取中不存在時，MyBatis 會通過資料庫進行查詢。試想如果在資料庫查詢尚未結束時，MyBatis 又收到一筆完全相同的資料庫查詢請求，那應該怎樣處理呢？常見的有以下兩種方案。

- 因為快取中沒有對應的快取結果，因此再發起一筆資料庫查詢請求，這會導致資料庫短時間內收到兩筆完全相同的查詢請求。
- 雖然快取中沒有對應的快取結果，但是已經向資料庫發起過一次請求，因此快取應該先阻塞住第二次查詢請求。等待資料庫查詢結束後，將資料庫的查詢結果傳回給兩次查詢請求即可。

顯然，後一種方案更為合理。

阻塞裝飾器 BlockingCache 為快取提供了上述功能，阻塞裝飾器工作示意圖如圖 19-4 所示。在使用阻塞裝飾器裝飾快取後，快取在收到多筆相同的查詢請求時會暫時阻塞住後面的查詢，等待資料庫結果傳回時將所有的請求一併傳回。

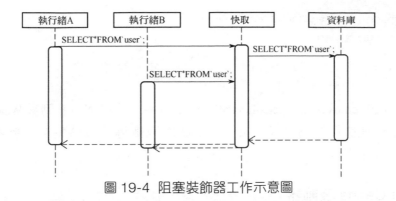

圖 19-4 阻塞裝飾器工作示意圖

程式 19-22 列出了 BlockingCache 類別的屬性。其中在 locks 屬性中用 ConcurrentHashMap 儲存了所有快取的鍵與對應的鎖，這樣，只有當取得對應的鎖後才能進行對應資料的查詢操作，否則就會被阻塞。

程式 19-22

```
// 取得鎖時的執行等待時間
private long timeout;
// 被裝飾物件
private final Cache delegate;
// 鎖的對映表。鍵為快取記錄的鍵，值為對應的鎖
private final ConcurrentHashMap<Object, ReentrantLock> locks;
```

程式 19-23 展示了與鎖的取得和釋放相關的方法。要注意的是，每一筆記錄的鍵都有一個對應的鎖，所以阻塞裝飾器鎖住的不是整個快取，而是快取中的某筆記錄。

程式 19-23

```
/**
 * 找出指定鍵的鎖
 * @param key 指定的鍵
 * @return 該鍵對應的鎖
 */
private ReentrantLock getLockForKey(Object key) {
  return locks.computeIfAbsent(key, k -> new ReentrantLock());
}
```

```
/**
 * 取得某個鍵的鎖
 * @param key 資料的鍵
 */
private void acquireLock(Object key) {
  // 找出指定物件的鎖
  Lock lock = getLockForKey(key);
  if (timeout > 0) {
    try {
      boolean acquired = lock.tryLock(timeout, TimeUnit.MILLISECONDS);
      if (!acquired) {
        throw new CacheException("Couldn't get a lock in " + timeout + " for
            the key " +  key + " at the cache " + delegate.getId());
      }
    } catch (InterruptedException e) {
      throw new CacheException("Got interrupted while trying to acquire lock
        for key " + key, e);
    }
  } else {
    // 鎖住
    lock.lock();
  }
}


/**
 * 釋放某個物件的鎖
 * @param key 被鎖的物件
 */
private void releaseLock(Object key) {
  // 找出指定物件的鎖
  ReentrantLock lock = locks.get(key);
  if (lock.isHeldByCurrentThread()) {
    // 解鎖
    lock.unlock();
  }
}
```

程式 19-24 展示了 BlockingCache 中的快取資料讀寫方法。在讀取快取中的資料前需要取得該資料對應的鎖，如果從快取中讀取到了對應的資料，則立刻釋放該鎖；如果從快取中沒有讀取到對應的資料，則表示接下來會進行資料庫查詢，直到資料庫查詢結束向快取中寫入該資料時，才會釋放該資料的鎖。

程式 19-24

```java
/**
 * 向快取寫入一筆資訊
 * @param key 資訊的鍵
 * @param value 資訊的值
 */
@Override
public void putObject(Object key, Object value) {
  try {
    // 向快取中放入資料
    delegate.putObject(key, value);
  } finally {
    // 因為已經放入了資料，因此釋放鎖
    releaseLock(key);
  }
}


/**
 * 從快取中讀取一筆資訊
 * @param key 資訊的鍵
 * @return 資訊的值
 */
@Override
public Object getObject(Object key) {
  // 取得鎖
  acquireLock(key);
  // 讀取結果
  Object value = delegate.getObject(key);
  if (value != null) {
    // 讀取到結果後釋放鎖
```

```
    releaseLock(key);
  }
  // 如果快取中沒有讀到結果,則不會釋放鎖。對應的鎖會在從資料庫讀取了結果並寫
     入快取後,在 putObject 中釋放


  // 傳回查詢到的快取結果
  return value;
}
```

19.5.5 定時清理裝飾器

當呼叫快取的 clear 方法時,會清理快取中的資料。但是該操作不會自動執行。

定時清理裝飾器 ScheduledCache 則可以按照一定的時間間隔來清理快取中的資料,即按照一定的時間間隔呼叫 clear 方法。程式 19-25 列出了 ScheduledCache 類別的屬性。

程式 19-25

```
// 被裝飾的物件
private final Cache delegate;
// 清理的時間間隔
protected long clearInterval;
// 上次清理的時刻
protected long lastClear;
```

程式 19-26 列出了 ScheduledCache 類別的清理方法 clearWhenStale,該方法會在 getSize、putObject、getObject、removeObject 中被呼叫。

程式 19-26

```
/**
 * 根據清理時間間隔設定清理快取
 * @return 是否發生了快取清理
 */
private boolean clearWhenStale() {
  if (System.currentTimeMillis() - lastClear > clearInterval) {
```

```
    clear();
    return true;
  }
  return false;
}
```

我們要知道，ScheduledCache 提供的定時清理功能並非是即時的。也就是說，即使已經滿足了清理時間間隔的要求，只要 getSize、putObject、getObject、removeObject 這四個方法沒有被呼叫，則 clearWhenStale 方法也不會被觸發，也就不會發生快取清理操作。

這種非即時的設計方式也是值得參考的，因為即時操作需要增加單獨的計時執行緒，會消耗大量的資源；而這種非即時的方式節省了資源，但同時也不會造成太大的誤差。

19.5.6 序列化裝飾器

我們知道，物件（也就是資料）放入快取後，如果被多次讀取出來，則多次讀取的是同一個物件的參考。也就是說，快取中的物件是在多個參考之間共用的。這表示，如果讀取後修改了該物件的屬性，會直接導致快取中的物件也發生變化。圖 19-5 展示了這樣的過程。

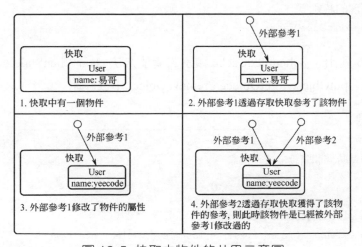

圖 19-5　快取中物件的共用示意圖

有些場景下，我們不想讓外部的參考污染快取中的物件。這時必須確定外部讀取快取中的物件時，每次讀取的都是一個全新的拷貝而非參考。序列化裝飾器 SerializedCache 為快取增加了這一功能。

在使用 SerializedCache 後，每次向快取中寫入物件時，實際寫入的是物件的序列化串；而每次讀取物件時，會將序列化串反序列化後再傳回。透過序列化和反序列化的過程確保了每一次快取列出的物件都是一個全新的物件，對該物件的修改不會影響快取中的物件。當然，這要求被快取的資料必須是可序列化的，否則 SerializedCache 會拋出例外。

程式 19-27 展示了 SerializedCache 類別的資料寫入和讀取操作的原始程式。

程式 19-27

```java
/**
 * 向快取寫入一筆資訊
 * @param key 資訊的鍵
 * @param object 資訊的值
 */
@Override
public void putObject(Object key, Object object) {
  if (object == null || object instanceof Serializable) {
    // 要快取的資料必須是可以序列化的
    // 將資料序列化後寫入快取
    delegate.putObject(key, serialize((Serializable) object));
  } else { // 要快取的資料不可序列化
    // 拋出例外
    throw new CacheException("SharedCache failed to make a copy of a non-
      serializable object: " + object);
  }
}


/**
 * 從快取中讀取一筆資訊
 * @param key 資訊的鍵
 * @return 資訊的值
```

```
 */
@Override
public Object getObject(Object key) {
  // 讀取快取中的序列化串
  Object object = delegate.getObject(key);
  // 反序列化後傳回
  return object == null ? null : deserialize((byte[]) object);
}
```

19.6 快取的組建

組建快取的過程就是根據需求為快取的基本實現增加各種裝飾的過程,該過程在 CacheBuilder 中完成。下面透過 CacheBuilder 的原始程式了解 MyBatis 如何組建快取。

組建快取的入口方法是 CacheBuilder 中的 build 方法,其原始程式如程式 19-28 所示。

程式 19-28

```
/**
 * 組建快取
 * @return 快取物件
 */
public Cache build() {
  // 設定快取的預設實現、預設裝飾器 (僅設定,並未裝配)
  setDefaultImplementations();
  // 建立預設的快取
  Cache cache = newBaseCacheInstance(implementation, id);
  // 設定快取的屬性
  setCacheProperties(cache);
  if (PerpetualCache.class.equals(cache.getClass())) {
    // 快取實現類別是 PerpetualCache,不是使用者自訂的快取實現類別
    // 為快取逐級巢狀結構自訂的裝飾器
```

```
    for (Class<? extends Cache> decorator : decorators) {
        // 產生裝飾器實例，並裝配。輸入參數依次是裝飾器類別、被裝飾的快取
        cache = newCacheDecoratorInstance(decorator, cache);
        // 為裝飾器設定屬性
        setCacheProperties(cache);
    }
    // 為快取增加標準的裝飾器
    cache = setStandardDecorators(cache);
} else if (!LoggingCache.class.isAssignableFrom(cache.getClass())) {
    // 增加記錄檔裝飾器
    cache = new LoggingCache(cache);
}
// 傳回被包裝好的快取
return cache;
}
```

其中的 setDefaultImplementations 子方法負責設定快取的預設實現和預設裝飾器，原始程式如程式 19-29 所示。可以看出在外部沒有指定實現類別的情況下，快取預設的實現類別是 PerpetualCache 類別，預設的清理裝飾器是 LruCache。要注意的是，該方法只是把預設的實現類別放入了 implementation 屬性，把 LruCache 放入了 decorators 屬性，並沒有實際生產和裝配快取。

程式 19-29

```
/**
 * 設定快取的預設實現類別和預設裝飾器
 */
private void setDefaultImplementations() {
    if (implementation == null) {
        implementation = PerpetualCache.class;
        if (decorators.isEmpty()) {
            decorators.add(LruCache.class);
        }
    }
}
```

接下來會透過 newBaseCacheInstance 方法產生快取的實現，並逐級包裝使用者自訂的裝飾器。最後還會透過 setStandardDecorators 方法為快取增加標準的裝飾器。在對映檔案中，我們可以透過程式 19-30 所示的片段指定快取的特性。

程式 19-30

```
<cache type="PERPETUAL"
       eviction="FIFO"
       flushInterval="60000"
       size="512"
       readOnly="true"
       blocking="true">
    <!-- 可以加入 property 節點，將用來直接修改 Cache 實現類別及裝飾器類別的屬性 -->
</cache>
```

setStandardDecorators 方法就是根據程式 19-30 片段中設定的快取特性來確定對快取增加哪些裝飾器的。程式 19-31 展示了 setStandardDecorators 方法的原始程式。

程式 19-31

```
/**
 * 為快取增加標準的裝飾器
 * @param cache 被裝飾的快取
 * @return 裝飾結束的快取
 */
private Cache setStandardDecorators(Cache cache) {
  try {
    MetaObject metaCache = SystemMetaObject.forObject(cache);
    // 設定快取大小
    if (size != null && metaCache.hasSetter("size")) {
      metaCache.setValue("size", size);
    }
    // 如果定義了清理間隔，則使用定時清理裝飾器裝飾快取
    if (clearInterval != null) {
```

```
    cache = new ScheduledCache(cache);
    ((ScheduledCache) cache).setClearInterval(clearInterval);
  }
  // 如果允許讀寫，則使用序列化裝飾器裝飾快取
  if (readWrite) {
    cache = new SerializedCache(cache);
  }
  // 使用記錄檔裝飾器裝飾快取
  cache = new LoggingCache(cache);
  // 使用同步裝飾器裝飾快取
  cache = new SynchronizedCache(cache);
  // 如果啟用了阻塞功能，則使用阻塞裝飾器裝飾快取
  if (blocking) {
    cache = new BlockingCache(cache);
  }
  // 傳回被層層裝飾的快取
  return cache;
} catch (Exception e) {
  throw new CacheException("Error building standard cache decorators.
    Cause: " + e, e);
}
}
```

setStandardDecorators 方法中的各項設定與程式 19-30 中的設定項目對應。只
是有一點要注意，設定中的 readOnly 在原始程式中變成了 readWrite。這兩者
在 XMLMapperBuilder 類別中存在下面的轉化關係。

```
boolean readWrite = !context.getBooleanAttribute("readOnly", false);
```

透過閱讀 CacheBuilder 類別的原始程式，我們知道為快取增加功能的過程就
是增加裝飾器的過程。同時，也能感受到裝飾器模式的強大與靈活。

19.7 交易快取

在資料庫操作中，如果沒有顯性地宣告交易，則一行敘述本身就是一個交易。在查詢敘述進行資料庫查詢操作之後，對應的查詢結果可以立刻放入快取中備用。

那麼，交易中的敘述進行資料庫查詢操作之後，對應的查詢結果可以立刻放入快取備用嗎？

顯然不可以。舉例來說，程式 19-32 所示的交易操作中，SELECT 操作獲得的查詢結果中其實包含了前面 INSERT 敘述插入的資訊。如果 SELECT 查詢結束後立刻將查詢結果放入快取，則在交易提交前快取中就包含了交易中的資訊，這是違背交易定義的。而如果之後該交易進行了回覆，則快取中的資料就會和資料庫中的資料不一致。

程式 19-32

```
START TRANSACTION;
INSERT INTO 'user' ('name','email','age','sex','schoolName') VALUES
    ('yeecode', 'yeecode@sample. com', '18', '0', 'Sunny School');
SELECT * FROM 'user';
COMMIT;
```

因此，交易操作中產生的資料需要在交易提交時寫入快取，而在交易復原時直接銷毀。TransactionalCache 裝飾器就為快取提供了這一功能。

TransactionalCache 類別的屬性如程式 19-33 所示，它使用 entriesToAddOn Commit 屬性將交易中產生的資料暫時儲存起來，在交易提交時一併提交給快取，而在交易復原時直接銷毀。

TransactionalCache 類別也支援將快取的範圍限制在交易以內，只要將 clearOnCommit 屬性置為 true 即可。這樣，只要交易結束，就會直接將暫時儲存的資料銷毀掉，而非寫入快取中。

程式 **19-33**

```
// 被裝飾的物件
private final Cache delegate;
// 交易提交後是否直接清理快取
private boolean clearOnCommit;
// 交易提交時需要寫入快取的資料
private final Map<Object, Object> entriesToAddOnCommit;
// 快取查詢未命中的資料
private final Set<Object> entriesMissedInCache;
```

程式 19-34 展示了 TransactionalCache 類別中的快取讀取和寫入操作。可見讀取快取時是真正從快取中讀取,而寫入快取時卻只是暫存在 TransactionalCache 物件內部。

程式 **19-34**

```
/**
 * 從快取中讀取一筆資訊
 * @param key 資訊的鍵
 * @return 資訊的值
 */
@Override
public Object getObject(Object key) {
  // 從快取中讀取對應的資料
  Object object = delegate.getObject(key);
  if (object == null) { // 快取未命中
    // 記錄該快取未命中
    entriesMissedInCache.add(key);
  }
  if (clearOnCommit) { // 如果設定了提交時馬上清除,則直接傳回 null
    return null;
  } else {
    // 傳回查詢的結果
    return object;
  }
}
```

```
/**
 * 向快取寫入一筆資訊
 * @param key 資訊的鍵
 * @param object 資訊的值
 */
@Override
public void putObject(Object key, Object object) {
    // 先放到 entriesToAddOnCommit 列表中暫存
    entriesToAddOnCommit.put(key, object);
}
```

而在交易進行提交或回覆時，TransactionalCache 會根據設定將本身儲存的資料寫入快取或直接銷毀，程式 19-35 展示了相關的原始程式。

程式 19-35

```
/**
 * 提交交易
 */
public void commit() {
    if (clearOnCommit) { // 如果設定了交易提交後清理快取
        // 清理快取
        delegate.clear();
    }
    // 將為寫入快取的操作寫入快取
    flushPendingEntries();
    // 清理環境
    reset();
}


/**
 * 回覆交易
 */
public void rollback() {
    // 刪除快取未命中的資料
    unlockMissedEntries();
```

```
  reset();
}

/**
 * 清理環境
 */
private void reset() {
  clearOnCommit = false;
  entriesToAddOnCommit.clear();
  entriesMissedInCache.clear();
}

/**
 * 將未寫入快取的資料寫入快取
 */
private void flushPendingEntries() {
  // 將 entriesToAddOnCommit 中的資料寫入快取
  for (Map.Entry<Object, Object> entry : entriesToAddOnCommit.entrySet()) {
    delegate.putObject(entry.getKey(), entry.getValue());
  }
  // 將 entriesMissedInCache 中的資料寫入快取
  for (Object entry : entriesMissedInCache) {
    if (!entriesToAddOnCommit.containsKey(entry)) {
      delegate.putObject(entry, null);
    }
  }
}

/**
 * 刪除快取未命中的資料
 */
private void unlockMissedEntries() {
  for (Object entry : entriesMissedInCache) {
    try {
      delegate.removeObject(entry);
    } catch (Exception e) {
```

```
      log.warn("Unexpected exception while notifiying a rollback to the cache
        adapter." + "Consider upgrading your cache adapter to the latest
        version.  Cause: " + e);
    }
  }
}
```

至此，大家對交易快取 TransactionalCache，尤其是其中用來暫存交易內資料的 entriesToAddOnCommit 屬性有了清晰的認識。然而，entriesMissedInCache 屬性的作用是什麼？為什麼要在其中儲存查詢快取未命中的資料？

這就要結合阻塞裝飾器 BlockingCache 來思考了。交易快取中使用的快取可能是被 BlockingCache 裝飾過的，這表示，如果快取查詢獲得的結果為 null，會導致對該資料上鎖，進一步阻塞後續對該資料的查詢。而交易提交或回覆後，應該對快取中的這些資料全部解鎖才對。entriesMissedInCache 就儲存了這些資料的鍵，在交易結束時對這些資料進行解鎖。

在一個交易中，可能會涉及多個快取。TransactionalCacheManager 就是用來管理一個交易中的多個快取的，其中的 transactionalCaches 屬性中儲存了多個快取和對應的經過快取裝飾器裝飾後的快取。程式 19-36 展示了 transactionalCaches 屬性。

程式 19-36

```
// 管理多個快取的對映
private final Map<Cache, TransactionalCache> transactionalCaches = new
  HashMap< >();
```

TransactionalCacheManager 會在交易提交和回覆時觸發所有相關交易快取的提交和回覆，如程式 19-37 所示。

程式 19-37

```
/**
 * 交易提交
 */
public void commit() {
```

```
  for (TransactionalCache txCache : transactionalCaches.values()) {
    txCache.commit();
  }
}

/**
 * 交易復原
 */
public void rollback() {
  for (TransactionalCache txCache : transactionalCaches.values()) {
    txCache.rollback();
  }
}
```

19.8 MyBatis 快取機制

在進行原始程式閱讀時，通常可以以套件為單位進行，因為套件本身就是具
有一定結構、功能的類別的集合。但是，也總會有一些功能相對複雜，會橫
跨多個套件。因此，以功能為主線一次閱讀多個套件中的原始程式也是必要
的，它能幫助我們釐清一個功能實現的前因後果。

這一次，我們將橫跨多個套件，詳細了解 MyBatis 的快取機制。

之前已經詳細介紹了 cache 套件的全部原始程式，了解了 MyBatis 如何使用不
同的裝飾器裝飾以獲得不同功能的快取。但是，cache 套件中卻沒有涉及快取
的實際使用。

快取在第 22 章介紹的類別中使用。在 executor 套件中，MyBatis 基於 cache
套件中提供的快取實現了兩級快取。在這一節中，我們將詳細了解 MyBatis 的
快取機制。

在介紹 MyBatis 的快取機制之前，先提前了解 Executor 介面的概況。

Executor 介面是執行器介面，它負責進行資料庫查詢等操作。它有兩個直接子類別，CachingExecutor 類別和 BaseExecutor 類別。

■ CachingExecutor 是一個裝飾器類別，它能夠為執行器實現類別增加快取功能。

■ BaseExecutor 類別是所有實際執行器類別的基礎類別，它有 SimpleExecutor、BatchExecutor、ReuseExecutor、ClosedExecutor 四個子類別。而其中的 ClosedExecutor 子類別本身沒有實際功能，我們暫時忽略它。

因此，最後可以列出圖 19-6 所示的 Executor 介面的簡化類別圖。

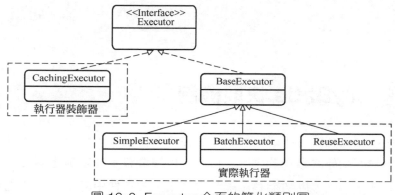

圖 19-6 Executor 介面的簡化類別圖

關於 Executor 介面及其子類別的詳細介紹參見 22.8 節。

關於 ClosedExecutor 類別的詳細介紹參見 22.3.2 節。

19.8.1 一級快取

MyBatis 的一級快取又叫本機快取，其結構和使用都比較簡單，與它相關的設定項目有兩個。

一個是在設定檔的 settings 節點下，我們可以增加如程式 19-38 所示的設定敘述來改變一級快取的作用範圍。設定值的可選項有 SESSION 與 STATEMENT，分別對應了一次階段和一行敘述。一級快取的預設作用範圍是 SESSION。

程式 **19-38**

```
<setting name="localCacheScope" value="SESSION"/>
```

二是可以在對映檔案的資料庫操作節點內增加 flushCache 屬性項，如程式
19-39 所示，該屬性可以設定為 true 或 false。當設定為 true 時，MyBatis 會在
該資料庫操作執行前清空一、二級快取。該屬性的預設值為 false。

程式 **19-39**

```
<select id="queryUserBySchoolName" resultType="User" flushCache="false">
  SELECT * FROM 'user' WHERE schoolName = #{schoolName}
</select>
```

了解了 MyBatis 一級快取的設定後，我們檢視一級快取的原始程式。

一級快取功能由 BaseExecutor 類別實現。BaseExecutor 類別作為實際執行器
的基礎類別，為所有實際執行器提供一些通用的基本功能，在這裡增加快取
也就表示每個實際執行器都具有這一級快取。

在 BaseExecutor 內，可以看到與一級快取相關的兩個屬性，分別是 localCache
和 localOutputParameterCache，如程式 19-40 所示。這兩個屬性使用的都是沒
有經過任何裝飾器裝飾的 PerpetualCache 物件。

程式 **19-40**

```
// 查詢操作的結果快取
protected PerpetualCache localCache;
// Callable 查詢的輸出參數快取
protected PerpetualCache localOutputParameterCache;
```

這兩個變數中，localCache 快取的是資料庫查詢操作的結果。對於
CALLABLE 形式的敘述，因為最後向上傳回的是輸出參數，便使用
localOutputParameterCache 直接快取的輸出參數。

因為 localCache 和 localOutputParameterCache 都是 Executor 的屬性，不可能
超出 Executor 的作用範圍。而 Executor 歸屬 SqlSession，因此第一級快取的
最大作用範圍便是 SqlSession，即一次階段。

程式 19-41 列出了 BaseExecutor 中 query 操作的原始程式，透過它我們可以詳細了解一級快取的作用原理，以及 localCacheScope 設定、flushCache 設定如何生效。

程式 19-41

```
/**
 * 查詢資料庫中的資料
 * @param ms 對映敘述
 * @param parameter 參數物件
 * @param rowBounds 翻頁限制條件
 * @param resultHandler 結果處理器
 * @param key 快取的鍵
 * @param boundSql 查詢敘述
 * @param <E> 結果類型
 * @return 結果列表
 * @throws SQLException
 */
@SuppressWarnings("unchecked")
@Override
public <E> List<E> query(MappedStatement ms, Object parameter, RowBounds
  rowBounds, ResultHandler resultHandler, CacheKey key, BoundSql boundSql)
  throws SQLException {
  ErrorContext.instance().resource(ms.getResource()).activity("executing a
  query").object(ms.getId());
  if (closed) {
    // 執行器已經關閉
    throw new ExecutorException("Executor was closed.");
  }
  if (queryStack == 0 && ms.isFlushCacheRequired()) {
    // 新的查詢堆疊且要求清除快取
    // 清除一級快取
    clearLocalCache();
  }
  List<E> list;
  try {
    queryStack++;
```

```
    // 嘗試從本機快取取得結果
    list = resultHandler == null ? (List<E>) localCache.getObject(key) : null;
    if (list != null) {
        // 本機快取中有結果，則對於 CALLABLE 敘述還需要綁定到 IN/INOUT 參數上
        handleLocallyCachedOutputParameters(ms, key, parameter, boundSql);
    } else {
        // 本機快取沒有結果，故需要查詢資料庫
        list = queryFromDatabase(ms, parameter, rowBounds, resultHandler, key,
            boundSql);
    }
} finally {
    queryStack--;
}
if (queryStack == 0) {
    // 惰性載入操作的處理
    for (DeferredLoad deferredLoad : deferredLoads) {
        deferredLoad.load();
    }
    deferredLoads.clear();
    // 如果本機快取的作用域為 STATEMENT，則立刻清除本機快取
    if (configuration.getLocalCacheScope() == LocalCacheScope.STATEMENT) {
        clearLocalCache();
    }
}
return list;
}
```

資料庫操作中的 INSERT、UPDATE、DELETE 操作都對應了 BaseExecutor 中的 update 方法。在 update 方法中，會引發一級快取的更新。程式 19-42 展示了 BaseExecutor 中 update 方法的原始程式。

程式 19-42

```
/**
 * 更新資料庫資料，INSERT/UPDATE/DELETE 三種操作都會呼叫該方法
 * @param ms 對映敘述
 * @param parameter 參數物件
```

```
 * @return 資料庫操作結果
 * @throws SQLException
 */
@Override
public int update(MappedStatement ms, Object parameter) throws SQLException {
  ErrorContext.instance().resource(ms.getResource()).activity("executing an
  update").object(ms.getId());
  if (closed) {
    // 執行器已經關閉
    throw new ExecutorException("Executor was closed.");
  }
  // 清理本機快取
  clearLocalCache();
  // 傳回呼叫子類別操作
  return doUpdate(ms, parameter);
}
```

可見一級快取就是 BaseExecutor 中的兩個 PerpetualCache 類型的屬性，其作用範圍很有限，不支援各種裝飾器的修飾，因此不能進行容量設定、清理策略設定及阻塞設定等。

19.8.2 二級快取

二級快取的作用範圍是一個命名空間（即一個對映檔案），而且可以實現多個命名空間共用一個快取。因此與一級快取相比其作用範圍更廣，且選擇更為靈活。

與二級快取相關的設定項目有四項。

第一個設定項目在設定檔的 settings 節點下，我們可以增加如程式 19-43 所示的設定敘述來啟用和關閉二級快取。該設定項目的預設值為 true，即預設啟用二級快取。

程式 19-43

```
<setting name="cacheEnabled" value="true"/>
```

第二個設定項目在對映檔案內。可以使用程式 19-44 所示的 cache 標籤來開啟並設定本命名空間的快取，也可以使用程式 19-45 所示的標籤來宣告本命名空間使用其他命名空間的快取，如果兩項都不設定則表示命名空間沒有快取。該項設定只有在第一項設定中選擇啟用二級快取時才有效。

程式 19-44

```
<cache type="PERPETUAL"
    eviction="FIFO"
    flushInterval="60000"
    size="512"
      readOnly="true"
      blocking="true">
    <!-- 可以加入 property 節點，用來直接修改 Cache 實現類別及裝飾器類別的屬性 -->
</cache>
```

程式 19-45

```
<cache-ref namespace="com.github.yeecode.mybatisdemo.dao.UserMapper"/>
```

第三個設定項目為資料庫操作節點內的 useCache 屬性，如程式 19-46 所示。透過它可以設定該資料庫操作節點是否使用二級快取。只有當第一、二項設定均啟用了快取時，該項設定才有效。對於 SELECT 類型的敘述而言，useCache 屬性的預設值為 true，對於其他類型的敘述而言則沒有意義。

程式 19-46

```
<select id="queryUserBySchoolName" resultType="User" flushCache="false"
  useCache="true">
  SELECT * FROM 'user' WHERE schoolName = #{schoolName}
</select>
```

第四個設定項目為資料庫操作節點內的 flushCache 屬性項，該設定屬性與一級快取共用，表示是否要在該敘述執行前清除一、二級快取。

了解了二級快取的設定項目之後，我們透過原始程式來了解二級快取的詳細原理。

二級快取功能由 CachingExecutor 類別實現,它是一個裝飾器類別,能透過裝飾實際執行器為它們增加二級快取功能。如程式 19-47 所示,在 Configuration 的 newExecutor 方法中,MyBatis 會根據設定檔中的二級快取開關設定用 CachingExecutor 類別裝飾實際執行器。

程式 19-47

```
/**
 * 建立一個執行器
 * @param transaction 交易
 * @param executorType 資料庫操作類型
 * @return 執行器
 */
public Executor newExecutor(Transaction transaction, ExecutorType
executorType) {
  executorType = executorType == null ? defaultExecutorType : executorType;
  executorType = executorType == null ? ExecutorType.SIMPLE : executorType;
  Executor executor;
  // 根據資料庫操作類型建立實際執行器
  if (ExecutorType.BATCH == executorType) {
    executor = new BatchExecutor(this, transaction);
  } else if (ExecutorType.REUSE == executorType) {
    executor = new ReuseExecutor(this, transaction);
  } else {
    executor = new SimpleExecutor(this, transaction);
  }
  // 根據設定檔中 settings 節點 cacheEnabled 設定項目確定是否啟用快取
  if (cacheEnabled) { // 如果設定啟用快取
    // 使用 CachingExecutor 裝飾實際執行器
    executor = new CachingExecutor(executor);
  }
  // 為執行器增加攔截器 (外掛程式),以啟用各個攔截器的功能
  executor = (Executor) interceptorChain.pluginAll(executor);
  return executor;
}
```

在閱讀 CachingExecutor 類別的原始程式之前，先討論另外一個概念：交易。
我們知道，在資料庫操作中，可以將多行敘述封裝為一個交易；而在我們沒
有顯性地宣告交易時，資料庫會為每行敘述開啟一個交易。於是，交易不僅
可以代指封裝在一起的多行敘述，也可以用來代指一筆普通的敘述。

CachingExecutor 類別中有兩個屬性，如程式 19-48 所示。其中 delegate 是被
裝飾的實際執行器，tcm 是交易快取管理員。既然一行敘述也是一個交易，那
交易快取管理員可以應用在有交易的場景，也可以應用在無交易的場景。

程式 19-48

```
// 被裝飾的執行器
private final Executor delegate;
// 交易快取管理員
private final TransactionalCacheManager tcm = new TransactionalCacheManager();
```

了解了這些之後，我們檢視 CachingExecutor 這一裝飾器類別的 query 核心方
法，如程式 19-49 所示。在程式 19-49 中，詳細註釋了整個工作的過程。

程式 19-49

```
/**
 * 查詢資料庫中的資料
 * @param ms 對映敘述
 * @param parameterObject 參數物件
 * @param rowBounds 翻頁限制條件
 * @param resultHandler 結果處理器
 * @param key 快取的鍵
 * @param boundSql 查詢敘述
 * @param <E> 結果類型
 * @return 結果列表
 * @throws SQLException
 */
@Override
public <E> List<E> query(MappedStatement ms, Object parameterObject, RowBounds
```

```
rowBounds, ResultHandler resultHandler, CacheKey key, BoundSql boundSql)
    throws SQLException {
  // 取得 MappedStatement 對應的快取，可能的結果有：該命名空間的快取、共用的其
     他命名空間的快取、無快取
  Cache cache = ms.getCache();
  // 如果對映檔案未設定 <cache> 或 <cache-ref>，則此處 cache 變數為 null
  if (cache != null) { // 存在快取
    // 根據要求判斷敘述執行前是否要清除二級快取，如果需要，則清除二級快取
    flushCacheIfRequired(ms);
    if (ms.isUseCache() && resultHandler == null) {
      // 該敘述使用快取且沒有輸出結果處理器
      // 二級快取不支援含有輸出參數的 CALLABLE 敘述，故在這裡進行判斷
      ensureNoOutParams(ms, boundSql);
      // 從快取中讀取結果
      @SuppressWarnings("unchecked")
      List<E> list = (List<E>) tcm.getObject(cache, key);
      if (list == null) { // 快取中沒有結果
        // 交給被包裝的執行器執行
        list = delegate.query(ms, parameterObject, rowBounds, resultHandler,
            key, boundSql);
        // 快取被包裝執行器傳回的結果
        tcm.putObject(cache, key, list);
      }
      return list;
    }
  }
  // 交由被包裝的實際執行器執行
  return delegate.query(ms, parameterObject, rowBounds, resultHandler, key,
      boundSql);
}
```

其中的 flushCacheIfRequired 子方法是用來判斷並清除二級快取的方法，原始
程式如程式 19-50 所示。

程式 19-50

```
/**
 * 根據要求判斷敘述執行前是否要清除二級快取，如果需要，則清除二級快取
 * 注意：預設情況下，非 SELECT 敘述的 isFlushCacheRequired 方法會傳回 true
 * @param ms MappedStatement
 */
private void flushCacheIfRequired(MappedStatement ms) {
  // 取得 MappedStatement 對應的快取
  Cache cache = ms.getCache();
  if (cache != null && ms.isFlushCacheRequired()) {
    // 存在快取且該動作陳述式要求執行前清除快取
    // 清除交易中的快取
    tcm.clear(cache);
  }
}
```

而 CachingExecutor 的 update 方法（對應 INSERT、UPDATE、DELETE 三種資料庫操作）也會呼叫 flushCacheIfRequired 方法，而對於這些敘述 isFlushCacheRequired 子方法恒傳回 true。因此，總會導致二級快取的清除。

19.8.3 兩級快取機制

現在我們已經清楚 MyBatis 存在兩級快取，其中一級快取由 BaseExecutor 透過兩個 PerpetualCache 類型的屬性提供，而二級快取由 CachingExecutor 包裝類別提供。

那麼在資料庫查詢操作中，是先存取一級快取還是先存取二級快取呢？為了便於討論，我們再來看一下如圖 19-6 所示的 Executor 介面的簡化類別圖。

答案並不複雜，CachingExecutor 作為裝飾器會先執行，然後才會呼叫實際執行器，這時 BaseExecutor 中的方法才會執行。因此，在資料庫查詢操作中，MyBatis 會先存取二級快取再存取一級快取。

這樣，我們便可以獲得如圖 19-7 所示的 MyBatis 兩級快取示意圖。

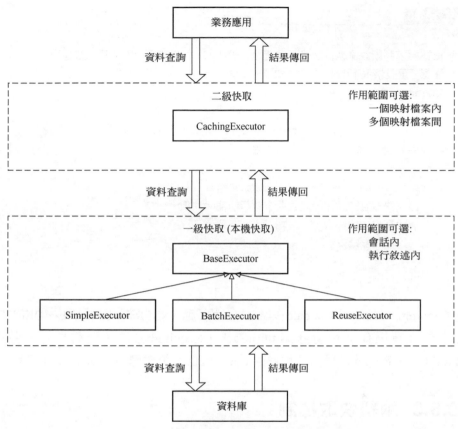

圖 19-7 MyBatis 兩級快取示意圖

transaction 套件

MyBatis 的 transaction 套件是負責進行交易管理的套件,該套件內包含兩個子套件:jdbc 子套件中包含基於 JDBC 進行交易管理的類別,managed 子套件中包含基於容器進行交易管理的類別。

20.1 交易概述

交易即資料庫交易,是資料庫執行過程中的邏輯單位。交易有以下四個特性。

- Atomicity(原子性,或稱最小性):交易必須被作為一個整體來執行,不是全部執行,就是全部不執行。不允許只執行其中的一部分。
- Consistency(一致性):交易應該保障資料庫從一個一致性狀態轉換到另一個一致性狀態。一致性狀態是指資料庫中資料的完整性約束。
- Isolation(隔離性):多個交易平行處理即時執行,交易不會互相干擾。
- Durability(持久性):一旦交易提交,則其所做的修改就會永久儲存到資料庫中。

交易功能是由資料庫提供的。以 MySQL 資料庫為例,MySQL 主要有兩種引擎:MyISAM 和 InnoDB。其中 MyISAM 引擎是不支援交易也不支援外鍵的,其特點是存取速度快,非常適合用來設計記錄檔表等不需要交易操作的

表。InnoDB 支援交易，但是與 MyISAM 相比寫入操作的速度會慢一些，並且佔用的磁碟空間也會稍多。

接下來我們在使用 InnoDB 引擎的情況下介紹 MySQL 的交易操作。

MySQL 預設操作模式就是自動提交模式。在這種模式下，除非顯性地開始一個交易，否則每個查詢都被當作一個單獨的交易自動提交執行。可以透過設定 AUTOCOMMIT 的值來進行修改，例如設定 "SET AUTOCOMMIT=0" 將關閉自動提交模式，需要對每個資料庫操作都進行顯示的提交。不過，大部分的情況下，我們會使用自動提交模式。

實現 MySQL 資料庫交易操作的 SQL 敘述有下面三個。

- BEGIN：開始交易；
- ROLLBACK：回覆交易；
- COMMIT：提交交易。

舉例來說，在程式 20-1 所示的操作中，可以看到關於「小明」的資料插入是被回覆掉的，而關於「小華」的資料插入是成功的。

程式 20-1

```
BEGIN;  # 開始交易
INSERT INTO 'user' VALUES ('5', '小明', 'f@b.c', '19', '0', 'Garden School');
ROLLBACK; # 回覆交易

BEGIN;  # 開始交易
INSERT INTO 'user' VALUES ('4', '小華', 'g@f.a', '15', '0', 'Garden School');
COMMIT; # 提交交易
```

在使用 Java 進行資料庫操作時也可以透過資料庫連接對交易進行控制。舉例來說，程式 20-2 所示的程式片段就實現了交易操作。

程式 20-2

```
Connection connection = dataSource.getConnection();
connection.setAutoCommit(true);   // 自動提交模式
```

```
try {
    Object returnValue = doQuery(connection);
    connection.commit();          // 提交交易
    return returnValue;
}catch (Exception e) {
    connection.rollback();        // 回覆交易
    throw e;
}finally {
    connection.close();           // 關閉連接
}
```

20.2　交易介面及工廠

整個 transaction 套件採用了工廠方法模式實現，transaction 套件的類別圖如圖 20-1 所示。

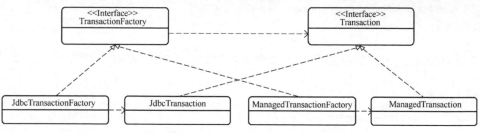

圖 20-1　transaction 套件的類別圖

TransactionFactory 是所有交易工廠的介面，該介面的原始程式如程式 20-3 所示。

程式 **20-3**

```
public interface TransactionFactory {
  /**
   * 設定工廠的屬性
   * @param props 工廠的屬性
   */
```

20-3

```
default void setProperties(Properties props) {
}

/**
 * 從指定的連接中取得一個交易
 * @param conn 指定的連接
 * @return 取得的交易物件
 */
Transaction newTransaction(Connection conn);

/**
 * 從指定的資料來源中取得交易，並對交易進行一些設定
 * @param dataSource 資料來源
 * @param level 資料隔離等級
 * @param autoCommit 是否自動提交交易
 * @return 取得的交易物件
 */
Transaction newTransaction(DataSource dataSource, TransactionIsolationLevel
    level, boolean autoCommit);
}
```

Transaction 是所有交易的介面，該介面的原始程式如程式 20-4 所示。

程式 20-4

```
public interface Transaction {

  /**
   * 取得該交易對應的資料庫連接
   * @return 資料庫連接
   * @throws SQLException
   */
  Connection getConnection() throws SQLException;

  /**
   * 提交交易
   * @throws SQLException
```

```
    */
    void commit() throws SQLException;

    /**
     * 回覆交易
     * @throws SQLException
     */
    void rollback() throws SQLException;

    /**
     * 關閉對應的資料連接
     * @throws SQLException
     */
    void close() throws SQLException;

    /**
     * 讀取設定的交易逾時
     * @return 交易逾時
     * @throws SQLException
     */
    Integer getTimeout() throws SQLException;
}
```

TransactionFactory 介面與 Transaction 介面均有兩套件實現，分別在 jdbc 子套件和 managed 子套件中。

20.3 JDBC 交易

jdbc 子套件中儲存的是實現 JDBC 交易的 JdbcTransaction 類別及其對應的工廠類別。

JdbcTransaction 類別是 JDBC 交易的管理類別，其屬性如程式 20-5 所示。

程式 20-5

```
// 資料庫連接
protected Connection connection;
// 資料來源
protected DataSource dataSource;
// 交易隔離等級
protected TransactionIsolationLevel level;
// 是否自動提交交易
protected boolean autoCommit;
```

而實際的交易操作是由 JdbcTransaction 類別直接呼叫 Connection 類別提供的
交易操作方法來完成的。程式 20-6 展示了 JdbcTransaction 類別中交易提交和
回覆的相關原始程式。

程式 20-6

```
/**
 * 提交交易
 * @throws SQLException
 */
@Override
public void commit() throws SQLException {
  // 連接存在且不會自動提交交易
  if (connection != null && !connection.getAutoCommit()) {
    if (log.isDebugEnabled()) {
      log.debug("Committing JDBC Connection [" + connection + "]");
    }
    // 呼叫 connection 物件的方法提交交易
    connection.commit();
  }
}


/**
 * 回覆交易
 * @throws SQLException
 */
```

```
@Override
public void rollback() throws SQLException {
  if (connection != null && !connection.getAutoCommit()) {
    if (log.isDebugEnabled()) {
      log.debug("Rolling back JDBC Connection [" + connection + "]");
    }
    connection.rollback();
  }
}
```

JdbcTransactionFactory 負責生產 JdbcTransaction 物件，其實現非常簡單，不再贅述。

20.4　容器交易

managed 子套件中儲存的是實現容器交易的 ManagedTransaction 類別及其對應的工廠類別。

在 ManagedTransaction 類別中，可以看到 commit、rollback 等方法內都沒有任何邏輯操作，如程式 20-7 所示。

程式 20-7
```
/**
 * 提交交易
 * @throws SQLException
 */
@Override
public void commit() throws SQLException {
}

/**
 * 回覆交易
 * @throws SQLException
```

```
*/
@Override
public void rollback() throws SQLException {
}
```

那麼這些方法是空的，又如何實現交易管理呢？這是因為相關的交易操作都委派給了容器進行管理。

以 Spring 容器為例。當 MyBatis 和 Spring 整合時，MyBatis 中拿到的資料庫連線物件是 Spring 列出的。Spring 可以透過 XML 設定、註釋等多種方式來管理交易（即決定交易何時開啟、回覆、提交）。當然，這種情況下，交易的最後實現也是透過 Connection 物件的相關方法進行的。整個過程中，MyBatis 不需要處理任何交易操作，全都委派給 Spring 即可。

ManagedTransactionFactory 是 ManagedTransaction 類別的工廠，原始程式比較簡單，不再多作説明。

cursor 套件

21.1　Iterable 介面與 Iterator 介面

Iterable 介面與 Iterator 介面是大家經常接觸的兩個介面，它們都代表與反覆運算操作相關的能力。

Iterator 的意思是「反覆運算器」，Iterable 的意思是「可反覆運算的」。如果一個類別是反覆運算器，則基於它可以實現反覆運算操作；而如果一個類別能夠列出一個反覆運算本身內元素的反覆運算器，則它就是可反覆運算的。

因此，Iterable 介面非常簡單，主要定義了一個 Iterator<T> iterator 抽象方法用於傳回一個 Iterator 物件（在 Jdk 1.8 中增加了 forEach 方法和 spliterator 方法）。

Iterator 介面表示一個針對集合的反覆運算器，Iterator 介面定義了反覆運算器最重要的方法。

- boolean hasNext：判斷目前反覆運算中是否還有未反覆運算的元素。
- E next：傳回反覆運算中的下一個元素。
- default void remove：從反覆運算器指向的集合中移除反覆運算器傳回的最後一個元素。預設情況下不支援此操作，因為很容易造成反覆運算混亂。

在程式設計開發中，Iterable 介面與 Iterator 介面經常要用到，我們常用的 for-each 就是基於這兩個介面實現的。舉例來説，程式 21-1 所示的 for-each 操作，經過編譯後在 class 檔案中變成了程式 21-2 所示的樣子。

程式 21-1

```
List<User> userList = new ArrayList< >();
for (User user : userList) {
    System.out.println(user);
}
```

程式 21-2

```
List<User> userList = new ArrayList();
Iterator var2 = userList.iterator();

while(var2.hasNext()) {
    User user = (User)var2.next();
    System.out.println(user);
}
```

程式 21-1 能在編譯後轉化為程式 21-2，這是因為 for-each 是一個語法糖操作，會由編譯器在編譯階段幫我們轉化為基本語法。於是，在我們使用 for-each 操作對 List 中的元素進行檢查時，List 作為 Iterable 介面的子類別先透過 iterator 方法列出一個 Iterator 物件，然後基於 Iterator 物件實現 List 中所有元素的檢查。

語法糖是程式語言中一種簡化的語法，它能使程式更加簡潔。對 Java 語言來説，JVM 並不識別語法糖中的敘述，因此這些敘述會在編譯階段被還原成基本的敘述。

要想檢視一段 Java 程式在 class 檔案中的真實形態，最簡單的方法是使用整合開發軟體找到 target 目錄下對應的 class 檔案後檢視；也可以自己使用 javac 指令編譯後再透過相關工具開啟對應的 class 檔案檢視。

最後我們再歸納一下，Iterable 介面代表一個類別是可反覆運算的，Iterator 介面代表一個類別是反覆運算器。

- 如果一個類別能夠列出一個反覆運算器（透過 iterator 方法）用來對某個集合中的元素進行反覆運算，那麼這個類別可以繼承 Iterable 介面。
- 如果一個類別本身就是一個反覆運算器，能夠對某個集合展開反覆運算操作，那麼這個類別可以繼承 Iterator 介面。

21.2 MyBatis 中游標的使用

在使用 MyBatis 進行資料庫查詢時，經常會查詢到大量的結果。在程式 21-3 所示的實例中，我們查詢到了大量的 User 物件，並使用 List 接受這些物件。

程式 **21-3**

```
List<User> userList = userMapper.queryUserBySchoolName(userParam);
```

但有些時候，我們希望逐一讀取和處理查詢結果，而非一次讀取整數個結果集。因為前者能夠減少對記憶體的佔用，這在處理大量的資料時會顯得十分必要。游標就能夠幫助我們實現這一目的，它支援我們每次從結果集中取出一筆結果。

在 MyBatis 中使用游標進行查詢非常簡單，對映檔案不需要任何的變動，只需要在對映介面中標明傳回數值型態是 Cursor 即可，如程式 21-4 所示。然後，便可以用程式 21-5 所示的方式來接收和處理結果。

程式 **21-4**

```
Cursor<User> queryUserBySchoolName(User user);
```

程式 **21-5**

```
UserMapper userMapper = session.getMapper(UserMapper.class);
User userParam = new User();
userParam.setSchoolName("Sunny School");
Cursor<User> userCursor = userMapper.queryUserBySchoolName(userParam);
for (User user : userCursor) {
    System.out.println("name : " + user.getName() + " ;  email : " + user.
```

```
getEmail());
}
```

該範例的完整程式請參見 MyBatisDemo 專案中的範例 18。

21.3　游標介面

cursor 套件中的原始程式非常簡單，只有一個 Cursor 介面和預設的實現類別 DefaultCursor。

Cursor 介面繼承了 java.io.Closeable 介面和 java.lang.Iterable 介面。Closeable 介面代表一個類別是可以關閉的，呼叫 Closeable 介面中的 close 方法可釋放類別的物件持有的資源。Iterable 介面代表一個類別是可以反覆運算的，這樣可以對該類別的物件使用 for-each 操作。

Cursor 介面的原始程式如程式 21-6 所示，它一共規定了三個方法。

程式 21-6

```
public interface Cursor<T> extends Closeable, Iterable<T> {
  /**
   * 游標是否開啟
   * @return 是否開啟
   */
  boolean isOpen();

  /**
   * 是否已經完成了所有檢查
   * @return 是否完成了所有檢查
   */
  boolean isConsumed();

  /**
   * 傳回目前元素的索引
```

```
  * @return 目前元素的索引
  */
 int getCurrentIndex();
}
```

21.4　預設游標

DefaultCursor 類別是預設的游標，圖 21-1 列出了 DefaultCursor 相關類別的類別圖。透過類別圖可以看出，DefaultCursor 類別直接或間接繼承了 Cursor、Closeable、Iterable 三個介面，這表示它必須實現這三個介面定義的所有方法。

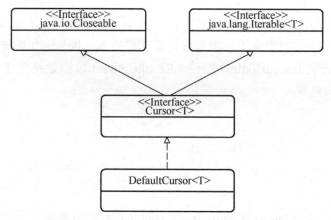

圖 21-1　DefaultCursor 相關類別的類別圖

它含有三個內部類別。我們仍然按照自下而上的原則對這三個內部類別分別介紹，最後再介紹它們的外部類別 DefaultCursor。

21.4.1　CursorStatus 內部類別

CursorStatus 內部類別非常簡單，是一個代表游標狀態的列舉類別。程式 21-7 直接列出了它的原始程式，並註明了各個列舉值的含義。

程式 21-7

```
private enum CursorStatus {
  CREATED, // 代表新建立游標，結果集尚未消費
  OPEN,    // 代表游標正在被使用，結果集正在被消費
  CLOSED,  // 代表游標已經被關閉，但其中的結果集未被完全消費
  CONSUMED // 代表游標已經被關閉，其中的結果集已經被完全消費
}
```

21.4.2 ObjectWrapperResultHandler 內部類別

ObjectWrapperResultHandler 類別繼承了 ResultHandler 介面，是一個簡單的結果處理器。

ResultHandler 介面在 session 套件中，其原始程式如程式 21-8 所示。ResultHandler 介面中定義了一個處理單筆結果的 handleResult 方法。該方法的輸入參數是一個 ResultContext 物件。ResultContext 類別是結果上下文，從中可以取出一筆結果。

程式 21-8

```
public interface ResultHandler<T> {
  void handleResult(ResultContext<? extends T> resultContext);
}
```

我們繼續回來檢視 ObjectWrapperResultHandler 內部類別的原始程式，如程式 21-9 所示。

程式 21-9

```
private static class ObjectWrapperResultHandler<T> implements ResultHandler<T> {

  private T result;

  /**
   * 從結果上下文中取出並處理結果
   * @param context 結果上下文
```

```
  */
  @Override
  public void handleResult(ResultContext<? extends T> context) {
    // 取出結果上下文中的一筆結果
    this.result = context.getResultObject();
    // 關閉結果上下文
    context.stop();
  }
}
```

透過程式 21-9 可以看出，ObjectWrapperResultHandler 內部類別只是將結果上下文中的一筆結果取出然後放入了本身的 result 屬性中，並未做進一步的處理。

21.4.3 CursorIterator 內部類別

CursorIterator 類別繼承了 Iterator 介面，是一個反覆運算器類別。

DefaultCursor 類別間接繼承了 Iterable 介面，這表示它必須透過 iterator 方法傳回一個 Iterator 物件。DefaultCursor 類別傳回的 Iterator 物件就是 CursorIterator 物件。

CursorIterator 類別作為一個反覆運算器，實現了判斷是否存在下一個元素的 hasNext 方法和傳回下一個元素的 next 方法。CursorIterator 類別的原始程式如程式 21-10 所示。

程式 **21-10**

```
private class CursorIterator implements Iterator<T> {
  // 快取下一個要傳回的物件，在 next 操作中完成寫入
  T object;
  // next 方法中傳回的物件的索引
  int iteratorIndex = -1;

  /**
   * 判斷是否還有下一個元素，如果有則順便寫入 object 中
```

```
    * @return 是否還有下一個元素
    */
@Override
public boolean hasNext() {
    // 如果 object!=null，則顯然有下一個物件，就是 object 本身
    if (object == null) {
        // 判斷是否還能取得到新的，順便放到 object 中
        object = fetchNextUsingRowBound();
    }
    return object != null;
}


/**
    * 傳回下一個元素
    * @return 下一個元素
    */
@Override
public T next() {
    T next = object;

    if (next == null) { // object 中無物件
        // 嘗試去取得一個
        next = fetchNextUsingRowBound();
    }

    if (next != null) {
        // 此時，next 中是這次要傳回的物件。object 不是本來為 null，就是已經取到
        //     next 中，故清空
        object = null;
        iteratorIndex++;
        // 傳回 next 中的物件
        return next;
    }
    throw new NoSuchElementException();
}
```

```
/**
 * 刪除目前的元素。不允許該操作，故直接拋出例外
 */
@Override
public void remove() {
  throw new UnsupportedOperationException("Cannot remove element from
  Cursor");
  }
}
```

在 CursorIterator 類別中，無論是判斷是否還有下一個元素的 hasNext 方法還是取得下一個元素的 next 方法，都呼叫了 fetchNextUsingRowBound 方法。該方法是外部類別 DefaultCursor 中的非常重要的方法。

介紹完三個內部類別之後，接下來介紹 DefaultCursor 外部類別。

21.4.4　DefaultCursor 外部類別

DefaultCursor 類別作為預設的游標，其屬性如程式 21-11 所示。

程式 21-11

```
// 結果集處理器
private final DefaultResultSetHandler resultSetHandler;
// 該結果集對應的 ResultMap 資訊來自 Mapper 中的 <ResultMap> 節點
private final ResultMap resultMap;
// 傳回結果的詳細資訊
private final ResultSetWrapper rsw;
// 結果的起止資訊
private final RowBounds rowBounds;
// ResultHandler 的子類別，造成暫存結果的作用
private final ObjectWrapperResultHandler<T> objectWrapperResultHandler = new
  ObjectWrapper ResultHandler< >();
// 內部反覆運算器
private final CursorIterator cursorIterator = new CursorIterator();
// 反覆運算器存在標示位
```

```
private boolean iteratorRetrieved;
// 游標狀態
private CursorStatus status = CursorStatus.CREATED;
// 記錄已經對映的行
private int indexWithRowBound = -1;
```

DefaultCursor 類別中大多數方法是用來實現 Cursor、Closeable、Iterable 三個介面的方法。其中 Iterable 介面中定義的 iterator 方法的原始程式如程式 21-12 所示，該方法內使用 iteratorRetrieved 變數確保了反覆運算器只能列出一次，防止多次列出造成的存取混亂。

程式 21-12

```
/**
 * 傳回反覆運算器
 * @return 反覆運算器
 */
@Override
public Iterator<T> iterator() {
  if (iteratorRetrieved) { // 如果反覆運算器已經列出
    throw new IllegalStateException("Cannot open more than one iterator on a
      Cursor");
  }
  if (isClosed()) { // 如果游標已經關閉
    throw new IllegalStateException("A Cursor is already closed.");
  }
  // 表明反覆運算器已經列出
  iteratorRetrieved = true;
  // 傳回反覆運算器
  return cursorIterator;
}
```

此外，DefaultCursor 類別中重要的方法是 fetchNextUsingRowBound 方法和其子方法 fetchNextObjectFromDatabase 方法。fetchNextObjectFrom Database 方法在每次呼叫時都會從資料庫查詢傳回的結果集中取出一筆結果，而 fetchNextUsingRowBound 方法則在此基礎上考慮了查詢時的邊界限制條件。

於是這兩個方法共同完成了在滿足邊界限制的情況下,每次從結果集中取出一筆結果的功能。這兩個方法的原始程式如程式 21-13 所示。

程式 21-13

```
/**
 * 考慮邊界限制 (翻頁限制),從資料庫中取得下一個物件
 * @return 下一個物件
 */
protected T fetchNextUsingRowBound() {
  // 從資料庫查詢結果中取出下一個物件
  T result = fetchNextObjectFromDatabase();
  while (result != null && indexWithRowBound < rowBounds.getOffset()) { // 如
  果物件存在但不滿足邊界限制,則持續讀取資料庫結果中的下一個,直到邊界起始位置
    result = fetchNextObjectFromDatabase();
  }
  return result;
}


/**
 * 從資料庫取得下一個物件
 * @return 下一個物件
 */
protected T fetchNextObjectFromDatabase() {
  if (isClosed()) {
    return null;
  }
  try {
    status = CursorStatus.OPEN;
    if (!rsw.getResultSet().isClosed()) { // 結果集尚未關閉
      // 從結果集中取出一筆記錄,將其轉化為物件,並存入
         objectWrapperResultHandler 中
      resultSetHandler.handleRowValues(rsw, resultMap,
        objectWrapperResultHandler, RowBounds. DEFAULT, null);
    }
  } catch (SQLException e) {
    throw new RuntimeException(e);
```

```
    }

    // 獲得存入 objectWrapperResultHandler 中的物件
    T next = objectWrapperResultHandler.result;
    if (next != null) { // 讀到了新的物件
      // 更改索引,表明記錄索引加一
      indexWithRowBound++;
    }

    if (next == null || getReadItemsCount() == rowBounds.getOffset() +
      rowBounds.getLimit()) { // 沒有新物件或已經到了 rowBounds 邊界
      // 游標內的資料已經消費完畢
      close();
      status = CursorStatus.CONSUMED;
    }
    // 清除 objectWrapperResultHandler 中的該物件,已準備迎接下一物件
    objectWrapperResultHandler.result = null;
    return next;
}
```

fetchNextObjectFromDatabase 方法的中文含義為「從資料庫取得下一個物件」,從方法名稱上看,該方法似乎會從資料庫中查詢下一筆記錄。但實際上並非如此,該方法並不會引發資料庫查詢操作。因為,在該方法被呼叫之前,資料庫查詢的結果集已經完整地保存在了 rsw 變數中。fetchNextObjectFromDatabase 方法只是從結果集中取出下一筆記錄,而非真正地去資料庫查詢下一筆記錄。

舉例來說,我們使用 DefaultCursor 展開一次查詢(該查詢一共會傳回四筆記錄),透過程式偵錯可以看出 rsw 變數中已經完整儲存了四筆記錄,如圖 21-2 所示。

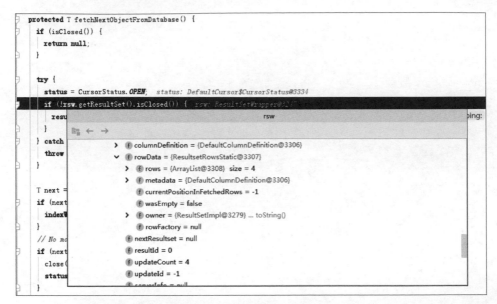

圖 21-2　rsw 變數中的資料

因此，對於 DefaultCursor 類別而言，結果集中的所有記錄都已經儲存在了記憶體中，DefaultCursor 類別只負責逐一列出這些記錄而已。

Chapter

22

executor 套件

如果從 MyBatis 的所有套件中選擇一個最為重要的套件，那就是 executor 套件。

executor 套件，顧名思義為執行器套件，它作為 MyBatis 的核心將其他各個套件凝聚在了一起。在該套件的工作中，會呼叫設定解析套件解析出的設定資訊，會依賴基礎套件中提供的基礎功能。最後，executor 套件將所有的操作串接在一起，透過 session 套件向外開放出一套完整的服務。

executor 套件功能很多，每一個子套件都提供一個相對獨立的功能項。在該套件原始程式的閱讀過程中我們依舊遵循自下而上的原則，先分析 executor 套件中的各個子套件的原始程式，然後再分析與主流程相關的原始程式。

22.1 背景知識

22.1.1 以 cglib 為基礎的動態代理

在 10.1.3 節中我們介紹了動態代理的一種實現方式，最後也指出了以反射為基礎的動態代理的限制條件，即被代理的類別必須有一個父介面。但是有些類別確實沒有父介面，對於這些類別而言，以反射為基礎的動態代理是不適用的。

本節將介紹另一種實現動態代理的方式：基於 cglib（Code Generation Library，程式產生函數庫）的動態代理。

在 3.1.1 節中我們介紹一個類別必須透過類別載入過程將類別檔案載入到 JVM 後才能使用。那麼是否能夠直接修改 JVM 中的位元組碼資訊來修改和建立類別呢？

答案是可以的，cglib 就是以這個原理為基礎工作的。cglib 使用位元組碼處理架構 ASM 來轉換位元組碼並產生被代理類別的子類別，然後這個子類別就可以作為代理類別展開工作。ASM 是一個底層的架構，除非你對 JVM 內部結構包含 class 檔案的格式和指令集都很熟悉，否則不要直接使用 ASM。

下面我們透過範例介紹一下如何用 cglib 實現動態代理。

首先要在專案中引用 cglib 工具套件，以使用 Maven 為例，在 pom 檔案中增加如程式 22-1 所示的依賴。

程式 22-1

```
<dependency>
    <groupId>cglib</groupId>
    <artifactId>cglib</artifactId>
    <version>3.2.9</version>
</dependency>
```

被代理類別不需要實現任何介面，程式 22-2 列出了一個簡單的被代理類別。

程式 22-2

```
public class User{
    public String sayHello(String name) {
        System.out.println("hello " + name);
        return "OK";
    }
}
```

接下來撰寫一個實現了 org.springframework.cglib.proxy.MethodInterceptor 介面的類別，如程式 22-3 所示。被代理類別中的方法被攔截後，會進入該類別的

intercept 方法。在該類別的 intercept 方法中,我們在被代理物件的方法執行前
後各增加了一句輸出敘述。

程式 22-3

```java
public class ProxyHandler<T> implements MethodInterceptor {
    @Override
    public Object intercept(Object o, Method method, Object[] objects,
    MethodProxy methodProxy) throws Throwable {
        System.out.println("before speak");
        Object ans = methodProxy.invokeSuper(o, objects);
        System.out.println("after speak");
        return ans;
    }
}
```

之後就可以建立代理物件,實現動態代理操作,該過程如程式 22-4 所示。我
們建立了一個代理物件(即變數 user 對應的物件),然後呼叫了其中的方法。
最後獲得了如圖 22-1 所示的程式執行結果。可見,在被代理物件的方法執行
前後,均輸出了代理物件中增加的敘述。

程式 22-4

```java
public static void main(String[] args) throws Exception {
    Enhancer enhancer = new Enhancer();
    // 設定 enhancer 的回呼物件
    enhancer.setCallback(new ProxyHandler< >());
    // 設定 enhancer 物件的父類別
    enhancer.setSuperclass(User.class);
    // 建立代理物件,實際為 User 的子類別
    User user = (User) enhancer.create();

    // 透過代理物件呼叫目標方法
    String ans = user.sayHello(" 易哥 ");
    System.out.println(ans);
}
```

該範例的完整程式請參見 MyBatisDemo 專案中的範例 19。

cglib 是透過給被代理類別建立一個子類別，進一步實現在不改變被代理類別的情況下建立代理類別的。因此它也有一定的限制：無法為 final 類別建立代理，因為 final 類別沒有子類別。

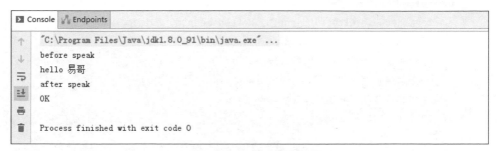

圖 22-1　程式執行結果

22.1.2　javassist 架構的使用

cglib 以底層的 ASM 架構為基礎來實現 Java 位元組碼的修改。而 javassist 和 ASM 類似，它也是一個開放原始碼的用來建立、修改 Java 位元組碼的類別庫，能實現類別的建立、方法的修改、繼承關係的設定等一系列的操作。

相比於 ASM，javassist 的優勢是學習成本低，可以根據 Java 程式產生位元組碼，而不需要直接操作位元組碼。

javassist 的使用雖然比 ASM 簡單，但也並不是太容易。下面透過一個範例來展示 javassist 的使用，以「無中生有」的方式建立一個類別，並給類別設定屬性和方法。整個範例如程式 22-5 所示。

程式 **22-5**

```
public static void main(String[] args) throws Exception {
    ClassPool pool = ClassPool.getDefault();
    // 定義一個類別
    CtClass userCtClazz = pool.makeClass("com.github.yeecode.mybatisdemo.User");
    // 建立 name 屬性
```

```
    CtField nameField = new CtField(pool.get("java.lang.String"), "name",
userCtClazz);
    userCtClazz.addField(nameField);
    // 建立 name 的 set 方法
    CtMethod setMethod = CtNewMethod.make("public void setName(String name) {
this.name = name;}", userCtClazz);
    userCtClazz.addMethod(setMethod);
    // 建立 sayHello 方法
    CtMethod sayHello = CtNewMethod.make("public String sayHello() { return
\"Hello, I am \" + this.name ;}", userCtClazz);
    userCtClazz.addMethod(sayHello);

    Class<?> userClazz = userCtClazz.toClass();
    // 建立一個物件
    Object user = userClazz.newInstance();
    // 為物件設定 name 值
    Method[] methods = userClazz.getMethods();
    for (Method method: methods){
        if (method.getName().equals("setName")) {
            method.invoke(user," 易哥 ");
        }
    }
    // 呼叫物件 sayHello 方法
    for (Method method: methods){
        if (method.getName().equals("sayHello")) {
            String result = (String) method.invoke(user);
            System.out.println(result);

        }
    }
}
```

該範例的完整程式請參見 MyBatisDemo 專案中的範例 20。

執行程式 22-5，可以看到主控台列印出如圖 22-2 所示的程式執行結果。

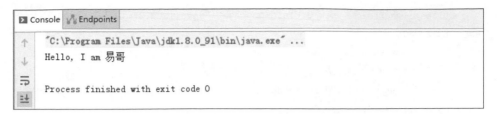

圖 22-2 程式執行結果

在程式 22-5 中，我們憑空建立了一個 User 物件，並為其指定了 name 屬性和 setName 方法、sayHello 方法；然後產生實體該類別的物件後，呼叫了物件的相關方法。這些操作都是直接針對 JVM 中的位元組碼展開的。這充分說明了直接操作位元組碼這種方式的靈活與強大，但因為它涉及較多的底層操作，並不是很容易駕馭。

但無論如何，javassist 這個強大的工具是可以直接修改位元組碼的。因此，我們可以使用它建立被代理類別的子類別進一步實現動態代理，也可以使用它建立被代理類別介面的子類別進一步實現動態代理。

22.1.3 序列化與反序列化中的方法

1. writeExternal 方法和 readExternal 方法

在 5.1.2 節中我們介紹過，要表明一個類別的物件是可序列化的，則必須繼承 Serializable 介面或 Externalizable 介面，而且 Externalizable 介面是 Serializable 介面的子介面。然後，我們還列出了繼承 Serializable 介面實現序列化和反序列化的範例。

繼承 Serializable 介面實現序列化和反序列化是非常簡單的，目標類別除了繼承 Serializable 介面外不需要任何其他的操作，整個序列化和反序列化的過程由 Java 內部的機制完成。而繼承 Externalizable 介面實現序列化和反序列化則支援自訂序列化和反序列化的方法。Externalizable 介面包含以下兩個抽象方法。

■ void writeExternal(ObjectOutput out)：該方法在目標物件序列化時呼叫。方法中可以呼叫 DataOutput（輸入參數 ObjectOutput 的父類別）方法來儲存其基本值，或呼叫 ObjectOutput 的 writeObject 方法來儲存物件、字串和陣列。

■ void readExternal(ObjectInput in)：該方法在目標物件反序列化時呼叫。方法中呼叫 DataInput（輸入參數 ObjectInput 的父類別）方法來恢復其基礎類型，或呼叫 readObject 方法來恢復物件、字串和陣列。需要注意的是，readExternal 方法讀取資料時，必須與 writeExternal 方法寫入資料時的順序和類型一致。

下面透過範例來說明 writeExternal 方法和 readExternal 方法的作用。在程式 22-6 中，我們設定了 UserModel02 大類的 writeExternal 方法和 readExternal 方法。

程式 22-6

```
public class UserModel02 implements Externalizable {
    private static final long serialVerisionUID = 1L;

    private Integer id;
    private String name;
    private String description;

    // 省略屬性的 get、set 方法

    @Override
    public void writeExternal(ObjectOutput out) throws IOException {
        System.out.println("writeExternal doing ...");
        out.write(id); // DataOutput 中的方法
        out.writeObject(name + "(from writeExternal)");
    }

    @Override
    public void readExternal(ObjectInput in) throws IOException,
```

```
ClassNotFoundException {
        System.out.println("readExternal doing ...");
        id = in.read();
        name = (String) in.readObject();
        System.out.println("name in file is:" + name);
        name = name + "(from readExternal)";
    }
}
```

然後對上述類別的實例進行序列化和反序列化操作,過程如程式 22-7 所示。

程式 22-7

```
private static void demo02() throws Exception {
    System.out.println("run demo02:");
    UserModel02 userModel02 = new UserModel02();
    userModel02.setId(1);
    userModel02.setName(" 易哥 ");

    ObjectOutputStream oos = new ObjectOutputStream(new FileOutputStream("m2.
tempdata "));
    oos.writeObject(userModel02);
    oos.flush();
    oos.close();

    System.out.println(" ↑ write; ↓ read");

    ObjectInputStream ois = new ObjectInputStream(new FileInputStream("m2.
tempdata"));
    UserModel02 newUser = (UserModel02) ois.readObject();
    System.out.println("newUser:" + newUser.getId() + "-" + newUser.getName());
    System.out.println();
}
```

該範例的完整程式請參見 MyBatisDemo 專案中的範例 21。

最後獲得如圖 22-3 所示的程式執行結果。

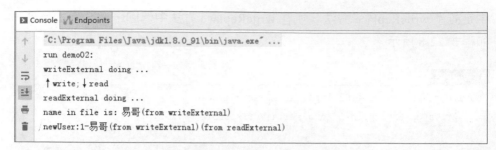

圖 22-3　程式執行結果

可見，對於實現了 Externalizable 介面的類別，會在物件序列化時呼叫 writeExternal 方法，而在物件反序列化時呼叫 readExternal 方法。

我們可以透過自訂 writeExternal 方法和 readExternal 方法的實作方式，來控制物件的序列化和反序列化行為，這也使得繼承 Externalizable 介面實現序列化和反序列化更為自由和強大。

2. writeReplace 方法和 readResolve 方法

在進行序列化和反序列化的目標類別（可以繼承 Serializable 介面，也可以繼承 Externalizable 介面）中，還可以定義兩個方法：writeReplace 方法和 readResolve 方法。

- writeReplace：如果一個類別中定義了該方法，則對該類別的物件進行序列化操作前會先呼叫該方法。最後該方法傳回的物件將被序列化。
- readResolve：如果一個類別中定義了該方法，則對該類別的物件進行反序列化操作後會呼叫該方法。最後該方法傳回的物件將作為反序列化的結果。

writeReplace 方法和 readResolve 方法實際上為物件的序列化和反序列化提供了一種「偷樑換柱」的能力：無論實際物件如何，在序列化時都以 writeReplace 方法的傳回值為準；無論序列化資料如何，在反序列化時都以 readResolve 方法的傳回值為準。

下面以 writeReplace 方法為例，示範一下這種能力。我們在 UserModel03 類別

中定義了 writeReplace 方法，並在 writeReplace 方法中傳回一個全新的物件，如程式 22-8 所示。

程式 22-8

```java
public class UserModel03 implements Serializable {
    private static final long serialVerisionUID = 123L;

    private Integer id;
    private String name;
    private String description;

    // 省略屬性的 get、set 方法

    private Object writeReplace() throws ObjectStreamException {
        System.out.println("writeReplace doing ...");
        UserModel03 userModel = new UserModel03();
        userModel.setId(2);
        userModel.setName("yeecode");
        userModel.setDescription("description from writeReplace");
        return userModel;
    }
}
```

然後對 UserModel03 的物件進行序列化和反序列化操作，如程式 22-9 所示。

程式 22-9

```java
private static void demo03() throws Exception {
    System.out.println("run demo03:");
    UserModel03 userModel03 = new UserModel03();
    userModel03.setId(1);
    userModel03.setName(" 易哥 ");

    ObjectOutputStream oos = new ObjectOutputStream(new FileOutputStream("m3.
tempdata "));
    oos.writeObject(userModel03);
    oos.flush();
```

```
    oos.close();

    System.out.println(" ↑ write; ↓ read");

    ObjectInputStream ois = new ObjectInputStream(new FileInputStream("m3.
tempdata"));
    UserModel03 newUser = (UserModel03) ois.readObject();
    System.out.println("newUser:" + newUser.getId() + "-" + newUser.getName());
    System.out.println();
}
```

該範例的完整程式請參見 MyBatisDemo 專案中的範例 21。

程式執行結果如圖 22-4 所示。

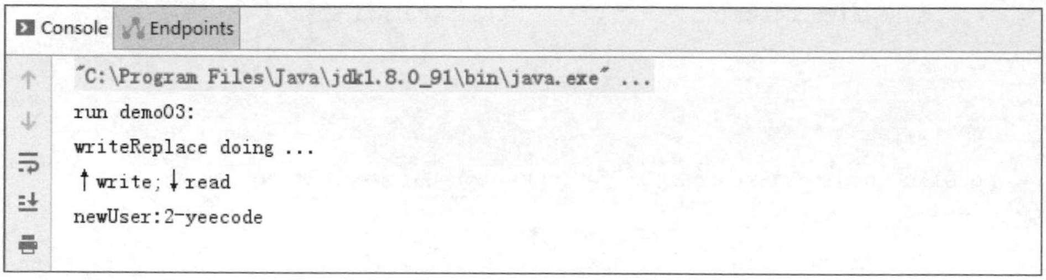

圖 22-4 程式執行結果

可見，無論實際 UserModel03 物件如何，最後的序列化都是按照 writeReplace 方法輸出的物件展開的。writeReplace 方法確實在序列化過程中造成了「偷樑換柱」的效果。

readResolve 也有類似的能力，只不過是在反序列化階段生效。

3. 序列化方法和反序列化方法的執行順序

上面我們了解了 writeExternal、readExternal 和 writeReplace、readResolve 四個方法，那麼這四個方法實際的執行順序如何呢？

下面直接透過一個範例進行示範。在範例中，我們在 UserModel05 中同時定義了以上四種方法，如程式 22-10 所示。

程式 22-10

```java
public class UserModel05 implements Externalizable {
    private static final long serialVerisionUID = 1L;

    private Integer id;
    private String name;
    private String description;

    // 省略屬性的 get、set 方法

    @Override
    public void writeExternal(ObjectOutput out) throws IOException {
        System.out.println("writeExternal doing ...");
        out.write(id);
        out.writeObject(name + " (from writeExternal)");
    }

    @Override
    public void readExternal(ObjectInput in) throws IOException,
ClassNotFoundException {
        System.out.println("readExternal doing ...");
        id = in.read();
        name = (String) in.readObject();
        System.out.println("name in file is：" + name);
        name = name + "(from readExternal)";
    }

    private Object writeReplace() throws ObjectStreamException {
        System.out.println("writeReplace doing ...");
        UserModel05 userModel = new UserModel05();
        userModel.setId(2);
        userModel.setName(name + "(from writeReplace)");
        userModel.setDescription("description from writeReplace");
        return userModel;
    }
```

```
    private Object readResolve() throws ObjectStreamException {
        System.out.println("readResolve doing ...");
        UserModel05 userModel = new UserModel05();
        userModel.setId(2);
        userModel.setName(name + "(from readResolve)");
        userModel.setDescription("description from readResolve");
        return userModel;
    }
}
```

然後對 UserModel05 的物件進行序列化和反序列化操作，如程式 22-11 所示。

程式 **22-11**

```
private static void demo05() throws Exception {
    System.out.println("run demo05:");
    UserModel05 userModel05 = new UserModel05();
    userModel05.setId(1);
    userModel05.setName(" 易哥 ");

    ObjectOutputStream oos = new ObjectOutputStream(new FileOutputStream("m5.
tempdata "));
    oos.writeObject(userModel05);
    oos.flush();
    oos.close();

    System.out.println(" ↑ write; ↓ read");

    ObjectInputStream ois = new ObjectInputStream(new FileInputStream("m5.
tempdata"));
    UserModel05 newUser = (UserModel05) ois.readObject();
    System.out.println("newUser:" + newUser.getId() + "-" + newUser.getName());
    System.out.println("description:" + newUser.getDescription());
    System.out.println();
}
```

該範例的完整程式請參見 MyBatisDemo 專案中的範例 21。

程式執行結果如圖 22-5 所示。

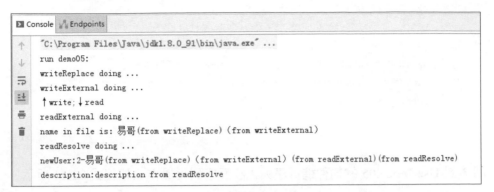

```
Console    Endpoints
"C:\Program Files\Java\jdk1.8.0_91\bin\java.exe" ...
run demo05:
writeReplace doing ...
writeExternal doing ...
↑write; ↓read
readExternal doing ...
name in file is: 易哥(from writeReplace)(from writeExternal)
readResolve doing ...
newUser:2-易哥(from writeReplace)(from writeExternal)(from readExternal)(from readResolve)
description:description from readResolve
```

圖 22-5 程式執行結果

圖 22-5 中展示的 UserModel05 物件的 name 屬性中便記錄了所有方法的執行順序。四個方法的執行順序依次為：writeReplace、writeExternal、readExternal、readResolve。我們可以用圖 22-6 將繼承 Externalizable 介面的類別的序列化和反序列化流程展示出來。

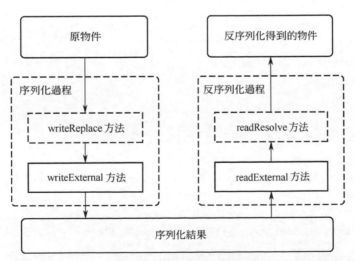

圖 22-6 Externalizable 介面實現類別中方法的執行順序

繼承 Serializable 介面的類別的序列化和反序列化流程相對簡單一些，如圖 22-7 所示。

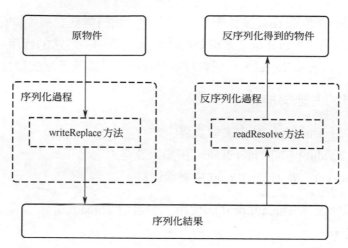

圖 22-7　Serializable 介面實現類別中方法的執行順序

22.1.4 ThreadLocal

防止一個物件被多個執行緒同時讀寫是多執行緒程式設計中非常重要的工作，通常可以使用加鎖等方式來實現。那有沒有一種方式可以用來徹底避免這種情況呢？有，ThreadLocal 就是其中的一種。

一個物件會被多個執行緒存取，是因為多個執行緒共用了這個物件。我們只要把物件轉變為執行緒獨有的，就可以避免這種情況。這是一種以「空間換時間」的想法。

- 當一個物件被多個執行緒共用時，節省了儲存該物件的空間；但是在存取該物件時需要多個執行緒排隊進行，這樣便浪費了時間。
- 當我們將物件設定為執行緒獨享時，每個執行緒都可以無須排隊而自由存取物件，節省了時間；但是同一個物件可能在多個執行緒中存在拷貝，這樣就浪費了儲存空間。

當然，有一些資料在多個執行緒之間共用是多個執行緒之間通訊的需要，這種情況不在此列。

時間與空間的矛盾在程式設計中會經常出現，我們需要根據不同的場景選擇不同的方案。而 ThreadLocal 是典型的「時間換空間」想法的應用，每個執行緒都獨有一個 ThreadLocal，可以在其中儲存獨屬於該執行緒的資料。

ThreadLocal 的主要方法有：

- T get()：從 ThreadLocal 中讀取資料；
- void set(T value)：向 ThreadLocal 中寫入資料；
- void remove()：從 ThreadLocal 中刪除資料。

下面透過範例展示 ThreadLocal 的使用，並證明 ThreadLocal 空間是歸各個執行緒獨享的。

在程式 22-12 中，我們建立了 threadLocalNumber 和 threadLocalString 這兩個 ThreadLocal 變數。程式 22-12 中共有三個執行緒，分別是 main 方法所在的主執行緒、執行 Task01 工作的 thread01 執行緒、執行 Task02 工作的 thread02 執行緒。在每個執行緒中，我們都對這兩個 ThreadLocal 變數進行讀寫操作。

程式 22-12

```
public class DemoApplication {
    // 建立兩個 ThreadLocal 變數
    private static ThreadLocal<Integer> threadLocalNumber = new ThreadLocal<>();
    private static ThreadLocal<String> threadLocalString = new ThreadLocal<>();

    public static void main(String[] args) {
        try {
            Thread thread01 = new Thread(new Task01());
            Thread thread02 = new Thread(new Task02());
            thread01.start();
            thread02.start();
            Thread.sleep(2L);
            System.out.println("Main-number: " + threadLocalNumber.get());
            System.out.println("Main-string: " + threadLocalString.get());
        } catch (Exception ex) {
            ex.printStackTrace();
```

```
        }

    }

    private static class Task01 implements Runnable {
        @Override
        public void run() {
            System.out.println("Thread01-number: " + threadLocalNumber.get());
            System.out.println("Set Thread01-number : 3001");
            threadLocalNumber.set(3001);
            System.out.println("Thread01-number: " + threadLocalNumber.get());
            System.out.println("Set Thread01-string : hello thread01");
            threadLocalString.set("hello thread01");
            System.out.println("Thread01-string: " + threadLocalString.get());
        }
    }

    private static class Task02 implements Runnable {
        @Override
        public void run() {
            System.out.println("Set Thread02-number : 3002");
            threadLocalNumber.set(3002);
            System.out.println("Thread02-number: " + threadLocalNumber.get());
            System.out.println("Thread02-string: " + threadLocalString.get());
            System.out.println("Set Thread02-string : hello thread02");
            threadLocalString.set("hello thread02");
            System.out.println("Thread02-string: " + threadLocalString.get());
        }
    }
}
```

該範例的完整程式請參見 MyBatisDemo 專案中的範例 22。

執行以上程式，可以看到如圖 22-8 所示的程式執行結果。

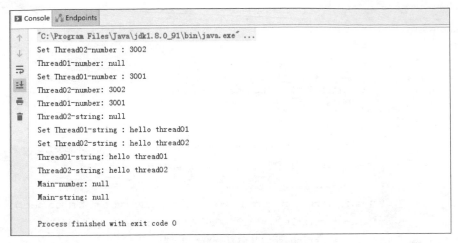

圖 22-8 程式執行結果

因為是多執行緒平行處理執行，多個執行緒之間的列印順序可能與圖 22-8 中存在差異。

透過列印出來的變數結果可知，每個執行緒操作的 ThreadLocal 變數都是執行緒內部的變數，不會對其他執行緒造成任何干擾。

在多執行緒程式中，當我們需要儲存一些執行緒獨有的資料時，可以借助 ThreadLocal 來實現。

22.1.5 預存程序

預存程序（Stored Procedure）是資料庫中的一段可以被重用的程式片段，可以透過外部呼叫完成較為複雜的操作。在呼叫時，可以為預存程序傳入輸入參數，而預存程序執行結束後也可以列出輸出參數。

主流的資料庫都支援預存程序，MySQL 也不例外。下面我們以 MySQL 為例介紹預存程序的建立及使用。

預存程序的建立並不複雜，建立敘述格式如下所示。

```
CREATE PROCEDURE 預存程序名稱
```

```
([[IN|OUT|INOUT] 參數名稱資料類型 [,[IN|OUT|INOUT] 參數名稱資料類型…]])
過程體
```

其中預存程序的參數分為以下三種。

- IN：輸入參數，該參數向預存程序輸入值，但是不能從預存程序中傳回值。
- OUT：輸出參數，該參數可以從預存程序中傳回值，但是不能向預存程序輸入值。
- INOUT：雙向參數，該參數既可以向預存程序輸入值，又可以從預存程序中傳回值。

在過程體中可以定義實際的操作，包含自訂變數，讀取參數的值，設定參數的值，執行增、刪、改、查操作，進行邏輯判斷等。

預存程序建立之後，便可以進行預存程序的查詢、呼叫、刪除等工作。其中呼叫預存程序的敘述格式如下所示。

```
CALL 預存程序名稱 ([ 參數 [, 參數…]])
```

下面透過一個範例來展示預存程序的使用。首先，我們使用命令列建立一個名為 yeecode 的預存程序，如圖 22-9 所示。

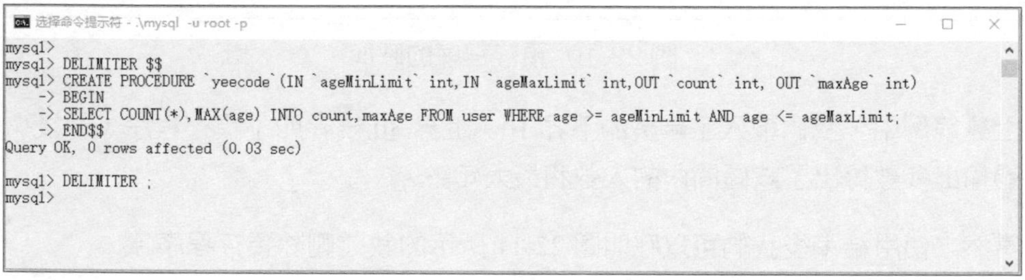

圖 22-9 預存程序的建立

DELIMITER 是一個單獨的指令，與預存程序無關。一般來說 ";" 是一筆 SQL 敘述的結束符號，MySQL 在遇到該符號時認為使用者敘述輸入完畢。然而，在預存程序的建立中我們通常要輸入多行敘述，為了防止 MySQL 遇到第一個 ";" 便終止使用者輸入，需要先行將結束符號修改為其他字元。DELIMITER

指令就是修改結束符號的指令。在上述範例中，我們先將結束符號修改為 "$$"，然後輸入包含 ";" 的敘述，之後使用 "$$" 結束我們的輸入。最後，我們又使用 DELIMITER 指令將結束符號修改回了 ";"。

這樣，我們便建立了一個預存程序。該預存程序有兩個輸入參數，分別為 ageMinLimit、ageMaxLimit；有兩個輸出參數，分別為 count、maxAge。該預存程序的功能是找出年齡在 ageMinLimit、ageMaxLimit 區間內的使用者數目和區間內的最大年齡，然後分別放入輸出參數 count 和 maxAge 中並傳回。

建立完成後，可以呼叫我們建立的 yeecode 預存程序，如圖 22-10 所示。

圖 22-10 預存程序的呼叫

上述範例中，我們輸入了年齡的下界 10、上界 30 後呼叫了預存程序，然後透過輸出參數得出了該區間內的人數和最大年齡。

當然，使用結束後我們可以呼叫圖 22-11 所示的敘述刪除預存程序。

圖 22-11 預存程序的刪除

相比於普通的 SQL 敘述，預存程序支援變數定義、邏輯判斷、資料校正碼多

輸出等,功能更為強大。並且基於預存程序還可以將操作邏輯封裝到資料庫中,加強了邏輯的保密性。但是將操作邏輯封裝到資料庫中也會帶來邏輯不清晰、與資料庫耦合度高等問題。在使用中,要根據實際使用場景判斷是否使用預存程序。

22.1.6 Statement 及其子介面

在 17.1.5 節中我們介紹了 java.sql 套件下的 Statement 介面,並中的方法進行了簡介。Statement 介面中定義了一些抽象方法能用來執行靜態 SQL 敘述並傳回結果,通常傳回的結果是一個結果集 ResultSet。

這一節我們詳細介紹 java.sql 套件下的 Statement 介面及其在該套件下的子介面。

Statement 有一個子介面 PreparedStatement,而 PreparedStatement 又有一個子介面 CallableStatement,其繼承關係如圖 22-12 所示。

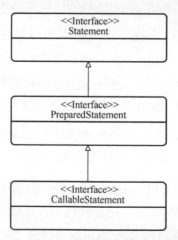

圖 22-12 Statement 及其子介面之間的繼承關係

在繼承關係中,通常子類別會繼承父類別的方法並在此基礎上進行擴充,進一步使得子類別的功能成為父類別功能的超集合。Statement 介面及其子介面就是這樣的,從 Statement 介面到 CallableStatement 介面,功能逐漸增強。

Statement 介面、PreparedStatement 介面、CallableStatement 介面依次對應我們在設定 SQL 敘述時的簡單敘述、預先編譯敘述、預存程序敘述。

關於 Statement 介面中的主要方法我們已經在 17.1.5 節進行了介紹，這些方法主要用來執行操作並取得操作結果。

PreparedStatement 子介面除了繼承 Statement 介面的全部方法外，還新定義了一些方法。這些方法主要是一些 set 方法，如下面的 setInt 方法。

void setInt(int parameterIndex, int x) throws SQLException;

這些新增的 set 方法（setLong、setString、setObject 等）使得預先編譯的 SQL 敘述具有了按照參數位置對參數設定值的功能。

CallableStatement 則在 PreparedStatement 的基礎上進一步增加了方法，這些方法主要包含以下四種。

- 按照參數名稱設定值方法：這一種方法能夠為預存程序中指定名稱的參數設定值。舉例來說，setInt(String, int) 方法就屬於這一種。

- 註冊輸出參數方法：這一種方法能夠向預存程序註冊輸出參數。舉例來說，registerOutParameter(int, int) 方法就屬於這一種。

- 按照參數位置讀設定值方法：這一種方法能夠讀取預存程序指定位置的參數值。舉例來說，getInt(int) 方法就屬於這一種方法。

- 按照參數名稱讀設定值方法：這一種方法能夠讀取預存程序指定名稱的參數的值。舉例來說，getInt(String) 方法就屬於這一種方法。

因此，從 Statement 介面到 PreparedStatement 介面再到 CallableStatement 介面，功能越來越強大。這就表示 SQL 敘述中，從簡單敘述到預先編譯敘述再到預存程序敘述，它們支援的功能越來越多。圖 22-13 列出 Statement 及其子介面的功能演進圖。

在 22.4.2 節我們會發現，MyBatis 就是透過繼承這些介面來完成不同敘述類型的處理的。

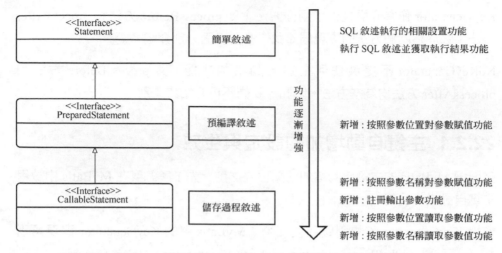

圖 22-13　Statement 及其子介面的功能演進圖

22.2　主鍵自動增加功能

在進行資料插入操作時，經常需要一個自動增加產生的主鍵編號，這既能保障主鍵的唯一性，又能保障主鍵的連續性。

許多資料庫都支援主鍵自動增加功能，如 MySQL 資料庫、SQL Server 資料庫等。當然也有一些資料庫不支援主鍵自動增加功能，如 Oracle 資料庫。MyBatis 的 executor 套件中的 keygen 子套件相容以上這兩種情況。

keygen 子套件中一共包含圖 22-14 所示的四個類別或介面。

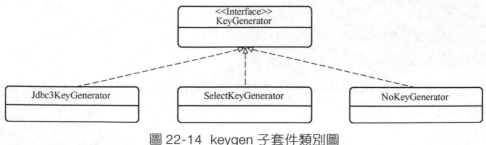

圖 22-14　keygen 子套件類別圖

KeyGenerator 作為介面提供了兩個方法，即 processBefore 方法和 processAfter 方法。關於這兩個方法的實現細節我們會在下面分別介紹。

NoKeyGenerator 不提供任何主鍵自動增加功能，其 processBefore 方法和 processAfter 方法均為空方法。因此，我們不再介紹該類別。

22.2.1 主鍵自動增加的設定與生效

在閱讀 MyBatis 的主鍵自動增加相關程式之前，先了解怎麼在 MyBatis 中啟用主鍵自動增加功能。

透過 KeyGenerator 的類別圖我們知道，MyBatis 中的 KeyGenerator 實現類別共 有 三 種：Jdbc3KeyGenerator、SelectKeyGenerator、NoKeyGenerator。 在實際使用時，這三種實現類別中只能有一種實現類別生效。而如果生效的是 NoKeyGenerator，則代表不具有任何的主鍵自動增加功能。

要啟用 Jdbc3KeyGenerator，可以在設定檔中增加如程式 22-13 所示的設定。

程式 22-13

```
<setting name="useGeneratedKeys" value="true"/>
```

或直接在相關敘述上啟用 useGeneratedKeys，如程式 22-14 所示。

程式 22-14

```
<insert id="addUser_A" parameterType="User" useGeneratedKeys="true"
keyProperty="id">
    INSERT INTO 'user'
    ('name','email','age','sex','schoolName')
    VALUES
    (#{name},#{email},#{age},#{sex},#{schoolName})
</insert>
```

如果要啟用 SelectKeyGenerator，則需要在 SQL 敘述前加一段 selectKey 標籤，如程式 22-15 所示。

程式 **22-15**

```
<insert id="addUser_B" parameterType="User">
    <selectKey resultType="java.lang.Integer" keyProperty="id" order="AFTER">
        SELECT LAST_INSERT_ID()
    </selectKey>
    INSERT INTO 'user'
    ('name','email','age','sex','schoolName')
    VALUES
    (#{name},#{email},#{age},#{sex},#{schoolName})
</insert>
```

該範例的完整程式請參見 MyBatisDemo 專案中的範例 23。

如果某一行敘述中同時設定了 useGeneratedKeys 和 selectKey，則後者生效。

以上各個設定項目的作用範圍、優先順序等結論，均可以透過閱讀程式 22-16 所示的原始程式得出。程式 22-16 所示的原始程式在 XMLStatementBuilder 類別中，在整合開發軟體的幫助下，我們可以透過尋找 KeyGenerator 的參考找到。這段程式就是主鍵自動增加功能被解析的地方。

程式 **22-16**

```
// 處理 SelectKey 節點，在這裡會將 KeyGenerator 加到 Configuration.keyGenerators 中
processSelectKeyNodes(id, parameterTypeClass, langDriver);

// 原註釋：此時，<selectKey> 和 <include> 節點均已被解析完畢並被刪除
// 進行 SQL 解析
KeyGenerator keyGenerator;
String keyStatementId = id + SelectKeyGenerator.SELECT_KEY_SUFFIX;
keyStatementId = builderAssistant.applyCurrentNamespace(keyStatementId, true);
// 判斷是否已經有解析好的 KeyGenerator
if (configuration.hasKeyGenerator(keyStatementId)) {
  keyGenerator = configuration.getKeyGenerator(keyStatementId);
} else {
  // 全域或本敘述只要啟用自動 key 產生，則使用 key 產生
  keyGenerator = context.getBooleanAttribute("useGeneratedKeys",
    configuration.isUseGeneratedKeys() && SqlCommandType.INSERT.equals
```

```
(sqlCommandType))
    ? Jdbc3KeyGenerator.INSTANCE : NoKeyGenerator.INSTANCE;
}
```

processSelectKeyNodes 方法最後解析了 selectKey 節點的資訊並在解析完成後將 selectKey 節點從 XML 中刪除了，而解析出來的資訊則放入了 configuration 的 keyGenerators 中。之後，如果沒有解析好的 KeyGenerator，則會根據 useGeneratedKeys 判斷是否使用 Jdbc3KeyGenerator。

最後，KeyGenerator 資訊會被儲存在整個 Statement 中。在 Statement 即時執行，直接呼叫 KeyGenerator 中的 processBefore 方法和 processAfter 方法即可，必然會有 Jdbc3KeyGenerator、SelectKeyGenerator、NoKeyGenerator 三者中的來實際執行這兩個方法。

接下來我們介紹 Jdbc3KeyGenerator 和 SelectKeyGenerator 的原始程式。

22.2.2 Jdbc3KeyGenerator 類別

1. Jdbc3KeyGenerator 類別的功能

Jdbc3KeyGenerator 類別是為具有主鍵自動增加功能的資料庫準備的。說到這裡大家可能會疑惑，既然資料庫已經支援主鍵自動增加了，那 Jdbc3KeyGenerator 類別存在的意義是什麼呢？

它存在的意義是提供自動增加主鍵的回寫功能。

下面透過範例來說明此功能。首先對 user 表中的 id 欄位啟用主鍵自動增加功能，其次設定 XML 對映檔案，如程式 22-17 所示。這裡並沒有啟用主鍵自動增加功能。

程式 22-17

```
<insert id="addUser_D" parameterType="User">
    INSERT INTO 'user'
    ('name','email','age','sex','schoolName')
    VALUES
```

```
        (#{name},#{email},#{age},#{sex},#{schoolName})
</insert>
```

然後執行程式 22-18 所示的 Java 敘述。

程式 22-18

```
User user04 = new User(" 李二壯 ", 0, "KEYUAN SCHOOL");

// 使用 NoKeyGenerator，即不使用主鍵自動增加功能
System.out.println("before insert :" + user04.toString());
result = session.insert("com.github.yeecode.mybatisdemo.dao.UserDao.
    addUser_D", user04);
System.out.println("insert result : " + result);
System.out.println("after insert :" + user04.toString());
```

因為在資料庫中對 id 欄位啟用了自動增加功能，所以在資料插入操作結束後，資料庫中的 user04 的 id 欄位會被設定為一個數值。然而，Java 程式中的 user04 物件卻不會被更新，因此輸出的 user04 的 id 值仍然為 null。程式執行結果如圖 22-15 所示。

```
🖥 Console    🖥 Endpoints
"C:\Program Files\JetBrains\IntelliJ IDEA 2019.2.4\jbr\bin\java.exe" ...
20:12:34.323 [main] DEBUG org.apache.ibatis.logging.LogFactory - Logging initialized using 'class org.apache.ibatis.logging.slf4j.Slf4jImpl' adapter.
user04:
before insert :User{id=null, name='李二壯', email='lierzhuang@sample.com', age='21', sex=0, schoolName='KEYUAN SCHOOL'}
insert result : 1
after insert :User{id=null, name='李二壯', email='lierzhuang@sample.com', age='21', sex=0, schoolName='KEYUAN SCHOOL'}

Process finished with exit code 0
```

圖 22-15　程式執行結果

Jdbc3KeyGenerator 類別提供的回寫功能能夠將資料庫中產生的 id 值回寫啟用 Java 物件本身。我們可以透過下面的設定的 Jdbc3KeyGenerator 類別，如程式 22-19 所示。

程式 22-19

```
<insert id="addUser_A" parameterType="User" useGeneratedKeys="true"
keyProperty="id">
    INSERT INTO 'user'
    ('name','email','age','sex','schoolName')
```

```
    VALUES
    (#{name},#{email},#{age},#{sex},#{schoolName})
</insert>
```

然後同樣執行程式 22-18 所示的操作，便可以獲得如圖 22-16 所示的程式執行結果。

```
Console    Endpoints
↑   "C:\Program Files\JetBrains\IntelliJ IDEA 2019.2.4\jbr\bin\java.exe" ...
↓   20:25:27.657 [main] DEBUG org.apache.ibatis.logging.LogFactory - Logging initialized using 'class org.apache.ibatis.logging.slf4j.Slf4jImpl' adapter.
    user01:
    before insert :User{id=null, name='張大壯', email='dazhuang@sample.mail', age='18', sex=0, schoolName='XIERQI SCHOOL'}
    insert result : 1
    after insert :User{id=15, name='張大壯', email='dazhuang@sample.mail', age='18', sex=0, schoolName='XIERQI SCHOOL'}

    Process finished with exit code 0
```

圖 22-16　程式執行結果

該範例的完整程式請參見 MyBatisDemo 專案中的範例 23。

因此 Jdbc3KeyGenerator 類別所做的工作就是在 Java 物件插入完成後，將資料庫自動增加產生的 id 讀取出來，然後回寫給 Java 物件本身。其功能示意圖如圖 22-17 所示，其中粗實線表示的工作就是 Jdbc3KeyGenerator 類別完成的。

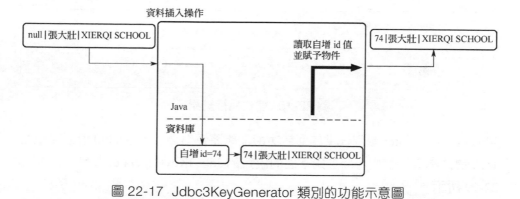

圖 22-17　Jdbc3KeyGenerator 類別的功能示意圖

2. Jdbc3KeyGenerator 類別的原理

Jdbc3KeyGenerator 類別的工作是在資料庫主鍵自動增加結束後，將自動增加出來的主鍵讀取出來並指定給 Java 物件。這些工作都是在資料插入完成後進

行的，即在 processAfter 方法中進行。而 processBefore 方法中不需要進行任何操作。

processAfter 方法直接呼叫了 processBatch 方法。在閱讀 processBatch 方法前我們先複習一個小的基礎知識：Statement 物件的 getGeneratedKeys 方法能傳回此敘述操作自動增加產生的主鍵，如果此敘述沒有產生自動增加主鍵，則結果為空 ResultSet 物件。該內容在 17.1.5 節已經介紹過。

接下來我們直接閱讀程式 22-20 列出的帶註釋的 processBatch 方法原始程式。該方法的主要工作就是呼叫 Statement 物件的 getGeneratedKeys 方法取得資料庫自動增加產生的主鍵，然後將主鍵指定給實際參數以達到回寫的目的。

程式 22-20

```
public void processBatch(MappedStatement ms, Statement stmt, Object parameter) {
  // 拿到主鍵的屬性名稱
  final String[] keyProperties = ms.getKeyProperties();
  if (keyProperties == null || keyProperties.length == 0) {
    // 沒有主鍵則無須操作
    return;
  }
  // 呼叫 Statement 物件的 getGeneratedKeys 方法取得自動產生的主鍵值
  try (ResultSet rs = stmt.getGeneratedKeys()) {
    // 取得輸出結果的描述資訊
    final ResultSetMetaData rsmd = rs.getMetaData();
    final Configuration configuration = ms.getConfiguration();
    if (rsmd.getColumnCount() < keyProperties.length) {
      // 主鍵數目比結果的總欄位數目還多，發生了錯誤
      // 但因為此處是取得主鍵這樣的附屬操作，因此忽略錯誤，不影響主要工作
    } else {
      // 呼叫子方法，將主鍵值指定給實際參數
      assignKeys(configuration, rs, rsmd, keyProperties, parameter);
    }
  } catch (Exception e) {
    throw new ExecutorException("Error getting generated key or setting
      result to parameter object. Cause: " + e, e);
```

```
    }
  }
```

22.2.3 SelectKeyGenerator 類別

Jdbc3KeyGenerator 類別其實並沒有真正地產生自動增加主鍵,而只是將資料庫自動增加出的主鍵值回寫到了 Java 物件中。因此,面對不支援主鍵自動增加功能的資料庫時,Jdbc3KeyGenerator 類別將無能為力。這時就需要 SelectKeyGenerator 類別,因為它可以真正地產生自動增加的主鍵。

SelectKeyGenerator 類別實現了 processBefore 和 processAfter 這兩個方法。然而,如程式 22-21 所示,這兩個方法均直接呼叫了子方法 processGeneratedKeys,這可能會讓看到原始程式的我們感到疑惑。

為了解答這個疑惑,我們先介紹 SelectKeyGenerator 類別的功能。

程式 22-21

```
/**
 * 資料插入前進行的操作
 * @param executor 執行器
 * @param ms 對映敘述物件
 * @param stmt Statement 物件
 * @param parameter SQL 敘述實際參數物件
 */
@Override
public void processBefore(Executor executor, MappedStatement ms, Statement
stmt, Object parameter) {
  if (executeBefore) {
    processGeneratedKeys(executor, ms, parameter);
  }
}

/**
 * 資料插入後進行的操作
 * @param executor 執行器
```

```
 * @param ms 對映敘述物件
 * @param stmt Statement 物件
 * @param parameter SQL 敘述實際參數物件
 */
@Override
public void processAfter(Executor executor, MappedStatement ms, Statement stmt,
Object parameter) {
  if (!executeBefore) {
    processGeneratedKeys(executor, ms, parameter);
  }
}
```

SelectKeyGenerator 類別的功能描述起來很簡單：先執行一段特定的 SQL 敘述取得一個值，然後將該值指定替 Java 物件的自動增加屬性。

然而，SelectKeyGenerator 類別這一功能的即時執行機分為以下兩種，這兩種即時執行機透過設定二選一。

■ 在資料插入之前執行。執行完特定的 SQL 敘述並將值指定替物件的自動增加屬性後，再將這個完整的物件插入資料庫中。而這種操作又分為兩種情況：

  • 如果資料庫沒有設定或不支援主鍵自動增加，則完整的物件會被完整地插入資料庫中。這是 SelectKeyGenerator 類別最常用的使用場景。

  • 如果資料庫設定了主鍵自動增加，則剛才特定 SQL 敘述產生的自動增加屬性值會被資料庫本身的自加值覆蓋掉。這種情況下，Java 物件的自動增加屬性值可能會和資料庫中的自動增加屬性值不一致，因此是錯誤的。這種情況下，建議使用 Jdbc3KeyGenerator 類別的回寫功能。

■ 在資料插入之後執行。物件插入資料庫結束後，Java 物件的自動增加屬性被設定成特定 SQL 敘述的執行結果。這種操作也分為兩種情況：

  • 如果資料庫不支援主鍵自動增加，則之前被插入資料庫中的物件的自動增加屬性是沒有被設定值的，而 Java 物件的自動增加屬性卻被設定值了，這會導致不一致。這種操作是錯誤的。

- 如果資料庫設定了主鍵自動增加，則資料庫自動增加產生的值和 SQL 敘述執行產生的值可能不一樣。不過我們一般透過設定特定的 SQL 敘述來保障兩者一致，這其實和 Jdbc3KeyGenerator 類別的回寫功能類似。

可見 SelectKeyGenerator 類別的功能描述起來簡單又靈活，但是因為即時執行機、資料庫狀況等不同可能產生多種情況，需要使用者自己把握。SelectKeyGenerator 類別的功能示意圖如圖 22-18 所示。

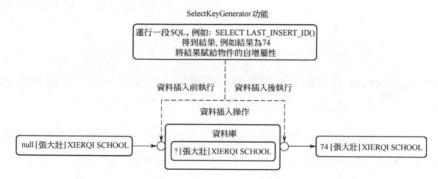

圖 22-18 SelectKeyGenerator 類別的功能示意圖

processBefore 和 processAfter 這兩個方法都直接呼叫了 processGeneratedKeys 方法，所以 processGeneratedKeys 方法的功能就是執行一段 SQL 敘述後取得一個值，然後將該值指定替 Java 物件的自動增加屬性。

在閱讀 processGeneratedKeys 方法之前，我們先對 SelectKeyGenerator 類別中的屬性介紹，如程式 22-22 所示。

程式 22-22

```
// 使用者產生主鍵的 SQL 敘述的特有標示，該標示會追加在用於產生主鍵的 SQL 敘述的
   id 的後方
public static final String SELECT_KEY_SUFFIX = "!selectKey";
// 插入前執行還是插入後執行
private final boolean executeBefore;
// 使用者產生主鍵的 SQL 敘述
private final MappedStatement keyStatement;
```

程式 22-23 是 processGeneratedKeys 方法的帶註釋的原始程式。

程式 **22-23**

```
/**
 + 執行一段 SQL 敘述後取得一個值，然後將該值指定替 Java 物件的自動增加屬性
 *
 + @param executor 執行器
 + @param ms 插入操作的 SQL 敘述（不是產生主鍵的 SQL 敘述）
 + @param parameter 插入操作的物件
 */
private void processGeneratedKeys(Executor executor, MappedStatement ms,
Object parameter) {
  try {
    // keyStatement 為產生主鍵的 SQL 敘述；keyStatement.getKeyProperties 拿到
        的是要自動增加的屬性
    if (parameter != null && keyStatement != null && keyStatement.
      getKeyProperties() != null) {
      // 要自動增加的屬性
      String[] keyProperties = keyStatement.getKeyProperties();
      final Configuration configuration = ms.getConfiguration();
      final MetaObject metaParam = configuration.newMetaObject(parameter);
      if (keyProperties != null) {
        // 為產生主鍵的 SQL 敘述建立執行器 keyExecutor
        // 不要關閉 keyExecutor，因為它會被父級的執行器關閉
        Executor keyExecutor = configuration.newExecutor(executor.
        getTransaction(), Executor Type.SIMPLE);
        // 執行 SQL 敘述，獲得主鍵值
        List<Object> values = keyExecutor.query(keyStatement, parameter,
        RowBounds.DEFAULT, Executor.NO_RESULT_HANDLER);
        // 主鍵值必須唯一
        if (values.size() == 0) {
          throw new ExecutorException("SelectKey returned no data.");
        } else if (values.size() > 1) {
          throw new ExecutorException("SelectKey returned more than one value.");
        } else {
          MetaObject metaResult = configuration.newMetaObject(values.get(0));
          if (keyProperties.length == 1) {
            // 要自動增加的主鍵只有一個，為其設定值
```

```
        if (metaResult.hasGetter(keyProperties[0])) {
          // 從 metaResult 中用 getter 方法獲得主鍵值
          setValue(metaParam, keyProperties[0], metaResult.getValue
(keyProperties[0]));
        } else {
          // 可能傳回的直接就是主鍵值本身
          setValue(metaParam, keyProperties[0], values.get(0));
        }
      } else {
        // 要把執行 SQL 敘述獲得的值指定給多個屬性
        handleMultipleProperties(keyProperties, metaParam, metaResult);
      }
    }
  }
 }
} catch (ExecutorException e) {
  throw e;
} catch (Exception e) {
  throw new ExecutorException("Error selecting key or setting result to
parameter object. Cause: " + e, e);
 }
}
```

這樣，我們對 SelectKeyGenerator 類別的功能及如何實現這些功能進行了詳細的介紹。因此，我們可以將 SelectKeyGenerator 類別作為 Jdbc3KeyGenerator 類別的升級版或自由定製版。

- SelectKeyGenerator 類別可以設定為插入前執行並實現主鍵的主動產生，而且可以透過 SQL 敘述設定主鍵產生方式。這是 Jdbc3KeyGenerator 類別沒有的功能。
- SelectKeyGenerator 類別可以設定為插入後執行。透過將主鍵產生 SQL 敘述設定為類似 "SELECT LAST_INSERT_ID()" 的敘述便可以實現主鍵回寫功能。

SelectKeyGenerator 類別的功能範例請參見 MyBatisDemo 專案中的範例 23。

22.3 惰性載入功能

22.3.1 惰性載入功能的使用

在進行跨表資料查詢的時候，常出現先查詢表 A，再根據表 A 的輸出結果查詢表 B 的情況。而有些時候，我們從表 A 中查詢出來的資料，只有部分需要查詢表 B。

舉例來說，我們需要從 user 表查詢使用者資訊並列印所有使用者的姓名列表。而查詢出的使用者中，只有滿足 "user.getAge() == 18" 的使用者才需要查詢該使用者在 task 表中的資訊。這個過程如程式 22-24 所示。

程式 22-24

```
User userParam = new User();
userParam.setSex(0);
// 查詢滿足條件的全部使用者
List<User> userList = session.selectList("com.github.yeecode.mybatisdemo.dao.
UserDao.lazyLoad Query", userParam);
// 列印全部使用者姓名清單
System.out.println("users: ");
for (User user : userList) {
    System.out.println(user.getName() + "，age = " + user.getAge());
}
// 根據條件列印使用者工作資訊
System.out.println("userDetail: ");
for (User user : userList) {
    if (user.getAge() == 18) {
        System.out.println(user.getName() + ":");
        for (Task task : user.getTaskList()) {
            System.out.println(task.getTaskName());
        }
    }
}
```

在程式 22-24 所示的情況下，我們可以先從 user 表取得使用者資訊，然後再從 task 表查詢所有使用者的工作資訊。這一定是可行的，但是這樣操作會查詢出許多多餘的結果，所有不滿足 "user.getAge() == 18" 的使用者工作資訊都是多餘的。

一種更好的方案是先從 user 表取得使用者資訊，然後根據需要（即是否滿足 "user.getAge() == 18"）決定是否查詢該使用者在 task 表中的資訊。

這種先載入必需的資訊，然後再根據需要進一步載入資訊的方式叫作惰性載入。MyBatis 支援資料的惰性載入。

要想使用惰性載入，需要在 MyBatis 的設定檔中啟用該功能，如程式 22-25 所示。

程式 22-25

```
<settings>
    <!-- 全域啟用惰性載入 -->
    <setting name="lazyLoadingEnabled" value="true" />
    <!-- 激進惰性載入設定 false，即惰性載入時，每個屬性都隨選載入 -->
    <setting name="aggressiveLazyLoading" value="false"/>
</settings>
```

aggressiveLazyLoading 是激進惰性載入設定，我們對該屬性進行一些說明。當 aggressiveLazyLoading 設定為 true 時，對物件任一屬性的讀取或寫入操作都會觸發該物件所有惰性載入屬性的載入；當 aggressiveLazyLoading 設定為 false 時，對物件某一惰性載入屬性的讀取操作會觸發該屬性的載入。無論 aggressiveLazyLoading 的設定如何，呼叫物件的 "equals"、"clone"、"hashCode"、"toString" 中任意一個方法都會觸發該物件所有惰性載入屬性的載入。在後面的原始程式閱讀中，我們會清晰地看到 aggressiveLazyLoading 設定項目如何生效。

接下來還需要設定好對映檔案，如程式 22-26 所示。在 "id="lazyLoad Query"" 的查詢中，查詢 user 表是必需的操作，而在結果的對映中又需要查詢 task 表，因此它涉及兩個表的查詢。而只要不存取 User 物件的 taskList 屬性，則

task 表的查詢操作就是可以省略的。因此，User 物件的 taskList 就是可以惰性載入的屬性。

程式 **22-26**

```
<resultMap id="associationUserMap" type="User">
    <result property="id" column="id"/>
    <result property="name" column="name"/>
    <result property="email" column="email"/>
    <result property="age" column="age"/>
    <result property="sex" column="sex"/>
    <result property="schoolName" column="schoolName"/>
    <association property="taskList" javaType="ArrayList" select="com.github.
yeecode.mybatisdemo. dao.UserDao.selectTask" column="id"/>
</resultMap>

<select id="lazyLoadQuery" resultMap="associationUserMap">
  select * FROM 'user' WHERE 'sex' = #{sex}
</select>

<select id="selectTask" resultType="Task">
  select * FROM 'task' WHERE 'userId' = #{id}
</select>
```

這樣執行程式 22-24 所示的查詢操作，可以看到主控台列印出如圖 22-19 所示的程式執行結果。

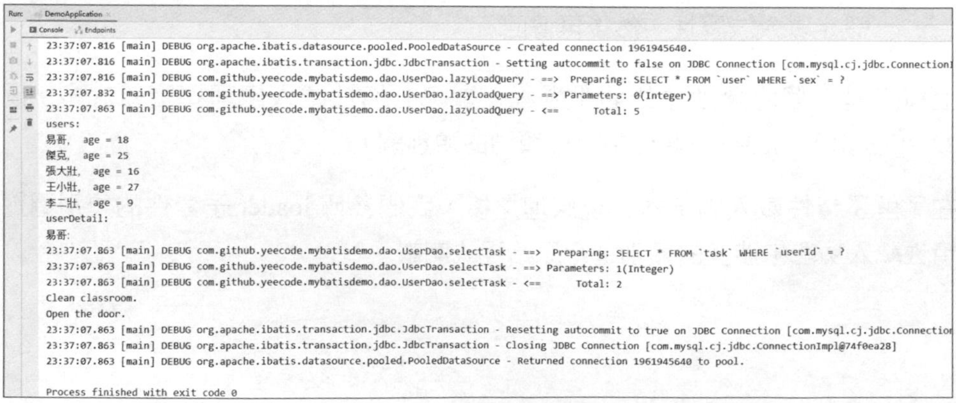

圖 22-19 程式執行結果

可以看出 MyBatis 先從 user 表查詢了所有的使用者資訊，然後僅對滿足 "user.getAge() == 18" 的「易哥」呼叫了 selectTask 敘述從 task 表查詢了工作資訊，而沒有對不符合條件的「傑克」等人呼叫 selectTask 敘述。因此，整個過程是存在惰性載入的。

該範例的完整程式請參見 MyBatisDemo 專案中的範例 24。

MyBatis 惰性載入的實現由 executor 套件的 loader 子套件支援。

22.3.2 惰性載入功能的實現

1. 惰性載入功能架構

惰性載入功能的實現還是相對複雜的，為便於了解，我們先簡要列出 MyBatis 中惰性載入的實現原理，這對後面的原始程式閱讀具有重要的幫助。

以 22.3.1 節中介紹的範例為例，整個惰性載入過程可以簡化如下。

（1）先查詢 user 表，獲得 User 物件。

（2）將傳回的 User 物件取代為 User 物件的代理物件 UserProxy 物件，並傳回上層應用。UserProxy 物件有以下特點。

- 當屬性的寫方法被呼叫時，直接將屬性值寫入被代理物件。
- 當屬性的讀方法被呼叫時，判斷是否為惰性載入屬性。如果不是惰性載入屬性，則直接由被代理物件傳回；如果是惰性載入屬性，則根據設定載入該屬性，然後再傳回。

上述只是一個經過抽象的簡化過程，實際的惰性載入原理要複雜許多。圖 22-20 列出了 loader 子套件中核心類別的類別圖。

在了解了惰性載入的基本實現原理之後，我們參照 loader 子套件的類別圖對惰性載入功能中涉及的類別進行原始程式閱讀。

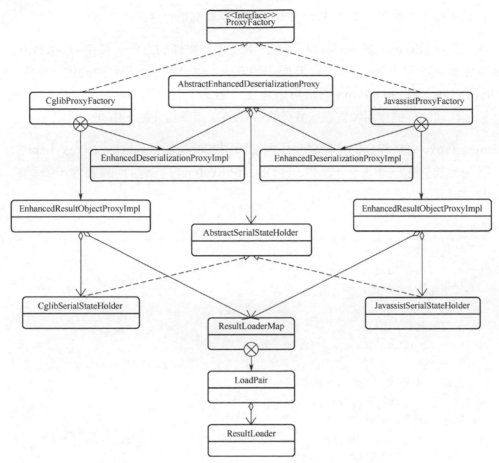

圖 22-20　loader 子套件中核心類別的類別圖

2. 代理工廠

ProxyFactory是建立代理類別的工廠介面，其中的 setProperties 方法用來對工廠進行屬性設定。但是 MyBatis 內建的兩個實現類別均沒有實現該介面，故不支援屬性設定。createProxy 方法用來建立一個代理物件。

ProxyFactory 介面有兩個實現類別，即 CglibProxyFactory 類別和 Javassist ProxyFactory 類別。這兩個實現類別整體結構高度一致，甚至內部類別、方法設定都一樣，只是實現原理不同，一個基於 cglib 實現，另一個基於 Javassist

實現。接下來我們以 CglibProxyFactory 類別為例進行原始程式分析。

CglibProxyFactory 類別中提供了兩個建立代理物件的方法。其中 createProxy 方法重新定義了 ProxyFactory 介面中的方法，用來建立一個普通的代理物件；createDeserializationProxy 方法用來建立一個反序列化的代理物件。對於反序列化代理物件的作用和實現，我們將在 22.3.3 節單獨介紹，這裡先略過。

createProxy 方法建立的代理物件是內部類別 EnhancedResultObjectProxyImpl 的實例。首先看一下 EnhancedResultObjectProxyImpl 內部類別的屬性，如程式 22-27 所示。

程式 **22-27**

```
// 被代理類別
private final Class<?> type;
// 要惰性載入的屬性 Map
private final ResultLoaderMap lazyLoader;
// 是否是激進惰性載入
private final boolean aggressive;
// 能夠觸發全域惰性載入的方法名為 "equals""clone""hashCode""toString"。這四個
   方法名稱在 Configuration 中被初始化
private final Set<String> lazyLoadTriggerMethods;
// 物件工廠
private final ObjectFactory objectFactory;
// 被代理類別建構函數的參數類型列表
private final List<Class<?>> constructorArgTypes;
// 被代理類別建構函數的參數清單
private final List<Object> constructorArgs;
```

代理類別中最核心的方法是 intercept 方法。當被代理類別的方法被呼叫時，都會被攔截進該方法。在介紹 intercept 方法之前，我們先了解兩個方法：finalize 方法和 writeReplace 方法。因為在 intercept 方法中，對這兩種方法進行了排除。

■ finalize 方法：在 JVM 進行垃圾回收前，允許使用 finalize 方法在垃圾收集器將物件從記憶體中清除出去之前做必要的清理工作。

■ writeReplace 方法：在 22.1.3 節已經介紹過，不再贅述。

下面我們閱讀 **EnhancedResultObjectProxyImpl** 類別中 intercept 方法的原始程式，如程式 22-28 所示。

程式 22-28

```
/**
 * 代理類別的攔截方法
 * @param enhanced 代理物件本身
 * @param method 被呼叫的方法
 * @param args 被呼叫方法的參數
 * @param methodProxy 用來呼叫父類別的代理
 * @return 方法傳回值
 * @throws Throwable
 */
@Override
public Object intercept(Object enhanced, Method method, Object[] args,
MethodProxy methodProxy) throws Throwable {
  // 取出被代理類別中此次被呼叫的方法的名稱
  final String methodName = method.getName();
  try {
    synchronized (lazyLoader) { // 防止屬性的平行處理載入
      if (WRITE_REPLACE_METHOD.equals(methodName)) {
        // 被呼叫的是 writeReplace 方法
        // 建立一個原始物件
        Object original;
        if (constructorArgTypes.isEmpty()) {
          original = objectFactory.create(type);
        } else {
          original = objectFactory.create(type, constructorArgTypes,
constructorArgs);
        }
        // 將被代理物件的屬性拷貝到新建立的物件
        PropertyCopier.copyBeanProperties(type, enhanced, original);
        if (lazyLoader.size() > 0) { // 存在惰性載入屬性
          // 則此時傳回的資訊要更多，不僅是原物件，還有相關的惰性載入的設定等
```

```
            資訊。因此使用 CglibSerialStateHolder 進行一次封裝
        return new CglibSerialStateHolder(original, lazyLoader.
getProperties(), objectFactory, constructorArgTypes, constructorArgs);
      } else {
        // 沒有未惰性載入的屬性了，直接傳回原物件進行序列化操作
        return original;
      }
    } else {
      if (lazyLoader.size() > 0 && !FINALIZE_METHOD.equals(methodName)) {
        // 存在惰性載入屬性且被呼叫的不是 finalize 方法
        if (aggressive || lazyLoadTriggerMethods.contains(methodName)) {
          // 設定了激進惰性載入或被呼叫的方法是能夠觸發全域載入的方法
          // 完成所有屬性的惰性載入
          lazyLoader.loadAll();
        } else if (PropertyNamer.isSetter(methodName)) { // 呼叫了屬性寫方法
          // 則先清除該屬性的惰性載入設定。該屬性不需要被惰性載入了
          final String property = PropertyNamer.methodToProperty(methodName);
          lazyLoader.remove(property);
        } else if (PropertyNamer.isGetter(methodName)) { // 呼叫屬性讀方法
          final String property = PropertyNamer.methodToProperty(methodName);
          // 如果該屬性是尚未載入的惰性載入屬性，則進行惰性載入
          if (lazyLoader.hasLoader(property)) {
            lazyLoader.load(property);
          }
        }
      }
    }
  }
  // 觸發被代理類別的對應方法。能夠進行到這裡的是除去 writeReplace 方法外的
     方法，如讀寫方法、toString 方法等
  return methodProxy.invokeSuper(enhanced, args);
} catch (Throwable t) {
  throw ExceptionUtil.unwrapThrowable(t);
}
}
```

接下來我們分析一下 intercept 方法的實現邏輯。其中被代理物件的 writeReplace 方法被呼叫的情況，我們會在 22.3.3 節單獨介紹。被代理物件的 finalize 方法被呼叫時，代理物件不需要做任何特殊處理。

而被代理物件的其他方法被呼叫時，intercept 方法的處理方式如下。

- 如果設定了激進惰性載入或被呼叫的是觸發全域載入的方法，則直接載入所有未載入的屬性。
- 如果被呼叫的是屬性寫方法，則將該方法從惰性載入列表中刪除，因為此時資料庫中的資料已經不是最新的了，沒有必要再去載入。然後進行屬性的寫入操作。
- 如果被呼叫的是屬性讀方法，且該屬性尚未被惰性載入的話，則載入該屬性；如果該屬性已經惰性載入過，則直接讀取該屬性。

以上整個邏輯和上述的簡化邏輯基本一致，只是在細節上考慮了更多的情況。

3. ResultLoaderMap 類別

被代理物件可能會有多個屬性可以被惰性載入，這些尚未完成載入的屬性是在 ResultLoaderMap 類別的實例中儲存的。ResultLoaderMap 類別主要就是一個 HashMap 類別，該 HashMap 類別中的鍵為屬性名稱的大寫，值為 LoadPair 物件。

LoadPair 類別是 ResultLoaderMap 類別的內部類別，它能夠實現對應屬性的惰性載入操作。我們首先看一下程式 22-29 列出的 LoadPair 的屬性。

程式 **22-29**

```
// 用來根據反射獲得資料庫連接的方法名稱
private static final String FACTORY_METHOD = "getConfiguration";
// 判斷是否經過了序列化的標示位，因為該屬性被設定了 transient，經過一次序列化
   和反序列化後會變為 null
private final transient Object serializationCheck = new Object();
// 輸出結果物件的封裝
private transient MetaObject metaResultObject;
// 用以載入未載入屬性的載入器
```

```
private transient ResultLoader resultLoader;
// 記錄檔記錄器
private transient Log log;
// 用來取得資料庫連接的工廠
private Class<?> configurationFactory;
// 該未載入的屬性的屬性名稱
private String property;
// 能夠載入未載入屬性的 SQL 敘述的編號
private String mappedStatement;
// 能夠載入未載入屬性的 SQL 敘述的參數
private Serializable mappedParameter;
```

指定屬性的載入操作由 LoadPair 中的 load 方法來完成，其帶註釋的原始程式
如程式 22-30 所示。

程式 **22-30**

```
/**
 * 進行載入操作
 * @param userObject 需要被惰性載入的物件 (只有當 this.metaResultObject ==
   null || this.resultLoader == null 時才生效，否則會採用屬性 metaResultObject
   對應的物件)
 * @throws SQLException
 */
public void load(final Object userObject) throws SQLException {
  if (this.metaResultObject == null || this.resultLoader == null) {
    // 輸出結果物件的封裝不存在或輸出結果載入器不存在
    // 判斷用以載入屬性的對應的 SQL 敘述存在
    if (this.mappedParameter == null) {
      throw new ExecutorException("Property [" + this.property + "] cannot be
loaded because "
              * "required parameter of mapped statement ["
              * this.mappedStatement + "] is not serializable.");
    }

    final Configuration config = this.getConfiguration();
    // 取出用來載入結果的 SQL 敘述
```

```
final MappedStatement ms = config.getMappedStatement(this.mappedStatement);
if (ms == null) {
  throw new ExecutorException("Cannot lazy load property [" + this.property
        * "] of deserialized object [" + userObject.getClass()
        * "] because configuration does not contain statement ["
        * this.mappedStatement + "]");
}

// 建立結果物件的包裝
this.metaResultObject = config.newMetaObject(userObject);
// 建立結果載入器
this.resultLoader = new ResultLoader(config, new ClosedExecutor(), ms,
      this.mappedParameter, metaResultObject.getSetterType(this.
      property), null, null);
}

// 只要經歷過持久化，就可能在別的執行緒中了。為這次惰性載入建立的新執行緒
  ResultLoader
if (this.serializationCheck == null) {
  final ResultLoader old = this.resultLoader;
  this.resultLoader = new ResultLoader(old.configuration, new
      ClosedExecutor(), old. mappedStatement, old.parameterObject,
      old.targetType, old.cacheKey, old.boundSql);
}

this.metaResultObject.setValue(property, this.resultLoader.loadResult());
}
```

上述方法的設計包含很多非常巧妙的點，我們一一介紹。

首先，惰性載入的過程就是執行惰性載入 SQL 敘述後，將查詢結果使用輸出結果載入器指定給輸出結果元物件的過程。因此，load 方法首先會判斷輸出結果元物件 metaResultObject 和輸出結果載入器 resultLoader 是否存在。如果不存在的話，則會使用輸入參數 userObject 重新建立上述二者。

然後，介紹 ClosedExecutor 類別的設計。ClosedExecutor 類別是 Result Loader

Map 類別的內部類別。該類別只有一個 isClosed 方法能正常執行，其他所有的方法都會拋出例外。然而就是這樣的類別，在建立 ResultLoader 時還是被使用，如程式 22-31 所示。

程式 **22-31**

```
this.resultLoader = new ResultLoader(config, new ClosedExecutor(), ms,
    this.mappedParameter, metaResultObject.getSetterType(this.property),
    null, null);
```

這是因為 ClosedExecutor 類別存在的目的就是透過 isClosed 方法傳回 true 來表明自己是一個關閉的類別，以保障讓任何遇到 ClosedExecutor 物件的操作都會重新建立一個新的有實際功能的 Executor。舉例來說，在 ResultLoader 中我們可以找到程式 22-32 所示的原始程式。

程式 **22-32**

```
// 初始化 ResultLoader 時傳入的執行器
Executor localExecutor = executor;
if (Thread.currentThread().getId() != this.creatorThreadId || localExecutor.
  isClosed()) {
  // 執行器屬於其他執行緒或執行器已關閉，因而建立新的執行器
  localExecutor = newExecutor();
}
```

可以看出，傳入的 ClosedExecutor 物件總會觸發 ResultLoader 建立新的 Executor 物件。所以，沒有任何實際功能的 ClosedExecutor 物件有著預留位置的作用。

最後，我們介紹 load 方法中與序列化和反序列化相關的設計。

經過一次序列化和反序列化後，物件可能處在了全新的執行緒中；序列化和反序列化的時間間隔可能很長，原來的快取資訊也極有可能沒有了意義。這些情況都需要惰性載入過程進行特殊的處理。

我們知道，在繼承了 Serializable 介面的類別中，如果對某個屬性使用 transient 關鍵字修飾，就會使序列化操作忽略該屬性。那麼對序列化的結果

進行反序列化操作時，就會導致該屬性變為 null。基於此，LoadPair 中的 serializationCheck 屬性被設計成了一個序列化標示位。只要 LoadPair 物件經歷過序列化和反序列化過程，就會使得 serializationCheck 屬性的值變為 null。

如果經歷過序列化與反序列化，則目前的 LoadPair 物件很有可能處在一個新的執行緒之中，因此繼續使用之前的 ResultLoader 可能會引發多執行緒問題。所以，LoadPair 物件只要檢測出本身經歷過持久化，就會依賴舊 ResultLoader 物件中的資訊重新建立一個新 ResultLoader 物件。該過程參照程式 22-30。

ResultLoader 物件也被 transient 修飾，因此真正舊 ResultLoader 物件也在序列化和反序列化的過程中消失了，與之一起消失的還有 MetaObject 物件和 ResultLoader 物件。因此這裡所謂的舊 ResultLoader 物件實際是在該 load 方法中進入 "(this.metaResultObject == null || this.resultLoader == null)" 對應的分支後重新組建的。該過程參照程式 22-30。

而重新組建的所謂的舊 ResultLoader 物件與真正的舊 ResultLoader 物件相比缺少了 cacheKey 和 boundSql 這兩個參數。其中 cacheKey 是為了加速查詢而存在的，非必要並且快取可能早已故障；而 boundSql 會在後面的查詢階段重新補足，在 BaseStatementHandler 的建構方法中就可以找到相關的程式片段。

這樣，序列化和反序列化引用的問題才被一一解決了。可見，牽涉序列化和反序列化之後，惰性載入操作會變得十分複雜。

4. ResultLoader 類別

ResultLoader 類別是一個結果載入器類別，它負責完成資料的載入工作。因為惰性載入只涉及查詢，而不需要支援增、刪、改的工作，因此它只有一個查詢方法 selectList 來進行資料的查詢。

22.3.3 惰性載入功能對序列化和反序列化的支援

在 22.3.2 節中介紹的原始程式已經能夠實現 MyBatis 基本的惰性載入功能，但是還有一個問題沒有解決──序列化與反序列化問題。

仍然以基於 cglib 實現的惰性載入為例。如果要對查詢結果物件進行序列化，實際上是對代理物件即 EnhancedResultObjectProxyImpl 物件進行序列化，因為 EnhancedResultObject-ProxyImpl 已經取代了被代理物件。

我們檢視 EnhancedResultObjectProxyImpl 類別的屬性後會發現一個問題，即這些屬性中並不包含已載入完成的屬性（非惰性載入的屬性和已惰性載入完的屬性）。這表示，只要對查詢結果物件進行一次序列化和反序列化操作，則所有已載入完成的屬性都會遺失。這種事情是不應該發生的。

為了確保惰性載入操作支援序列化和反序列化，則必須確定在序列化時將被代理物件和代理物件的所有資訊全都儲存。為此，load 子套件中準備了一整套的機制。接下來我們就介紹這套機制。

在 CglibProxyFactory 中 建 立 代 理 物 件 時，無 論 是 建 立 EnhancedResult ObjectProxyImpl 類型的代理物件還是建立 EnhancedDeserializationProxyImpl 類型的代理物件，都會在它們的建構方法中呼叫程式 22-33 所示的 createProxy 方法。

程式 22-33

```
/**
 * 建立代理物件
 * @param type 被代理物件類型
 * @param callback 回呼物件
 * @param constructorArgTypes 建構方法參數類型列表
 * @param constructorArgs 建構方法參數類型
 * @return 代理物件
 */
static Object createProxy(Class<?> type, Callback callback, List<Class<?>>
constructorArgTypes, List<Object> constructorArgs) {
  Enhancer enhancer = new Enhancer();
  enhancer.setCallback(callback);
  // 建立的代理物件是原物件的子類別
  enhancer.setSuperclass(type);
  try {
    // 取得類別中的 writeReplace 方法
```

```
    type.getDeclaredMethod(WRITE_REPLACE_METHOD);
    if (LogHolder.log.isDebugEnabled()) {
      LogHolder.log.debug(WRITE_REPLACE_METHOD + " method was found on bean "
+ type + ", make sure it returns this");
    }
  } catch (NoSuchMethodException e) {
    // 如果沒有找到 writeReplace 方法，則設定代理類別繼承 WriteReplaceInterface
      介面，該介面中有 writeReplace 方法
    enhancer.setInterfaces(new Class[]{WriteReplaceInterface.class});
  } catch (SecurityException e) {
    // 什麼都不做
  }
  Object enhanced;
  if (constructorArgTypes.isEmpty()) {
    enhanced = enhancer.create();
  } else {
    Class<?>[] typesArray = constructorArgTypes.toArray(new Class
[constructorArgTypes.size()]);
    Object[] valuesArray = constructorArgs.toArray(new Object[constructorArgs.
size()]);
    enhanced = enhancer.create(typesArray, valuesArray);
  }
  return enhanced;
}
```

程式 22-33 所示的 createProxy 方法中一個重要的操作是驗證被代理類別中是
否含有 writeReplace 方法。如果被代理類別沒有該方法，則會讓代理類別繼
承 WriteReplaceInterface 進一步獲得一個 writeReplace 方法。透過 22.1.3 節我
們知道，writeReplace 方法會在物件序列化前被呼叫，造成「偷樑換柱」的作
用。

在被代理類別中植入了 writeReplace 方法後，在被代理物件被序列化時，則會
呼叫該方法。而在 EnhancedResultObjectProxyImpl 類別的 intercept 方法中，
已經對 writeReplace 方法進行了特殊處理，負責特殊處理的原始程式如程式
22-34 所示。

程式 **22-34**

```
if (WRITE_REPLACE_METHOD.equals(methodName)) { // 被呼叫的是 writeReplace 方法
    // 建立一個原始物件
    Object original;
    if (constructorArgTypes.isEmpty()) {
        original = objectFactory.create(type);
    } else {
        original = objectFactory.create(type, constructorArgTypes,
                constructorArgs);
    }
    // 將被代理物件的屬性拷貝進新建立的物件
    PropertyCopier.copyBeanProperties(type, enhanced, original);
    if (lazyLoader.size() > 0) { // 存在惰性載入屬性
        // 則此時傳回的資訊要更多，不僅是原物件，還有相關的惰性載入的設定等資
        //    訊。因此使用 CglibSerialStateHolder 進行一次封裝
        return new CglibSerialStateHolder(original, lazyLoader.getProperties(),
            objectFactory, constructorArgTypes, constructorArgs);
    } else {
        // 沒有未惰性載入的屬性了，則直接傳回原物件進行序列化
        return original;
    }
} else {
    // 省略其他程式
}
```

透過程式 22-34 可以看出，對代理物件進行持久化操作時，如果被代理物件還有尚未惰性載入的屬性，則最後持久化的是一個 CglibSerialStateHolder 物件。這一切是基於 writeReplace 提供的「偷樑換柱」功能實現的。

CglibSerialStateHolder 是 AbstractSerialStateHolder 類別的子類別，Abstract SerialStateHolder 類別的帶註釋的屬性如程式 22-35 所示。可見其中既包含了被代理物件的資訊，又包含了尚未載入屬性的資訊。而 CglibSerialStateHolder 類別作為其子類別會繼承這些屬性。

程式 **22-35**

```
private static final long serialVersionUID = 8940388717901644661L;
private static final ThreadLocal<ObjectOutputStream> stream = new
ThreadLocal<>();
// 序列化後的物件
private byte[] userBeanBytes = new byte[0];
// 原物件
private Object userBean;
// 未載入的屬性
private Map<String, ResultLoaderMap.LoadPair> unloadedProperties;
// 物件工廠，建立物件時使用
private ObjectFactory objectFactory;
// 建構函數的屬性類型清單，建立物件時使用
private Class<?>[] constructorArgTypes;
// 建構函數的屬性清單，建立物件時使用
private Object[] constructorArgs;
```

我們可以在 AbstractSerialStateHolder 中看到程式 22-36 所示的 writeExternal 方法。

程式 **22-36**

```
/**
 * 對物件進行序列化
 * @param out 序列化結果將存入的流
 * @throws IOException
 */
public final void writeExternal(final ObjectOutput out) throws IOException {
  boolean firstRound = false;
  final ByteArrayOutputStream baos = new ByteArrayOutputStream();
  ObjectOutputStream os = stream.get();
  if (os == null) {
    os = new ObjectOutputStream(baos);
    firstRound = true;
    stream.set(os);
```

```
    }

    os.writeObject(this.userBean);
    os.writeObject(this.unloadedProperties);
    os.writeObject(this.objectFactory);
    os.writeObject(this.constructorArgTypes);
    os.writeObject(this.constructorArgs);

    final byte[] bytes = baos.toByteArray();
    out.writeObject(bytes);

    if (firstRound) {
      stream.remove();
    }
}
```

將序列化的原理研究清楚後，我們再研究反序列化的過程。反序列化時，會
呼叫 AbstractSerialStateHolder 中的 readResolve 方法，如程式 22-37 所示。

程式 22-37

```
/**
 * 反序列化時被呼叫，列出反序列化的物件
 * @return 最後列出的反序列化物件
 * @throws ObjectStreamException
 */
@SuppressWarnings("unchecked")
protected final Object readResolve() throws ObjectStreamException {
  // 非第一次執行，直接輸出已經解析好的被代理物件
  if (this.userBean != null && this.userBeanBytes.length == 0) {
    return this.userBean;
  }

  // 第一次執行時期，反序列化輸出
  try (ObjectInputStream in = new LookAheadObjectInputStream(new
      ByteArrayInputStream(this.userBeanBytes))) {
```

```
    this.userBean = in.readObject();
    this.unloadedProperties = (Map<String, ResultLoaderMap.LoadPair>)
        in.readObject();
    this.objectFactory = (ObjectFactory) in.readObject();
    this.constructorArgTypes = (Class<?>[]) in.readObject();
    this.constructorArgs = (Object[]) in.readObject();
} catch (final IOException ex) {
    throw (ObjectStreamException) new StreamCorruptedException().initCause(ex);
} catch (final ClassNotFoundException ex) {
    throw (ObjectStreamException) new InvalidClassException(ex.
        getLocalizedMessage()).initCause(ex);
}

final Map<String, ResultLoaderMap.LoadPair> arrayProps = new HashMap< >
    (this.unloadedProperties);
final List<Class<?>> arrayTypes = Arrays.asList(this.constructorArgTypes);
final List<Object> arrayValues = Arrays.asList(this.constructorArgs);

// 建立一個反序列化的代理輸出，是 EnhancedDeserializationProxyImpl 物件
return this.createDeserializationProxy(userBean, arrayProps, objectFactory,
    arrayTypes, arrayValues);
}
```

在這裡會將之前序列化的結果反序列化，最後列出一個 Enhanced Deserialization ProxyImpl 物件，它也是一個代理物件。EnhancedDeserialization ProxyImpl 類別是 AbstractEnhancedDeserializationProxy 的子類別。

反序列化過程中還對結果進行了快取。這樣，對同一個物件多次反序列化時除了第一次需要進行實際的反序列化操作外，之後只需將屬性中快取的結果直接傳回即可，加強了反序列化的效率。

22.4　敘述處理功能

22.4.1　MyBatis 對多敘述類型的支援

在 MyBatis 對映檔案的撰寫中，我們常會見到 "${ }" 和 "#{ }" 這兩種定義變數的符號，其含義如下。

- ${ }：使用這種符號的變數將以字串的形式直接插到 SQL 片段中。
- #{ }：使用這種符號的變數將以預先編譯的形式設定值到 SQL 片段中。

MyBatis 中支援三種敘述類型，不同敘述類型支援的變數符號不同。MyBatis 中的三種敘述類型如下。

- STATEMENT：這種敘述類型中，只會對 SQL 片段進行簡單的字串連接。因此，只支援使用 "${ }" 定義變數。
- PREPARED：這種敘述類型中，會先對 SQL 片段進行字串連接，然後對 SQL 片段進行設定值。因此，支援使用 "${ }"、"#{ }" 這兩種形式定義變數。
- CALLABLE：這種敘述類型用來實現執行過程的呼叫，會先對 SQL 片段進行字串連接，然後對 SQL 片段進行設定值。因此，支援使用 "${ }"、"#{ }" 這兩種形式定義變數。

在建立 SQL 敘述時，敘述的類型由 statementType 屬性進行指定。如果不指定則預設採用 PREPARED。程式 22-38 列出了以上三種敘述類型的範例。

程式 22-38

```
<!-- 直接字串連接，必須自己加引號，否則會連接為下面的敘述然後失敗：SELECT *
FROM 'user' WHERE schoolName = Sunny School -->
<select id="queryUserBySchoolName_A" resultType="com.github.yeecode.
mybatisdemo.model.User" statementType="STATEMENT">
  SELECT * FROM 'user' WHERE schoolName = "${schoolName}"
</select>
```

```xml
<!-- 會把變數轉為？後填入，不能有引號 -->
<select id="queryUserBySchoolName_B" resultType="com.github.yeecode.
mybatisdemo.model.User" statementType="PREPARED">
  SELECT * FROM 'user' WHERE schoolName = #{schoolName}
</select>

<!-- 對預存程序的呼叫需要在資料庫建立如 **22.1.5 預存程序 ** 所述的名為 yeecode
的預存程序 -->
<select id="runCall" statementType="CALLABLE">
  CALL yeecode(
  ${ageMinLimit},
  #{ageMaxLimit,mode=IN,jdbcType=NUMERIC},
  #{count,mode=OUT,jdbcType=NUMERIC},
  #{maxAge,mode=OUT,jdbcType=NUMERIC}
  );
</select>
```

因為 STATEMENT、PREPARED 形式的 SQL 敘述比較常用，不再單獨介紹。下面詳細介紹 CALLABLE 敘述的使用。

在對 CALLABLE 敘述進行呼叫時，可以直接使用 Map 來設定輸入參數。使用 MyBatis 呼叫預存程序的操作如程式 22-39 所示。

程式 22-39

```java
Map<String, Integer> param = new HashMap<>();
param.put("ageMinLimit",10);
param.put("ageMaxLimit",30);
session.selectOne("com.github.yeecode.mybatisdemo.dao.UserMapper.runCall",
    param);
System.out.println("procedure param :" + param);
```

預存程序呼叫後，MyBatis 會根據輸出參數設定直接將輸出結果寫回指定的 Map 參數中，鍵為變數名稱，值為預存程序結果。上述程式的執行結果如圖 22-21 所示。

透過程式執行結果中的記錄檔可以看出，MyBatis 先進行字串的連接（\${ageMinLimit} 變數被連接），然後進行變數的設定值（#{ageMaxLimit} 變數被設定值）。在連接和設定值都完成之後，MyBatis 執行查詢並對結果進行回寫。

該範例的完整程式請參見 MyBatisDemo 專案中的範例 25。

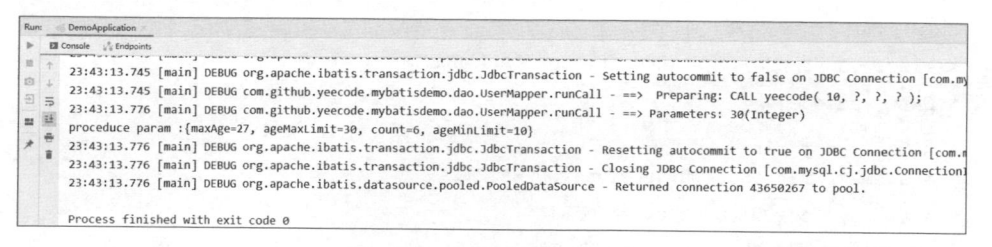

圖 22-21　程式執行結果

22.4.2　MyBatis 的敘述處理功能

statement 子套件負責提供敘述處理功能，其中 StatementHandler 是敘述處理功能類別的父介面。StatementHandler 介面及其子類別的類別圖如圖 22-22 所示。

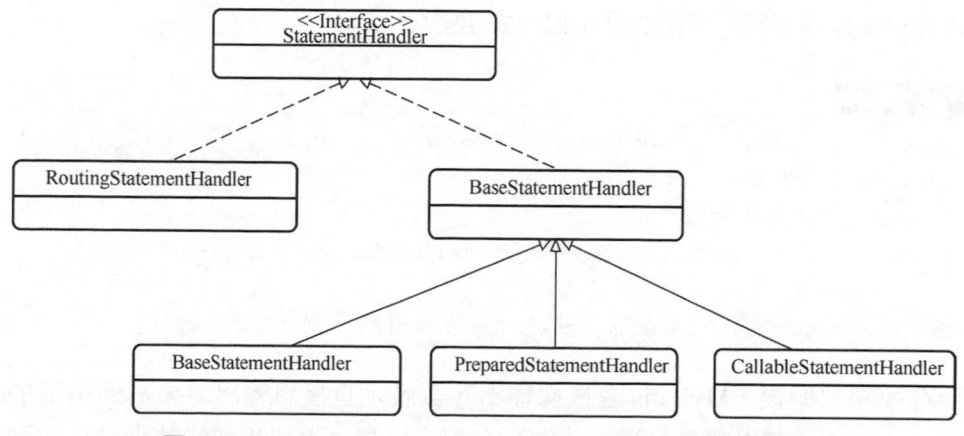

圖 22-22　StatementHandler 介面及其子類別的類別圖

其中 RoutingStatementHandler 類別是一個代理類別，它能夠根據傳入的 MappedStatement 物件的實際類型選取一個實際的被代理物件，然後將所有

實際操作都委派給被代理物件。功能如其名，RoutingStatementHandler 類別
提供的是路由功能，而路由選擇的依據就是敘述類型。程式 22-40 列出了
RoutingStatementHandler 類別中路由選擇的實現邏輯原始程式。

程式 22-40

```java
// 根據敘述類型選取的被代理類別的物件
private final StatementHandler delegate;

public RoutingStatementHandler(Executor executor, MappedStatement ms, Object
parameter, RowBounds rowBounds, ResultHandler resultHandler, BoundSql
boundSql) {
  // 根據敘述類型選擇被代理物件
  switch (ms.getStatementType()) {
    case STATEMENT:
      delegate = new SimpleStatementHandler(executor, ms, parameter,
        rowBounds, resultHandler, boundSql);
      break;
    case PREPARED:
      delegate = new PreparedStatementHandler(executor, ms, parameter,
        rowBounds, resultHandler, boundSql);
      break;
    case CALLABLE:
      delegate = new CallableStatementHandler(executor, ms, parameter,
        rowBounds, resultHandler, boundSql);
      break;
    default:
      throw new ExecutorException("Unknown statement type: " +
        ms.getStatementType());
  }
}
```

BaseStatementHandler 作為三個實現類別的父類別，提供了實現類別的公共方
法。並且 BaseStatementHandler 類別使用的範本模式在 prepare 方法中定義了
整個方法的架構，然後將一些與子類別相關的操作交給其三個子類別處理。

SimpleStatementHandler 類 別、PreparedStatementHandler 類 別 和 Callable StatementHandler 類別是三個真正的 Statement 處理器,分別處理 Statement 物 件、PreparedStatement 物 件 和 CallableStatement 物 件。 透 過 其 中 的 parameterize 方法可以看出三個 Statement 處理器的不同。

- SimpleStatementHandler 中 parameterize 方法的實現為空,因為它只需完成 字串取代即可,不需要進行參數處理。

- PreparedStatementHandler 中 parameterize 方 法 最 後 透 過 ParameterHandler 介面經過多級中轉後呼叫了 java.sql.PreparedStatement 類別中的參數設定值 方法。該中轉過程我們會在 22.5 節介紹。

- CallableStatementHandler 中 parameterize 方 法 如 程 式 22-41 所 示。 它 一 共 完成兩步工作:一是透過 registerOutputParameters 方法中轉後呼叫 java.sql. CallableStatement 中的輸出參數註冊方法完成輸出參數的註冊;二是透過 ParameterHandler 介面經過多級中轉後呼叫 java.sql.PreparedStatement 類別 中的參數設定值方法。

程式 22-41

```
/**
 * 對敘述進行參數處理
 * @param statement SQL 敘述
 * @throws SQLException
 */
@Override
public void parameterize(Statement statement) throws SQLException {
  // 輸出參數的註冊
  registerOutputParameters((CallableStatement) statement);
  // 輸入參數的處理
  parameterHandler.setParameters((CallableStatement) statement);
}
```

可 見 SimpleStatementHandler 類 別、PreparedStatementHandler 類 別 和 Callable StatementHandler 類別最後是依靠 22.1.6 節中介紹的 java.sql 套件下的 Statement 介面及其子介面提供的功能完成實際參數處理操作的。

三個 Statement 處理器中其他方法的處理邏輯基本一致而且也比較簡單，不再多作說明。

22.5　參數處理功能

透過 22.4.2 節我們知道，為 SQL 敘述中的參數設定值是 MyBatis 進行敘述處理時非常重要的一步，而這一步就是由 parameter 子套件完成的。

parameter 子套件中其實只有一個 ParameterHandler 介面，它定義了兩個方法：

- getParameterObject 方法用來取得 SQL 敘述對應的實際參數物件。
- setParameters 方法用來完成 SQL 敘述中的變數設定值。

ParameterHandler 介 面 有 一 個 預 設 的 實 現 類 別 DefaultParameterHandler，DefaultParameterHandler 在 scripting 套件的 defaults 子套件中。

DefaultParameterHandler 的屬性資訊如程式 22-42 所示。

程式 22-42

```
// 類型處理器登錄檔
private final TypeHandlerRegistry typeHandlerRegistry;
// MappedStatement 物件 (包含完整的增、刪、改、查節點資訊)
private final MappedStatement mappedStatement;
// 參數物件
private final Object parameterObject;
// BoundSql 物件 (包含 SQL 敘述、參數、實際參數資訊)
private final BoundSql boundSql;
// 設定資訊
private final Configuration configuration;
```

我們特別注意其 setParameters 方法，程式 22-43 為 setParameters 方法的帶註釋原始程式。MyBatis 中支援進行參數設定的敘述類型是 PreparedStatement 介面及其子介面（CallableStatement 是 PreparedStatement 的子介面），所以 setParameters 的輸入參數是 PreparedStatement 類型。

程式 **22-43**

```java
/**
 * 為敘述設定參數
 * @param ps 敘述
 */
@Override
public void setParameters(PreparedStatement ps) {
  ErrorContext.instance().activity("setting parameters").object
    (mappedStatement.getParameterMap(). getId());
  // 取出參數列表
  List<ParameterMapping> parameterMappings = boundSql.getParameterMappings();
  if (parameterMappings != null) {
    for (int i = 0; i < parameterMappings.size(); i++) {
      ParameterMapping parameterMapping = parameterMappings.get(i);
      // ParameterMode.OUT 是 CallableStatement 的輸出參數，已經單獨註冊，故忽略
      if (parameterMapping.getMode() != ParameterMode.OUT) {
        Object value;
        // 取出屬性名稱
        String propertyName = parameterMapping.getProperty();
        if (boundSql.hasAdditionalParameter(propertyName)) {
          // 從附加參數中讀取屬性值
          value = boundSql.getAdditionalParameter(propertyName);
        } else if (parameterObject == null) {
          value = null;
        } else if (typeHandlerRegistry.hasTypeHandler(parameterObject.
getClass())) {
          // 參數物件是基本類型，則參數物件即為參數值
          value = parameterObject;
        } else {
          // 參數物件是複雜類型，取出參數物件的該屬性值
          MetaObject metaObject = configuration.newMetaObject(parameterObject);
          value = metaObject.getValue(propertyName);
        }
        // 確定該參數的處理器
        TypeHandler typeHandler = parameterMapping.getTypeHandler();
        JdbcType jdbcType = parameterMapping.getJdbcType();
```

```
        if (value == null && jdbcType == null) {
          jdbcType = configuration.getJdbcTypeForNull();
        }
        try {
          // 此方法最後根據參數類型，呼叫 java.sql.PreparedStatement 類別中的
              參數設定值方法，對 SQL 敘述中的參數設定值
          typeHandler.setParameter(ps, i + 1, value, jdbcType);
        } catch (TypeException | SQLException e) {
          throw new TypeException("Could not set parameters for mapping: " +
           parameterMapping + ". Cause: " + e, e);
        }
      }
    }
  }
}
```

setParameters 方法的實現邏輯也很簡單，就是依次取出每個參數的值，然後根據參數類型呼叫 PreparedStatement 中的設定值方法完成設定值。

22.6　結果處理功能

説起 MyBatis查詢結果的處理，需要完成的功能有：

- 處理結果對映中的巢狀結構對映等邏輯；
- 根據對映關係，產生結果物件；
- 根據資料庫查詢記錄對結果物件的屬性進行設定值；
- 將結果物件整理為 List、Map、Cursor 等形式。

executor 套件的 result 子套件只負責完成「將結果物件整理為 List、Map、Cursor 等形式」這一簡單功能中的一部分：將結果物件整理為 List 或 Map 的形式。而將結果整理為 Cursor 形式的功能由 cursor 套件實現，我們已經在第 21 章介紹過。

在介紹 result 子套件之前，我們先介紹位於 session 套件中的兩個介面：
ResultContext 介面和 ResultHandler 介面。

- ResultContext 介面表示結果上下文，其中儲存了資料庫操作的結果（對應
  資料庫中的一筆記錄）。
- ResultHandler 介面表示結果處理器，資料庫操作結果會由它處理。因此
  說，ResultHandler 會負責處理 ResultContext。

result 子套件中主要有三個類別：DefaultResultContext 類別、DefaultResult
Handler 類別和 DefaultMapResultHandler 類別。這三個類別中，DefaultResult
Context 類別是 ResultContext 介面唯一的實現類別，DefaultResultHandler
類別和 DefaultMapResultHandler 類別是 ResultHandler 介面的實現類別。
ResultHandler 介面及其相關類別的類別圖如圖 22-23 所示。

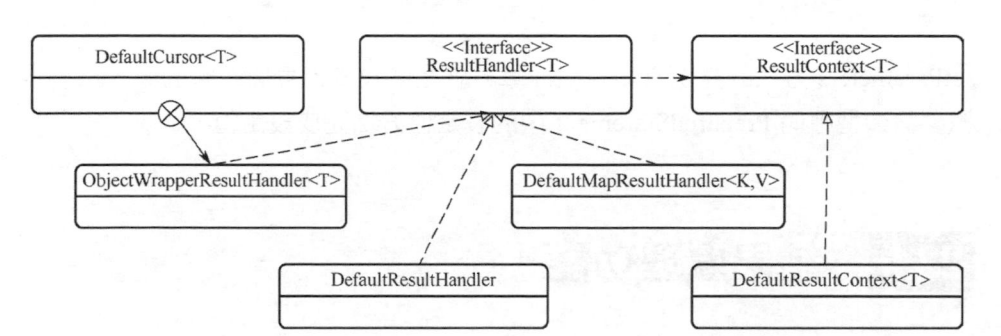

圖 22-23 ResultHandler 介面及其相關類別的類別圖

DefaultResultContext 用來儲存一個結果物件，對應資料庫中的一筆記錄。其
各個屬性的含義如程式 22-44 所示。

程式 **22-44**

```
// 結果物件
private T resultObject;
// 結果計數（表明這是第幾個結果物件）
private int resultCount;
// 使用完畢（結果已經被取走）
private boolean stopped;
```

了解了 DefaultResultContext 類別的各個屬性後，對各個 ResultHandler 類別的分析就非常簡單了。DefaultResultHandler 類別負責將 DefaultResult Context 類別中的結果物件聚合成一個 List 傳回；而 DefaultMapResult Handler 類別負責將 DefaultResultContext 類別中的結果物件聚合成一個 Map 傳回。

其中 DefaultMapResultHandler 類別稍微複雜一些，我們以它為例介紹。該類別的屬性如程式 22-45 所示。

程式 22-45

```
// Map 形式的對映結果
private final Map<K, V> mappedResults;
// Map 的鍵。由使用者指定，是結果物件中的某個屬性名稱
private final String mapKey;
// 物件工廠
private final ObjectFactory objectFactory;
// 物件包裝工廠
private final ObjectWrapperFactory objectWrapperFactory;
// 反射工廠
private final ReflectorFactory reflectorFactory;
```

DefaultMapResultHandler 類別中的 handleResult 方法用來完成 Map 的組裝，該方法的原始程式如程式 22-46 所示。

程式 22-46

```
/**
 * 處理一個結果
 * @param context 一個結果
 */
@Override
public void handleResult(ResultContext<? extends V> context) {
  // 從結果上下文中取出結果物件
  final V value = context.getResultObject();
  // 獲得結果物件的元物件
  final MetaObject mo = MetaObject.forObject(value, objectFactory,
      objectWrapperFactory, reflector Factory);
```

```
  // 基於元物件取出 key 對應的值
  final K key = (K) mo.getValue(mapKey);
  mappedResults.put(key, value);
}
```

這樣，我們對單一結果物件如何被聚合為 List、Map、Cursor 形式傳回進行了了解。DefaultResultContext 作為預設的 ResultContext 實現類別，儲存了一個結果物件，對應著資料庫中的一筆記錄。而 ResultHandler 有三個實現類別能夠處理 DefaultResultContext 物件，這三個實現類別的功能如下。

- DefaultResultHandler 類別負責將多個 ResultContext 聚合為一個 List 傳回。
- DefaultMapResultHandler 類別負責將多個 ResultContext 聚合為一個 Map 傳回。
- DefaultCursor 類別中的 ObjectWrapperResultHandler 內部類別負責將多個 ResultContext 聚合為一個 Cursor 傳回。

22.7 結果集處理功能

在 22.6 節中我們對 MyBatis 將單一結果物件聚合為 List、Map、Cursor 的機制進行了介紹。但那只是結果處理流程中非常小的環節。在結果處理流程中，尚未完成的功能還有：

- 處理結果對映中的巢狀結構對映等邏輯；
- 根據對映關係，產生結果物件；
- 根據資料庫查詢記錄對結果物件的屬性進行設定值。

以上這些功能均由 resultset 子套件提供，我們將在本節對這些功能多作說明。

resultset 子套件提供的功能雖多，但是只有三個類別。resultset 子套件的類別圖如圖 22-24 所示。

ResultSetWrapper 是結果封裝類別，ResultSetHandler 和 DefaultResultSetHandler 分別是結果集處理器的介面和實現類別。

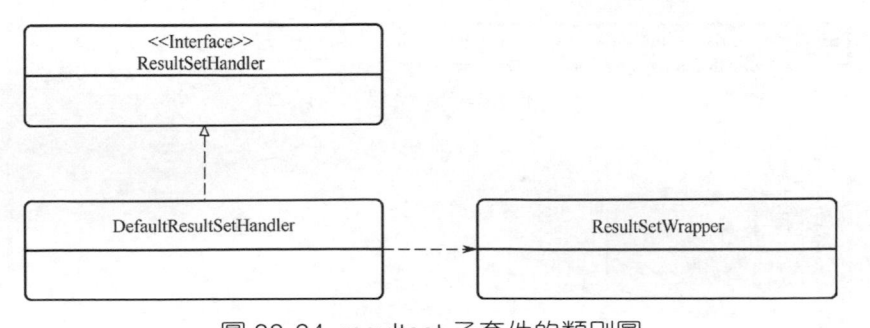

圖 22-24 resultset 子套件的類別圖

在介紹以上三個類別之前,我們先了解 MyBatis 的結果集。

22.7.1 MyBatis 中多結果集的處理

為了介紹 MyBatis 中的結果集處理功能,我們先明確以下概念。

■ 結果:從資料庫中查詢出的一筆記錄就是一個結果,它可以對映為一個 Java 物件。

■ 結果集:指結果的集合,從資料庫中查詢出的多個記錄就是一個結果集。結果集可以以 List、Map、Cursor 的形式傳回。

■ 多結果集:即結果集的集合,其中包含了多個結果集。

說到多結果集,大家可能會產生一個疑問:平時每一次資料庫查詢操作都只會傳回一個結果集,怎麼會有多結果集的概念?舉例來說,程式 22-47 所示的 union 操作,其實就是把兩個結果集進行了合併,但最後兩個結果集還是會合併為一個結果集。

程式 22-47

```
SELECT 'id','name' FROM 'user' WHERE 'sex' = 0
UNION
SELECT 'id','taskName' FROM 'task' WHERE 'id' >= 1;
```

圖 22-25 列出了程式 22-47 的查詢結果。雖然結果集中的結果可以明顯地被分為兩種,但是它們仍然屬於一個結果集。在這個結果集中,每筆結果都包含 id 和 name 這兩個屬性。

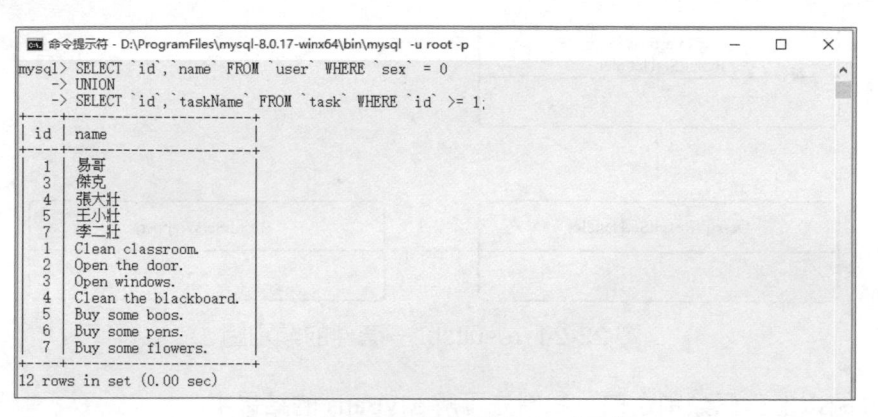

圖 22-25　union 操作獲得的結果集

但其實，一次資料庫查詢確實可以傳回一個多結果集。舉例來說，程式 22-48 所示的預存程序會在呼叫時將兩個 SELECT 操作的結果一併傳回。最後獲得的多結果集如圖 22-26 所示。在多結果集中，各個結果集的屬性各不相同。

程式 22-48

```
CREATE PROCEDURE 'multiResults'()
BEGIN
  SELECT * FROM 'user' WHERE 'sex' = 0;
  SELECT * FROM 'task' WHERE 'id' >= 1;
END
```

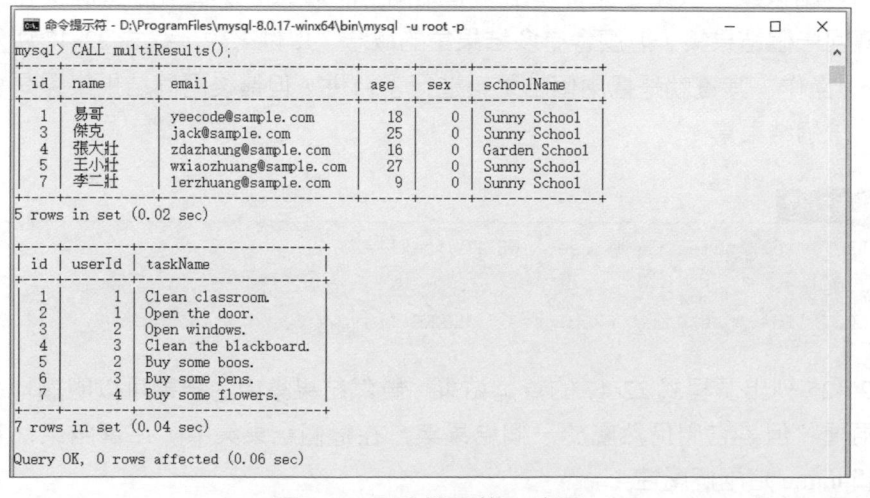

圖 22-26　多結果集示意圖

MyBatis 也支援處理多結果集，舉例來說，程式 22-49 所示的敘述會接受兩個結果集，並將兩個結果集分別命名為 userRecord 和 taskRecord。然後使用 userMap 來對結果集 userRecord 進行對映，使用 taskMap 來對結果集 taskRecord 進行對映。

程式 22-49

```xml
<mapper namespace="com.github.yeecode.mybatisdemo.dao.Dao01">

    <resultMap id="userMap" type="User" autoMapping="true">
        <collection property="taskList" resultSet="taskRecord" resultMap=
            "taskMap" />
    </resultMap>

    <resultMap id="taskMap" type="Task">
        <result property="id" column="id" />
        <result property="userId" column="userId" />
        <result property="taskName" column="taskName" />
    </resultMap>

    <!-- 傳回兩個結果組成的結果集 -->
    <select id="query" resultMap="userMap,taskMap" resultSets="userRecord,
        taskRecord" statementType= "CALLABLE">
      CALL multiResults()
    </select>

</mapper>
```

最後可以獲得如圖 22-27 所示的 result 變數中儲存的多結果集，其中的兩個結果集均使用 List 儲存。第一個結果集為使用 userMap 對映出的 User 物件列表，第二個結果集為使用 taskMap 對映出的 Task 物件列表。

圖 22-27 result 變數中儲存的多結果集

MyBatis 甚至還支援多結果集的合併。如程式 22-50 所示，我們指定了兩個結果集 userRecord 和 taskRecord，但是只指定了一個結果集對映 userMap。這樣，userRecord 和 taskRecord 這兩個結果集會被合併，最後整合成一個符合 userMap 對映的結果集。在這個結果集中，每一筆 userRecord 結果的 taskList 屬性都完整地包含了 taskRecord 結果集中的全部結果。

程式 22-50

```xml
<mapper namespace="com.github.yeecode.mybatisdemo.dao.Dao02">

    <resultMap id="userMap" type="User" autoMapping="true">
        <collection property="taskList" resultSet="taskRecord" resultMap=
            "taskMap" />
    </resultMap>

    <resultMap id="taskMap" type="Task">
        <result property="id" column="id" />
        <result property="userId" column="userId" />
        <result property="taskName" column="taskName" />
```

```
  </resultMap>

  <!-- 將兩個結果整合為一個 userMap 結果傳回 -->
  <select id="query" resultMap="userMap" resultSets="userRecord,taskRecord"
      statementType= "CALLABLE">
    CALL multiResults()
  </select>

</mapper>
```

如圖 22-28 所示，多結果集合並後我們只獲得了一個由 List 儲存的結果集，該
結果集是使用 userMap 對映出的 User 物件列表。每一個 User 物件的 taskList
屬性都完整地包含了 taskRecord 結果集的全部結果。

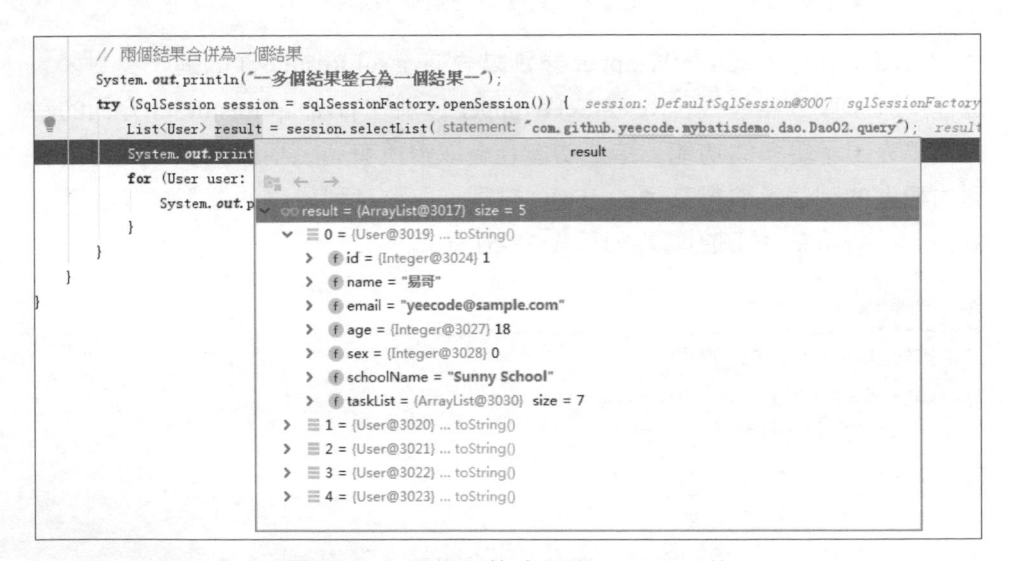

圖 22-28　多結果集合並為一個結果集

該範例的完整程式請參見 MyBatisDemo 專案中的範例 26。

至此，我們對 MyBatis 中結果、結果集、多結果集的概念進行了區分，並對多
結果集的傳回、合併做了初步的了解，這些知識對於我們讀懂 resultset 子套件
的程式十分必要。

22.7.2 結果集封裝類別

java.sql.Statement 進行完資料庫操作之後，對應的操作結果是由 java.sql.ResultSet 傳回的。有興趣的讀者可以閱讀 java.sql.ResultSet 介面中定義的方法，它主要分為幾大類：

- 切換到下一結果，讀取本結果是否為第一個結果、最後一個結果等結果間切換相關的方法；
- 讀取目前結果某列的值；
- 修改目前結果某列的值（修改不會影響資料庫中的真實值）；
- 一些其他的協助工具，如讀取所有列的類型資訊等。

以上這幾種方法已經能夠滿足資料庫結果的查詢操作。

而 MyBatis 中的 ResultSetWrapper 類別是對 java.sql.ResultSet 的進一步封裝，這裡用到了裝飾器模式。ResultSetWrapper 類別在 java.sql.ResultSet 介面的基礎上擴充出了更多的功能，這些功能包含取得所有列名稱的列表、取得所有列的類型的列表、取得某列的 JDBC 類型、取得某列對應的類型處理器等。ResultSetWrapper 類別的屬性如程式 22-51 所示。

程式 22-51

```
// 被裝飾的 resultSet 物件
private final ResultSet resultSet;
// 類型處理器登錄檔
private final TypeHandlerRegistry typeHandlerRegistry;
// resultSet 中各個列對應的列名稱列表
private final List<String> columnNames = new ArrayList<>();
// resultSet 中各個列對應的 Java 類型列表
private final List<String> classNames = new ArrayList<>();
// resultSet 中各個列對應的 JDBC 類型列表
private final List<JdbcType> jdbcTypes = new ArrayList<>();
// 類型與類型處理器的對映表。結構為：Map< 列名稱，Map<Java 類型，類型處理器 >>
private final Map<String, Map<Class<?>, TypeHandler<?>>> typeHandlerMap =
  new HashMap<>();
```

```
// 記錄了所有的有對映關係的列。結構為：Map<resultMap 的 id，List< 物件對映的列
   名稱 >>
private final Map<String, List<String>> mappedColumnNamesMap = new HashMap<>();
// 記錄了所有的無對映關係的列。結構為：Map<resultMap 的 id，List< 物件對映的列
   名稱 >>
private final Map<String, List<String>> unMappedColumnNamesMap = new
HashMap<>();
```

在知道了這些屬性的含義之後，ResultSetWrapper 的各個方法的原始程式閱讀就非常簡單了，我們不再詳述。

22.7.3 結果集處理器

ResultSetHandler 是結果集處理器介面，它定義了結果集處理器的三個抽象方法。

- <E> List<E> handleResultSets(Statement stmt)：將 Statement 的執行結果處理為 List。
- <E> Cursor<E> handleCursorResultSets(Statement stmt)：將 Statement 的執行結果處理為 Map。
- void handleOutputParameters(CallableStatement cs)：處理預存程序的輸出結果。

DefaultResultSetHandler 類別作為 ResultSetHandler 介面的預設也是唯一的實現類別，實現了上述的抽象方法。

下面以 DefaultResultSetHandler 類別中的 handleResultSets 方法為例，介紹 MyBatis 如何完成結果集的處理。

透過 handleResultSets 方法的名稱（Sets 為複數形式）也能看出，它能夠處理多結果集。在處理多結果集時，我們獲得的是兩層列表，即結果集列表和巢狀結構在其中的結果列表，如圖 22-27 所示。而在處理單結果集時，我們可以直接獲得結果列表。

handleResultSets 方法呼叫了許多的子方法。為了使大家更清晰地了解 handleResultSets 方法的執行過程，我們先列出整個方法的簡化虛擬程式碼，如程式 22-52 所示。

程式 22-52

```
handleResultSets(Statement) {
  foreach( 每一個設定了 resultMap 的結果集 ) {
    獲得目前結果集對應的 resultMap；
    進行結果集的處理。呼叫子方法 handleResultSet 實現；
  }
  foreach( 每一個沒有設定 resultMap 的結果集 ) {
    取得該結果集對應的父級 resultMap 中的 resultMapping；
    處理該結果集。呼叫子方法 handleResultSet 實現；
  }
  判斷是否是單結果集：如果是則傳回結果列表；如果不是則傳回結果集列表。呼叫子
  方法 collapseSingleResultList 實現
}
```

當然，在實際處理過程中，handleResultSets 方法的流程要比簡化的虛擬程式碼複雜許多。該方法帶註釋的完整原始程式如程式 22-53 所示。

程式 22-53

```
/**
 * 處理 Statement 獲得的多結果集 (也可能是單結果集，這是多結果集的一種簡化形
 *   式)，最後獲得結果列表
 * @param stmt Statement 敘述
 * @return 結果列表
 * @throws SQLException
 */
@Override
public List<Object> handleResultSets(Statement stmt) throws SQLException {
  ErrorContext.instance().activity("handling results").object(mappedStatement.
  getId());
  // 用以儲存處理結果的列表
  final List<Object> multipleResults = new ArrayList<>();
```

```
// 可能會有多個結果集，該變數用來對結果集進行計數
int resultSetCount = 0;
// 可能會有多個結果集，先取出第一個結果集
ResultSetWrapper rsw = getFirstResultSet(stmt);
// 查詢敘述對應的 resultMap 節點，可能含有多個
List<ResultMap> resultMaps = mappedStatement.getResultMaps();
int resultMapCount = resultMaps.size();
// 合法性驗證（存在輸出結果集的情況下，resultMapCount 不能為 0）
validateResultMapsCount(rsw, resultMapCount);
// 循環檢查每一個設定了 resultMap 的結果集
while (rsw != null && resultMapCount > resultSetCount) {
// 獲得目前結果集對應的 resultMap
ResultMap resultMap = resultMaps.get(resultSetCount);
  // 進行結果集的處理
  handleResultSet(rsw, resultMap, multipleResults, null);
  // 取得下一結果集
  rsw = getNextResultSet(stmt);
  // 清理上一筆結果集的環境
  cleanUpAfterHandlingResultSet();
  resultSetCount++;
}

// 取得多結果集中所有結果集的名稱
String[] resultSets = mappedStatement.getResultSets();
if (resultSets != null) {
  // 循環檢查每一個沒有設定 resultMap 的結果集
  while (rsw != null && resultSetCount < resultSets.length) {
    // 取得該結果集對應的父級 resultMap 中的 resultMapping（註：resultMapping
      用來描述物件屬性的對映關係）
    ResultMapping parentMapping = nextResultMaps.get(resultSets
      [resultSetCount]);
    if (parentMapping != null) {
      // 取得被巢狀結構的 resultMap 的編號
      String nestedResultMapId = parentMapping.getNestedResultMapId();
      ResultMap resultMap = configuration.getResultMap(nestedResultMapId);
      // 處理巢狀結構對映
```

```
        handleResultSet(rsw, resultMap, null, parentMapping);
    }
    rsw = getNextResultSet(stmt);
    cleanUpAfterHandlingResultSet();
    resultSetCount++;
  }
}
// 判斷是否是單結果集：如果是則傳回結果列表；如果不是則傳回結果集列表
return collapseSingleResultList(multipleResults);
}
```

handleResultSets 方法完成了對多結果集的處理。但是對於每一個結果集的處理
是由 handleResultSet 子方法實現的。程式 22-54 列出了 handleResultSet 子方法
的原始程式。

程式 22-54

```
/**
 * 處理單一的結果集
 * @param rsw ResultSet 的包裝
 * @param resultMap resultMap 節點的資訊
 * @param multipleResults 用來儲存處理結果的列表
 * @param parentMapping
 * @throws SQLException
 */
private void handleResultSet(ResultSetWrapper rsw, ResultMap resultMap,
List<Object> multipleResults, ResultMapping parentMapping) throws SQLException {
  try {
    if (parentMapping != null) { // 巢狀結構的結果
      // 向子方法傳入 parentMapping。處理結果中的記錄
      handleRowValues(rsw, resultMap, null, RowBounds.DEFAULT, parentMapping);
    } else { // 非巢狀結構的結果
      if (resultHandler == null) {
        // defaultResultHandler 能夠將結果物件聚合成一個列表傳回
        DefaultResultHandler defaultResultHandler = new DefaultResultHandler
        (objectFactory);
        // 處理結果中的記錄
```

```
      handleRowValues(rsw, resultMap, defaultResultHandler, rowBounds, null);
      multipleResults.add(defaultResultHandler.getResultList());
    } else {
      handleRowValues(rsw, resultMap, resultHandler, rowBounds, null);
    }
  }
} finally {
  closeResultSet(rsw.getResultSet());
}
}
```

傳入 handleResultSet 方法的已經是單結果集，handleResultSet 方法呼叫了 handleRowValues 方法進行進一步的處理。

handleRowValues 方法程式如程式 22-55 所示。在 handleRowValues 方法中，會以目前對映中是否存在巢狀結構為依據再次進行分類，分別呼叫 handleRow ValuesForNestedResultMap 方法和 handleRowValuesForSimpleResultMap 方法。

程式 22-55

```
/**
 * 處理單結果集中的屬性
 * @param rsw 單結果集的包裝
 * @param resultMap 結果對映
 * @param resultHandler 結果處理器
 * @param rowBounds 翻頁限制條件
 * @param parentMapping 父級結果對映
 * @throws SQLException
 */
public void handleRowValues(ResultSetWrapper rsw, ResultMap resultMap,
ResultHandler<?> resultHandler, RowBounds rowBounds, ResultMapping
parentMapping) throws SQLException {
  if (resultMap.hasNestedResultMaps()) {
    // 前置驗證
    ensureNoRowBounds();
    checkResultHandler();
    // 處理巢狀結構對映
```

```
    handleRowValuesForNestedResultMap(rsw, resultMap, resultHandler,
      rowBounds, parent Mapping);
  } else {
    // 處理單層對映
    handleRowValuesForSimpleResultMap(rsw, resultMap, resultHandler,
      rowBounds, parent Mapping);
  }
}
```

我們以 handleRowValuesForSimpleResultMap 方法為例，繼續檢視整體的處理流程。handleRowValuesForSimpleResultMap 方法如程式 22-56 所示。

程式 22-56

```
/**
 * 處理非巢狀結構對映的結果集
 * @param rsw 結果集包裝
 * @param resultMap 結果對映
 * @param resultHandler 結果處理器
 * @param rowBounds 翻頁限制條件
 * @param parentMapping 父級結果對映
 * @throws SQLException
 */
private void handleRowValuesForSimpleResultMap(ResultSetWrapper rsw, ResultMap
resultMap, ResultHandler<?> resultHandler, RowBounds rowBounds, ResultMapping
parentMapping)
    throws SQLException {
  DefaultResultContext<Object> resultContext = new DefaultResultContext<>();
  // 目前要處理的結果集
  ResultSet resultSet = rsw.getResultSet();
  // 根據翻頁設定，跳過指定的行
  skipRows(resultSet, rowBounds);
  // 持續處理下一筆結果，判斷條件為：還有結果需要處理 && 結果集沒有關閉 &&
  // 還有下一筆結果
  while (shouldProcessMoreRows(resultContext, rowBounds) && !resultSet.
      isClosed() && resultSet.next()) {
    // 經過鑑別器鑑別，確定經過鑑別器分析的最後要使用的 resultMap
```

```
    ResultMap discriminatedResultMap = resolveDiscriminatedResultMap
        (resultSet, resultMap, null);
    // 拿到一行記錄，並且將其轉化為一個物件
    Object rowValue = getRowValue(rsw, discriminatedResultMap, null);
    // 把由這一行記錄轉化獲得的物件存起來
    storeObject(resultHandler, resultContext, rowValue, parentMapping,
        resultSet);
  }
}
```

在 handleRowValuesForSimpleResultMap 方法中，真正完成了對結果集中結果的處理。對每一筆結果進行處理時，包含以下幾個功能。

- 基於鑑別器取得該筆記錄對應的 resultMap，該功能呼叫 resolveDiscriminatedResultMap 子方法實現。
- 根據 resultMap，將這筆記錄轉化為一個物件，該功能呼叫 getRowValue 子方法實現。
- 把由這一行記錄轉化獲得的物件存起來，該功能呼叫 storeObject 子方法實現。

關於鑑別器及 resolveDiscriminatedResultMap 方法的邏輯我們已經在 15.2.3 節進行了介紹，這裡不再重複。我們特別注意 getRowValue 方法和 storeObject 方法。

getRowValue 方法的原始程式如程式 22-57 所示。該方法使用反射建立了記錄對應的物件，並給物件的屬性進行了設定值。建立物件的操作過程大家可以透過 createResultObject 子方法繼續追蹤，為物件屬性設定值的操作過程大家可以透過 applyAutomaticMappings 子方法和 applyPropertyMappings 子方法繼續追蹤，這裡就不再繼續詳解了。

程式 22-57

```
/**
 * 將一筆記錄轉化為一個物件
 * @param rsw 結果集包裝
 * @param resultMap 結果對映
```

```
 * @param columnPrefix 列字首
 * @return 轉化獲得的物件
 * @throws SQLException
 */
private Object getRowValue(ResultSetWrapper rsw, ResultMap resultMap, String
columnPrefix) throws SQLException {
  final ResultLoaderMap lazyLoader = new ResultLoaderMap();
  // 建立這一行記錄對應的物件
  Object rowValue = createResultObject(rsw, resultMap, lazyLoader,
    columnPrefix);
  if (rowValue != null && !hasTypeHandlerForResultObject(rsw, resultMap.
    getType())) {
    // 根據物件獲得其 MetaObject
    final MetaObject metaObject = configuration.newMetaObject(rowValue);
    boolean foundValues = this.useConstructorMappings;
    // 是否允許自動對映未明示的欄位
    if (shouldApplyAutomaticMappings(resultMap, false)) {
      // 自動對映未明示的欄位
      foundValues = applyAutomaticMappings(rsw, resultMap, metaObject,
        columnPrefix) || found Values;
    }
    // 按照明示的欄位進行重新對映
    foundValues = applyPropertyMappings(rsw, resultMap, metaObject,
        lazyLoader, columnPrefix) || foundValues;
    foundValues = lazyLoader.size() > 0 || foundValues;
    rowValue = foundValues || configuration.isReturnInstanceForEmptyRow() ?
        rowValue : null;
  }
  return rowValue;
}
```

storeObject 方法的原始程式如程式 22-58 所示。在 storeObject 方法中，會根據
目前物件的不同分別進行處理：

■ 如果目前物件屬於父級對映，則將該物件綁定到父級物件上；
■ 如果目前物件屬於獨立對映，則使用 ResultHandler 聚合該物件。

程式 **22-58**

```
/**
 * 儲存目前結果物件
 * @param resultHandler 結果處理器
 * @param resultContext 結果上下文
 * @param rowValue 結果物件
 * @param parentMapping 父級結果對映
 * @param rs 結果集
 * @throws SQLException
 */
private void storeObject(ResultHandler<?> resultHandler,
DefaultResultContext<Object> resultContext, Object rowValue, ResultMapping
parentMapping, ResultSet rs) throws SQLException {
  if (parentMapping != null) {
    // 存在父級，則將這一行記錄對應的結果物件綁定到父級結果上
    linkToParents(rs, parentMapping, rowValue);
  } else {
    // 使用 resultHandler 聚合該物件
    callResultHandler(resultHandler, resultContext, rowValue);
  }
}
```

這樣，經過層層子方法呼叫後便完成了 handleResultSets 方法的原始程式閱讀。可見在 handleResultSets 方法中，完成了產生結果物件、為結果物件的屬性設定值、將結果物件進行聚合或綁定等重要操作。

handleCursorResultSets 方法和 handleOutputParameters 方法的原始程式則要簡單許多，交由大家自行閱讀。

22.8　執行器

從 22.2 ～ 22.7 節，我們已經介紹了 executor 套件中的各個子套件，每個子套件都為執行器提供了一些子功能。但是最後這些子功能均由 Executor 介面及其實現類別串接了起來，共同向外提供服務。

Executor 介面及其實現類別的類別圖如圖 22-29 所示。

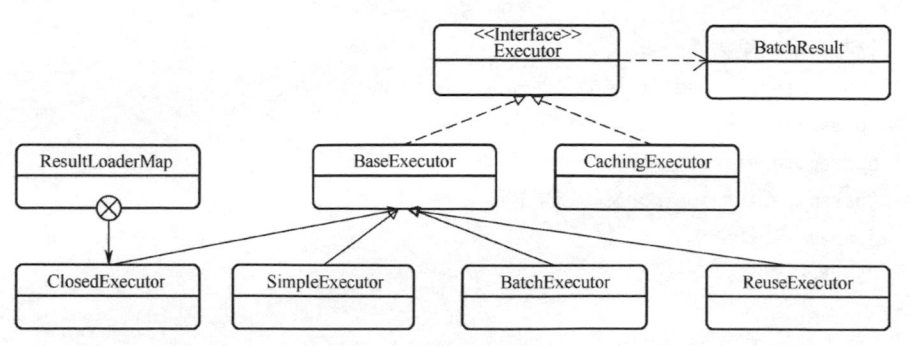

圖 22-29 Executor 介面及其實現類別的類別圖

22.8.1 執行器介面

首先看一下 Executor 介面中定義的方法。方法列表如程式 22-59 所示。

程式 22-59

```
// 資料更新操作,其中資料的增加、刪除、更新均可由該方法實現
int update(MappedStatement ms, Object parameter) throws SQLException;
// 資料查詢操作,傳回結果為列表形式
<E> List<E> query(MappedStatement ms, Object parameter, RowBounds rowBounds,
    Result Handler resultHandler, CacheKey cacheKey, BoundSql boundSql)
    throws SQLException;
// 資料查詢操作,傳回結果為列表形式
<E> List<E> query(MappedStatement ms, Object parameter, RowBounds rowBounds,
    Result Handler resultHandler) throws SQLException;
// 資料查詢操作,傳回結果為游標形式
<E> Cursor<E> queryCursor(MappedStatement ms, Object parameter, RowBounds
    rowBounds) throws SQLException;
// 清理快取
List<BatchResult> flushStatements() throws SQLException;
// 提交交易
void commit(boolean required) throws SQLException;
// 回覆交易
```

```
void rollback(boolean required) throws SQLException;
// 建立目前查詢的快取鍵值
CacheKey createCacheKey(MappedStatement ms, Object parameterObject, RowBounds
    rowBounds, BoundSql boundSql);
// 本機快取是否有指定值
boolean isCached(MappedStatement ms, CacheKey key);
// 清理本機快取
void clearLocalCache();
// 惰性載入
void deferLoad(MappedStatement ms, MetaObject resultObject, String property,
    CacheKey key, Class<?> targetType);
// 取得交易
Transaction getTransaction();
// 關閉執行器
void close(boolean forceRollback);
// 判斷執行器是否關閉
boolean isClosed();
// 設定執行器包裝
void setExecutorWrapper(Executor executor);
```

以以上方法可以完成資料為基礎的增、刪、改、查，以及交易處理等操作。
而事實上，MyBatis 的所有資料庫操作也確實是透過呼叫這些方法實現的。

22.8.2 執行器基礎類別與實現類別

Executor介面的各個實現類別中，CachingExecutor 已經在 19.8 節進行了詳細
介紹。它並沒有包含實際的資料庫操作，而是在其他資料庫操作的基礎上封
裝了一層快取，因此它沒有繼承 BaseExecutor。而其他的各個實現類別都繼承
了 BaseExecutor。

BaseExecutor 是一個抽象類別，並用到了範本模式。它實現了其子類別的一
些共有的基礎功能，而將與子類別直接相關的操作交給子類別處理。以程式
22-60 所示的 query 核心方法為例，介紹其實際的實現。

程式 22-60

```
/**
 * 查詢資料庫中的資料
 * @param ms 對映敘述
 * @param parameter 參數物件
 * @param rowBounds 翻頁限制條件
 * @param resultHandler 結果處理器
 * @param key 快取的鍵
 * @param boundSql 查詢敘述
 * @param <E> 結果類型
 * @return 結果列表
 * @throws SQLException
 */
public <E> List<E> query(MappedStatement ms, Object parameter, RowBounds
rowBounds, ResultHandler resultHandler, CacheKey key, BoundSql boundSql)
throws SQLException {
ErrorContext.instance().resource(ms.getResource()).activity("executing a
query").object(ms.getId());
  if (closed) {
    // 執行器已經關閉
    throw new ExecutorException("Executor was closed.");
  }
  if (queryStack == 0 && ms.isFlushCacheRequired()) {
    // 新的查詢堆疊,故清除本機快取
    clearLocalCache();
  }
  List<E> list;
  try {
    queryStack++;
    // 嘗試從本機快取取得結果
    list = resultHandler == null ? (List<E>) localCache.getObject(key) : null;
    if (list != null) {
      // 本機快取中有結果,則對於 CALLABLE 敘述還需要綁定到 IN/INOUT 參數上
      handleLocallyCachedOutputParameters(ms, key, parameter, boundSql);
    } else {
      // 本機快取沒有結果,故需要查詢資料庫
```

```
      list = queryFromDatabase(ms, parameter, rowBounds, resultHandler, key,
        boundSql);
    }
  } finally {
    queryStack--;
  }
  if (queryStack == 0) {
    // 惰性載入操作的處理
    for (DeferredLoad deferredLoad : deferredLoads) {
      deferredLoad.load();
    }
    deferredLoads.clear();
    // 如果本機快取的作用域為 STATEMENT，則立刻清除本機快取
    if (configuration.getLocalCacheScope() == LocalCacheScope.STATEMENT) {
      clearLocalCache();
    }
  }
  return list;
}
```

在 query 方法的核心方法中，會嘗試讀取一級快取，而在快取中無結果
時，則會呼叫 queryFromDatabase 方法進行資料庫中結果的查詢。query
FromDatabase 方法的原始程式如程式 22-61 所示。

程式 22-61

```
/**
 * 從資料庫中查詢結果
 * @param ms 對映敘述
 * @param parameter 參數物件
 * @param rowBounds 翻頁限制條件
 * @param resultHandler 結果處理器
 * @param key 快取的鍵
 * @param boundSql 查詢敘述
 * @param <E> 結果類型
 * @return 結果列表
 * @throws SQLException
```

```
*/
private <E> List<E> queryFromDatabase(MappedStatement ms, Object parameter,
RowBounds rowBounds, ResultHandler resultHandler, CacheKey key, BoundSql
boundSql) throws SQLException {
  List<E> list;
  // 在快取中增加預留位置，表示正在查詢
  localCache.putObject(key, EXECUTION_PLACEHOLDER);
  try {
    list = doQuery(ms, parameter, rowBounds, resultHandler, boundSql);
  } finally {
    // 刪除預留位置
    localCache.removeObject(key);
  }
  // 將查詢結果寫入快取
  localCache.putObject(key, list);
  if (ms.getStatementType() == StatementType.CALLABLE) {
    localOutputParameterCache.putObject(key, parameter);
  }
  return list;
}
```

上述程式中的 doQuery 子方法的實作方式則交由 BaseExecutor 的子類別實現，因此這是典型的範本模式。

這樣我們已經對執行器基礎類別中的 query 方法的原始程式進行了閱讀分析。接下來不妨再分析一下 BaseExecutor 中 update 方法的原始程式，如程式 22-62 所示。

程式 22-62

```
/**
 * 更新資料庫資料，INSERT/UPDATE/DELETE 三種操作都會呼叫該方法
 * @param ms 對映敘述
 * @param parameter 參數物件
 * @return 資料庫操作結果
 * @throws SQLException
 */
```

```
public int update(MappedStatement ms, Object parameter) throws SQLException {
ErrorContext.instance().resource(ms.getResource()).activity("executing an
update").object(ms.getId());
  if (closed) {
    // 執行器已經關閉
    throw new ExecutorException("Executor was closed.");
  }
  // 清理本機快取
  clearLocalCache();
  // 傳回呼叫子類別操作
  return doUpdate(ms, parameter);
}
```

可以很明顯地看出，update 方法的原始程式要比 query 方法的原始程式簡單很多。查詢操作的原始程式通常比增加、刪除、修改操作的原始程式複雜的原因是：

■ 查詢操作的輸入參數相對比較複雜，而增加、刪除、修改等操作的參數通常比較簡單。

■ 查詢操作的輸出結果相對比較複雜，結果通常會被對映成物件，甚至還會包含巢狀結構、結果集操作、惰性載入、物件類型鑑別等複雜操作；而增加、刪除、修改等操作的輸出結果通常比較簡單，僅包含影響的筆數。

■ 查詢操作的輸出結果形式比較複雜，如支援列表 List、對映表 Map、游標 Cursor 等形式的輸出；而增加、刪除、修改等操作的結果形式通常比較簡單，僅包含一個數字。

■ 查詢操作的實現比較複雜，例如需要進行快取處理、惰性載入處理、巢狀結構對映處理等；而增加、刪除、修改等操作則通常不需要這些複雜的處理。

正因為查詢操作比其他操作更為複雜，所以在本書的原始程式閱讀中經常以查詢操作為例進行原始程式解析。

在原始程式閱讀時，通常會遇到很多分支。這些分支在實現想法上是相似的，我們沒有必要將它們的原始程式全部進行閱讀，只需選取其中一些有代表性的分支深入閱讀即可。

在選擇分支的過程中，有以下兩個想法。

- 可以考慮選擇最為複雜的分支，這樣當這個分支的程式被我們分析清楚時，其他分支的程式自然也就清楚了。
- 也可以考慮選擇最為簡單的分支，這樣能讓我們快速讀懂程式的想法，再去分析其他複雜分支也會更加容易。

實際遵循哪個想法進行分支的選擇要根據實際情況來分析。通常來說，對於重要的程式選擇複雜的分支；對於次要的程式選擇簡單的分支；對於簡單的程式選擇複雜的分支；對於複雜的程式選擇簡單的分支。

對於 MyBatis 而言，輸入 / 輸出參數的處理、快取的處理、惰性載入的處理等都是一些非常重要的功能。因此，我們會選擇包含這些功能的查詢操作分支展開原始程式閱讀。

下面繼續回到 BaseExecutor 的原始程式閱讀中。

BaseExecutor 有四個實現類別，其功能分別如下。

- ClosedExecutor：一個僅能代表本身已經關閉的執行器，沒有其他實際功能。該類別在 22.3.2 節已經介紹過。
- SimpleExecutor：一個最為簡單的執行器。
- BatchExecutor：支援批次執行功能的執行器。
- ReuseExecutor：支援 Statement 物件重複使用的執行器。

上述 SimpleExecutor、BatchExecutor、ReuseExecutor 這三個執行器的選擇是在 MyBatis 的設定檔中進行的，可選的值由 session 套件中的列舉類別 ExecutorType 定義。這三個執行器主要基於 StatementHandler 完成建立 Statement 物件、綁定參數等工作。其工作流程都比較簡單，我們不再多作說明。

BatchResult 也是 executor 中的類別，它可以儲存批次操作的參數物件列表和影響筆數列表。

22.9 錯誤上下文

可以看到，在很多方法的開始階段都會呼叫 ErrorContext 類別的相關方法。舉例來説，在程式 22-62 中我們就看到了如下所示的片段。

```
ErrorContext.instance().resource(ms.getResource()).activity("executing an
update").object(ms.getId());
```

其中的 ErrorContext 類別是一個錯誤上下文，它能夠提前將一些背景資訊儲存下來。這樣在真正發生錯誤時，便能將這些背景資訊提供出來，進而給我們的錯誤排除帶來便利。

ErrorContext 類別的屬性如程式 22-63 所示。

程式 22-63
```java
// 獲得目前作業系統的分行符號
private static final String LINE_SEPARATOR = System.getProperty("line.
  separator","\n");

// 將本身儲存進 ThreadLocal，進一步進行執行緒間的隔離
private static final ThreadLocal<ErrorContext> LOCAL = new ThreadLocal<>();

// 儲存上一版本的本身，進一步組成錯誤鏈
private ErrorContext stored;

// 下面幾個為錯誤的詳細資訊，可以寫入一項或多項
private String resource;
private String activity;
private String object;
private String message;
private String sql;
private Throwable cause;
```

ErrorContext 類別的屬性設定非常簡單，但是整個類別卻設計得非常巧妙。首先，如程式 22-64 所示，ErrorContext 類別實現了單例模式，而它的單例

是綁定到 ThreadLocal 上的。這確保了每個執行緒都有唯一的錯誤上下文 ErrorContext。

程式 22-64

```
/**
 * 從 ThreadLocal 取出已經產生實體的 ErrorContext，或產生實體一個 ErrorContext
   放入 ThreadLocal
 * @return ErrorContext 實例
 */
public static ErrorContext instance() {
  ErrorContext context = LOCAL.get();
  if (context == null) {
    context = new ErrorContext();
    LOCAL.set(context);
  }
  return context;
}
```

ErrorContext 類別還有一種包裝機制，即每個 ErrorContext 物件內可以包裝一個 ErrorContext 物件。這樣，錯誤上下文就可以組成一條錯誤鏈，這和我們在 5.1.1 節介紹的例外鏈十分類似。該包裝功能由 store 方法實現，如程式 22-65 所示。

程式 22-65

```
/**
 * 建立一個包裝了原有 ErrorContext 的新 ErrorContext
 * @return 新的 ErrorContext
 */
public ErrorContext store() {
  ErrorContext newContext = new ErrorContext();
  newContext.stored = this;
  LOCAL.set(newContext);
  return LOCAL.get();
}
```

當然，除了能夠建立一個包裝了原有 ErrorContext 物件的新 ErrorContext 物件外，ErrorContext 類別還支援這種操作的逆操作——將某個 ErrorContext 物件的內部 ErrorContext 物件剝離出來。該剝離功能由 recall 方法實現，如程式22-66 所示。

程式 **22-66**

```
/**
 * 剝離出目前 ErrorContext 的內部 ErrorContext
 * @return 剝離出的 ErrorContext 物件
 */
public ErrorContext recall() {
  if (stored != null) {
    LOCAL.set(stored);
    stored = null;
  }
  return LOCAL.get();
}
```

除此之外，ErrorContext 類別中還有用來清除所有資訊的 reset 方法、用來轉化為字串輸出的 toString 方法，以及用來設定各個詳細資訊的 instance、resource、activity、store 等方法。這些方法的使用場景如下。

- 當需要獲得目前執行緒的 ErrorContext 物件時，呼叫 instance 方法。
- 當執行緒執行到某一階段產生了新的上下文資訊時，呼叫 resource、activity 等方法向 ErrorContext 物件補充上下文資訊。
- 當執行緒進入下一級操作並處於一個全新的環境時，呼叫 store 方法獲得一個包裝了原有 ErrorContext 物件的新 ErrorContext 物件。
- 當執行緒從下一級操作傳回上一級時，呼叫 recall 方法剝離上一級的 ErrorContext 物件。
- 當執行緒進入一個與之前操作無關的新環境時，呼叫 reset 方法清除 ErrorContext 物件的所有資訊。
- 當執行緒需要列印例外資訊時，呼叫 toString 方法輸出錯誤發生時的環境資訊。

透過這些操作，執行緒的 ErrorContext 類別中時刻儲存著目前時刻的上下文資訊，一旦真正發生例外便可以把這些資訊提供出來。例如程式 22-67 所示的 wrapException 方法（該方法包含在 exceptions 套件的 ExceptionFactory 類別中），只是顯性地更新了 ErrorContext 物件中的 message 屬性和 cause 屬性，但 toString 方法輸出的結果中可能包含更為豐富的屬性資訊。而那些屬性資訊是隨著執行緒執行環境的變化而即時更新的。

程式 22-67

```
/**
 * 產生一個 RuntimeException 例外
 * @param message 例外資訊
 * @param e 例外
 * @return 新的 RuntimeException 例外
 */
public static RuntimeException wrapException(String message, Exception e) {
return new PersistenceException(ErrorContext.instance().message(message).
cause(e).toString(), e);
}
```

session 套件

session 套件是整個 MyBatis 應用的對外介面套件,是離使用者最近的套件。
在第 3 章的實例專案中,我們進行資料庫操作的程式片段如程式 23-1 所示。

程式 23-1

```java
// 第二階段:資料讀寫階段
try (SqlSession session = sqlSessionFactory.openSession()) {
    // 找到介面對應的實現
    UserMapper userMapper = session.getMapper(UserMapper.class);
    // 組建查詢參數
    User userParam = new User();
    userParam.setSchoolName("Sunny School");
    // 呼叫介面展開資料庫操作
    List<User> userList = userMapper.queryUserBySchoolName(userParam);
    // 列印查詢結果
    for (User user : userList) {
        System.out.println("name : " + user.getName() + " ;  email : " +
        user.getEmail());
    }
}
```

程式 23-1 中涉及的 SqlSessionFactory 類別、SqlSession 類別都是 session 套件
中的類別,透過這些類別就可以觸發 MyBatis 對資料庫展開操作。這也驗證了
session 套件是整個 MyBatis 的對外介面套件這一結論。

在本章中，我們將詳細了解 session 套件中的原始程式。

23.1 SqlSession 及其相關類別

透過程式 23-1 可以看出，在進行查詢操作時，只需要和 SqlSession 物件進行處理即可。而 SqlSession 物件是由 SqlSessionFactory 生產出來的，SqlSessionFactory 又是由 SqlSessionFactoryBuilder 建立的。圖 23-1 列出了 SqlSession 及其相關類別的類別圖。

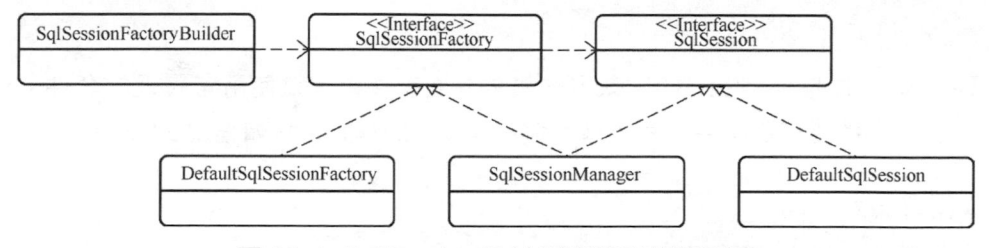

圖 23-1 SqlSession 及其相關類別的類別圖

23.1.1 SqlSession 的產生鏈

圖 23-1 所示的 SqlSession 及其相關類別組成了一個產生鏈。SqlSessionFactoryBuilder 產生了 SqlSessionFactory，SqlSessionFactory 產生了 SqlSession。

SqlSessionFactoryBuilder 類別是 SqlSessionFactory 的建造者類別，它能夠根據設定檔建立出 SqlSessionFactory 物件。程式 23-2 列出了 SqlSessionFactoryBuilder 類別中一個核心的 build 方法。

程式 **23-2**

```
/**
 * 建造一個 SqlSessionFactory 物件
 * @param reader 讀取字元流的抽象類別
 * @param environment 環境資訊
```

```
 * @param properties 設定資訊
 * @return SqlSessionFactory 物件
 */
public SqlSessionFactory build(Reader reader, String environment, Properties
properties) {
  try {
    // 傳入設定檔，建立一個 XMLConfigBuilder 類別
    XMLConfigBuilder parser = new XMLConfigBuilder(reader, environment,
    properties);
    // 分兩步：
    // 1. 解析設定檔，獲得設定檔對應的 Configuration 物件
    // 2. 根據 Configuration 物件，獲得一個 DefaultSqlSessionFactory
    return build(parser.parse());
  } catch (Exception e) {
    throw ExceptionFactory.wrapException("Error building SqlSession.", e);
  } finally {
    ErrorContext.instance().reset();
    try {
      reader.close();
    } catch (IOException e) {
    }
  }
}
```

透過程式 23-2 可以看出，建立 SqlSessionFactory 物件的過程主要分為三步：

（1）傳入設定檔，建立一個 XMLConfigBuilder 類別準備對設定檔展開解析。
（2）解析設定檔，獲得設定檔對應的 Configuration 物件。
（3）根據 Configuration 物件，獲得一個 DefaultSqlSessionFactory。

SqlSessionFactoryBuilder 類 別 列 出 的 SqlSessionFactory 物 件 總 是 DefaultSqlSessionFactory 物 件，build(Reader, String, Properties) 方 法 呼 叫 的 build(Configuration) 方法可以證實這一點。build(Configuration) 方法的原始程式如程式 23-3 所示。

程式 23-3

```
/**
 * 根據設定資訊建造一個 SqlSessionFactory 物件
 * @param config 設定資訊
 * @return SqlSessionFactory 物件
 */
public SqlSessionFactory build(Configuration config) {
  return new DefaultSqlSessionFactory(config);
}
```

DefaultSqlSessionFactory 物件則可以建立出 SqlSession 的子類別 DefaultSql
Session 類別的物件，該過程由 openSessionFromDataSource 方法完成，該方法
的原始程式如程式 23-4 所示。

程式 23-4

```
/**
 * 從資料來源中取得 SqlSession 物件
 * @param execType 執行器類型
 * @param level 交易隔離等級
 * @param autoCommit 是否自動提交交易
 * @return SqlSession 物件
 */
private SqlSession openSessionFromDataSource(ExecutorType execType,
TransactionIsolationLevel level, boolean autoCommit) {
  Transaction tx = null;
  try {
    // 找出要使用的指定環境
    final Environment environment = configuration.getEnvironment();
    // 從環境中取得交易工廠
    final TransactionFactory transactionFactory =
        getTransactionFactoryFromEnvironment (environment);
    // 從交易工廠中生產交易
    tx = transactionFactory.newTransaction(environment.getDataSource(),
        level, autoCommit);
    // 建立執行器
```

```
    final Executor executor = configuration.newExecutor(tx, execType);
    // 建立 DefaultSqlSession 物件
    return new DefaultSqlSession(configuration, executor, autoCommit);
  } catch (Exception e) {
    closeTransaction(tx); // may have fetched a connection so lets call close()
    throw ExceptionFactory.wrapException("Error opening session. Cause: " + e, e);
  } finally {
    ErrorContext.instance().reset();
  }
}
```

至此，整個 SqlSession 產生鏈的相關原始程式閱讀完畢，經過逐級產生後，終於獲得了 DefaultSqlSession 類別物件。

接下來將介紹 DefaultSqlSession 類別。

23.1.2 DefaultSqlSession 類別

我們已經說過，session 套件是整個 MyBatis 應用的對外介面套件，而 executor 套件是最為核心的執行器套件。DefaultSqlSession 類別做的主要工作則非常簡單——把介面套件的工作交給執行器套件處理。

DefaultSqlSession 類別的屬性如程式 23-5 所示。

程式 23-5

```
// 設定資訊
private final Configuration configuration;
// 執行器
private final Executor executor;
// 是否自動提交
private final boolean autoCommit;
// 快取是否已經被污染
private boolean dirty;
// 游標清單
private List<Cursor<?>> cursorList;
```

DefaultSqlSession 類別的屬性中包含一個 Executor 物件，DefaultSqlSession 類別將主要的操作都交給屬性中的 Executor 物件處理。以程式 23-6 所示的 selectList 方法為例，相關資料庫查詢操作都由 Executor 物件的 query 方法來完成。

程式 23-6

```
/**
 * 查詢結果列表
 * @param <E> 傳回的清單元素的類型
 * @param statement SQL 敘述
 * @param parameter 參數物件
 * @param rowBounds 翻頁限制條件
 * @return 結果物件列表
 */
public <E> List<E> selectList(String statement, Object parameter, RowBounds
rowBounds) {
    try {
        // 取得查詢敘述
        MappedStatement ms = configuration.getMappedStatement(statement);
        // 交由執行器進行查詢
        return executor.query(ms, wrapCollection(parameter), rowBounds,
        Executor.NO_RESULT _HANDLER);
    } catch (Exception e) {
        throw ExceptionFactory.wrapException("Error querying database. Cause: "
        + e, e);
    } finally {
        ErrorContext.instance().reset();
    }
}
```

23.1.3 SqlSessionManager 類別

在 SqlSession 的相關類別中，SqlSessionManager 既實現了 SqlSessionFactory 介面又實現了 SqlSession 介面，SqlSessionManager 及其相關類別的類別圖如圖 23-2 所示。

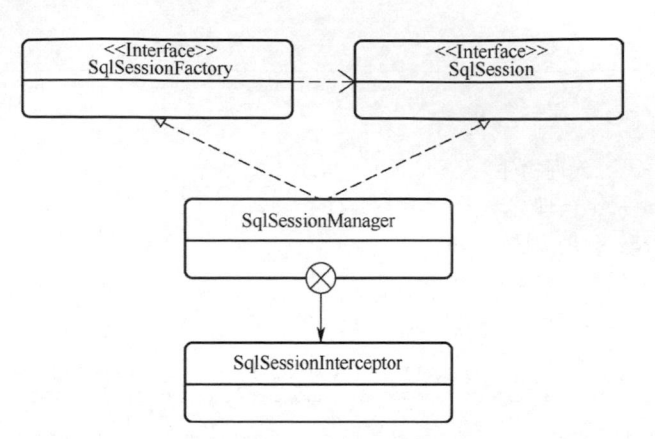

圖 23-2 SqlSessionManager 及其相關類別的類別圖

這種既實現工廠介面又實現工廠產品介面的類別是很少見的。因此,我們單獨研究一下 SqlSessionManager 類別是如何實現的,以及其存在的意義。

程式 23-7 列出了 SqlSessionManager 類別的建構方法,該建構方法是私有的,外部需要透過 newInstance 方法間接呼叫它。

程式 23-7

```
/**
 * SqlSessionManager 建構方法
 * @param sqlSessionFactory SqlSession 工廠
 */
private SqlSessionManager(SqlSessionFactory sqlSessionFactory) {
  this.sqlSessionFactory = sqlSessionFactory;
  this.sqlSessionProxy = (SqlSession) Proxy.newProxyInstance(
      SqlSessionFactory.class.getClassLoader(),
      new Class[]{SqlSession.class},
      new SqlSessionInterceptor());
}
```

透過程式 23-7 可以看出,SqlSessionManager 在建構方法中建立了一個 SqlSession 的代理物件,該代理物件可以攔截被代理物件的方法。攔截到的方法會交給 SqlSessionInterceptor 內部類別的 invoke 方法進行處理。程式 23-8 列出了 invoke 方法的原始程式。

程式 **23-8**

```java
/**
 * 代理方法
 * @param proxy 代理物件
 * @param method 代理方法
 * @param args 代理方法的參數
 * @return 方法執行結果
 * @throws Throwable
 */
public Object invoke(Object proxy, Method method, Object[] args) throws
Throwable {
  // 嘗試從目前執行緒中取出 SqlSession 物件
  final SqlSession sqlSession = SqlSessionManager.this.localSqlSession.get();
  if (sqlSession != null) { // 目前執行緒中確實取出了 SqlSession 物件
    try {
      // 使用取出的 SqlSession 物件操作
      return method.invoke(sqlSession, args);
    } catch (Throwable t) {
      throw ExceptionUtil.unwrapThrowable(t);
    }
  } else { // 目前執行緒中還沒有 SqlSession 物件
    // 使用屬性中的 SqlSessionFactory 物件建立一個 SqlSession 物件
    try (SqlSession autoSqlSession = openSession()) {
      try {
        // 使用新建立的 SqlSession 物件操作
        final Object result = method.invoke(autoSqlSession, args);
        autoSqlSession.commit();
        return result;
      } catch (Throwable t) {
        autoSqlSession.rollback();
        throw ExceptionUtil.unwrapThrowable(t);
      }
    }
  }
}
```

可以看出，當 SqlSession 的代理物件攔截到方法時，會嘗試從目前執行緒的 ThreadLocal 中取出一個 SqlSession 物件。

- 如果 ThreadLocal 中存在 SqlSession 物件，代理物件則將操作交給取出的 SqlSession 物件進行處理。
- 如果 ThreadLocal 中不存在 SqlSession 物件，則使用屬性中的 SqlSession Factory 物件建立一個 SqlSession 物件，然後代理物件將操作交給新建立的 SqlSession 物件進行處理。

這樣一來，SqlSessionManager 各個屬性的含義也清晰起來，如程式 23-9 所示。

程式 23-9

```
// 建構方法中傳入的 SqlSessionFactory 物件
private final SqlSessionFactory sqlSessionFactory;
// 在建構方法中建立的 SqlSession 代理物件
private final SqlSession sqlSessionProxy;
// 該變數用來儲存被代理的 SqlSession 物件
private final ThreadLocal<SqlSession> localSqlSession = new ThreadLocal<>();
```

了解了 SqlSessionManager 的主要方法和屬性的含義之後，其結構已經十分清晰了，那它存在的意義又是什麼呢？畢竟作為工廠的 DefaultSqlSessionFactory 或作為產品的 DefaultSqlSession 都能實現它的功能。其實 SqlSessionManager 將工廠和產品整合到一起後，提供了下面兩點功能。

- SqlSessionManager 總能列出一個產品（從執行緒 ThreadLocal 取出或新增）並使用該產品完成相關的操作，外部使用者不需要了解細節，因此省略了呼叫工廠生產產品的過程。
- 提供了產品重複使用的功能。工廠生產出的產品可以放入執行緒 ThreadLocal 儲存（需要顯性呼叫 startManagedSession 方法），進一步實現產品的重複使用。這樣既確保了執行緒安全又提升了效率。

很多場景下，使用者使用的是工廠生產出來的產品，而不關心產品是即時生產的還是之前生產後快取的。在這種情況下，可以參考 SqlSessionManager 的設計，來提供一種更為高效的列出產品的方式。

在原始程式閱讀的過程中,我們可能無法提前得知某些類別的功能。這時候需要先閱讀其原始程式,然後在原始程式的基礎上猜測其功能。這種原始程式閱讀的方式比較費時費力,但有時卻難以避免。我們在閱讀 SqlSessionManager 原始程式時就採用了這種方式。

23.2 Configuration 類別

我們知道設定檔 mybatis-config.xml 是 MyBatis 設定的主入口,包含對映檔案的路徑也是透過它指明的。而設定檔的根節點就是 configuration 節點,因此該節點內儲存了所有的設定資訊。

configuration 節點的資訊經過解析後都存入了 Configuration 物件中,因此 Configuration 物件中就包含了 MyBatis 執行的所有設定資訊。

並且 Configuration 類別還對設定資訊進行了進一步的加工,為許多設定項目設定了預設值,為許多物理定義了別名等。因而 Configuration 類別是 MyBatis 中極為重要的類別。程式 23-10 列出了 Configuration 類別的屬性,我們可以感受一下其中包含內容的豐富。

程式 23-10

```
// <environment> 節點的資訊
protected Environment environment;

// 以下為 <settings> 節點中的設定資訊
protected boolean safeRowBoundsEnabled;
protected boolean safeResultHandlerEnabled = true;
protected boolean mapUnderscoreToCamelCase;
protected boolean aggressiveLazyLoading;
protected boolean multipleResultSetsEnabled = true;
protected boolean useGeneratedKeys;
protected boolean useColumnLabel = true;
protected boolean cacheEnabled = true;
```

```java
protected boolean callSettersOnNulls;
protected boolean useActualParamName = true;
protected boolean returnInstanceForEmptyRow;

protected String logPrefix;
protected Class<? extends Log> logImpl;
protected Class<? extends VFS> vfsImpl;
protected LocalCacheScope localCacheScope = LocalCacheScope.SESSION;
protected JdbcType jdbcTypeForNull = JdbcType.OTHER;
protected Set<String> lazyLoadTriggerMethods = new HashSet<>(Arrays.asList
  ("equals", "clone", "hashCode", "toString"));
protected Integer defaultStatementTimeout;
protected Integer defaultFetchSize;
protected ResultSetType defaultResultSetType;
protected ExecutorType defaultExecutorType = ExecutorType.SIMPLE;
protected AutoMappingBehavior autoMappingBehavior = AutoMappingBehavior.
  PARTIAL;
protected AutoMappingUnknownColumnBehavior autoMappingUnknownColumnBehavior =
  AutoMappingUnknownColumnBehavior.NONE;

// <properties> 節點資訊
protected Properties variables = new Properties();
// 反射工廠
protected ReflectorFactory reflectorFactory = new DefaultReflectorFactory();
// 物件工廠
protected ObjectFactory objectFactory = new DefaultObjectFactory();
// 物件包裝工廠
protected ObjectWrapperFactory objectWrapperFactory = new
  DefaultObjectWrapperFactory();
// 是否啟用惰性載入，該設定來自 <settings> 節點
protected boolean lazyLoadingEnabled = false;
// 代理工廠
protected ProxyFactory proxyFactory = new JavassistProxyFactory();
// #224 Using internal Javassist instead of OGNL
// 資料庫編號
protected String databaseId;
```

```
// 設定工廠，用來建立用於載入反序列化的未讀屬性的設定
protected Class<?> configurationFactory;
// 對映登錄檔
protected final MapperRegistry mapperRegistry = new MapperRegistry(this);
// 攔截器鏈（用來支援外掛程式的插入）
protected final InterceptorChain interceptorChain = new InterceptorChain();
// 類型處理器登錄檔，內建許多，可以透過 <typeHandlers> 節點補充
protected final TypeHandlerRegistry typeHandlerRegistry = new
  TypeHandlerRegistry();
// 類型態名登錄檔，內建許多，可以透過 <typeAliases> 節點補充
protected final TypeAliasRegistry typeAliasRegistry = new TypeAliasRegistry();
// 語言驅動登錄檔
protected final LanguageDriverRegistry languageRegistry = new
  LanguageDriverRegistry();
// 對映的資料庫動作陳述式
protected final Map<String, MappedStatement> mappedStatements = new
  StrictMap<MappedStatement> ("Mapped Statements collection")
    .conflictMessageProducer((savedValue, targetValue) ->
        ". please check " + savedValue.getResource() + " and " + targetValue.
        getResource());
// 快取
protected final Map<String, Cache> caches = new StrictMap<>("Caches
    collection");
// 結果對映，即所有的 <resultMap> 節點
protected final Map<String, ResultMap> resultMaps = new StrictMap<>("Result
    Maps collection");
// 參數對映，即所有的 <parameterMap> 節點
protected final Map<String, ParameterMap> parameterMaps = new
    StrictMap<>("Parameter Maps collection");
// 主鍵產生器對映
protected final Map<String, KeyGenerator> keyGenerators = new StrictMap<>
    ("Key Generators collection");
// 載入的資源，如對映檔案資源
protected final Set<String> loadedResources = new HashSet<>();
// SQL 敘述片段，即所有的 <sql> 節點
protected final Map<String, XNode> sqlFragments = new StrictMap<>("XML
```

```
    fragments parsed from previous mappers");

// 暫存未處理完成的一些節點
protected final Collection<XMLStatementBuilder> incompleteStatements = new
    LinkedList<>();
protected final Collection<CacheRefResolver> incompleteCacheRefs = new
    LinkedList<>();
protected final Collection<ResultMapResolver> incompleteResultMaps = new
    LinkedList<>();
protected final Collection<MethodResolver> incompleteMethods = new
    LinkedList<>();

// 用來儲存跨 namespace 的快取共用設定
protected final Map<String, String> cacheRefMap = new HashMap<>();
```

MyBatis 中的 BaseBuilder、BaseExecutor、Configuration、ResultMap 等近 20 個類別都在屬性中參考了 Configuration 物件，這使得 Configuration 物件成了 MyBatis 全域共用的設定資訊中心，能為其他物件提供設定資訊的查詢和更新服務。

Configuration 類別是為了儲存設定資訊而設定的解析實體類別，雖然成員變數許多，但成員方法卻都很簡單，不再多作說明。

為了便於設定資訊的快速查詢，Configuration 類別中還設定了一個內部類別 StrictMap。StrictMap 是 HashMap 的子類別，它有以下特點。

- 不允許覆蓋其中的鍵值。即如果要存入的鍵已經在 StrictMap 中存在了，則會直接拋出例外。這一點杜絕了設定資訊因為覆蓋發生的混亂。

- 自動嘗試使用短名稱再次存入指定資料。舉例來說，向 StrictMap 中存入鍵為 "com.github.yeecode.clazzName" 的資料，則除了存入該資料外，StrictMap 還會以 "clazzName" 為鍵再存入一份（如果短名稱 "clazzName" 不會引發問題的話）。這使得設定資訊支援以短名稱進行查詢（如果短名稱不會引發問題的話）。

程式 23-11 列出了 StrictMap 的 put 方法，這可以幫助我們更進一步地了解 StrictMap 的以上特點。

程式 23-11

```
/**
 * 向 Map 中寫入鍵值對
 * @param key 鍵
 * @param value 值
 * @return 舊值，如果不存在舊值則為 null。因為 StrictMap 不允許覆蓋，則只能傳回
   null
 */
@Override
@SuppressWarnings("unchecked")
public V put(String key, V value) {
  if (containsKey(key)) {
    // 如果已經存在此 key，則直接顯示出錯
    throw new IllegalArgumentException(name + " already contains value for "
    + key + (conflictMessageProducer == null ? "" : conflictMessageProducer.
    apply(super.get(key), value)));
  }
  if (key.contains(".")) {
    // 如 key="com.github.yeecode.clazzName"，則 shortName ="clazzName"，即取得
      一個短名稱
    final String shortKey = getShortName(key);
    if (super.get(shortKey) == null) {
      // 以短名稱為鍵，放置一次
      super.put(shortKey, value);
    } else {
      // 放入該物件，表示短名稱會引發問題
      super.put(shortKey, (V) new Ambiguity(shortKey));
    }
  }
  // 以長名稱為鍵，放置一次
  return super.put(key, value);
}
```

23.3 其他類別

session 套件中還包含其他的一些類別。數目最多的是一些列舉類別，這在前面的章節都已經涉及過，大家可以結合它們的使用來進行分析。

- AutoMappingBehavior：表示當啟動自動對映時要如何對屬性進行對映。可選項有不對映、僅單層對映和全部對映。
- AutoMappingUnknownColumnBehavior：表示自動對映中遇到一些未知的欄位該如何處理。可選項有不處理、輸出警告記錄檔和拋出例外。
- ExecutorType：表示執行器的類型。可選項有每次都新增的簡單執行器、支援重複使用的執行器和支援批次操作的執行器。
- LocalCacheScope：表示本機快取的作用範圍。可選項有階段和敘述。
- TransactionIsolationLevel：表示交易隔離等級。可選項有無隔離、讀已提交、讀未提交、可重複讀和序列化。

此外，session 套件中還有一個 RowBounds 類別。RowBounds 類別用來表示查詢結果分頁設定，即表明查詢結果的起始位置和筆數限制。程式 23-12 列出了它的兩個主要的屬性。

程式 **23-12**

```
// 起始位置，即略過前面 offset 筆之後才開始讀取結果
private final int offset;
// 總長度限制，即讀取的結果總數不能超過 limit 筆
private final int limit;
```

程式 23-13 展示了 RowBounds 類別的 offset 屬性如何在 DefaultResultSet Handler 類別的 skipRows 方法中發揮作用。

程式 **23-13**

```
/**
 * 根據翻頁限制條件跳過指定的行
 * @param rs 結果集
 * @param rowBounds 翻頁限制條件
```

```
 * @throws SQLException
 */
private void skipRows(ResultSet rs, RowBounds rowBounds) throws SQLException {
  if (rs.getType() != ResultSet.TYPE_FORWARD_ONLY) {
    // 進入該分支表示結果的游標不是只能單步前進
    if (rowBounds.getOffset() != RowBounds.NO_ROW_OFFSET) {
      // 直接讓游標移到起始位置
      rs.absolute(rowBounds.getOffset());
    }
  } else {
    // 進入該分支表示結果的游標只能單步前進
    for (int i = 0; i < rowBounds.getOffset(); i++) {
      if (!rs.next()) {
        break;
      }
    }
  }
}
```

透過程式 23-13 可以看出，這種分頁是透過記憶體分頁實現的，也就是說 MyBatis 會向資料庫查出所有的資料，然後在記憶體中略過一些資料後再開始讀取。雖然最後傳回的是部分資料，但是向資料庫請求的卻是全部資料，因此這並不是一種高效的分頁方式。

有一些針對 MyBatis 的外掛程式，如 PageHelper 外掛程式，就可以幫助 MyBatis 實現真正的資料庫分頁。關於 MyBatis 外掛程式支援相關的原始程式我們會在下一章介紹。

plugin 套件

MyBatis 還提供外掛程式功能，允許其他開發者為 MyBatis 開發外掛程式以擴充 MyBatis 的功能。

與外掛程式相關的類別在 MyBatis 的 plugin 套件中。這一章我們說明如何閱讀 plugin 套件的原始程式，學習如何開發 MyBatis 外掛程式，並透過原始程式分析 MyBatis 實現外掛程式插入與管理的機制。

24.1 責任鏈模式

在有些場景下，一個目標物件可能需要經過多個物件的處理。舉例來說，我們要籌辦一場校園晚會，需要針對演員進行以下的準備工作。

- 給演員發送郵件，告知晚會的時間、地點，該工作由郵件發送員負責。
- 根據演員性別為其準備衣服，該工作由物資管理員負責。
- 如果演員未成年，則為其安排校車接送，該工作由對外聯絡員負責。

程式 24-1 展示了這一過程，每個演員都要和三個工作人員進行處理。

程式 **24-1**

```
// 不使用責任鏈模式
System.out.println(" 不使用責任鏈模式：");
// 建立三個工作人員實例
MailSender mailSender = new MailSender();
MaterialManager materialManager = new MaterialManager();
ContactOfficer contactOfficer = new ContactOfficer();
// 依次處理每個參與者
for (Performer performer : performerList) {
    System.out.println("process " + performer.getName() + ":");
    new MailSender().handle(performer);
    new MaterialManager().handle(performer);
    new ContactOfficer().handle(performer);
    System.out.println("---------");
}
```

而責任鏈模式將多個處理器組裝成一個鏈條，被處理物件被放置到鏈條的起始端後，會自動在整個鏈條上傳遞和處理。這樣被處理物件不需要和每個處理器進行處理，也不需要了解整個鏈條的傳遞過程，於是便實現了被處理物件和單一處理器的解耦。

為實現責任鏈模式，首先建立一個處理器抽象類別 Handler，如程式 24-2 所示。

程式 **24-2**

```
public abstract class Handler {
    // 目前處理器的下一個處理器
    private Handler nextHandler;

    /**
     * 目前處理器的處理邏輯，交給子類別實現
     * @param performer 被處理物件
     */
    public abstract void handle(Performer performer);
```

```
/**
 * 觸發目前處理器，並在處理結束後將被處理物件傳給後續處理器
 * @param performer 被處理物件
 */
public void triggerProcess(Performer performer) {
    handle(performer);
    if (nextHandler != null) {
        nextHandler.triggerProcess(performer);
    }
}


/**
 * 設定目前處理器的下一個處理器
 * @param nextHandler 下一個處理器
 * @return 下一個處理器
 */
public Handler setNextHandler(Handler nextHandler) {
    this.nextHandler = nextHandler;
    return nextHandler;
}
}
```

然後每個處理器需要繼承該抽象類別 Handler，並實現本身的 handle 方法。圖 24-1 所示是責任鏈模式的類別圖。

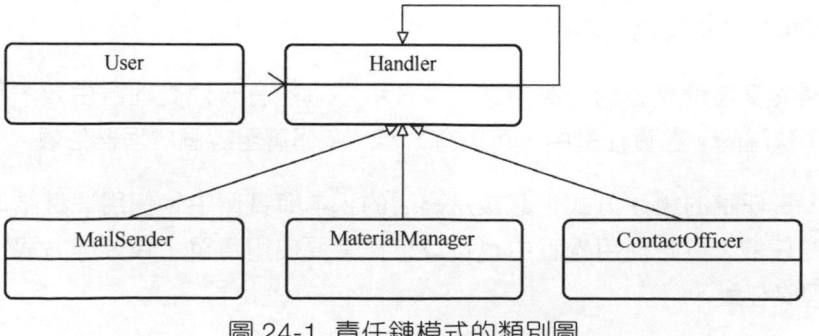

圖 24-1 責任鏈模式的類別圖

在呼叫時，需要先組裝好整個責任鏈，然後將被處理物件交給責任鏈處理即可，該過程如程式 24-3 所示。

程式 **24-3**

```
// 使用責任鏈模式
System.out.println(" 使用責任鏈模式：");
// 建立責任鏈
Handler handlerChain = new MailSender();
handlerChain.setNextHandler(new MaterialManager()).setNextHandler(new
ContactOfficer());

// 依次處理每個參與者
for (Performer performer : performerList) {
    System.out.println("process " + performer.getName() + ":");
    handlerChain.triggerProcess(performer);
    System.out.println("---------");
}
```

該範例的完整程式請參見 MyBatisDemo 專案中的範例 27。

這樣，每個演員不需要和工作人員直接進行處理，也不需要關心責任鏈上到底有多少個工作人員。

責任鏈模式不僅降低了被處理物件和處理器之間的耦合度，還使得我們可以更為靈活地組建處理過程。舉例來說，我們可以很方便地向責任鏈中增、刪處理器或調整處理器的順序。

許多關於責任鏈模式的介紹中認為責任鏈中只能有一個處理器生效，我們認為這是狹隘的。在責任鏈中，可以有一個、多個甚至零個處理器生效。

並且，責任鏈的組建方式也應該是靈活的。本節實例中是使用單鏈結串列組建的責任鏈，實際使用過程中也可以根據需要使用清單、包裝等方式來組建和管理責任鏈。

24.2 MyBatis 外掛程式開發

要想了解一個功能模組的原始程式，一種簡單的辦法是先學會使用這個模組。

我們開發一個功能非常簡單的 MyBatis 外掛程式，來了解 MyBatis 外掛程式的開發過程。我們要開發的外掛程式的功能是：在 MyBatis 查詢列表形式的結果時，列印出結果的數目。

整個外掛程式的原始程式非常簡單，如程式 24-4 所示。

程式 **24-4**

```java
@Intercepts({
    @Signature(type = ResultSetHandler.class, method = "handleResultSets",
        args = {Statement.class})
})
public class YeecodeInterceptor implements Interceptor {
    private String info;

    @Override
    public Object intercept(Invocation invocation) throws Throwable {
        // 執行原有方法
        Object result = invocation.proceed();
        // 列印原方法輸出結果的數目
        System.out.println(info + ":" + ((List) result).size());
        // 傳回原有結果
        return result;
    }

    @Override
    public void setProperties(Properties properties) {
        // 為攔截器設定屬性
        info = properties.get("preInfo").toString();
    }
}
```

MyBatis 外掛程式是一個實現了 Interceptor 介面的類別。Interceptor 的含義是攔截器，因此我們所說的 MyBatis 外掛程式真正的叫法是 MyBatis 攔截器。由於 plugin 套件中還有一個叫 Plugin 的類別，為了避免混淆，在接下來的敘述中，我們用攔截器來指代我們撰寫的外掛程式類別。

攔截器類別上有註釋 Intercepts，Intercepts 的參數是 Signature 註釋陣列。每個 Signature 註釋都宣告了目前攔截器類別要攔截的方法。Signature 註釋中參數的含義如下。

- type：攔截器要攔截的類型。YeecodeInterceptor 攔截器要攔截的類型是 ResultSetHandler 類型。

- method：攔截器要攔截的 type 類型中的方法。YeecodeInterceptor 攔截器要攔截的是 ResultSetHandler 類型中的 handleResultSets 方法。

- args：攔截器要攔截的 type 類型中 method 方法的參數類型列表。在 YeecodeInterceptor 攔截器中，ResultSetHandler 類型中的 handleResultSets 方法只有一個 Statement 類型的參數。

當要攔截多個方法時，只需在 Intercepts 陣列中放入多個 Signature 註釋即可。

Interceptor 介面中有三個方法供攔截器類別實現，這三個方法的含義如下。

- intercept：攔截器類別必須實現該方法。攔截器攔截到目標方法時，會將操作轉接到該 intercept 方法上，其中的參數 Invocation 為攔截到的目標方法。在 YeecodeInterceptor 攔截器的 intercept 方法中，會先執行原有的方法並獲得原方法的輸出結果，然後列印出原方法輸出結果的數目，最後傳回原有結果。這樣 YeecodeInterceptor 攔截器便實現了列印結果數目的功能。

- plugin：攔截器類別可以選擇實現該方法。該方法中可以輸出一個物件來取代輸入參數傳入的目標物件。在 YeecodeInterceptor 攔截器中，我們沒有實現該方法，而是直接使用了 Interceptor 介面中的預設實現。在預設實現中，會呼叫 Plugin.wrap 方法列出一個原有物件的包裝物件，然後用該物件來取代原有物件。

- setProperties：攔截器類別可以選擇實現該方法。該方法用來為攔截器設定屬性。在 YeecodeInterceptor 攔截器中，我們使用該方法為攔截器設定 info 屬性的值。

攔截器設定結束後，還需要將攔截器設定到 MyBatis 的設定中才能生效。程式 24-5 列出了 YeecodeInterceptor 攔截器在設定檔中的設定片段。

程式 24-5

```
<plugin interceptor="com.github.yeecode.mybatisdemo.plugin.YeecodeInterceptor">
    <property name="preInfo" value=" 本次查詢記錄數目 "/>
</plugin>
```

攔截器設定完成後，重新啟動 MyBatis 就可以使攔截器生效。在設定了 YeecodeInterceptor 攔截器後，當我們查詢列表形式的結果時，主控台會列印出目前查詢結果的數目，如圖 24-2 所示。

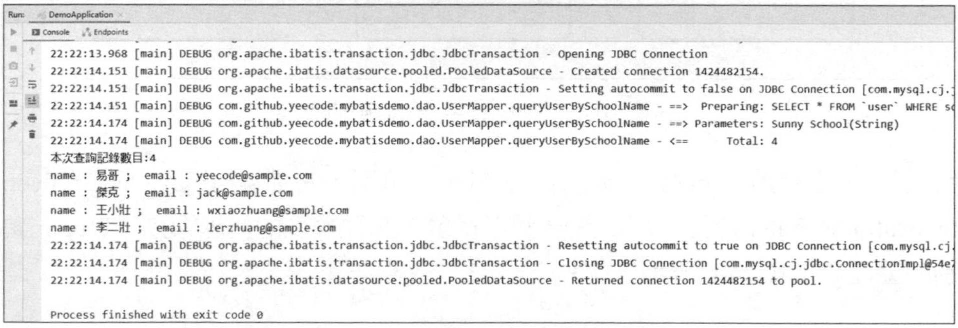

```
Run:    DemoApplication
        Console    Endpoints
    22:22:13.968 [main] DEBUG org.apache.ibatis.transaction.jdbc.JdbcTransaction - Opening JDBC Connection
    22:22:14.151 [main] DEBUG org.apache.ibatis.datasource.pooled.PooledDataSource - Created connection 1424482154.
    22:22:14.151 [main] DEBUG org.apache.ibatis.transaction.jdbc.JdbcTransaction - Setting autocommit to false on JDBC Connection [com.mysql.cj.
    22:22:14.151 [main] DEBUG com.github.yeecode.mybatisdemo.dao.UserMapper.queryUserBySchoolName - ==>  Preparing: SELECT * FROM `user` WHERE sc
    22:22:14.174 [main] DEBUG com.github.yeecode.mybatisdemo.dao.UserMapper.queryUserBySchoolName - ==> Parameters: Sunny School(String)
    22:22:14.174 [main] DEBUG com.github.yeecode.mybatisdemo.dao.UserMapper.queryUserBySchoolName - <==      Total: 4
    本次查詢記錄數目:4
    name : 易哥 ;  email : yeecode@sample.com
    name : 傑克 ;  email : jack@sample.com
    name : 王小壯 ;  email : wxiaozhuang@sample.com
    name : 李二壯 ;  email : lerzhuang@sample.com
    22:22:14.174 [main] DEBUG org.apache.ibatis.transaction.jdbc.JdbcTransaction - Resetting autocommit to true on JDBC Connection [com.mysql.cj.
    22:22:14.174 [main] DEBUG org.apache.ibatis.transaction.jdbc.JdbcTransaction - Closing JDBC Connection [com.mysql.cj.jdbc.ConnectionImpl@54e7
    22:22:14.174 [main] DEBUG org.apache.ibatis.datasource.pooled.PooledDataSource - Returned connection 1424482154 to pool.

    Process finished with exit code 0
```

圖 24-2　攔截器範例執行結果

該範例的完整程式請參見 MyBatisDemo 專案中的範例 28。

這樣，我們已經完成了一個簡單的 MyBatis 攔截器的開發、設定和使用工作。

MyBatis 攔截器的開發還是很容易上手的，大家可以在日常使用中根據實際需要為其開發一些攔截器以擴充 MyBatis 的功能。

24.3 MyBatis 攔截器平台

為了便於開發者為 MyBatis 開發攔截器，MyBatis 在 plugin 套件中架設了一個攔截器平台。圖 24-3 列出了攔截器平台的類別圖。

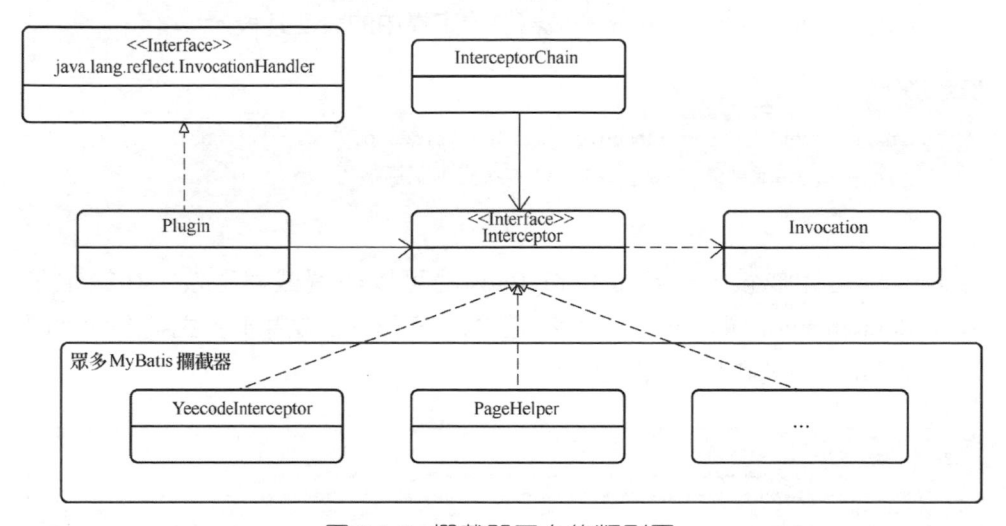

圖 24-3 攔截器平台的類別圖

整個類別圖中最為核心的類別便是 Plugin 類別，它繼承了 java.lang.reflect.InvocationHandler 介面，因此是一個以反射為基礎實現的代理類別。Plugin 類別的屬性如程式 24-6 所示。

程式 24-6

```
// 被代理物件
private final Object target;
// 攔截器
private final Interceptor interceptor;
// 攔截器要攔截的所有的類別，以及類別中的方法
private final Map<Class<?>, Set<Method>> signatureMap;
```

Plugin 類別的 signatureMap 屬性儲存的是目前攔截器要攔截的類別和方法，該資訊就是透過 getSignatureMap 方法從攔截器的 Intercepts 註釋和 Signature 註

釋中取得的。程式 24-7 列出了 getSignatureMap 方法的原始程式。

程式 24-7

```
/**
 * 取得攔截器要攔截的所有類別和類別中的方法
 * @param interceptor 攔截器
 * @return 輸入參數攔截器要攔截的所有類別和類別中的方法
 */
private static Map<Class<?>, Set<Method>> getSignatureMap(Interceptor
interceptor) {
  // 取得攔截器的 Intercepts 註釋
  Intercepts interceptsAnnotation = interceptor.getClass().
    getAnnotation(Intercepts.class);
  if (interceptsAnnotation == null) {
  throw new PluginException("No @Intercepts annotation was found in
    interceptor " + interceptor. getClass().getName());
  }
  // 將 Intercepts 註釋的 value 資訊取出來，是一個 Signature 陣列
  Signature[] sigs = interceptsAnnotation.value();
  // 將 Signature 陣列放入一個 Map 中。鍵為 Signature 註釋的 type 類型，值為該類型
    下的方法集合
  Map<Class<?>, Set<Method>> signatureMap = new HashMap<>();
  for (Signature sig : sigs) {
    Set<Method> methods = signatureMap.computeIfAbsent(sig.type(), k -> new
    HashSet<>());
    try {
      Method method = sig.type().getMethod(sig.method(), sig.args());
      methods.add(method);
    } catch (NoSuchMethodException e) {
      throw new PluginException("Could not find method on " + sig.type() + "
        named " + sig. method() + ". Cause: " + e, e);
    }
  }
  return signatureMap;
}
```

有了攔截器要攔截的類型資訊之後，Plugin 就可以判斷出目前的類型是否需要
被攔截器攔截。如果一個類別需要被攔截，則 Plugin 會為這個類別建立一個
代理類別。這部分操作在 wrap 方法中完成，程式 24-8 列出了 wrap 方法的原
始程式。

程式 24-8

```
/**
 * 根據攔截器的設定來產生一個物件用來取代被代理物件
 * @param target 被代理物件
 * @param interceptor 攔截器
 * @return 用來取代被代理物件的物件
 */
public static Object wrap(Object target, Interceptor interceptor) {
  // 獲得攔截器 interceptor 要攔截的類型與方法
  Map<Class<?>, Set<Method>> signatureMap = getSignatureMap(interceptor);
  // 被代理物件的類型
  Class<?> type = target.getClass();
  // 逐級尋找被代理物件類型的父類別，將父類別中需要被攔截的全部找出
  Class<?>[] interfaces = getAllInterfaces(type, signatureMap);
  // 只要父類別中有一個需要被攔截，就說明被代理物件是需要被攔截的
  if (interfaces.length > 0) {
    // 建立並傳回一個代理物件，是 Plugin 類別的實例
    return Proxy.newProxyInstance(
        type.getClassLoader(),
        interfaces,
        new Plugin(target, interceptor, signatureMap));
  }
  // 直接傳回原有被代理物件，這表示被代理物件的方法不需要被攔截
  return target;
}
```

因此，如果一個目標類別需要被某個攔截器攔截的話，那麼這個類別的物件
已經在 wrap 方法中被取代成了代理物件，即 Plugin 物件。當目標類別的方法

被觸發時，會直接進入 Plugin 物件的 invoke 方法。在 invoke 方法中，會進行方法層面的進一步判斷：如果攔截器宣告了要攔截此方法，則將此方法交給攔截器執行；如果攔截器未宣告攔截此方法，則將此方法交給被代理物件完成。invoke 方法的原始程式如程式 24-9 所示。

程式 24-9

```java
/**
 * 代理方法
 * @param proxy 代理物件
 * @param method 代理方法
 * @param args 代理方法的參數
 * @return 方法執行結果
 * @throws Throwable
 */
@Override
public Object invoke(Object proxy, Method method, Object[] args) throws
Throwable {
  try {
    // 取得該類別所有需要被攔截的方法
    Set<Method> methods = signatureMap.get(method.getDeclaringClass());
    if (methods != null && methods.contains(method)) {
      // 該方法確實需要被攔截器攔截，因此交給攔截器處理
      return interceptor.intercept(new Invocation(target, method, args));
    }
    // 這說明該方法不需要被攔截，交給被代理物件處理
    return method.invoke(target, args);
  } catch (Exception e) {
    throw ExceptionUtil.unwrapThrowable(e);
  }
}
```

所以 Plugin 類別完成了類別層級和方法層級這兩個層級的過濾工作。

- 如果目標物件所屬的類別被攔截器宣告攔截，則 Plugin 用本身實例作為代理物件取代目標物件。
- 如果目標物件被呼叫的方法被攔截器宣告攔截，則 Plugin 將該方法交給攔截器處理。否則 Plugin 將該方法交給目標物件處理。

正因為 Plugin 類別完成了大量的工作，攔截器本身所需要做的工作就非常簡單了，主要分為兩項：使用 Intercepts 註釋和 Signature 註釋宣告本身要攔截的類型與方法；透過 intercept 方法處理被攔截的方法。

當然，攔截器也可以重新定義 Interceptor 介面中的 plugin 方法，來實現更為強大的功能。

重新定義 plugin 方法後，可以在 plugin 方法中列出一個其他的類別來取代目標物件（而不呼叫 Plugin 類別的 wrap 方法）。這樣可以完全脫離 Plugin 類別去完成一些更為自由的操作。這種情況下，如何取代目標物件以及取代之後的處理邏輯完全由外掛程式開發者自己掌控。

24.4　MyBatis 攔截器鏈與攔截點

透過 24.3 節我們了解到攔截器的生效原理，那麼 MyBatis 支援設定多個攔截器嗎？

答案是肯定的。我們可以在 MyBatis 的設定檔中設定多個外掛程式，這些外掛程式會在 MyBatis 的初始化階段被依次寫到 InterceptorChain 類別的 interceptors 列表中。這一過程在 XMLConfigBuilder 類別的 pluginElement 方法中展開，如程式 24-10 所示。

程式 **24-10**

```
/**
 * 解析 <plugins> 節點
 * @param parent <plugins> 節點
```

```
 * @throws Exception
 */
private void pluginElement(XNode parent) throws Exception {
  if (parent != null) { // <plugins> 節點存在
    for (XNode child : parent.getChildren()) {
      // 依次取出 <plugins> 節點下的每個 <plugin> 節點
      // 讀取攔截器類別名稱
      String interceptor = child.getStringAttribute("interceptor");
      // 讀取攔截器屬性
      Properties properties = child.getChildrenAsProperties();
      // 產生實體攔截器類別
      Interceptor interceptorInstance = (Interceptor) resolveClass(interceptor).
newInstance();
      // 設定攔截器的屬性
      interceptorInstance.setProperties(properties);
      // 將目前攔截器加入攔截器鏈中
      configuration.addInterceptor(interceptorInstance);
    }
  }
}
```

這些攔截器在列表中組成了一個攔截器鏈。

在 24.3 節我們還了解到攔截器是透過取代目標物件實現的（通常基於 Plugin 類別，使用動態代理物件取代目標物件），那麼 MyBatis 中任何物件都可以被取代嗎？

答案是否定的。MyBatis 中一共只有四個類別的物件可以被攔截器取代，它們分別是 ParameterHandler、ResultSetHandler、StatementHandler 和 Executor。而且取代只能發生在固定的地方，我們稱其為攔截點。以 ParameterHandler 物件為例，程式 24-11 列出了 ParameterHandler 物件的攔截點。

程式 **24-11**

```
/**
 * 建立參數處理器
 * @param mappedStatement 資料庫操作的資訊
 * @param parameterObject 參數物件
 * @param boundSql SQL 敘述資訊
 * @return 參數處理器
 */
public ParameterHandler newParameterHandler(MappedStatement mappedStatement,
Object parameterObject, BoundSql boundSql) {
  // 建立參數處理器
  ParameterHandler parameterHandler = mappedStatement.getLang().
  createParameterHandler(mappedStatement, parameterObject, boundSql);
  // 將參數處理器交給攔截器鏈進行取代，以便攔截器鏈中的攔截器能植入行為
  parameterHandler = (ParameterHandler) interceptorChain.pluginAll
(parameterHandler);
  // 傳回最後的參數處理器
  return parameterHandler;
}
```

在 ParameterHandler 物件的攔截點，ParameterHandler 物件被作為參數傳遞給攔截器鏈的 pluginAll 方法，以便攔截器鏈中的攔截器能夠將行為植入ParameterHandler 物件中。InterceptorChain 類別的 pluginAll 方法如程式 24-12所示。

程式 **24-12**

```
/**
 * 向所有的攔截器鏈提供目標物件，由攔截器鏈列出取代目標物件的物件
 * @param target 目標物件，是 MyBatis 中支援攔截的幾個類別（ParameterHandler、
 *   ResultSetHandler、StatementHandler、Executor）的實例
 * @return 用來取代目標物件的物件
 */
```

```
public Object pluginAll(Object target) {
    // 依次交給每個攔截器完成目標物件的取代工作
    for (Interceptor interceptor : interceptors) {
        target = interceptor.plugin(target);
    }
    return target;
}
```

在 InterceptorChain 類別的 pluginAll 方法中,會將目標物件依次交給每個攔截器進行取代處理(通常是對目標物件進行進一步的包裝以植入攔截器的功能),最後獲得的目標物件 target 匯聚了攔截器鏈中的每一個攔截器的功能,這其實就是責任鏈模式。這樣,在程式執行中,攔截器鏈中的各個攔截器會依次發揮本身的作用。

第五篇

歸納與展望

在 MyBatis 原始程式閱讀的過程中，我們用到了很多原始程式閱讀的技巧。在這一篇中，我們也會對這些技巧進行歸納。

另外，我們還會推薦一些優秀的開放原始碼專案，以便大家在有精力時繼續進行新的原始程式閱讀工作。

Chapter

25

原始程式閱讀歸納

透過以上各章的介紹，我們已經完整地完成了 MyBatis 開放原始碼專案的原始程式閱讀工作。在 MyBatis 原始程式閱讀的過程中，我們對 MyBatis 的使用、原理、結構甚至各個類別的功能都進行了詳盡的了解。

「授人以魚，不如授人以漁」，MyBatis 只是本書進行原始程式閱讀的材料，原始程式閱讀過程用到的方法和技巧才是更為重要的。在這一章，我們將對閱讀 MyBatis 原始程式過程中用到的方法和技巧進行全面的歸納。

25.1　前期準備

遇到心儀的開放原始碼專案時，切忌倉促上手閱讀原始程式，一定要先做好前期的準備工作。如果前期準備工作全面，會使得原始程式閱讀的過程事半功倍。

25.1.1　工具準備

「工欲善其事，必先利其器。」原始程式閱讀必須有一個強大且順手的開發工具的支援。通常來說，該開發工具必須支援以下幾項功能。

- 程式的反白顯示功能；
- 跨檔案的全域搜尋功能；
- 參考跳躍、變數定義跳躍、子類別 / 父類別跳躍、子方法 / 父方法跳躍等各種程式間的跳躍功能；
- 單步偵錯功能及偵錯時的變數內容展示功能。

另外，還有一些功能是非必要的，如類別間關係的自動分析功能、UML 圖的自動產生功能等。

25.1.2 專案選擇

原始程式閱讀是一項艱苦的工作，因此必須透過這項工作獲得可觀的收益才有意義。所以，一定要選擇合適的專案進行原始程式閱讀。選擇專案時，通常從以下幾個方面考慮。

- 專案的成熟度：我們要透過閱讀原始程式來學習專案中的優點，幫助我們進步。因此，我們閱讀的專案有著教科書的作用，這就要求我們選擇的專案一定要成熟、穩定。一般可以透過開放原始碼專案的年限、關注度、提交次數、團隊規模、業界口碑等來綜合考量。

- 專案的涉及面：每個專案都涉及特定的領域，如 MyBatis 涉及的領域主要有資料庫操作、物件關係對映、交易管理、代理實現等。閱讀 MyBatis 原始程式之後，我們對上述各領域的了解也會變得更深。因此，選擇的原始程式閱讀專案應該儘量多地涉及自己有興趣的領域。

- 專案的應用廣度：閱讀一個專案的原始程式，除了能學到其中的編碼技巧、架構方式等之外，還會對整個專案的使用、原理等方面有詳盡的了解。選擇一個應用範圍廣的專案能讓我們的這些知識具有更為實際的應用，這樣能做到「一石二鳥」。

- 專案的規模：無論一個開放原始碼專案有多好，如果不能讀完也不會有太大的收穫。因此，一定要量力而為，選擇自己能夠駕馭的規模，切忌眼高手低、半途而廢。

閱讀一個專案的原始程式會耗費許多的時間、精力，因此一定要綜合考慮以上各點選擇合適的專案。為了使大家少走冤枉路，我們在第 26 章推薦了一些優秀的開放原始碼專案。

25.1.3　專案使用

記住一點：透過功能猜測原始程式要比透過原始程式猜測功能簡單得多。這是作者閱讀了大量原始程式後歸納出來的規律。

使用一個專案比開發一個專案簡單，這表示一個功能點可能需要許多抽象程式的支援。如果我們透過原始程式來猜測功能，則需要對這些抽象程式的結構、原理、呼叫鏈路等進行整理和歸納，這通常十分困難。而如果我們事先知道了功能點，則可以大致猜測出其實現原理，這時再去閱讀專案的原始程式則會容易很多。

所以説，在閱讀一個專案的原始程式前，一定要先學會甚至是熟練使用該專案。這能幫助我們直觀地建立起整個專案的外在輪廓。這樣，在閱讀原始程式時就能根據輪廓揣測原始程式的結構，造成事半功倍的效果。

為了便於專案的原始程式閱讀，可以在使用專案時做以下兩方面的工作。

- 分清專案的核心功能、次要功能，了解各功能之間的相依關係。找出核心功能會讓我們在後續的原始程式閱讀過程中有的放矢。
- 猜測核心功能的實現原理。可以試想如果是自己開發該功能會怎麼實現。想不出來也沒關係，這會成為疑問埋在我們的腦海中，然後會在我們讀懂相關原始程式時所帶來豁然開朗的感覺。

25.2　專案初探

專案初探就是使用開發工具的偵錯功能追蹤專案的執行過程。這個過程能讓我們對專案的原始程式結構建立一個概括與模糊的認識。

在這個過程中要緊追核心功能，抓大放小。專案初探的目的是對專案建立概括與模糊的認識，而非了解專案的全貌。因此，在整個過程中要抓大放小，只關注核心功能的實現流程即可，千萬不要囿於專案的實現細節。

這個過程是基於程式的執行流程追蹤程式而非閱讀程式，因此一定要善於利用開發工具提供的各種偵錯功能，如單步偵錯、中斷點偵錯、變數追蹤等。

在追蹤程式的執行流程時，可以將流程大致記錄下來，作為後續原始程式閱讀的架構；也可以將遇到的問題記錄下來，待到原始程式閱讀時再分析解決。

25.3　原始程式閱讀

各項前期準備工作結束後，就可以正式開始原始程式閱讀工作。這是一項艱苦且持久的工作，但也有一些技巧可以遵循。這一節我們將歸納和介紹這些技巧。

25.3.1　模組分析

一個成熟的專案是由多個模組所組成的。因程式語言不同，模組可能略有差異，可能是套件、元件、資料夾等。在閱讀原始程式時不要一上手就深入細節，而是要先分析各個模組的功能。

通常一個模組的功能是容易分析出來的，可能是透過模組的名稱，也可能是透過呼叫關係。在專案初探環節進行的程式追蹤也會給我們提供一些資訊。

在這一環節，我們要將各個模組的功能分析和歸納出來。

25.3.2　模組歸類

在了解了各個模組的功能之後，可以將模組進行歸類。舉例來說，在 MyBatis 的原始程式閱讀中，我們將模組分為基礎功能套件、設定解析套件、核心操作套件三種，然後對每一種單獨進行原始程式閱讀。

一般來說模組的歸類可以做得盡可能細，而且結構不一定是扁平的，還可以是樹狀的、網狀的，只要便於自己了解即可。

25.3.3　自底向上

在原始程式閱讀時，自底向上是一個非常重要的準則。

在軟體測試領域，有兩個概念：基底模組和驅動模組。存在相依關係的兩個模組，被依賴的模組為基底模組，依賴對方的模組為驅動模組。舉例來說，在如圖 25-1 所示的相依關係中（箭頭從呼叫方指向被呼叫方），B 模組和 E 模組是 A 模組的基底模組，A 模組是 B 模組和 E 模組的驅動模組。

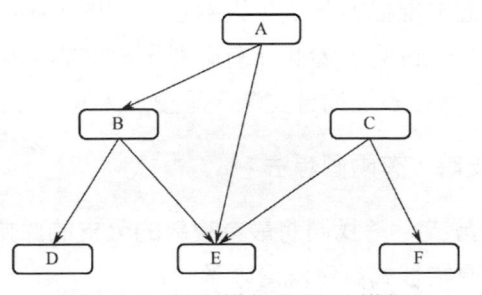

圖 25-1　基底模組和驅動模組

基底模組中不涉及驅動模組的資訊，而驅動模組中會涉及基底模組的資訊。先閱讀基底模組再閱讀驅動模組，能保障我們在閱讀程式時較少被未知程式干擾，這就是自底向上閱讀原始程式的原因。

當然，這也不是絕對的。如果驅動模組比較簡單，而基底模組很多且比較複雜，則先閱讀驅動模組會幫助我們釐清基底模組間的脈絡關係。這種情況下，可以採用自頂向下的原始程式閱讀流程。

25.3.4　合理猜測

相比於軟體的功能，軟體的原始程式是抽象的。原始程式閱讀的過程就是將抽象的原始程式逐漸整理清晰的過程。在這個過程中，合理的猜測是十分必要的。

舉例來說，在專案使用階段，我們可以猜測功能的實現方式；在專案初探階段，我們可以在程式流程追蹤的過程中猜測模組之間的呼叫關係。哪怕我們做出的猜測不增強甚至是錯誤的，這些猜測也會為我們的原始程式閱讀工作指引一些方向。

在 22.3.2 節中，面對複雜的功能，我們先猜測出了一個簡化的不完整的實現原理，然後以此為指引展開原始程式閱讀。在原始程式閱讀的過程中，我們會不斷地修正和增強我們的猜測，最後整個功能的架構也便清晰了。

25.3.5 模擬閱讀

專案原始程式中總會出現很多分支，大到功能分支，小到程式分支。不同分支的實現想法可能是一致的，因此沒有必要全部閱讀每個分支的程式。這時我們只需選取一些具有代表性的分支深入閱讀，然後模擬到其他分支上即可。

在選擇要閱讀的分支時，有兩個想法：

- 選擇最為複雜的分支。當我們將最為複雜的分支的原始程式閱讀完成時，其他簡單分支的原始程式自然就清晰了。
- 選擇最為簡單的分支。我們可以先讀懂最簡單分支的原始程式，然後在此基礎上，進一步去閱讀更為複雜的分支。

實際遵循哪個想法進行分支的選擇要根據實際情況來分析。通常來說，對於重要的程式選擇複雜的分支；對於次要的程式選擇簡單的分支；對於簡單的程式選擇複雜的分支；對於複雜的程式選擇簡單的分支。

閱讀完所選擇分支的原始程式後，直接模擬到其他分支上，便可以較快地完成所有分支的原始程式閱讀。

25.3.6 善於整理

原始程式閱讀過程中，我們可以借助一些工具讓抽象的原始程式具象起來。這些工具有類別圖、虛擬程式碼、時序圖、結構圖等。在 MyBatis 的原始程式

閱讀中，我們大量地使用了這些工具。這些工具能讓我們從混亂的原始程式中抽離出來，以更高的角度來觀察原始程式的關係、功能的依賴及跳躍的邏輯。

面對數量許多的類別、方法時也要注意整理。通常越是紛雜的類別和方法，越有規律可以分類。舉例來說，這些類別可能具有共同的父類別或繼承了共同的介面；這些方法可能是圍繞某個核心方法多載的等。

25.3.7　網格閱讀

在原始程式閱讀時，我們通常以模組（套件、元件、資料夾等）為單位各個擊破。

但是總有一些功能會橫跨多個模組，舉例來說，MyBatis 中的快取功能就主要橫跨了 cache 套件和 executor 套件。這就需要我們在完成模組的原始程式閱讀之後，再從功能的角度對原始程式進行串聯和整理。

在原始程式閱讀過程中，我們通常以模組為單位展開。然後會越讀越細，逐漸深入到子模組、類別、子類別、屬性和方法、敘述。整個過程是一個垂直深入的過程。而從功能的角度進行串聯和整理是一個跨模組的水平擴充過程。於是，縱橫交錯，便組成了一個網格，如圖 25-2 所示。

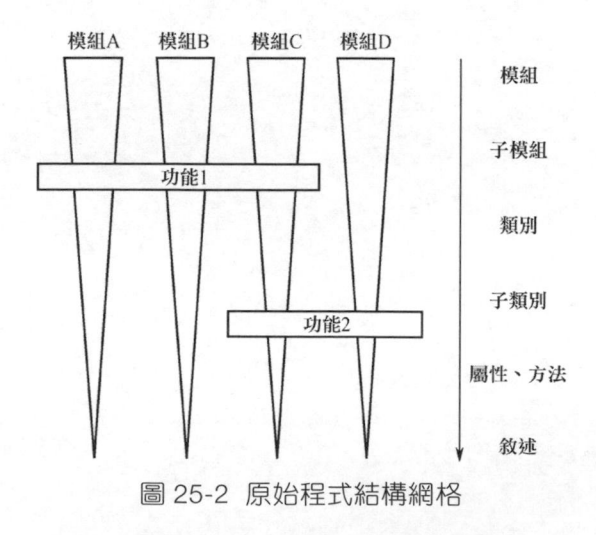

圖 25-2　原始程式結構網格

垂直的模組維度保障我們對原始程式結構的了解是透徹的，水平的功能維度保障我們對專案功能的了解是連貫的。最後，專案原始程式會按照圖 25-2 所示的網格形式被我們細化和吸收。

Chapter

26

優秀開放原始碼專案推薦

進行原始程式閱讀時，選擇優良的開放原始碼專案十分重要。如果開放原始碼專案選擇不當，則可能會在花費大量的時間、精力閱讀其原始程式後收穫甚微。

關於開放原始碼專案的選擇依據已經在 25.1.2 節中進行了介紹，實際來說要從專案的成熟度、涉及面、應用廣度、規模等角度綜合考量。為了使大家少走冤枉路，在本章我們將推薦一些優秀的開放原始碼專案。

26.1　Guava

Guava 是一個開放原始碼的 Java 工具函數庫，它提供了許多嚴謹且易用的工具和類別。這些工具和類別涉及字串、集合、IO、平行處理、快取、反射、數學計算等諸多方面。

使用 Guava 能夠提升我們程式撰寫的效率和品質。因為 Guava 出色的便利性，其中的許多特性都被新版本的 Java 採用。

舉一個簡單的實例，假設我們想用 key-value 形式將如下所示的一段資料儲存起來：

```
String[] record = {" 易哥 :4"," 傑克 :5"," 易哥 :1"," 傑克 :7"," 張大壯 :3"};
```

因為資料中鍵有重複，因此需要用 Map<String, List<Integer>> 的形式進行儲存。程式 26-1 列出了使用原生 Map 操作的原始程式。

程式 26-1

```
System.out.println(" 使用原生 Map:");
Map<String, List<Integer>> taskMap = new HashMap<>();
for (String item : record) {
    String key = item.split(":")[0];
    Integer value = Integer.parseInt(item.split(":")[1]);
    taskMap.putIfAbsent(key,new ArrayList<>());
    taskMap.get(key).add(value);
}
System.out.println(taskMap);
```

在這種情況下，雖然最後表現上只是兩行程式，但邏輯上還是相對複雜的。在儲存每個資料時我們分兩種情況進行了處理：

- 如果對應的鍵還未儲存過，則應該為該鍵新增一個列表並將資料加入該列表。
- 如果對應的鍵已經儲存過，則應該取出該鍵對應的列表並將資料加入該列表。

而 Guava 提供的 Multimap 支援重複的鍵，能夠簡化上述操作並且支援更多的功能。使用 Multimap 完成上述操作的原始程式如程式 26-2 所示，其邏輯上更為清晰。

程式 26-2

```
System.out.println(" 使用 Multimap:");
Multimap<String, Integer> multimap = ArrayListMultimap.create();
for (String item : record) {
    String key = item.split(":")[0];
    Integer value = Integer.parseInt(item.split(":")[1]);
    multimap.put(key,value);
}
System.out.println(multimap.asMap());
```

該範例的完整程式請參見 MyBatisDemo 專案中的範例 29。

最後上述兩種程式實現的功能是一樣的，圖 26-1 列出了範例執行結果。

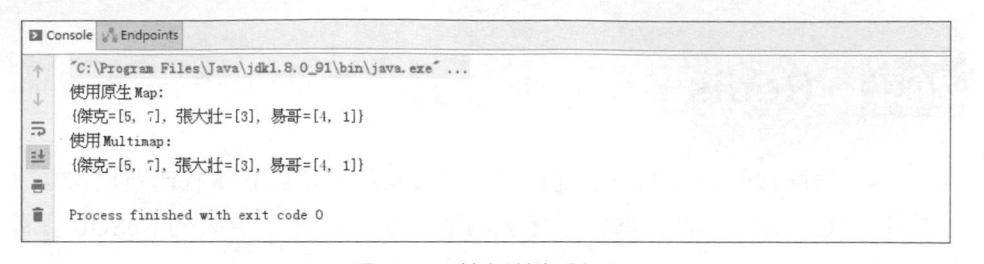

圖 26-1　範例執行結果

Guava 中提供的工具程式和實用類別還有許多，相關程式都十分可靠和高效，值得我們使用和閱讀參考。

Guava 的開放原始碼網址為 https://github.com/google/guava。目前該專案的 Star 數目已經超過 3.4 萬。

閱讀 Guava 的開原始程式碼能相當大地增強我們對 Java 基本類別的認知，提升我們對基礎工具的開發能力。

因為 Guava 提供多個方面（字串、集合、IO、平行處理、快取、反射、數學計算等）的工具和類別，不同方面的工具和類別之間耦合度較低，所以，閱讀 Guava 程式時可以方便地分模組展開，這就降低了原始程式閱讀的難度。

26.2　Tomcat

Tomcat 是一個免費的、開放原始碼的輕量級 Web 應用伺服器，應用極為廣泛。透過 Tomcat，可以部署和發佈 JSP 頁面和 Servlet。我們在前面章節提及的 Spring 架構便可以部署到 Tomcat 上執行。

Tomcat 的開放原始碼網址為 https://github.com/apache/tomcat。目前該專案的 Star 數目超過 3 千，且該專案已經被 1.2 萬以上的專案參考過。

閱讀 Tomcat 的原始程式能讓我們在網路通訊協定、檔案讀寫、平行處理處理等方面有較大的提升。

26.3　Redis

Redis 是一個開放原始碼的高性能記憶體中資料庫，基於它，我們可以實現分散式鎖、共用快取、訊息系統等諸多功能，是一種非常重要的 NoSQL 資料庫。

Redis 是一個 key-value 儲存系統，但它支援的 value 類型很多，包含字串、鏈結串列、集合、有序集合和雜湊類型，並且在 Redis 中的資料操作都是原子性的。

為了確保效率，Redis 中的資料快取在記憶體中，並且支援將記憶體中的資料持久化到磁碟中。同時，Redis 還支援透過主從方式建立叢集。

Redis 的開放原始碼網址為 https://github.com/antirez/redis。目前該專案的 Star 數目超過 3.9 萬。

閱讀 Redis 的原始程式能讓我們對鏈結串列和對映表等資料結構的高效使用、記憶體管理、交易、分散式主從協作與叢集管理等方面建立更深刻的認知。

26.4　Dubbo

Dubbo 是一個開放原始碼的高性能服務架構，基於它可以實現應用間的遠端程序呼叫（Remote Procedure Call，RPC）。

目前，使用單體大應用提供服務的方式已經比較少見，取而代之的是使用微服務網路來提供服務。在微服務網路中，存在許多的服務節點，因此服務之間的發現和呼叫成了必須解決的問題。Dubbo 就是為解決這個問題而誕生的。

當然，Dubbo 除了具有服務發現和呼叫功能外，還具有一些其他功能，如服務降級、許可權管理、服務監控等。圖 26-2 所示是 Dubbo 官方網站提供的功能簡圖。

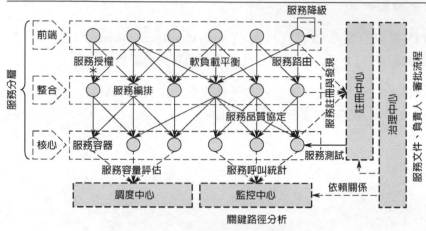

圖 26-2　Dubbo 功能簡圖

Dubbo 的開放原始碼網址為 https://github.com/apache/dubbo。目前該專案的 Star 數目超過 2.9 萬，並且該專案被超過 1600 個專案參考過。

閱讀 Dubbo 的原始程式能讓我們對分散式系統的協作原理、序列化與反序列化、代理、網路通訊協定等方面建立更深刻的認知。

26.5　React

React 是一個宣告式的高效且靈活的用於建置使用者介面的開放原始碼 JavaScript 函數庫。基於 React 可以建立儲存有本身狀態的元件，並在元件之間方便地進行資料傳遞，最後基於這些元件創造出互動式的使用者介面。

React 借助虛擬 DOM（Virtual DOM）來完成頁面元素的高效繪製。虛擬 DOM 本身是 JavaScript 中的資料結構。當元件更新時，React 會將變動對映到虛擬 DOM 上，並透過 diff 演算法找尋實際要變化的虛擬 DOM 節點。最後，再把這個變動更新到瀏覽器實際的 DOM 節點上。這樣的操作相當大地提升了 React 的繪製效率。

React 的開放原始碼網址為 https://github.com/facebook/react。目前該專案的 Star 數目超過 13.8 萬，並且被超過 250 萬個專案參考過。

閱讀 React 的原始程式能讓我們在元件設計、虛擬 DOM、比較演算法、瀏覽器工作機制等方面學到很多有用的知識。